普通高等教育"十三五"规划教材
电子材料及其应用技术系列规划教材
电子科技大学特色教材

印制电路与印制电子先进技术（上）

何　为　主　编
王守绪　　副主编

科学出版社

北　京

内 容 简 介

　　本书从印制电路与印制电子新技术、新材料、新工艺、新设备、信号完整性、可制造性、可靠性等方面全面系统地论述了何为教授团队近十年所取得的研究成果。本书内容涵盖了挠性及刚挠结合印制电路、高密度互联印制电路技术、特种印制电路技术、高频印制电路技术、图形转移新技术、基于系统封装的集成元器件印制电路技术、集成电路封装基板技术、光电印制电路板技术、印制电路板的有限元热学分析、铜电沉积的电化学动力学原理及应用、高均镀能力电镀原理及应用、PCB信号完整性影响因素仿真技术及应用、印制电路板焊接的无铅化与失效分析、印制电子技术、低温共烧陶瓷技术等先进技术，力求科学性、先进性、系统性和应用性的统一。鉴于印制电路未来发展趋势，本书还专门论述了何为团队近5年在印制电子领域取得的研究成果。本书共16章，分为上下两册，着重阐述基本概念和原理的，深入浅出，理论联系实际。每章都配有习题，指导读者深入学习。为了方便教学，还提供了与本书配套的多媒体教学课件。

　　本书可作为高等学校印制电路与印制电子专业的研究生和高年级本科生的教材，可供从事印制电路与印制电子、集成电路及系统封装的科研、设计、制造及应用等方面的科研及工程技术人员使用，也可作为具备大学物理、化学、材料、印制电路基本原理、电子电路基础的研究生及相关领域的科研人员与工程技术人学习了解印制电路与印制电路技术先进技术的专业参考书。

图书在版编目(CIP)数据

印制电路与印制电子先进技术.上册 / 何为主编. —北京：科学出版社，2016.11(2020.8 重印)
电子材料及其应用技术系列规划教材
ISBN 978-7-03-048392-8

Ⅰ.①印…　Ⅱ.①何…　Ⅲ.①印刷电路–高等学校–教材②印刷–电子技术–高等学校–教材　Ⅳ.①TN41

中国版本图书馆 CIP 数据核字（2016）第 117170 号

责任编辑：杨　岭　黄　嘉 / 责任校对：杨悦蕾
责任印制：余少力 / 封面设计：墨创文化

科 学 出 版 社 出版

北京东黄城根北街16号
邮政编码：100717
http://www.sciencep.com

成都锦瑞印刷有限责任公司 印刷
科学出版社发行　各地新华书店经销

*

2016 年 11 月第 一 版　　开本：787×1092 1/16
2020 年 8 月第三次印刷　　印张：22 1/2
字数：539 000
定价：79.00 元
（如有印装质量问题，我社负责调换）

主 编 简 介

何为，男，教授，博士生导师。四川省有突
出贡献的优秀专家，广东省创新创业团队带头
人。1990 年 9 月至 1992 年 9 月年国家公派到意
大利佛罗伦萨大学化学系做访问学者，2000 年
11 月至 2001 年 11 月年在佛罗伦萨大学化学系
做客座教授。现任电子薄膜与集成器件国家重点
实验室珠海分实验室主任，中国印制电路行业协
会教育和培训工作委员会主任及全印制电子分会
副会长，电子科技大学微电子与固体电子学院应
用化学系主任。

出版教材 3 部，参与翻译专著 1 部。担任
《印制电路原理和工艺》和《试验设计方法》两
门四川省精品课程主持人。获四川省教学成果一
等奖 2 项。在国内外刊物发表研究论文 350 余篇
（其中 SCI/EI 论文 100 余篇）。申请国家发明专利 60 多项（其中 30 项已获授权）。

作为第二负责人获得 2014 年度国家科技进步二等奖 1 项，作为第一负责人获 2011
年教育部科技进步一等奖、2008 年四川省科技进步二等奖、教育部科技进步二等奖各一
项，以第二负责人获 2011 年广东省科技进步二等奖一项、2008 年广东省科技进步二等
奖一项。2010 年获得广东省教育部、科技部及中国科学院授予的"优秀企业科技特派
员"称号。分别于 2010 年和 2015 年获中国印制电路行业协会"园丁奖"。产学研合作成
果被教育部评为 2008~2010 年度中国高校产学研合作十大优秀案例。2012 年获中国产学
研合作创新奖个人奖等。

序　　一

何为教授印制电路研究团队多年来一直专注于印制电路关键共性技术的研究，特别是近十年与我国印制电路行业的产学研合作非常有特色，真正做到了将科技成果在企业转化成生产力，实现产业化，获得了良好的经济效益和社会效益，推动了我国印制电路行业的科学技术进步。

《印制电路与印制电子先进技术》一书是何为教授团队多年研究成果的凝练和总结，内容包括了其团队近十年发表的 300 篇研究论文、申请的 60 多项发明专利和获得的国家科学技术奖的成果。作者把已有科学理论应用于生产实践的先进技术和经验撰写成能促进产业进步并给社会带来良好经济效益的著作，所以该书是一部很好的高等学校教材，同时也是一部应用性很强的技术著作。

我相信该书的出版对我国高校培养印制电路与印制电子专业高级专业人才非常有用，作为参考书对从事印制电路与印制电子、集成电路及系统封装的科研、设计、制造及应用等方面的科研及工程技术人员大有帮助。

推荐人签名

美国佐治亚理工学院董事教授
美国工程院院士
中国工程院院士（外籍）
2016 年 3 月 5 日

序 二

如果说集成电路是一级封装，所有的电子信息整机产品，如电脑、电视机、手机、计算机等为三级封装，那么印制电路就是二级封装，起到承上启下、至关重要的作用，哪里有电子信息产品，哪里就一定会有印制电路。

何为教授率领的电子科技大学应用化学系，近三十年为中国印制电路行业培养了大批高级专业人才，为中国印制行业的发展壮大做出了巨大的贡献。更可贵的是，何为教授率领的印制电路研究团队，一直从事印制电路与印制电子的关键共性技术研究，特别是近十年与我国印制电路行业的骨干企业进行产学研合作，并将其科技成果在企业实现了零距离的转化，培育出了多家上市公司，取得了丰硕的研究及产业化成果。其产学研合作成果获得了 2014 国家科学技术进步二等奖，这是我国印制电路行业的第一个国家奖。

虽然在 2006 年我国就超过日本成为全球第一大 PCB 制造与应用大国，2015 年中国 PCB 产值达到 300 亿美元，占全球 PCB 总产值的 45%，但我们是大而不强。要实现我国印制行业的由大变强，人才是根本。《印制电路与印制电子先进技术》一书是何为教授撰写的国家"十一五"规划教材——《现代印制电路原理与工艺》（第二版）（2009 年，机械工业出版社）的姊妹篇。该书从印制电路与印制电子新技术、新材料、新工艺、新设备、信号完整性、可制造性、可靠性等方面全面系统地论述了何为教授团队近十年所取得的研究成果。我深信，该书的出版，能为我国印制电路行业培养更多的印制电路与印制电子的高级技术人才做出巨大贡献，让更多工程技术人员从中受益，必将有力地推动我国印制电路行业快速发展。

推荐专家签名

中国印制电路行业协会名誉秘书长，教授级高工
2016 年 3 月 1 日

前　言

电子信息产品向小型化、功能化、集成化和高可靠性方向发展，就要求作为集成电路(芯片)、电子元件、功能模块实现电气互联的载体——印制电路板向着高密度化、高频高速化、3D 任意安装、多功能化和高可靠性方向发展。印制电路(printed circuit board，PCB)在电子信息产业链中起着承上启下的作用。中国在 2006 年就超过日本成为全球第一大 PCB 制造与应用大国，2015 年中国 PCB 产值达到 300 亿美元，占全球 PCB 总产值的 45％。我国虽然是全球印制电路制造大国，但不是强国。因为我国企业的印制电路产品多为低技术含量、低附加值产品，高端印制电路系列高技术含量、高附加值的产品依赖进口。而且，国外企业对我国实行产品垄断和技术封锁，进而制约我国电子产品的升级换代。要实现我国印制电路由大到强的转变，就必须掌握印制电路的先进技术，这对于完善我国的电子信息产业链，提升印制电路企业整体的国际竞争力具有重要意义。

本书分上下两册，共 16 章。本书全面总结了何为教授的印制电路研究团队多年来在印制电路领域所取得的研究成果，尤其是近十年与中国的印制电路骨干企业进行产学研合作，把所取得的研究成果转化成生产力并实现产业化。何为教授团队在印制电路领域获得的研究成果获得了 2014 年国家科学技术进步二等奖，产学研合作成果获得了教育部 2008～2010 年度中国产学研合作十大优秀案例。这些成果都极大地推进了我国印制电路行业的科学技术进步，提高了我国印制电路骨干企业的国际竞争力。

本书是何为教授撰写的国家“十一五”规划教材——《现代印制电路原理与工艺》(第二版)(2009 年，机械工业出版社)的姊妹篇。《现代印制电路原理与工艺》是我国普通高校的第一部印制电路教材，主要偏重讲解基本原理和工艺。本着与《现代印制电路原理与工艺》内容不重复的原则，本书论述了近六年全球印制电路领域最新研究成果及何为教授研究团队近十年在印制电路和印制电子领域的研究成果。研究成果包含何为团队在国内外专业刊物发表的 300 余篇研究论文、60 多项发明专利、1 项国家科学技术进步二等奖、一项省部级 1 等奖、5 项省部级二等奖等。

本书从印制电路与印制电子新技术、新材料、新工艺、新设备、信号完整性、可制造性、可靠性等方面全面系统地论述了全球印制电路领域最新的研究成果及何为教授团队近十年所取得的研究成果。本书内容涵盖挠性及刚挠结合印制电路技术、高密度互联印制电路技术、特种印制电路技术、高频印制电路技术、图形转移新技术、基于系统封装的集成元器件印制电路技术、集成电路封装基板技术、光电印制电路板技术、印制电路板的有限元热学分析、铜电沉积的电化学动力学原理及应用、高均镀能力电镀原理及应用、PCB 信号完整性影响因素仿真技术及应用、印制电路板焊接的无铅化与失效分析、印制电子技术、低温共烧陶瓷技术等先进技术，力求科学性、系统性、先进性和应用性的统一。鉴于印制电路未来发展趋势，本书还专门论述了何为团队近 5 年在印制电子领域取得的最新研究成果，全面体现了作者把科学理论应用于生产实践的先进技术和经验，促进了产业进步，给社会带来了良好的经济效益。

21 世纪初，印制电子(printed electronics)作为一门新兴交叉的综合性技术学科诞生，近几年广受各界关注，随着印制电子学科的兴起和发展，印制电子技术有取代传统印制电路制造工艺的趋势。权威专家预测，在未来的 5~8 年内，在印制电路产业一定会出现用先进的印制电子技术取代传统印制电路制造技术的工业化革命。本书系统地论述了何为教授团队近 5 年在印制电子领域取得的最新研究成果，对支撑引领印制电路产业转型升级的印制电子技术进行了系统研究，为攻克印制电子技术取代传统印制电路技术在材料、设备和制造工艺上重大共性关键技术做好技术储备，积极跟上印制电路制造转型升级工业化革命的步伐。

本书建议授课学时为 80。各章内容相对独立，授课教师可根据实际需要取舍教学内容。为了方便教学，还提供了与本书配套的多媒体教学课件。

何为团队与中国印制电路企业产学研合作的 15 年中取得了丰硕的研究及产业化成果。在此过程中，电子科技大学"电子薄膜与集成器件国家重点实验室珠海分实验室"的依托单位——珠海方正科技多层电路板有限公司、珠海方正科技高密电子有限公司、珠海越亚封装基板技术股份有限公司、重庆方正科技高密电子有限公司、方正 PCB 研究院、博敏电子股份有限公司、广东光华科技股份有限公司、广州兴森快捷电路科技股份有限公司、深圳市景旺电子股份有限公司、奈电软性科技电子(珠海)有限公司、湖南奥士康科技股份有限公司等作为电子科技大学的产学研基地，无偿提供全部硬件条件，共同指导培养研究生，共同进行成果的转化。如果没有这些企业的支持和帮助，就不可能取得这么丰硕的成果，也就不可能有《印制电路与印制电子先进技术》这部高等学校的教材。在此，本人对这些企业的大力支持和帮助表示最衷心的感谢！本书在编写过程中，参考了国内外著作和文献(列于书末参考文献)，引用了其中的一些内容和实例，在此对这些文献的作者表示诚挚的感谢！

何为教授团队已经毕业的和在读的研究生共 50 余人，都对本书做出了贡献，在此一并表示诚挚的谢意。其中，已毕业的博士研究生唐耀参加了第 14 章部分内容的撰写，冀林仙参加了第 11 章部分内容的撰写。已毕业的硕士研究生黄雨新参加了第 2 章部分内容的撰写，宁敏洁参加了第 5 章部分内容的撰写，李瑛和成丽娟参加了第 4 章部分内容的撰写，何朋参加了第 12 章部分内容的撰写，冯立、何杰和江俊峰参加了第 3 章部分内容的撰写。在读博士研究生向静参加了第 7 章部分内容的撰写，在读博士研究生林建辉、朱凯、郑莉及在读硕士研究生陈国琴、李玖娟等直接参与了本书撰写过程中成果的整理、图表的规范、文字编排、校正等工作，为该书的出版付出了辛勤的劳动，再次表示感谢！

本书由四川省有突出贡献的优秀专家、广东省创新团队带头人何为教授担任主编，何为团队的王守绪教授、王翀博士、陈苑明博士、周国云博士、何雪梅博士参加撰写。何为撰写第8、14及15章，王守绪撰写第3、4、5章，王翀撰写第2、10、11章，陈苑明撰写第9、12、13章，周国云撰写第6、16章，何雪梅撰写第1、7章。全书由何为教授整理定稿。重庆大学张胜涛教授对全书进行了审定，在此，深表谢意！

本书得到了广东省创新创业团队用人单位——广东光华科技股份有限公司鼎力相助，并得到了广东省创新创业团队项目(项目编号：201301C0105324342)的资助，在此一并表示衷心的感谢！

对书中存在的错误和不妥之处，真诚希望相关领域专家与广大读者给予批评指正！

2016 年 3 月 31 日

目　　录

第1章 挠性及刚挠结合印制电路技术

毫无疑问挠性印制电路技术是当今最重要的互连技术之一，几乎每一类电子产品中都有其应用，从简单的玩具、游戏机到手机、计算机再到高复杂的宇航电子仪器等。本章将介绍挠性印制电路板及刚挠结合印制电路板相关的基本知识、制造工艺技术以及未来的发展趋势。

1.1 挠性印制电路板概述

大多数人对挠性电路或挠性印制电路比较陌生，然而它们却是现代电气互联技术中出现最早的技术之一。早在1898年发表的英国专利中就有记载在石蜡纸基板上制作的平面导体。数年后，托马斯·爱迪生在与助手交换的实验记录中描述的概念使人联想到现在的厚膜技术。在20世纪初，科研工作者设想和发展了多种新的方法来使挠性印制电路技术得到应用，但直到20世纪中期，用于汽车仪表盘仪器线路的连接才推动了挠性电路的批量生产。

20世纪70年代末期，以日本厂商为主导，逐渐将挠性印制电路板(flexible printed circuit board，FPCB，简称为FPC)广泛应用于计算机、照相机、打印机、汽车音响、硬盘驱动器等电子信息产品中。20世纪90年代初期，挠性电路又翻开了历史的新篇章，冷战的结束使得一些推动美国挠性电路行业发展的军用挠性电路产品消失，美国的挠性电路在很大程度上依赖于军队的需求。20世纪90年代以后，在可携带型消费电子产品追求轻薄设计的背景下，挠性印制电路板的应用领域得到了极大拓展，手机、掌上电脑、笔记本电脑、数码相机、数码摄像机、卫星定位装置、平板显示、IC封装、汽车电子等都是其主要应用市场，甚至近年来涌现出的很多高科技电子产品也大量采用了FPC或刚挠结合板。

2011年全球PCB产值约554亿美元，其中FPC产值为92亿美元，占PCB总产值16.6%，预计到2016年FPC总产值将达到132亿美元，在PCB产值中所占比例上升至18.4%。近年来，4G技术、RFID、新型显示技术和全印制电子技术的成熟和广泛应用，给FPC提供了一个更为广阔的发展空间。因此，挠性印制电路板行业前景诱人，属于朝阳产业。

1.1.1 挠性印制电路板的定义及分类

相对于用刚性基材制成的刚性印制电路板(rigid printed board，又称硬板)而言，FPC是指用挠性绝缘基材制成的印制电路板，可以有或无覆盖层，又称为柔性板或软板。绝缘基材一般使用具有可挠曲性的薄膜，如聚四氟乙烯、聚酰亚胺、聚酯等，外面再粘上一层铜箔，其特点是可以实现动态和静态的挠曲、配线密度高、质量轻、厚度薄，具有高可靠性、高挠曲性。图1-1为一块双面挠性印制电路板的结构示意图。

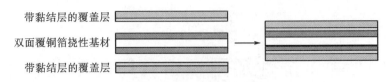

带黏结层的覆盖层
双面覆铜箔挠性基材
带黏结层的覆盖层

图 1-1　双面挠性印制电路板

挠性印制电路板(FPC)的分类方式有很多种。

1. 按线路层数分类

(1)挠性单面印制电路板。其包含一个导电层,可以有或无增强层,特点是结构简单,制作方便,其质量也最容易控制,如图 1-2 所示。

(2)挠性双面印制电路板。印制电路板包含两层具有镀通孔的导电层,可以有或无增强层,结构比单面板要复杂,需经过镀覆孔的处理,控制难度较高,如图 1-3 所示。

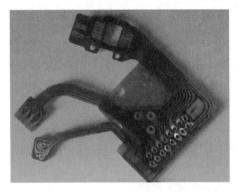

图 1-2　挠性单面印制电路板

图 1-3　挠性双面印制电路板

(3)挠性多层印制电路板。指包含三层或更多层,具有镀通孔的导电层,可以有或无增强层。其结构形式就更复杂,工艺质量更难控制,如图 1-4 所示。

挠性多层印制板又分为分层型挠性多层印制板和一体型挠性多层印制板。分层型挠性多层印制板的线路层间局部是分开的,不黏合在一起,有利于弯曲、折叠。一体型挠性多层印制板的线路层与层之间是完全黏合在一起的。

(4)挠性开窗板。该类印制电路板在有膜状覆盖层的场合下,还可以在覆盖膜上开窗口,如图 1-5 所示。

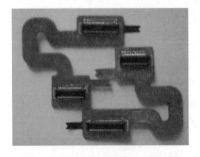

图 1-4　挠性多层印制电路板图

图 1-5　挠性开窗板图

2. 按物理强度的软硬分类

(1)挠性印制电路板(图 1-6)。该类印制电路板全部采用挠性基板材料制造。

(2)刚挠结合印制电路板(rigid-flex PCB)(图 1-7)。该类印制板用挠性基材并在不同区域与刚性基材结合而制成的印制板。在刚挠结合区,挠性基材与刚性基材上的导电图形通常都是互联的,又称为刚挠结合板。

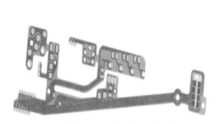

图 1-6 挠性印制电路板   图 1-7 刚挠结合板

在具体的应用中,又出现了经济型刚挠印制板。所谓经济型刚挠印制板是指挠性印制板与刚性印制板不是用黏结材料(adhesive)黏结成一体,也不是用接插件(connector)连接成一体,而是用焊接的方法装配成一体。这种焊接的方法有热压焊接方法(hot bar)、手工拖焊方法等。

3. 按基材分类

(1)聚酰亚胺型(polyimide)挠性印制电路板。此类电路板的基材为聚酰亚胺聚合物材料(图 1-8)。

图 1-8 PI(聚酰亚胺)印制板

(2)聚酯型(polyester)挠性印制电路板。其基材为聚酯的挠性印制板。

(3)环氧聚酯玻璃纤维混合型(epoxy/glass/polyester fibers)挠性印制板。其基材为环氧增强的玻璃纤维聚酯膜。

(4)芳香族聚酰胺型(aramide)挠性印制板。其基材为聚酰胺纸的挠性印制板。

(5)聚四氟乙烯(teflon)介质薄膜。其基材为聚四氟乙烯介质薄膜的挠性印制板。

4. 按其基板中有无增强层分类

(1)无增强层挠性印制板。是指在挠性印制板的板面上没有黏结硬质片材对其进行补强。

(2)有增强层挠性印制板。是指在挠性印制板的一处或多处，一面或两面黏接硬质片材。增加增强层的目的通常是增加机械强度，足以支撑较重的元器件，或形成平整的面，有利于装配。

5. 按有无胶黏层分类

(1)有胶黏层挠性印制板，就是通常所说的挠性印制板，在导体层与绝缘基材和覆盖层之间是通过黏结层连接起来的(图1-9)。

(2)无胶黏层挠性印制板。无胶黏层挠性印制板，是指采用铜箔与基材之间无胶黏层的覆铜板而制成的挠性印制板。无黏接层的挠性印制板可大大提高动态弯曲次数(图1-10)。

图1-9　有胶黏层的挠性板

图1-10　无胶黏层的挠性板

6. 按线路密度分类

(1)普通型挠性印制板。指常规线路密度和孔径的挠性印制板。

(2)高密度互联型(high density interconnection，HDI)挠性印制板。高密度挠性印制板是一种超细线距的新型挠性印刷线路板。Tech Search International 定义 HDI 电路为：节距(pitch)小于 8mils(200μm)，孔径小于 10mils(250μm)。超 HDI(Ultra-HDl)是 HDI 的一个分支，是指节距小于 4mils(100μm)，孔径小于 3mils(75μm)的精细线路。

7. 按封装分类

(1)TAB(tape automated bonding)型。TAB 技术即为一种带载芯片自动焊接的封装技术，凡采取卷带式(reel to reel)方式进行封装的相关技术，都可用 TAB 技术概括。半导体组件的发展越来越趋向于短小轻薄，此种趋势正好为 TAB 技术带来一个发展契机，它使用一种类似底片的材料来取代 IC 引线框(lead frame)进行 IC 封装，因为它不像 IC 引线框硬且厚，所以能够使封装轻薄短小化。此种技术目前大量应用于 LCD 面板所需的驱动 IC 的封装上；其终端应用产品则涵盖 TFT－LCD 监视器、笔记本电脑、各类仪器及消费性电子产品以及目前最热门的 PDA 及手机。

(2)COF(chip on flex/film)型。COF 是指在挠性薄膜上安装芯片的技术,它的主要应用以手机为主,或应用于 PDP(等离子体显示器)及其他面积不大的 LCD 产品。COF 和 TAB、COG 产品一样轻薄短小,COF 上除了可连接(bonding)IC 外,也可依据所需在其电路上焊接其他零件,如电阻、电容等,更可缩小 IC 相关电路所占空间,除了有零件区不可折外,其余部位皆为可折。COF 的特点为:结构简单,可自动生产,减少人工成本,相对降低模组(module)成本,且可靠性高(如冷热冲击、恒温恒湿等)。其与 TAB 最大不同点为:COF 为两层结构(Cu+PI),且产品上无组件孔,其整体厚度较薄,柔性更好,抗剥离强度也更好,是未来软质封装基材的发展趋势。

(3)CSP(chip scale package)型。即芯片级封装,指芯片封装后的总体积不超过原芯片体积的 20%,即可称为 CSP。至于形成 CSP 的技术并不设限,由于 CSP 的成品尺寸与原芯片大小相差无几,相当符合近年来消费品的短小轻薄趋势,因此预计未来 CSP 将会被大量使用在可携式通信产品或消费性电子产品(如移动电话、摄录像机、PDA 数字相机、GPS 等)中。

(4)MCM(multi-chip module)型。即多芯片模块,把多个 IC 芯片焊接在挠性印制板上。在挠性印制板上钻好芯片所要求的孔,然后用和积层法相同的顺序进行钻孔形成通孔,蚀刻形成线路,在盘上形成凸盘或焊球,焊接 IC 芯片,然后用树脂密封。

1.1.2 挠性印制电路板的性能特点及用途

挠性印制电路板得到大力发展和应用,是因为其具有以下显著的特点:

(1)挠性印制电路板轻、薄、短、小。挠性基材是由薄膜组成的,与刚性印制板相比更适合精密小型电子设备的应用,与刚性电路相比,空间可节省 60%~90%,其质量可减轻约 70%。

(2)挠性印制电路板可以实现静态和动态挠曲。其挠曲次数可达 10^7 次,可用于刚性印制板无法安装的任意几何形状的设备机体中,还可用于动态电子零部件之间的连接,其轻巧的挠性完全能取代笨重粗硬的电缆排线。

(3)挠性印制电路板具有更高的装配可靠性和产量。挠性电路减少了内连所需的硬件,如传统的电子封装上常用的焊点、中继线、底板线路及线缆,使挠性电路可以提供更高的装配可靠性和产量。

(4)挠性印制电路板可以向三维空间扩展,进行三维(3D)互联安装,提高了电路设计和机械结构设计的自由度,充分发挥出印制板功能。

(5)挠性印制电路板具有优良的电性能、介电性能及耐热性。挠性电路提供了优良的电性能,较低的介电常数允许电信号快速传输;良好的热性能使组件易于降温;较高的玻璃转化温度或熔点,使得组件在更高的温度下良好运转。

(6)挠性印制电路板有利于热扩散。平面导体比圆形导体有更大的面积/体积比,这样就有利于导体中热的扩散。另外,挠性电路结构中短的热通道进一步提高了热的扩散。

(7)其他功能用途。挠性印制板还可用作感应线圈、电磁屏蔽、触摸开关按键等。

挠性电路几乎用于每一类电器和电子产品中,而且是电子互联产品市场发展最快的产品之一。其功能可区分为 4 种,分别为引脚线路(lead line)、印制电路(printed circuit)、连接器(connector)以及功能整合系统(integration of function)，用途涵盖了电脑、电脑周边的辅助系统、医疗器械、军事和航天、消费性民用电器、汽车等，如表1-1所示。

表 1-1　挠性印制电路板用途

用途	示例
计算机	磁盘驱动器、传输线带、笔记本电脑、针式和喷墨打印机
通信机	多功能电话、移动电话、可视电话、传真机
汽车	控制仪表盘、排气罩控制器、防护板电路、断路开关系统
消费类产品	照相机、摄像机、微型收音机、VCD、DVD、拾音器、计算器、健身监测器
工业控制	激光测控仪、传感器、加热线圈、复印机、电子衡器
仪器仪表	核磁分析仪、X射线装置、红外分析仪、微料计测器
医疗器械	心脏理疗仪、心脏起搏器、电震发生器、内窥镜、超声波探测头
军事和航天	人造卫星、检测仪表、等离子体显示仪、雷达系统、喷气发动机控制器、夜间侦察系统、陀螺仪、电子屏蔽系统、无线电通信、鱼雷和导弹控制装置及新型自动化武器

1.2　挠性印制电路板材料的基本性能要求

挠性印制电路板的材料主要包括挠性覆铜箔基材、挠性黏结薄膜、覆盖膜和增强材料。刚挠印制板除了要采用挠性材料外，还要用到刚性材料，如环氧玻璃布层压板及其半固化片或聚酰亚胺玻璃布层压板及相应的半固化片。

1.2.1　挠性覆铜箔基材

挠性覆铜箔基材(flexible copper clad laminate，FCCL)是在挠性介质绝缘薄膜的单面或双面黏结上一层铜箔，又称为挠性覆铜板、柔性覆铜板、软性覆铜板，是挠性印制电路板的基础加工基材。

挠性覆铜箔基材的基本结构包括绝缘基膜材料、黏合剂和铜箔。其结构示意图及实物图分别如图1-11和图1-12所示。

铜箔
黏合剂
绝缘基膜
黏合剂
铜箔

图 1-11　挠性双面覆铜箔基材
基本结构示意图

图 1-12　挠性覆铜箔基材

1. 绝缘基膜材料

常用的绝缘基膜材料有聚酰亚胺类、聚酯类和聚氟类，其中聚酰亚胺和聚酯薄膜是目前挠性印制电路板生产的主力。

聚酰亚胺(polyimide, PI)是指主链上含有酰亚胺环(—CO—NH—CO—)的一类聚合物，其中以含有酞酰亚胺结构的聚合物最为重要。PI 薄膜呈黄色透明(图 1-13(a))，相对密度 1.39~1.45g/cm³，有突出的耐高温、耐辐射、耐化学腐蚀性能，介电强度高，电气性能和机械性能极佳，可在 250~280℃空气中长期使用。玻璃化温度分别为 280℃(Upilex R，日本宇部兴产公司)、385℃(Kapton，美国杜邦公司)和 500℃以上(Upilex S，日本宇部兴产公司)。20℃时 PI 的拉伸强度为 200MPa，200℃时大于 100MPa，特别适宜用作挠性印制电路板和刚挠结合印制电路板的基材，但是价格昂贵，吸湿性大。

聚酯(polyethylene terephthalate, PET)属于高分子化合物，是由对苯二甲酸(PTA)和乙二醇(EG)经过缩聚产生聚对苯二甲酸乙二醇酯，其中部分 PET 再通过水下切粒而最终生成。PET 薄膜(图 1-13(b))的许多性能与 PI 相近，但耐热性差，一般在 100℃以上的温度就会发生收缩变形，但是吸水率较低，适用于工作环境潮湿的挠性板制作。杜邦公司生产的 PET 介质薄膜 Mylar 膜也比较常用。

聚四氟乙烯(polytetrafluoroethylene, PTFE)是一种使用了氟取代聚乙烯中所有氢原子的人工合成高分子材料。这种材料具有抗酸抗碱、抗各种有机溶剂的特点，几乎不溶于所有的溶剂。此外，PTFE 具有耐高温的特点，它的摩擦系数极低。PTFE 薄膜(图 1-13(c))材料只用于要求低介电常数的高频产品。

为了从根本上改变 PI 基材的性能不足之处，开发了液晶聚合物(liquid crystal polyester, LCP)薄膜(图 1-13(d))。LCP 为能够呈现液晶态的高分子化合物，定义为在一定的条件下(溶剂、温度或压力)能自发形成各向异性的溶液或熔体的高聚物，是一种热塑性树脂。

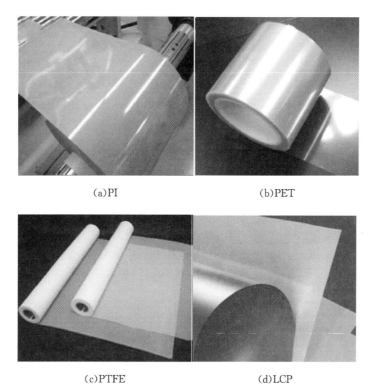

(a)PI　　　　　　　　　　　　(b)PET

(c)PTFE　　　　　　　　　　(d)LCP

图 1-13　常用绝缘基膜

LCP 可分为溶致 LCP 和热致 LCP,前者在溶剂中呈液晶态,后者因温度变化而呈液晶态。LCP 大致代表性的结构有三种,如图 1-14 所示。LCP 的各向异性使其具有高强度、高模量和自增强性能,突出的耐热性能,优异的耐冷热交变性能,优良的耐腐蚀性、阻燃性、电性能(介电常数为 2.9,介电损耗低)和成型加工性能,吸水率极低(仅为 0.04%)。其膨胀系数和摩擦系数极小,还具有优异的耐辐射性能和对微波良好的透明性。此外,由于 LCP 具有高的 T_g,在钻孔加工中很少出现钻污质量问题,因此 LCP 还具有很好的机械钻孔和冲孔性。LCP 薄膜适合高频微型化应用以及传感器、天线和高速倒装芯片设计。

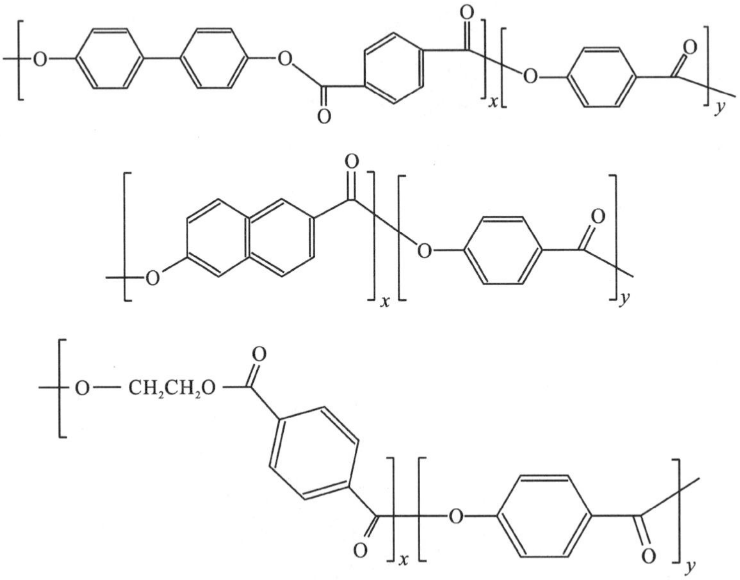

图 1-14　LCP 的三种代表性结构

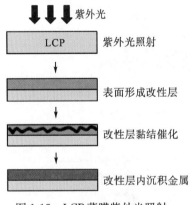

图 1-15　LCP 薄膜紫外光照射
改性、金属化过程示意图

LCP 薄膜表面与金属导体的黏接力很差,难以使沉积在 LCP 表面的金属与之有好的抗剥强度。日本某高技术研究中心(high-tech research center)的 Takeharu Sugiyama 等研发人员,为满足在 LCP 薄膜表面上制作精细印制电路的需要,采用了以紫外光辐照,使 LCP 薄膜表面改性的方法,提高黏接力以达到电路设计的要求,其工艺过程如图 1-15 所示。LCP 薄膜表面受紫外光辐照后形成改性层,接下来催化过程中在改性层内吸收催化剂,之后从改性层内发生金属沉积。

由于 LCP 良好的柔性,被认为是未来最有潜力的挠性印制板基板材料之一。目前市场上使用的 FPC 绝缘基体材料大多采用 PI、PET 及聚萘酯(PEN)等。但由于 PET 和 PEN 薄膜的耐热性不佳,而 PI 基材吸湿性太大,可能导致在高湿条件下,FPC 的可靠性降低,包括水汽在高温时蒸发所造成铜层的剥离及铜箔的氧化等危害。而且 PI 薄膜吸潮后造成的卷曲现象会造成材料在使用方面的困扰。表 1-2 为各绝缘基膜材料性能对比。表 1-3 为热塑性液晶聚合物(TLCP)覆铜箔基材与其他基材的性能对比。

表 1-2　各绝缘基膜材料性能对比情况

性能	PI	PET	芳酰胺	PTFE	聚砜	PEN
比重/(g/cm³)	1.42	1.38~1.41	1.40	2.1~2.2	1.24~1.25	1.36
抗拉强度/(kg/mm²)	优 21.5	优 14.0~24.5	良—	低 1.1~3.2	中 5.9~7.5	优 21.5
边缘抗撕/(kg/mm²)	9	17.6~53.6	—	—	4.2~4.3	—
耐热性/℃	400	150	—	260	180	270
工作温度/℃	−200/+300	−60/+105	−55/+200	−200/+200	—	180
燃烧性	自熄	易燃	—	不燃	自熄	—
吸湿性/%	2.7~2.9	0.3~0.8	8~9	0.01	0.22	0.5~1.0
体积电阻率/(Ω·cm)	5×10¹⁷	10¹⁸	10¹⁶	10¹⁸	5×10¹⁰	10¹⁸
介电常数/1MHz	3~3.4	3~3.2	4.5~5.3	2.0~2.5	3~3.1	2.9
介质损耗/1MHz	0.002	0.005	0.02	0.0002	0.0008	0.004
耐电压/(kV/mm)	275	300	230	17	300	300
热膨胀系数/(×10⁻⁶/℃)	20	27	22	80~100	—	100
耐强酸/强碱	良/差	良/良	良/优	优/优	优/优	良/良
成本价格	高	低	中	高	中	中

表 1-3　TLCP 覆铜箔基材与其他基材的性能对比

特性	项目	TLCP	PI	环氧玻璃布	BT 玻璃布	PTFE 玻璃布
热塑性	熔点/℃	280~315	不可	不可	不可	327
	热变形点/℃	260~310	>300	140	180~200	—
耐热性	焊接温度/℃	260~310	>270	260	>300	>260
吸湿性	吸水率/%	0.04	2.9	0.05~0.10	0.1~0.2	0.009~0.013
	尺寸变化 10⁻⁶/%	4	22	5	4	—
热膨胀	CTE/(×10⁻⁶/℃)	−6.5~18	12~32	12~14	13~16	—
电气性	介电常数/1MHz	3.0	3.1	4.7~5.0	3.3~3.6	2.7
	介电损耗/1MHz	0.022	0.089	0.015~0.019	0.001~0.002	0.0018
	体积电阻率/(×10¹⁵Ω·cm)	7.7	1.2	1~10	5~10	1~10

2. 黏合剂

黏合剂是把铜箔与基材膜结合在一起,常用的有 PI 树脂、PET 树脂、改性环氧树脂、丙烯酸树脂,基本特性如表 1-4 所示。在应用中仍以改性环氧树脂、丙烯酸树脂为多数,表现为黏合力强。由于黏合剂会影响挠性板的性能,尤其是电性能和尺寸稳定性,因此开发出了无黏合剂的二层结构挠性覆铜箔板,既能满足无卤的环保要求,也能满足无铅焊接把温度从 220~260℃提高到 300℃要求。无黏合剂与有黏合剂挠性覆铜箔板的性能比较如表 1-5 所示。

表 1-4　黏合剂基本性能表

性能	PI 树脂	PET 树脂	丙烯酸树脂	改性环氧树脂
黏合力/(lb/in)	2.0~2.5	3~5	8~12	5~7
焊接后变化	小	不适用	提高	变化大
热膨胀系数/(10^{-6}/℃)	<50	100~200	350~450	100~200
吸湿性/%	1~2.5	1~2	4~6	4~5
介电常数/1MHz	3.5~4	4.0~4.5	3.0~4.0	4.0
热稳定性	优	差	优	良
柔软性	优	良	优	中

表 1-5　无黏合剂与有黏合剂挠性覆铜箔板的性能比较

项目	胶黏剂型	无胶黏剂型
基材厚度	膜+胶黏剂(12~25 μm)	膜(12.5~125μm)
耐热性	低	高
尺寸稳定性	差	良
耐弯曲性	良	不同型号不同
和覆盖膜匹配	良	不同型号不同
生产应用性	长期,容易	短期,有难度
成本	低	高

二层结构挠性覆铜箔板的制造方法目前有涂布法、溅射/电镀法和层压法三种。

(1)涂布法,又称为铸镀法,是在铜箔的粗糙面上涂布高黏合性 PI 树脂(热塑性),再在其上均匀涂布芯层的 PI 树脂的预聚体,后通过加热、干燥,涂层树脂发生亚胺化而形成一体的 PI 树脂覆铜板。涂布法多用于生产单面覆铜箔的二层型 FCCL。

(2)溅射/电镀法,又称为化学镀/电镀法,是在聚酰亚胺薄膜上,采用溅射方式形成铜的晶种层,或采用化学镀的方式制作出较薄的导体“底基层”,而后再用电镀法形成所要求厚度的导电层。溅射/电镀法制出的导电金属层(一般为铜金属层)在 $9\mu m$ 或 $9\mu m$ 以下,此法可制造出另两种方法难以达到的薄导电金属层,更适用于高密度布线 FPC 的制作。

(3)层压法,是将涂布有亚胺类黏结剂的 PI 薄膜或者是有热熔特性 PI 涂层的 PI 薄膜,与铜箔叠合在一起,共同进行高温、高压的辊压成型加工。

三种方法相比,采用 PI 薄膜上沉积电镀金属层的方法,成卷制作容易,可选择较薄的基材与铜箔,但价格高;采用涂膜法适合大批量生产,成本低;层压法较易于制作双面覆箔板。

3. 铜箔

印制板采用的导电材料主要是铜箔,也有一些用到铝、镍、金、银等金属或它们的合金。铜箔主要分为电解铜箔(electro deposit,ED)和压延铜箔(rolled and annealed,

RA)。电解铜箔是采用电镀的方式形成，其铜微粒结晶状态为垂直针状，易在蚀刻时形成垂直的线条边缘，利于精细导线的制作。但是在弯曲半径小于 5mm 或动态挠曲时，针状结构易发生断裂，因此主要用于刚性印制板。挠性覆铜基材多选用压延铜箔，其铜微粒呈水平轴状结构，能适应多次挠曲。但这种铜箔在蚀刻时在某种微观程度上会对蚀刻剂造成一定阻挡。电解铜箔和压延铜箔的微观结构如图 1-16 所示。

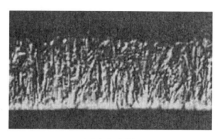 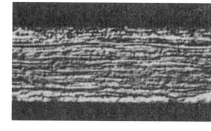

(a)电解铜箔　　　　　　　　　　　　　　(b)压延铜箔

图 1-16　电解铜箔和压延铜箔的微观结构图

线路图形高密度化发展要求导线具有更高的耐弯折性能，因此对于动态弯曲的 FPC 一般使用压延铜箔。日矿产业公司改进的高性能压延铜箔(HRA)滑移弯折试验提高到 76000 次循环，其耐折次数是普通压延铜箔的 6 倍以上。这种超高压延性铜箔具有高耐弯折次数的原因在于：①压延加工条件的改善，引起铜结晶组织的差异变化，在金属表面生成滑动带，缓和积存在结晶边界上的形变，使压延铜箔表现出高弯曲性；②压延铜箔表面粒子接近于纳米结构，存在大量晶界，弯曲过程中的裂纹发生和扩展沿着晶界进行，该晶界可吸收各种位错和变形，从而抑制裂纹发生增长，最终获得高弯曲性。还有常态下抗拉强度 HRA 箔为 $500N/mm^2$，RA 铜箔为 $400N/mm^2$；室温下延伸率 HRA 箔为 3％，RA 箔为 2％。表 1-6 为不同类型铜箔耐弯折性能比较。

表 1-6　不同类型铜箔耐弯折性能比较

铜箔	普通 RA 铜箔	普通 ED 铜箔	特殊 ED 铜箔	HRA
耐弯折性能/次	11600	2560	5233	76000

当线路越来越细时，电解超薄铜箔(厚度小于 $9\mu m$)，逐渐显示出优越性。现在高密度 FPC 还是以 ED 铜箔为主流，如 COF 是用 ED 铜箔。因为压延方式在制作 $12\mu m$ 以下铜箔时厚度难于控制，均匀性也较差，电解铜箔可制作 $12\mu m$、$9\mu m$ 甚至 $3\mu m$ 的极薄铜箔。而为适合 $40\sim50\mu m$ 线节距板量产化，对 ED 铜箔又提出了新要求：一是铜箔层压面低粗化度，二是铜箔超薄化。为了改善其耐挠曲性，制造商们通过改变阴极铜的结晶过程，使得电解铜箔在延伸率和耐折性方面大大改进，正逐渐接近压延铜箔。日本的三井公司通过改进工艺条件，制造出的电解铜箔很薄并具有高挠曲低轮廓性，适合制造微细线路。日本电解公司也开出相应的 HL 铜箔产品。

FPC 制造中有用导电油墨印刷在绝缘薄膜上形成导线或屏蔽层，这种导电油墨多数是导电银浆，要求印刷形成的导电层电阻低、结合牢、可挠曲，并且印刷操作与固化容易。低电阻与可挠曲的银浆导电油墨，可以在热固性或热塑性聚合物膜上、织物上、纸上印刷形成导电图形，也可制作图形用于射频标识(RFID)产品。形成的产品经高温存放试验、潮湿试验、高低温循环试验，其性能都能达到上述各项试验性能要求。采用导电油墨制作图形是较好的环保型、低成本技术。

1.2.2　黏结片薄膜材料

生产挠性及刚挠印制板的黏结薄膜主要有丙烯酸类、环氧类和聚酯类。

比较常用的是杜邦公司的改性丙烯酸薄膜和 Fortin 公司的无增强材料低流动度环氧黏结薄膜及不流动环氧玻璃布半固化片。丙烯酸与 PI 薄膜的结合力极好，具有极佳的耐化学性和耐热冲击性，而且挠性很好。环氧树脂与 PI 薄膜的结合力不如丙烯酸树脂，因而主要用于黏结覆盖层和内层。另外，环氧树脂的热膨胀系数低于丙烯酸数倍，在 Z 方向的热膨胀小，利于保证金属化孔的耐热冲击性。因此，在选用改性丙烯酸薄膜做内层的黏结剂时，两个内层之间的丙烯酸的厚度一般不超过 0.05mm，以防止热冲击时 Z 方向膨胀过大而造成金属化孔的断裂。当 0.05mm 厚的丙烯酸无法满足黏结要求时，应改用环氧树脂型黏结片。表 1-7 为不同类型黏结片性能比较。表 1-8 为两种编织类型玻璃布做增强材料的不流动环氧半固化片的一些性能参数。

表 1-7　不同类型黏结片性能比较

项目及测试方法	聚酰亚胺		
	丙烯酸-IPC	丙烯酸	环氧
抗剥强度/(b/in)	8.0	10.8	8.0
低温可挠性(IPC-TM-650，2.6.18.)	通过	通过	通过
黏结片最大流动/%(IPC-TM-650，2.3.17.1)	5.0	2.7	5.0
挥发组分/%(IPC-TM-650，2.3.37)	1.5	0.8	2
介电常数(1MHz(IPC-TM-650，2.5.5.3 最大值))	4.0	3.8	4.0
介电强度/(kV/mm)(ASTD-D-149)	80	180	80
体积电阻率/(Ω·cm)(IPC-TM-650，2.5.17)	10^{12}	10^{12}	10^{12}
表面电阻/Ω(IPC-TM-650，2.5.17)	10^{11}	10^{10}	10^{10}
绝缘电阻/MΩ(IPC-TM-650，2.6.3.2 室温下)	10^{4}	10^{5}	10^{4}
吸潮(最大百分比%)(IPC-TM-650，2.6.2)	6.0	1.0	4.0
损耗角正切(1MHz 下)(IPC-TM-650，2.5.5.3)	0.04	0.03	0.04
浮焊试验 IPC-TM-650 方法 B 2.4.13	通过	通过	通过

表 1-8　不流动环氧半固化片

玻璃布类型	半固化片厚度/mm	玻璃布厚度/mm	层压后半固化片厚度(压力 200psi)/mm	含胶量/%	流动度/%	凝胶时间/s
104	0.064	0.025	0.064	72±1	2	无
108	0.088	0.05	0.088	62±1	2	无

1.2.3　覆盖层材料

覆盖层是覆盖在挠性印制板表面的绝缘保护层，起到保护表面导线和增加基板强度的作用。覆盖层通常是与基材相同材料的绝缘薄膜，如涂有黏结剂的 PET 或 PI 薄膜。

有的消费类电子产品为节约成本，可采用涂覆阻焊层代替覆盖膜，也起到保护导线的作用。

覆盖层是挠性板和刚性板最大不同之处，其作用超出了刚性板的阻焊膜，它不仅起阻焊作用，而且使挠性电路不受尘埃、潮气、化学药品的侵蚀及减小弯曲过程中应力的影响，它要求能忍耐长期的挠曲。由于覆盖层是覆盖于蚀刻后的电路之上，这就要求它具有良好的敷形性，才能满足无气泡层压的要求。覆盖层材料选用与基材相同的材料，在挠性介质薄膜的一面涂上一层黏结薄膜，然后再在黏结膜上覆盖一层可撕下的保护膜，这层保护膜通常只有在将覆盖层与蚀刻后的电路进行对位时才撕下，是一个复杂的制作工艺过程。

覆盖层材料根据其形态可分为干膜型和油墨型，根据是否感光而分为非感光覆盖层和感光覆盖层。传统的覆盖膜在物理性能方面有极佳的平衡性能，特别适合于长期的动态挠曲，遗憾的是它是一个非常复杂的耗时耗工的工艺过程，而且很难引入自动化生产系统。另外，由于利用人工在薄膜材料上操作，因此很难制作高尺寸精度的小窗口。有的 HDI 挠性电路需要制作窗口直径小于 $200\mu m$，位置精度要求小于 $100\mu m$。网印挠性油墨能够提供低成本的批量生产，但是，对于高尺寸精度的小窗口，无法提供好的解决方法，同时不具有好的力学性能，不能用于动态挠曲。

液体感光型覆盖层采用标准的 UV 曝光，水溶性显影液显影，然后加热进行后固化，省去了传统的层压工序，如有三井化学、Sanwa 化学公司介绍的薄膜状感光型覆盖膜，可用碱性水溶液显影，解像度小于 $50\mu m$，有很高的尺寸稳定性、挠曲性，无环保问题。由于减少了两张覆盖层上的黏结层，因而提高了印制电路板的散热性并增加了可弯曲性。液体感光型覆盖层也可以采用掩孔工艺，掩住导通孔，从而为将导通孔设计在元件体下提供了条件。液体感光型覆盖层能耐 120℃的工作环境，在弯曲半径为 5mm 时能耐 107 次挠曲循环，其分辨率达 0.07mm，而且显影后膜的侧面是陡直的，适用于 SMT 的挠性板。感光性覆盖膜工艺如图 1-17 所示。

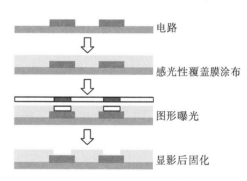

图 1-17 感光性覆盖膜工艺

为了满足产品的多样性需求，近年来又开发了多种多样的新型覆盖膜，如感光型聚酰亚胺覆盖膜、白色覆盖膜、彩色覆盖膜、电磁屏蔽膜、导热胶膜等。

近十年来，为了迎合 HDI 挠性电路发展的需求，开发了两类新的覆盖层制作工艺，在传统覆盖膜上进行激光钻孔以及感光的覆盖层(表 1-9)。

表 1-9 几种覆盖膜工艺对比

覆盖膜工艺	精度（最小窗口）	可靠性（耐挠曲性）	材料选择	设备/工具	技术难度经验需求	成本
传统覆盖膜	低($800\mu m$)	高(寿命长)	PI，PET	NC 钻机热压	高	高
覆盖膜+激光钻孔	高($50\mu m$)	高(寿命长)	PI，PET	热压机构	低	高
网印液态油墨	低($600\mu m$)	可接受(寿命短)	环氧，PI	网印	中	低
感光干膜型	高($80\mu m$)	可接受(寿命短)	PI，丙烯酸	层压、曝光、显影	中	中
感光液态油墨型	高($80\mu m$)	可接受(寿命短)	环氧，PI	涂布、曝光、显影	高	低

1.2.4　增强板材料

增强板是黏合在挠性板局部位置的板材，对挠性薄膜基板起支撑加强作用，便于印制板的连接、固定、插装元器件或其他功能。增强板材料根据用途不同而选择，常用挠性印制板由于需要弯曲，不希望机械强度和硬度太大，而需要装配元件或接插件的部位就要粘贴适当材料的增强板，一般常用和基材相同材质的薄膜或刚性印制板所使用的原材料，如纸酚醛板、环氧玻璃布、PET、PI、金属板等。常用增强材料的性能对比见表1-10。

如果插装焊接大量的有引线的元件与大型接插件时，应使用较厚的环氧玻璃布层压板，即使厚薄相同，环氧玻璃布层压板的机械强度要比纸酚醛层压板大得多。此外，使用铝板和不锈钢板作为增强板的情况也不断增加，由于金属板还可兼作散热板，不仅机械强度大，而且成型加工容易，许多方面都能使用。金属板和其他材料的增强板在加工方面有些不同，特别是不锈钢板黏结强度差，黏结前必须进行适当的表面处理。

表 1-10　常用增强材料性能对比

项目	酚醛树脂	玻璃纤维	PET	PI	金属板
厚度/mm	0.6~2.4	0.1~2.4	0.025~0.25	0.0125~0.125	无限制
耐焊接性	可	良好	不可	良好	良好
使用温度/℃	~70	~110	~50	~130	~130
机械强度	大	大	小	小	大
耐燃性	UL94V-0 可	UL94V-0 可	UL94V-0 不可	UL94V-0 不可	UL94V-0 可
成本	中	高	低	高	中
主要用途	承载接脚零件	承载接脚与 SMD 零件	连接器插头	承载 SMD 零件	承载 SMD 零件

欧盟(EU)在 2003 年发出 RoHS 和 WEEE 两项指令，即电子产品中禁用六种有害物质和废弃电子电气设备处理，前项指令涉及 PCB 中基板阻燃剂溴和表面涂层铅被禁用。为了顺应绿色环保的发展趋势。日本京写化工开发了无卤超薄型系列挠性基材，并推广上市。京写化工的 Super 系列 FPC 用材料并非 PI 膜，是全新的芳酰胺聚合物不含溴或锑阻燃物，符合环保要求。Super 系列 FPC 用材料包括 FCCL 基膜、黏结片、覆盖膜和增强板。

刚挠印制板材料的热膨胀系数对保证金属化孔的耐热冲击性十分重要。热膨胀系数大的材料，在经受热冲击时，在 Z 方向上的膨胀与铜的膨胀差异大，因而极易造成金属化孔的断裂。通常玻璃化温度(T_g)低的材料，其热膨胀系数也较大。表1-10 为 4 种材料的热膨胀系数与玻璃化温度的比较。从表 1-11 可以看出，4 种材料的玻璃化温度和 Z 方向热膨胀系数相差甚远。其中丙烯酸的玻璃化温度最低(接近室温)，热膨胀系数是其他材料的数倍。因而，在加工刚挠印制板时，应尽可能少地使用丙烯酸黏结片，尤其是要控制丙烯酸黏结片的厚度。实验证明，刚挠多层板的平均热膨胀系数是随丙烯酸树脂厚度百分比的提高而升高。平均热膨胀系数小的刚性板，随着温度的升高其尺寸变化最小；平均热膨胀系数大的挠性板尺寸变化最大；刚挠印制板由于是刚挠混合结构，因而热膨胀系数居中。

表 1-11　几种材料的玻璃化温度及热膨胀系数

特性	试验方法	丙烯酸膜	聚酰亚胺膜	环氧	铜
玻璃化温度/℃	IPC-TM-650 2.4.25	45	185	103	无
Z 轴热膨胀系数	IPC-TM-650 10^{-6}/℃ 2.3.24(25~275℃)	500	130	240	17.6

　　总之，在选择材料加工挠性和刚挠印制板时，不仅要考虑材料的特点及其机械、物理、化学特性，还要考虑产品的应用要求、安装结构要求、环境条件及材料对可加工性的影响。只有这样，才能生产出性能价格比最佳的挠性及刚挠印制板。

1.3　挠性印制电路板的制造工艺技术

　　挠性印制电路板的制造有不同方法，应根据印制板的材料、种类及复杂程度选择合理的加工技术。

1.3.1　片式挠性印制电路板制造工艺技术

　　单片间断式生产方式是把覆铜箔基材裁切成单块（panel），按流程顺序加工，各工序之间是有间断的，即通常所说的单片加工（panel-to-panel）。片式制程所需要的设备成本比较低，投资少，产品品种生产变化灵活，但生产效率低，制程可控性难度大，尺寸稳定性难以保证。片状尺寸范围广，可以根据线路尺寸与精度来规划。小尺寸有利于对位，制作的线路精确度高。大尺寸一般只能制作出可接受的品质，但成本较低。

　　以挠性多层印制板为例，片式挠性印制电路板的制作工艺如图 1-18 所示，其工艺流程与传统刚性印制电路板有共通之处，但由于挠性基材的特殊性，加工过程又有其独特的地方。

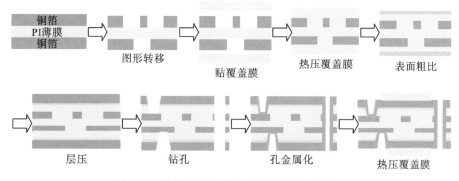

图 1-18　挠性多层印制电路板的制作工艺流程

1. 下料

　　挠性板的下料与刚性板有很大的不同。挠性板的下料内容主要有挠性覆铜板、覆盖层、增强板，层压用的主要辅助材料有分离膜、敷形材料或硅橡胶板、吸墨纸或铜板纸等。通常挠性覆铜板和覆盖层都是卷状的，因此要用卷状材料自动下料机。由于挠性覆铜板又软又薄，加工和持拿时很容易弄皱铜面，因此加工持拿要倍加小心。对压延铜的覆铜板，下料时还要注意压延铜的压延方向。

2. 钻孔

无论是挠性覆铜板还是覆盖层，它们都是又软又薄难钻孔，因此在钻孔前都要叠板，即十几张覆盖层或十几张覆铜板像书本一样叠在一起。通常与刚性板一样，也要加一张薄铝片以散热和清洗钻头。叠板时上下夹板(即盖板与垫板)可用酚醛板，一般垫板要厚一些，防止孔钻到数控钻床的工作台面上，垫板的厚度一般为 1.5mm，应具有均匀、平整、对钻头磨损小以及不含能引起钻污的成分等特点。

进给太快则容易造成断钻头、黏结片以及介质层的撕裂和钉头现象。通常 ϕ0.6mm 孔，其典型的钻孔工艺参数为：进给量 70mm/s，转速 50000rpm。对于有附连测试图形的在制板时，附连测试图形的孔应最后钻，这样才能真实地反映加工板孔内的情况。

盖板及垫板使用对钻孔质量也十分重要。盖板能防止印制电路板的上表面产生毛刺和钻头钻偏，起导向作用。盖板一般采用 0.3mm 厚的硬铝板，铝板还能起到散热从而减少钻污的作用。垫板具有保护工作台、防止板下表面产生毛刺的作用。覆铝箔层压板是较为理想的盖板/垫板，它是以木屑和纸浆为芯，两面是硬铝箔，用不含树脂的胶作黏结剂，这种材料的散热效果非常好。

当覆盖层上开窗口采用冲孔方法加工时，一定要注意将带有黏结层的一面向上，否则很容易产生钉头现象，见图 1-19。当覆盖层上的钉头是向着胶面时，会降低覆盖层与挠性电路的结合力。

合格的钻孔质量   胶面向上冲(推荐的)

不合格的钻孔质量   胶面向下冲
钻孔方法加工的覆盖层窗口   冲孔方法加工的覆盖层窗口

图 1-19   覆盖层钻孔与冲孔加工质量

3. 去钻污和凹蚀

经过钻孔的印制板孔壁上可能有树脂钻污，只有将钻污彻底清除才能保证金属化孔的质量。双面的挠性覆铜板经钻孔后一般需要去钻污和凹蚀，然后进行孔金属化。

通常，PI 产生的钻污较小，而改性环氧和丙烯酸产生的钻污较多。环氧钻污可用浓硫酸去除，而丙烯酸钻污只能用铬酸去除。采用铬酸法处理不仅污染环境，对操作人员的健康也极为不利。由于 PI 不耐强碱，因此强碱性的高锰酸钾去钻污不适用于挠性印制板。目前，许多厂家采用等离子体去钻污和凹蚀。根据 IPC-A-600F 规定，挠性多层板的去钻污凹蚀深度不应超过 0.05mm。

4. 孔金属化和图形电镀

1) 工艺流程(图 1-20)

图 1-20　金属化孔和图形电镀工艺流程

2) 化学镀铜

由于挠性基材(如 PI 和丙烯酸)不耐强碱,因此孔化的前处理溶液最好采用酸性的,活化宜采用酸性胶体钯而不宜采用碱性的离子钯。通常,刚性印制板的孔化溶液经过调整后可以用于挠性印制板的化学镀铜,但要注意既要防止反应时间过长又要防止反应速度过快。由于化学镀铜溶液大都是碱性的,因此反应时间过长会造成挠性材料的溶胀。反应速度过快会造成孔空洞和铜层的机械性能较差。有时在较快的反应速度下孔化的挠性板,虽然在目检时并没有发现孔空洞,但是在孔的周围有一个亮圈,在做背光实验时,就会看到有分散的亮点,这说明是化学镀铜反应速度过快从而造成铜层粗糙和机械性能较差。这种板子在图形电镀后孔的截面如图 1-21 所示,这种印制板虽然通常都能通过通断测试,但却往往无法通过后续的热冲击等试验或是在用户调机过程中就开始出现断路现象。

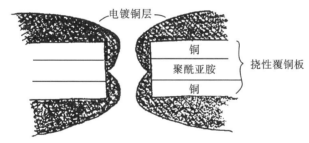

图 1-21　环形空洞金属化孔的截面图

由于 PI 和 PET 材料钻孔后的表面比环氧玻璃布的表面要光滑许多,因此它们的表面积比环氧玻璃布小,每平方米挠性印制板消耗的化学试剂也较少。当采用刚性印制板的化学镀铜溶液时,挠性印制板的反应速度就会过快,最终导致空洞的出现。合适的速率为 $5 \times 5 \mathrm{cm}^2$,玻璃布试验引发时间 5~6s,覆盖时间 15~20s。通常,刚性印制板用孔化溶液如硫酸铜体系化学镀铜溶液,应将反应速度降低至原来的 62%~72%。可以通过降低反应温度、减少溶液中各组分的浓度等方法降低溶液反应速度。调整后的溶液,反应 30min 后的化学镀铜层的厚度为 $0.6 \sim 0.8 \mu \mathrm{m}$。化学镀铜宜采用镀薄铜工艺。

3) 电镀铜加厚

由于化学镀铜层的机械性能(如延展率)较差,在经受热冲击时易产生断裂,所以一般在化学镀铜层达到 $0.3 \sim 0.5 \mu \mathrm{m}$ 时,立即进行全板电镀加厚至 $3 \sim 4 \mu \mathrm{m}$,以保证在后续的处理过程中孔壁镀层的完整。

4) 前清洗和成像

在成像之前,首先要对板进行表面清洗和粗化,其工艺与刚性板材大致相同。但是由于挠性板材易变形和弯曲,宜采用化学清洗或电解清洗,也可以采用手工浮石粉刷洗或专用浮石粉刷板机。板材的持拿同样要十分小心，板材的凹痕或折痕会造成干膜贴不紧，干膜起翘蚀刻断线，曝光时底版无法贴紧，从而造成图形的偏差。这一点对于精细导线和细间距图形的成像尤为重要。挠性板的贴膜、曝光及显影工艺与刚性板大致相同。显影后的干膜由于已经发生聚合反应，因而变得比较脆，同时它与铜箔的结合力也有所下降。因此，显影后的挠性板的持拿要更加注意，防止干膜起翘或剥落。

5）图形电镀

图形电镀的目的就是对金属化孔的孔壁进一步加厚。

图形电镀铜的延展率十分重要。片面增加铜层厚度不能提高金属化孔的可靠性，这是由于随金属化孔镀层厚度的增加，孔内横向应力增加。同时，为了保证线路的弯曲性能，也不能过多地加厚线路的导体铜。控制好电镀溶液的成分及工艺参数是生产出高品质金属化孔的保证。根据 IPC－6013 规定，镀通孔的挠性双面板的镀铜层厚度为 $10\sim12\mu m$，挠性多层板为 $20\sim35\mu m$。

5. 蚀刻

挠性覆铜板的蚀刻与刚性板略有不同，通常挠性板弯曲部位往往有许多较长的平行导线。为保证蚀刻的一致性，可以在蚀刻时注意蚀刻液的喷淋方向、压力及印制板的位置和传输方向。当制作精细导线时，应将要求比较严格的一面向下放，这样可以防止蚀刻液的堆积，从而增加蚀刻的精度。另外，在蚀刻之前，由于覆有铜箔，挠性板材比较硬。而在蚀刻过程中，当板材上的铜被蚀刻掉之后就会变得十分柔软，从而造成传动困难，甚至板材会掉入蚀刻液中造成报废，因而蚀刻时，应在挠性板之前贴一块刚性板牵引它前进。此外，为保证蚀刻的最佳效果，蚀刻液的再生与补加应当快捷、有效，最好采用蚀刻液自动再生补加系统。

6. 覆盖层的对位

蚀刻后的线路板在与覆盖层对位，要对表面进行处理以增加结合力。用浮石粉刷洗的效果最好，但是浮石粉颗粒容易嵌入基材中，以致结合力大大降低，因而将浮石粉颗粒彻底冲洗干净十分重要。

钻孔后的覆盖层以及蚀刻后的挠性电路都有不同程度的吸潮，因此这些材料在层压之前应在干燥烘箱中干燥 24 小时，叠放高度不应超过 25mm。

在覆盖层对位蚀刻后的线路板时，可用专用对位夹具，也可用目视放大镜对位，在对位后可用丁酮或热烙铁固定。关于覆盖膜的形成，近年来又出现了一些新的技术。覆盖膜的形成可以通过蚀刻 PI 方法，使 PI 覆盖膜或基材开孔，也可采用电泳镀膜法，把裸铜线路的挠性板放入 PI 树脂液中，经通电在铜线路周围吸附 PI，就形成线路的保护层。

7. 层压

1）挠性印制板的覆盖层层压

图 1-22 为挠性印制板的叠层实例。根据不同的挠性板材料确定层压时间、升温速率、压力等层压工艺参数。一般来说，它的工艺参数如下：

层压时间：全压下净压时间
为60min

升温速率：在 10～20min 内由
室温升至173℃

压力：150～300N/cm²，需在
5～8s 内达到全压力。

```
------- 上膜板
------- 分离膜材料
------- 吸墨纸或铜板纸
------- 分离膜材料
------- 衬垫材料（敷形材料）
------- 分离膜材料
[======] 工件
------- 分离膜材料
------- 衬垫材料（敷形材料）
------- 分离膜材料
------- 吸墨纸或铜板纸
------- 分离膜材料
------ 下模板
```

图 1-22　叠层实例

2）层压的衬垫材料

衬垫材料的选用对于挠性及刚挠印制板的层压质量十分重要。理想的衬垫材料应该具有敷形性好、流动度低、冷却过程不收缩的特点，以保证层压无气泡和挠性材料在层压中不发生变形。衬垫材料通常分为柔性体系和硬性体系。

柔性体系主要包括聚氯乙烯薄膜或辐射聚乙烯薄膜等热塑性材料。这种材料在各个方向的压力以及成形都比较均匀，而且敷形性非常好，能满足无气泡层压的要求。但是这种材料在压力较大的情况下，其流动度大大增加，从而造成挠性材料变化超差，因而这种衬垫适合于简单的挠性印制板。

硬性体系主要是采用玻璃布做增强材料的硅橡胶。硅橡胶在各个方向的压力都十分均匀，并且在 Z 轴方向上适应凹凸不平的电路，具有良好的敷形效果。其中的玻璃布则起到限制硅橡胶在 X、Y 方向上的移动，即使层压的压力较大，也不会引起挠性内层的变形。硅橡胶的价格虽然比聚氯乙烯薄膜昂贵，但是它却可以重复使用。硅橡胶的缺点是，所形成的黏结层的流胶形状是球形的，而柔性体系流胶形状则是凹形的。球形流胶的结合力比凹形流胶稍差，而且在焊接时容易造成焊料芯吸到覆盖层下。

综上所述可以看出，挠性多层板尤其是刚挠印制板的层压比普通刚性多层印制板复杂得多。无论是基材的选择、黏结片的选择还是衬垫材料的选择都十分讲究，因此，只有在正确选择材料的基础上正确地把握工艺条件才能达到理想的层压效果。

8. 烘板

烘板主要是为了去除加工板中的潮气，因为丙烯酸树脂和聚酰亚胺树脂的吸潮系数比环氧树脂大得多。烘板的工艺条件为 120℃下烘 4～6h。

9. 热风整平（热熔）

由于厚度薄，挠性印制板热风整平时，一般不会出现刚性板常见的堵孔、起瘤子、焊料层粗糙等现象，主要容易出现基材分层起泡现象。由于挠性印制板的吸潮性大，因此在热风整平（或热熔）之前一定要烘板以去除潮气，防止在经受热冲击时印制电路板分层、起泡。烘完后的印制板应立即进行热风整平（或热熔），以防止印制电路板重新吸潮。

挠性板由于很软，在热风整平时应固定在特制的夹具上，刚性印制板热风整平的温度为 230～250℃，浸焊时间 3～5s。由于挠性板非常薄，它进入焊料后温度能够迅速上升，因此在保证热风整平质量的前提下，应最大程度地减小热冲击的力度，挠性板应适当降低热风整平的温度，减少浸焊时间。挠性板热风整平的典型工艺参数为：230～240℃，浸焊时间 2～3s。

由于通常热风整平机前风刀的压力要大于后风刀的压力，因此在热风整平时最好将挠性板带夹具的一面向着前风刀，以使光滑的另一面略微靠近后风刀。这样，可以防止印制电路板提升时挂住两边风刀上方的钩子。挠性板的热熔工艺通常采用甘油热熔，它比红外热熔更容易控制。

造成热冲击时挠性印制板分层起泡的原因很多，除了烘板以外，在工艺上保证覆盖层的结合力也能减少分层起泡的发生。

10. 外形加工

挠性印制板的外形加工，在大批量生产时是用无间隙精密钢模冲模，可一模一腔，也可一模多腔。样品或小批量生产时用精密刀模，可一模一腔，也可一模多腔。

11. 包装

挠性印制板又薄又软、外形很不规则，因此其包装与刚性印制板不太一样。通常可采用块与块之间加包装纸或泡沫垫分离，几块板子一起上下加泡沫垫用真空包装机真空包装，也可在真空包装袋内加放干燥剂，延长存放时间。

1.3.2　挠性印制电路板 RTR 制造工艺技术

随着 FPC 产品的广泛应用，产品对制作技术的要求日趋提高，片式生产技术已不能满足部分产品的技术需求，尤其是当常规设备批量生产线宽/线距为 0.05mm/0.05mm 的精细导线图形时，其合格率也并未因生产条件受到严格控制而得到提高。针对片式生产技术的费时费力、劳动强度大、生产率低、尺寸稳定性（受热、受潮）较难保证。对于制造高密度精细线宽/线距的 FPC 合格率不高，质量亦难保证等不足，开发的连续传送滚筒（roll to roll，RTR）生产工艺便成功地解决了上述问题。

20 世纪 80 年代，世界上少数大型 FPC 生产厂家就开始建立了 RTR 生产线，由于当时所采用的工艺技术尚未成熟，RTR 生产线上所生产的 FPC 产品合格率仍然很低。90 年代后期，日本、欧美的连续卷带法生产 92 MAY2809NO. 3 FPC 在生产工艺、设备上都有了很大的进展。特别是 21 世纪初，RTR 方式生产 FPC 技术的发展更体现在 FPC 产品制造宽度、高密度布线、孔加工方式、双面板制作上。我国由于 FPC 起步较晚，RTR 制作技术应用较少。为了迎合 FPC 产品市场的需要，提升市场竞争力，国内挠性印制板生产企业也纷纷把目光投入 RTR 生产技术，开始进行"RTR 挠性电路开发与应用"的研究，近年来已经取得了比较丰硕的成果。

RTR 技术是指挠性覆铜板通过成卷连续的方式进行 FPC 制作的工艺技术，又称为卷对卷技术，其工艺流程如图 1-23 所示，加工示意图如图 1-24 所示。采用 RTR 生产工艺能提高生产率，提高自动化程度。这种高自动化的生产明显减小了人为操作、管理因素、环境因素对 FPC 制作的影响，因而具有更均匀一致而稳定的尺寸偏差，从而也易于进行修正和补偿，所以它具有更高的产品合格率、质量和可靠性。

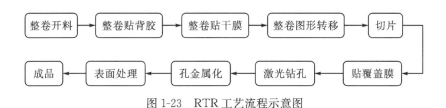

图 1-23 RTR 工艺流程示意图

图 1-24 RTR 加工示意图

卷对卷生产线使用的设备包括 RTR 自动贴膜机、RTR 平行曝光机、RTR 显影蚀刻线、RTR 自动丝印机、连续式固化机等，部分生产设备如图 1-25 所示。

图 1-25 RTR 生产设备举例

RTR 自动贴膜机与 RTR 平行曝光机均要求在洁净度很高的环境中工作，温度要保持在 20℃左右，湿度也要控制在 50％左右。使用 RTR 自动贴膜机，只要在固定位置上装好整卷干膜与整卷挠性覆铜板，就可以自动完成在铜箔表面贴上干膜的工作，同时收卷机就会将贴好干膜的铜箔收卷，自动贴膜机可以按要求设定好各种工艺参数，如压力、温度与速度。一般的贴膜机因为都是对一小块的铜箔进行贴膜操作，但用的干膜是整卷的，所以在贴膜机的两边都得有人操作，一边需要人依次放上铜箔，另一边则需要人切割贴好干膜的铜箔。一般贴膜机本身也可以定好各种工艺参数。

RTR 平行曝光机两边各有一个输送已贴好干膜的覆铜板的传送机与一个接收已曝光出来的覆铜板的收卷机，使用前在操作屏上设定好底片与预留剪切铜箔的总长度及曝光能量大小，尺寸一定的底片固定于曝光机里面，在每次曝光前都要固定好底片与抽真空，然后覆铜板按固定尺寸传送，整卷覆铜板在很短的时间就完成了曝光操作。RTR 平行曝光机有两种：制作单面 FPC(挠性印制电路)用的曝光机，每次曝光过程只对一面曝光；制作双面 FPC 用的曝光机，每次曝光过程同时对两面曝光，21 级曝光尺的级数一般控制在 6~9 级，对更精细的线路图形转移可能级数还要低一点。RTR 平行曝光机从左到右是挠性覆铜板的传送机、曝光机、收卷机。而一般生产上常用的曝光机有平行光曝光机和散光曝光机，手动的平行曝光机用于制作线路较精密的 FPC，散光曝光机则只用于制作线路较粗的 FPC。

RTR 显影蚀刻线是指显影蚀刻在一个流程线上完成的，已经曝光好的覆铜板放于RTR 显影蚀刻线上，让滚辊带动整卷覆铜板完成显影与蚀刻这两个过程。有的 FPC 制造商，显影与蚀刻线会独立分开，这样就会增大人为因素的影响，而且必然增加了人力资源的使用；而显影蚀刻一线生产，必然增加了效率，减少了人为操作因素影响，但显影液与蚀刻液一定要控制好浓度、温度与速度，否则一线生产会造成不良品增多。

当完成上面图形转移过程后，制作出来的 FPC 就会完成贴覆盖膜、印字符、贴补强、钻孔、冲外形等过程，最后得出 FPC 成品。

RTR 丝网印刷中，导电油墨的固化也是很重要的一步。油墨的固化是为了将油墨中的溶剂挥发，使油墨中的填料金属微粒形成导电通道，从而使线路导电。固化通常在140℃左右的烘箱中固化 30min 左右，固化完成后打开烘箱，需要等温度降到 50℃以下方可将板从烘箱中取出，操作者必须戴厚纱手套。

1.4 刚挠结合印制电路板

1.4.1 刚挠结合印制板概述

刚挠结合印制电路板(rigid-flex printed circuit board，R-FPCB)是指一块印制板上包含一个或多个刚性区和一个或多个挠性区，由刚性板和挠性板有序地层压在一起组成，刚性印制线路板层上的线路与挠性印制线路板层上的线路通过孔金属化相互导通，如图 1-26 和图 1-27 所示。

刚挠结合板同时兼有刚性板与挠性板的特点，它刚柔结合，能弯曲、折叠和收缩，具有以下的特点：

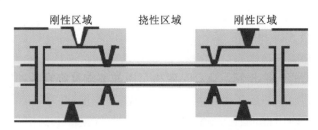

图 1-26　刚挠结合板结构示意图

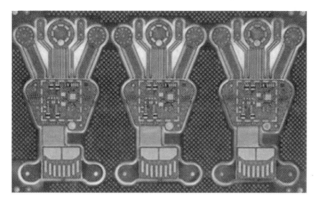

图 1-27　刚挠结合印制电路板实例

（1）电路体积小、质量轻、稳定性高。刚挠结合板最初的设计是用于替代体积较大、难于安装的导线束。在目前的接插（cutting-edge）电子器件装配板上，刚挠结合电路通常是满足小型化和三维立体安装的唯一解决方法。对于既薄又轻、结构紧凑复杂的器件而言，其设计解决方案包括从单面导电线路到复杂的多层三维组装，刚挠结合板的总质量和体积比传统的圆导线线束方法要减少 70%。

（2）刚挠结合电路板可移动、弯曲、扭转、实现三维布线。刚挠结合板的挠性部分可移动、弯曲、扭转而不会损坏导线，可应用于不同形状和特殊的封装尺寸。由于可以承受数十万次的动态弯曲，挠性部分可很好地适用于连续运动或定期运动的内连系统中，成为最终产品功能的一部分。刚性区域易于实现芯片贴装，更好地解决了电子设备各功能模块之间的互连。

（3）刚挠结合电路板具有优良的电气性能、介电性能、耐热性。刚挠结合板提供了优良的电气性能，良好的导热性能使组件易于降温。挠性部分较低的介电常数允许电信号快速传输，PI 基材具有较高的玻璃转化温度或熔点，使得组件能在更高的温度下良好运行。

（4）刚挠结合电路板具有更高的装配可靠性。刚挠结合板减少了传统的刚性板与挠性板内连所需的硬件，如传统的跳线插座等，可以提供更高的装配可靠性。

（5）制作难度大，一次成本高，装拆损坏后无法修复。刚挠结合板制作工序复杂，特别是孔金属化和整体压制工艺中，型号不同，所需的加工工艺相差很大，同时需要特殊的压制工装。复杂的加工工艺，加重了生产的成本，而且在电路损坏后不易修复。

刚挠结合板结合刚性板和挠性板的优势，既可提供刚性电路板的支撑作用，又可实现局部弯曲，广泛应用于电子产品的三维组装。刚挠结合印制板以其立体组装性、支撑和可焊接性、可靠的互连性、能够保证低干扰性和信息传递完整性等优越的特点，促进电子产品向着轻、薄、短、小方向发展。基于其一系列的特征，刚挠结合印制板成为近年来增长非常迅速的一类印制板，被广泛地应用在多个领域，增长速度大大超过普通印制板。欧美刚挠结合板主要用于军事和航空产品中，汽车电子如换挡器、门控、汽车摄像头等电子模块，医疗产品如助听器、内窥镜使用微型刚挠结合板，数码相机、数码摄像机应用了大量的挠性板及刚挠结合板。电子产品都使用挠性板或刚挠结合板。随着电子产品趋向多功能化和小型化，挠性板、刚挠结合板的应用将越来越广泛，因此具有广阔的发展空间。

1.4.2　反复挠曲型刚挠结合印制板制造工艺技术

按照挠曲程度不同，R-FPCB 一般可分为三种，即反复弯曲型刚挠结合板(multi-flex PCB)、静态弯曲型刚挠结合板(yellow-flex PCB)和半弯曲型刚挠结合板(semi-flex PCB)。

1. 反复弯曲型 R-FPCB

反复弯曲型 R-FPCB 又称为动态弯曲型 R-FPCB，是最常规的 R-FPCB(图 1-26)，是由刚性材料与挠性材料层压组成的多层印制电路板，由金属化孔实现层间的电气互联。刚性部分通常采用环氧树脂玻璃布 FR-4 覆铜箔层压板，挠性部分多采用聚酰亚胺(PI)膜覆铜箔基材，通过黏结材料层压在一起，在弯曲半径 1mm 和弯曲角度 180°情况下可以进行成千上万次弯曲。

反复弯曲型 R-FPCB 根据刚性区和挠性区的结构又可分为对称型和非对称型 R-FPCB(图 1-28)、书本型 R-FPCB(图 1-29)、飞尾型(flying tail)R-FPCB(图 1-30)等。对称型 R-FPCB 制造过程通常是挠性部分与刚性部行内层分别加工后压合在一起的。不对称型 R-FPCB 通常是挠性部分线路图形作为印制电路板外层，与刚性部分压合后作为外层线路图形一起加工的。书本型 R-FPCB 是在两块刚性多层板之间有多层挠性板连接，挠性层如厚书本的封皮可弯折。为便于弯折达到刚性板合拢，多层挠性之间是分离的，而且设计时要多层挠性的外侧层长度大于内侧层，各层长度是参差的。飞尾型 R-FPCB 的挠性板一头与刚性板结合连接，另一头如鱼尾巴样可自由摆动，仅拖着一个单面或双面挠性板的是单尾型 R-FPCB，若拖着两个或多个单面或双面挠性板的是双尾型或多尾型 R-FPCB。

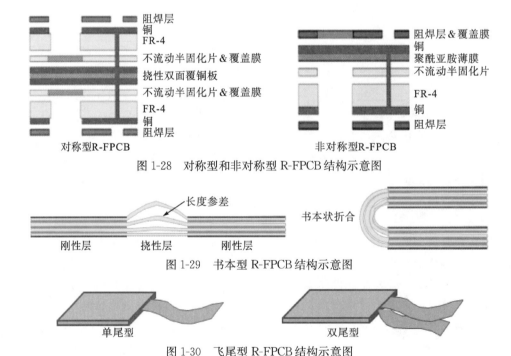

阻焊层
铜
FR-4
不流动半固化片＆覆盖膜
挠性双面覆铜板
不流动半固化片＆覆盖膜
FR-4
铜
阻焊层
对称型R-FPCB

阻焊层＆覆盖膜
铜
聚酰亚胺薄膜
不流动半固化片
FR-4
铜
阻焊层
非对称型R-FPCB

图 1-28　对称型和非对称型 R-FPCB 结构示意图

长度参差
刚性层　　挠性层　　刚性层
书本状折合

图 1-29　书本型 R-FPCB 结构示意图

单尾型　　　　　双尾型

图 1-30　飞尾型 R-FPCB 结构示意图

2. 静态弯曲型 R-FPCB

该类 R-FPC 的弯曲性介于动态弯曲型与半弯曲型 R-FPCB 之间，由德国 RUWEL 公司发明，被称为 "yellow-flex printed circuit board"，其刚性部分通常采用环氧树脂玻璃布 FR-4 基板，仅在弯曲部分用可挠曲聚合物覆铜箔基材，代替 PI 覆铜板，通过黏结材料黏合。刚性部分只有常规刚性多层印制板材料，不需使用挠性印制板材料，孔加工容易，层间结合可靠性高，还可节省挠性材料，降低成本。如图 1-31 所示。在弯曲半径 1mm 和弯曲角度 180°的情况下，可弯曲百次以上。目前 "yellow-flex" 电路板仅限于一层弯曲电路图形，两层弯曲电路图形在继续开发，而刚性部分电路层数不受限制。按 IPC 标准对 "yellow-flex" 电路板进行热冲击、热应力、热循环和绝缘性等性能测试，其测试结果均达到相应要求。

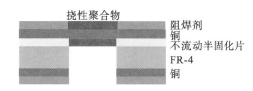

图 1-31　静态弯曲型 R-FPCB

3. 半弯曲型 R-FPCB

半弯曲型 R-FPCB 采用可以弯曲的常规刚性多层板基材，通过特殊加工使弯曲部位减薄至可以弯折的厚度，应用于一些可靠性要求高，不需像手机那样承受多次动态弯曲，只需在安装、返工或维修时承受少次弯曲的电子产品（如某些车载产品）。在弯曲半径 5mm 和弯曲角度 180°的情况下，可弯曲 10 次以上。

4. 挠性板部分嵌入式 R-FPCB

挠性板部分嵌入式 R-FPCB 是将挠性板部分埋入刚性板中，通过挠性板实现各刚性板之间的互联，而不需要像现有技术一样全层使用挠性板材，降低了挠性板材的浪费，相应地降低了刚挠结合板的制作成本；同时，利用这种方法制作出来的刚挠结合板，由于挠性板和刚性板的重合面积较小，挠性板中挠性板材的涨缩变化与刚性板中刚性板材的涨缩变化保持一致，进一步压合时，不会因为涨缩变化量不一致而发生图形错位。

反复挠曲型刚挠结合板的制作工艺是将刚性基材电路与挠性基材电路层压在一起，再由孔金属化连通混合构成刚挠电路板。最简单的结构中，构成刚挠电路板的导体层可以有两层，一层是刚性的，另一层是挠性的。复杂的刚挠电路板的导体层可以是 10 层、20 层或者更多层构成，是把挠性多层夹叠在刚性外层间构成。每块刚挠印制板上有一个或多个刚性区和一个或多个挠性区，其工艺流程如图 1-32 所示。

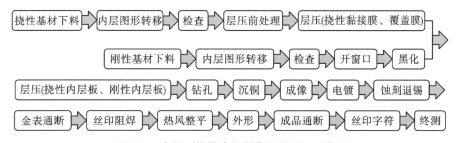

图 1-32　常规刚挠结合板制作工艺流程示意图

与刚性印制板的工艺相比，刚挠结合板由于同时使用了刚性基材和挠性基材，在制作工艺上有一定的独特性，其制作难题主要有以下几点：

(1)孔金属化。刚挠结合印制板的材料包括环氧树脂、PI树脂、丙烯酸树脂、玻璃纤维和铜。钻孔时产生的孔壁沾污成分主要是丙烯酸树脂、少量的PI树脂和环氧树脂。PI对浓硫酸溶液显惰性，但又不耐强碱，丙烯酸树脂既不耐强碱溶液又不耐强酸溶液，因此采用常规的刚性多层板去钻污工艺很难对刚挠结合印制板的孔壁产生良好的去沾污效果。另外，由于丙烯酸树脂的玻璃转化温度低，热膨胀系数高于其他材料数倍，这对镀层的延展性提出了更高的要求，因此为了保证孔金属化的可靠性，必须提高沉铜层与孔壁的结合力，提高镀铜层的延展性。现在业内多采用等离子体进行去钻污。

(2)层压。与刚性多层板的层压相比，刚挠结合印制板的层压要复杂得多。挠性内层板的层压及刚挠结合多层板的层压都要考虑层间对位的准确性、尺寸的稳定性、无层压气泡、无层压变形以及层间的结合力等问题。另外，刚挠结合多层板的层压还要考虑刚性表面平整性的问题和挠性窗口的保护问题。

(3)热风整平。由于刚挠结合印制板的材料种类较多，且各种材料之间热膨胀系数相差较大，因此热风整平时如何避免层间材料之间产生分离是刚挠结合印制板生产的又一个技术难点。

1.4.3 半弯曲型刚挠结合印制板制造工艺技术

半弯曲型刚挠结合板(Semi-flex PCB)又称为半挠性刚挠结合板(图1-33)，最典型的加工方法是采用可以弯曲的普通FR-4材料，先按普通刚性多层板正常流程加工出PCB，然后通过控深铣把需要弯曲的地方铣薄，使其具备一定的挠曲性，从而能满足组装时弯曲连接的需要。

由于只在安装、返工或维修时弯曲，连接后就固定不动，不像手机等需要多次弯曲，不必使用专门的挠性板材料，尤其是昂贵的PI材料。

阻焊剂
铜
FR-4
铜
阻焊剂

图1-33　Semi-flex印制板结构示意图

1. Semi-flex技术的主要特点如下：

1)低成本

Semi-flex技术，采用环氧树脂FR-4材料，先按正常流程加工出PCB，然后通过控深铣选择性地减低传统多层材料的厚度，使其具备一定的挠曲性。与双面板和多层板的制作相比，这种方法只多了一个制造步骤，加工流程相对简易，可通过替代昂贵的聚酰亚胺等挠性材料来降低成本，与挠性印制板及传统刚挠结合板相比，能显著降低成本。

2)高可靠性

Semi-flex PCB应用于汽车与电子工业，因此具有严格要求，当最终组装需要PCB板进行堆栈时，这种Semi-flex PCB不仅可以降低成本，还可以减少焊接点及连接器的缠绕，具备可以在同一状态、同一平面进行贴装元器件的特点。组装完成后，挠性部分不必使用挠性基材就可以满足弯曲至最终形状的要求，克服了由挠性基材和刚性基材涨缩变化不一致而引起的可靠性问题，从而提高了电子产品系统的可靠性。

3)特殊安装性能

Semi-flex PCB 是一种在刚性印制板的基础上制作出可进行局部弯折的印制板,既可以提供刚性印制板的支撑作用,又可以根据产品要求实现局部弯曲,包括 45°、90°、180°弯曲,满足各种类型三维组装的安装性能要求,如图 1-34 所示。

(a)平行错层抬高安装　　　　　　　　　　(b)90°弯曲安装

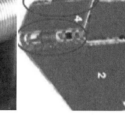

(c)180°弯曲安装　　　　　　　　　　(d)三维空间安装

图 1-34　Semi-flex PCB 特殊安装性能图

Semi-flex 技术出现于 1991 年,由德国 RUWEL 公司开发,迅速广泛应用于汽车行业。在国外特别是欧洲,Semi-flex 技术已是一项较成熟的技术。德国 RUWEL 公司、WURTH 公司、英国 eSat 公司、泰国 Aspocomp 公司等外国公司都已开发出相关的产品,主要应用于汽车、通信产品或者工业控制器和传感器。随着全球汽车行业的强劲增长,再加上中国汽车市场的爆发,Semi-flex 印制板技术将获得更广泛的应用,潜在市场巨大。Semi-flex 技术已逐渐广泛应用于汽车制造当中,无论是发动机系统,还是底盘系统、操纵系统、车内环境系统等都有机会采用该技术产品。Semi-flex PCB 产品主要应用于汽车电子、大型机具、数据通信等领域,并能够最大限度地满足当今基板安装互联所需要的高系统可靠性、低安装时间、低安装成本及三维安装需求。在刚性板的基础上,通过特殊的加工手段,实现局部的可弯曲性能,较传统意义上的刚性板与挠性板组成的刚挠结合板,在材料成本、加工成本与工艺难度上有显着的降低,既能满足一定次数的局部弯曲安装要求,又可以提供更加稳定、完整的电信号传输性能,可以部分取代刚挠结合板的应用。在刚挠结合板市场快速发展的大背景下,Semi-flex PCB 的应用将得到极大推广。

2. Semi-flex PCB 的常规制作方法

Semi-flex PCB 的常规制作方法主要有 4 种:控深铣法、预先开窗法、填充物法和铣槽揭盖法。

1）控深铣法

控深铣法适合于制作挠性区域导电图形为 1 层的典型 Semi-flex PCB，其挠性区域内表面（弯折圆弧内径面）无导电图形，如图 1-35 所示。其前期制作过程与传统刚性多层板相同，通过控深铣减薄挠性区域材料厚度至可弯曲的程度，表面处理时需注意在挠性区域印刷软性油墨，压合时黏结材料使用普通高流动性半固化片即可，其主要制作过程如图 1-36 所示（以 4 层板为例）。

图 1-35　控深铣法制作 Semi-flex PCB 示意图

图 1-36　控深铣法制作 Semi-flex PCB 的工艺流程

2）预先开窗法

此方法适用于挠性区域两面均有导体图形，且两面均有表面处理要求（如阻焊、镀金、OSP 等）的 Semi-flex PCB，如图 1-37 所示。其制作工艺类似于传统刚挠结合板，在内层图形制作完成后，将挠性区域对应位置的刚性子板材料（弯折层除外）和半固化片进行开窗，压合时黏结材料使用不流动性半固化片，层压后即可露出挠性区域，其制作流程如图 1-38 所示（以 6 层板为例）。

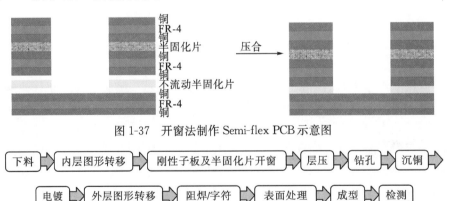

图 1-37　开窗法制作 Semi-flex PCB 示意图

图 1-38　开窗法制作 Semi-flex PCB 的工艺流程

3）填充物法

此法可制作导电层在内层或者外层、层数大于 2 层的 Semi-flex 印制电路板。其制作工艺为内层图形加工完成后，预先对非弯折层子板和半固化片开窗，同时在弯折层挠性区域贴覆盖膜保护此处的线路图形；压合时，放入与开窗区域厚度相等的填充物以阻止半固化片树脂流向挠性区域影响弯折性能，控深铣后取出填充物即可露出挠性区域，在压合时使用的黏结材料为普通高流动性半固化片，如图 1-39 和图 1-40 所示。

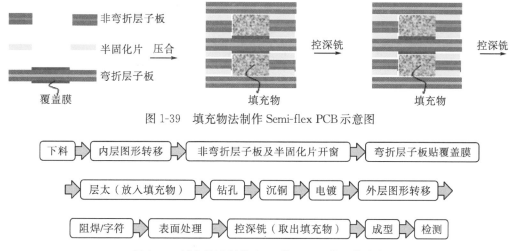

图 1-39　填充物法制作 Semi-flex PCB 示意图

下料 ⇒ 内层图形转移 ⇒ 非弯折层子板及半固化片开窗 ⇒ 弯折层子板贴覆盖膜

⇒ 层太（放入填充物）⇒ 钻孔 ⇒ 沉铜 ⇒ 电镀 ⇒ 外层图形转移 ⇒

阻焊/字符 ⇒ 表面处理 ⇒ 控深铣（取出填充物）⇒ 成型 ⇒ 检测

图 1-40　填充物法制作 Semi-flex PCB 的工艺流程

4）铣槽揭盖法

此法适用于挠性区域两面均有导体图形的 Semi-flex PCB。如图 1-41 所示，内层图形加工完成后，先将子板（弯折层除外）和半固化片沿着挠性区域的刚挠结合边缘铣出两条平行的条形槽（紧挨着弯折层的半固化片开窗），然后进行压合以及外层图形制作，压合时黏结材料使用流动性不高的半固化片，最后在铣外形时铣掉挠性区域对应四边形的另外两边条形槽，四条条形槽首尾连通，揭掉多余部分后即可露出挠性区域，其主要流程如图 1-42 所示（以 6 层板为例）。

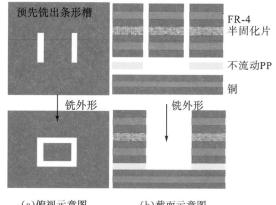

（a）俯视示意图　　　　（b）截面示意图
图 1-41　铣槽揭盖法制作 Semi-flex PCB 示意图

图 1-42　铣槽揭盖法制作 Semi-flex PCB 的工艺流程

目前国内 Semi-flex 技术还处于开发阶段，很少见相关的应用报道。业界制作的 Semi-flex PCB 挠性弯折区导电层数小于或等于两层，且弯折层在外层，结构单一，产品层数多。此外，由于位于电路板外层，沉铜电镀等步骤会使弯折区外层铜厚加厚，导致线宽/线距最小只能达到 $100\mu m/100\mu m$，限制了线路的精细化制作。为更好地适应和满足市场的多样化需求，提高产品的市场竞争力。需要研究制作更精细的线路(线宽/线距可达 $75\mu m/75\mu m$ 甚至更小)，此外，对有阻抗要求的印制板，还要注意刚挠连接处的介质层厚度。

1.4.4　嵌入挠性线路刚挠结合印制电路板制造工艺技术

嵌入挠性线路(embedded flexible circuit，E-Flex)印制电路板是一类与刚挠结合印制板功能类似，但是结构不同的电路板。刚挠结合印制电路板由数层刚性板夹合挠性印制电路板构造而成，而 E-Flex 印制电路板由挠性印制电路板嵌入数层刚性板中构造而成的，图 1-43 是 E-flex 印制板的剖面结构图。

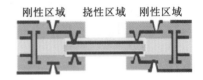

图 1-43　E-flex 印制电路板结构示意图

嵌入挠性印制电路板主要应用于高端电子消费产品，如手机、摄像机、照相机、武器系统、航空航天等急切需求体积小、可靠性高、功能强的产品中。作为先进的高科技产品，E-flex 印制电路由印制电路板第一大企业日本 Ibiden 公司率先提出并研发，现已实现大规模生产。目前，Ibiden 公司已经开始给国外大型电子企业供应 E-flex 产品(图 1-44)，如苹果公司、诺基亚公司，并供应于军事国防产业。

图 1-44　日本 Ibiden 公司的 E-flex 印制电路板

挠性板部分埋入式刚挠结合板是将挠性板埋入刚性板中，通过挠性板实现各刚性板之间的互联，而不需要像现有技术一样全层使用挠性板材，降低了挠性板材的浪费，相应地降低了刚挠结合板的制作成本；同时，利用这种方法制作出来的刚挠结合板，由于挠性板和刚性板的重合面积较小，挠性板中挠性板材的涨缩变化与刚性板中刚性板材的涨缩变化保持一致，进一步压合时，不会因为涨缩变化量不一致而发生图形错位。在进行钻孔、孔清洗、孔金属化处理时，由于刚性芯板中刚性区完全是刚性板材，因此可以完全按照普通刚性板的加工工艺及加工参数进行加工；而挠性区在制作精细图形时，可以采用小尺寸加工挠性板，一般加工尺寸范围为 100mm×100mm～350mm×350mm，小尺寸挠性板涨缩变化小，而且不易破损，易于加工，因此降低了刚挠结合板的制作难度，可有效减少开路、短路等不良现象的产生，提高刚挠结合板的成品率，其制作工艺流程如图 1-45 和图 1-46 所示。

与传统的刚挠结合板相比，E-flex 印制板具有以下优点：①设计：挠性板不受刚性板尺寸制约，独立制作，涨缩变化小，加工难度低；②挠性板：挠性板部分埋入，非弯折区域不需要挠性板，节省挠性板成本；③半固化片：通过技术优化，可使用普通半固化片层压，节省成本；④激光钻孔：刚性区域只需加工环氧玻璃布层，参数评估容易；

⑤去钻污：与刚性板一样，孔壁只有环氧树脂，可用碱性高锰酸钾处理；⑥镀铜：加工工艺与普通刚性多层板相同。

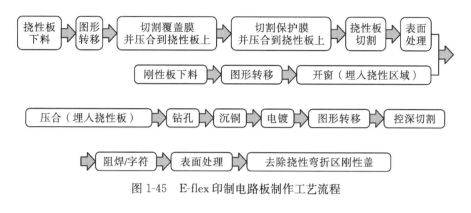

图 1-45　E-flex 印制电路板制作工艺流程

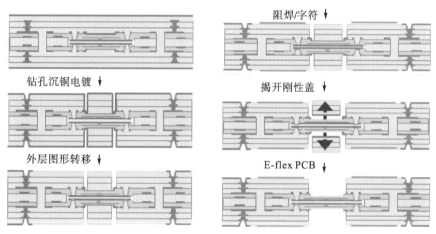

图 1-46　E-flex 印制电路板制作工艺流程示意图

由于 E-flex 印制板制作工艺的特殊性，制作过程中需要注意以下几点：

1) 挠性板图形的形成

由于挠性板材易变形弯折，在整个图形的形成过程中，要特殊处理，否则容易出现变形、褶皱、凹痕等缺陷。挠性板图形形成的好坏直接关系产品的质量，因此需要严格控制。

前处理过程中，经过防氧化处理，覆铜板铜箔表面形成一层致密的氧化物保护膜，因此在图形形成之前要对挠性覆铜箔板进行表面清洗和粗化。一般处理方法为浮石粉磨板或微蚀，目前最常用的方法是微蚀，这样可以减少额外的设备投资。为防止挠性板在微蚀过程中卡板或掉落，可黏结刚性板框架进行牵引。取放操作时要特别小心，操作不当很容易造成挠性板变形、弯折等，导致后续的图形偏移。曝光、显影与蚀刻中要注意挠性板的取放操作，防止挠性板变形、弯折，在显影和蚀刻时，要用刚性板框架对挠性板进行牵引，避免卡板或掉落。

2) 层压覆盖膜及预贴可剥离保护膜

挠性板电路最主要的保护层是层压覆盖膜。一般覆盖膜有两层，一层是 PI 层，另一层是黏结剂层。层压覆盖膜时对环境的要求比较高，灰尘和污物由于静电吸附很容易附着于工件上，从而使得覆盖膜的黏合剂表面不良，造成覆盖膜和基板之间脱离，因此要在洁净的空间环境内进行覆盖膜的层压。覆盖膜对位采用人工对位方式，在挠性板图形制作时已事先在需要贴敷覆盖膜的区域设计好对位图形，以提高人工对位的精度。

嵌入工艺中用到一个重要的辅助材料，即可剥离保护膜，在预贴之前要对可剥离保护膜进行加工，一般用激光进行外形加工，去掉不用的地方，并打好对位孔，此对位孔与覆盖膜上对位孔对应，因为可剥离保护膜要预贴到覆盖膜上，预贴条件为100℃，20s。当预贴完毕后再进行压合，如图1-47所示。

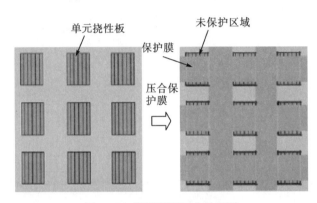

图1-47　保护膜预压合示意图

3）切割工艺

挠性板嵌入技术由于其结构和材料的特殊性，需要对刚性芯板、覆盖膜、挠性板以及可剥离保护膜进行切割加工处理，一般用UV激光机进行这些材料的加工，可得到好的品质。激光加工技术的影响因素很多，包括激光参数、激光加工方式、加工基材的特性等，其中激光参数包括脉冲频率、脉冲宽度、脉冲次数等。实际加工过程中要注意加工参数的优化，尽量减少材料碳化的发生，如果有碳化发生要进行清洁。

4）层压工艺

挠性板嵌入式刚挠结合板最关键的工艺在于挠性板的嵌入，在嵌入与排板过程中，挠性板容易错位，挠性板嵌入品质的好坏直接决定了最终的产品良率。挠性板尺寸与刚性芯板开窗尺寸大小相同，嵌入后要仔细检查以防有错位发生，确认无错位后芯板连同半固化片在80~100℃温度下进行预压合，避免错位的发生。

5）控深切割揭盖工艺

刚挠结合板外层加工完毕后，挠性弯折区的表面还被刚性板材覆盖着，必须揭掉这层刚性板材，露出挠性弯折区，才能达到弯折的目的及实现三维方向的组装。在外形加工完成后，在刚挠结合的地方进行控深切割，如图1-48所示。切割方式有激光控深切割、控深铣及V形切割，而一般采用激光控深切割工艺，因其工艺相对简单。控深切割深度的控制要求为切割最深处到挠性板表面的距离在30~100μm厚度，这样比较有利于方便揭盖，且不会对挠性板造成伤害。

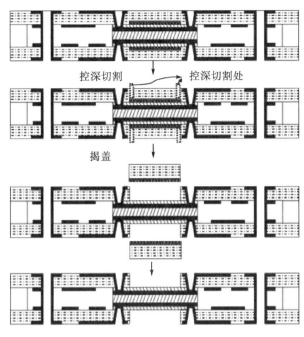

控深切割　　　　　控深切割处

揭盖

图 1-48　E-flex 印制板控深切割示意图

1.5　挠性及刚挠结合印制板的性能检测方法及其发展趋势

1.5.1　挠性及刚挠结合印制板的性能测试方法

有关挠性及刚挠印制板的性能要求标准有 GB/T14515-93、GB/T14516-93、CB/T4588.10-1995、IPC-6013、IPC/JPCA6202、IEC/PAS62249-2001、IEC 60326-9-1991、IEC 326-7、IEC 326-8、JIS-C5017、JPCA-FC01、JPCA-FC02、JPCA-FC03 等。

根据印制板功能可靠性和性能的要求，对印制板产品分为下列三个通用等级：1 级——一般的电子产品；2 级——专用设施的电子产品；3 级——高可靠性电子产品。

挠性印制板有如下性能测试试验方法，具体的测试方法可参考 IEC-326-2、IPC-TM-650 以及 JIS C 5016 等标准，主要测试项目如表 1-12 所示。

表 1-12　挠性印制电路板的主要测试项目

序号	测试项目
1	表面层绝缘电阻
2	表面层耐电压
3	导体剥离强度
4	电镀结合性
5	可焊性
6	耐弯曲性
7	耐弯折性

序号	测试项目
8	耐环境性
9	铜电镀通孔耐热冲击性
10	耐燃性
11	耐焊接性
12	耐药品性

1. 挠性及刚挠印制板的尺寸要求

挠性印制板应符合采购文件规定的尺寸要求,诸如挠性印制板的边缘、厚度、切口、槽、凹槽以及连到键盘区的板连接器等的尺寸,主要尺寸检验项目如表 1-13 所示。IEC 326、IPC-6013 以及 JIS C5016 等标准对挠性印制板尺寸要求有详细的描述。

表 1-13 挠性及刚挠结合印制板的主要尺寸检测项目

序号	测试项目
1	外形
2	孔
3	导体
4	连接盘
5	金属化孔镀铜厚度
6	端子电镀层厚度

2. 挠性及刚挠印制板的外观

1)导体

导体不允许有断线、桥接、裂缝等导体上缺损或针孔宽度应小于加工后导体宽度的 30%,残余或突出的导体宽度应小于加工后的导体间距的 1/3,由腐蚀后引起的表面凹坑,不允许完全横穿过导体宽度方向。刷子等磨刷伤痕的深度应小于导体厚度的 20%,打痕、压痕的深度应在离表面 0.1mm 以内。在深度测量困难时,按背面基板层突出的高度测量,其与打痕深度是相等的。对反复弯曲部分不可有损弯曲特性。

由于单一缺陷(如导线边缘粗糙、缺口、针孔、压痕、划痕等)所导致的最细导线宽度/最小导线厚度的减少量,对 2 级和 3 级板而言,不得超过最细导线宽度/最小导线厚度的 20%,对 1 级板而言,不得超过最细导线宽度/最小导线厚度的 30%。

由于导线边缘粗糙、铜刺等组合导致的最小导线间距的减小量,对 1 级和 2 级板而言,不得超过标准值的 30%,对 3 级板而言,不得超过标准值的 20%。

2)绝缘基板膜

导体不存在的基板膜面外观允许缺陷范围如表 1-14 所示。不允许有其他影响使用的凹凸、折痕、皱纹及附着异物。

表 1-14 绝缘基板膜面的缺陷允许范围

缺陷类型	缺陷允许范围
打痕	表面打压深度在 0.1mm 以内 另外膜上不可有锐物划痕、切割痕、裂缝以及黏结剂分离等
磨痕	刷子等磨刷伤痕应在膜厚度 20% 以下。而且反复弯曲部分不可有损弯曲的特征

3)覆盖层

覆盖膜及覆盖涂层外观的缺陷允许范围见表 1-15，不允许有影响使用的凹凸、折痕、皱纹、分层等。

表 1-15 覆盖层外观的缺陷

缺陷类型	缺陷允许范围
打痕	表面打压深度在 0.1mm 以内，而且在基材膜部分不可有裂缝
气泡	气泡的长度在 10mm 以下，两条导线间不应有气泡 在反复弯曲部分不应有损弯曲特性
异物	残余或突出的导体宽度应小于加工后的导体间距的 1/3。非导电性异物 不得有搭连三根导线以上的异物，而且反复弯曲部分不应有损弯曲特性
磨痕	经刷子磨刷的基材膜厚度减少小于 20%，且反复弯曲部分不应有损弯曲特征

4)电镀的外观

(1)镀层空洞。对于 1 级产品，每个镀覆孔允许有 3 个空洞，同一平面不准有 2 个或 2 个以上的空洞。空洞长度不允许超过挠性印制板厚的 5%，不准有周边空洞，对于 2 级和 3 级产品，每个试样的空洞应不超过一个，必须符合以下判据：①不论镀层空洞的长短或大小，每个试样的镀层空洞都不能超过一个；②镀层空洞尺寸不应超过挠性印制板厚的 5%；③内层导电层与电镀孔壁的界面处不应有空洞；④不允许有环状空洞。

(2)镀层完整性。对于 2 级和 3 级产品，不应有镀层分离和镀层裂缝，并且孔壁镀层与内层之间没有分离或污染。对于 1 级产品，只允许 20% 的有用焊盘有内层分离，而且只能出现在每个焊盘孔壁的一侧，弯曲处允许有最大长度为 0.125mm 的分离，只允许 20% 的有用焊盘有夹杂物，而且只能出现在每个焊盘孔壁的一侧。

(3)电镀渗透或焊料芯吸作用。焊料芯吸作用或电镀渗透不应延伸到弯曲或柔性过渡区，并应满足导体间距要求。电镀或焊料渗入导体与覆盖层之间部分对于 2 级产品应在 0.5mm 以下，对于 3 级产品应在 0.3mm 以下。

5)刚挠印制板的外观

刚挠印制板成品板的挠性段或挠性印制板，它们的切边应无毛刺、缺口、分层或撕裂。电路接头引起的缺口和撕裂的限度应由供需双方商定，边缘至导体的最小值应在采购文件中加以规定。

刚性印制板的边缘、切口边缘及非镀覆孔边缘上出现的缺口或晕圈，要求其延伸到板内的深度未超过边缘至最近导体距离的 50%，或不大于 2.5mm。切边要整齐，而且没有毛刺。刚性段到挠性段的过渡区指的是从刚性段伸展到挠性段，并以刚性边缘为中心的区域，其检验范围限制在过渡区中心左右的 3mm 范围内，如图 1-49 所示。

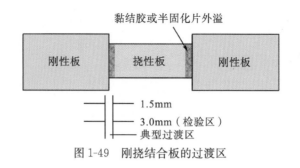

图 1-49　刚挠结合板的过渡区

3. 物理性能要求

(1)耐弯折性。1 型板和 2 型板的弯折半径应为挠性印制板弯折处总厚度的 6 倍,但应不小于 1.6mm。3 型板、4 型板和 5 型板的弯曲半径应为挠性印制板弯折处总厚度的 12 倍,但应不小于 1.6mm。在经历 12～27 次弯折后,挠性和刚挠印制板应不出现性能降低或不可接受的分层现象。

(2)耐弯曲性。1 型和 2 型板的挠曲半径为挠曲处总厚度的 6 倍,最小约为 1.6mm。3 型、4 型、5 型板的挠曲半径应为挠曲处总厚度 12 倍,最小约为 1.6mm。挠性和刚挠印制板应能耐 100000 次挠曲而无断路、短路、性能降低或不可接受的分层现象。耐挠曲性采用专用设备(如柔性疲劳延展性测试仪 FOF-1 型),也可采用等效的仪器测定,被测试样应符合有关技术规范要求。布设总图应规定下列要求:①挠曲周期数;②挠曲半径;③挠曲速率;④挠曲点;⑤回转行程(最小 25.4mm)。

1.5.2　挠性及刚挠结合印制板的发展趋势

随着终端电子产品向轻薄短小的方向发展,未来 FPC 的市场应用将越来越广。而随着 FPC 的应用领域的不断扩大,FPC 本身也在不断发展,如从单面挠性板到双面、多层乃至刚挠结合板等,细线宽/间距、表面安装等技术的应用以及挠性基材本身的材料特性等对挠性板的制作提出了更严格的要求,FPC 的技术发展趋势可归纳为以下几点:

1. 高密度细线化

在消费类电子产品的小型化趋势下,FPC 也向着线距小于 0.2mm、孔径小于 0.25mm 的高密度(HDI)方向发展,今后还将向超高密度方向发展,线距小于 0.1mm、孔径小于 0.075mm。有业者指出,目前市场上已有厂商可以将孔径做到 0.05mm,0.025～0.05mm 将成为关注的焦点。同时挠－刚结合板也将是今后的发展趋势,这类板可柔曲,立体安装,有效利用安装空间。业者认为刚－挠结合板今后的市场发展空间较大,随着 3G 时代的到来,市场需求将大幅增长。COF(chip on film)技术也将更加流行,将芯片安装在 FPC 上,可以使 FPC 变得更加轻薄短小,未来彩色屏幕、彩色液晶面板、平面显示器必定会大量使用 COF 技术。这种技术代表精密线路的较高水平,在中国大陆采用的厂家还较少。

另外现在导通孔的孔径也越来越小,用普通的机械钻孔只能钻 100～150μm 孔径的孔,基本上已经达到了这种钻床钻孔直径的极限。近年来激光钻孔技术以及其他技术的介入,成孔直径 50～100μm 的孔也已达到批量生产的水平,甚至可以制成少量 25～50μm

孔径的孔。柔性印制板也已开始采用盲孔，可以预计为了有效地利用狭小空间，在芯片封装的领域中柔性印制板今后也将会成为主流。

2. 无卤阻燃环保化

四溴双酚 A 在燃烧的情况下是否会产生二噁英这种剧毒物质，多年来一直处在争论之中，但自 2008 年年初以来，在国际大厂的无卤时间表的推动下，电子行业要求无卤的呼声更加强劲，绿色和平组织每一季度推出新的绿色电子排名，卤环保化的产品已经成为一种潮流。

3. 薄型化

轻薄短小是未来电子发展的趋势，FPC 用绝缘材料的厚度和铜箔的厚度均成降低趋势，2L-FCCL 也是降低 FPC 厚度的方法之一。

4. 埋置元器件

埋置元件作为一个重要研究方向，刚挠结合板埋置元件 PCB 的生产大多数时候要求产品在刚性区域实现电阻、电容的埋置，并且不影响柔性区域的性能。这项应用再次对材料提出了严格要求，例如杜邦公司开发出了一类新型柔性基底材料，结合了聚酰亚胺的优良介电性能和含氟高分子的低介质损耗因子，由该材料复合成的覆铜箔可以很好地实现元件埋置。另外，挠性电路板适用于芯片级封装技术，埋置元件的 PCB 结构也对封装技术提出了挑战和要求。

5. 与印制电子结合

挠性 PCB 技术因为采用柔性基底，同近年来兴起的印制电子（printed electronics）技术具有一定的兼容性和互补性，如何将打印技术用于加成法制作印制电路是挠性 PCB 领域的一个新课题。这对挠性 PCB 材料和工艺的兼容性及印制电子的墨水、基底材料等提出了严峻的要求。

习　　题

1. 挠性及刚挠印制电路板如何定义？它们有什么性能特点和应用？
2. 挠性印制板（FPC）按照按线路层数、物理强度、基材、有无增强层、有无胶黏层、线路密度和封装类型如何进行分类？
3. 挠性印制板的覆盖层和增强板有何功用，常用什么材料？
4. 挠性单面板生产过程有滚辊连续式和单片间断式两类，说明这两类生产方式的优缺点。
5. 简述刚挠结合印制电路板的定义及分类。
6. 简述反复弯曲型刚挠结合板的制作工艺流程。
7. 简述半挠性印制电路板的制作工艺流程。
8. 简述挠性板嵌入式刚挠结合印制板的制作工艺流程。
9. 简述挠性及刚挠结合印制电路板的发展趋势。

第 2 章 高密度互联印制电路技术

电子设计在不断提高整机性能的同时，也在努力缩小其尺寸。从手机到智能武器的小型便携式产品中，"小"是永远不变的追求。高密度互联技术可以使终端产品设计更加小型化，同时满足电子性能和效率的更高标准。本章将介绍含芯板、无芯板高密度互联印制电路板/积层多层印制电路板的制造工艺技术、可靠性测试。

2.1 HDI/BUM 印制电路板概述

积层多层板(build-up mutilayer PCB，BUM)是指在绝缘基板或传统印制电路板上涂布绝缘介质，再经过化学镀铜和电镀铜工艺形成线路和连接孔，最后多次反复叠加累积形成所需层数的多层印制电路板。它最早由日本人提出，欧美国家后来提出了相同概念的高密度互联技术(high density interconnection technology，HDI)。其实，早在 1976 年就有关于 BUM 技术的文献报道，1991 年 IBM(日本分公司)开发了在芯板上涂覆感光树脂，利用光致法形成导通微孔互联，利用加成法进行线路化的新技术，1996 年发表了开发产品报告，1999 年以来已经实现了大规模生产，21 世纪以来广泛应用于便携式电子产品中如手提电脑、移动电话、数码相机和 MCM 封装基板上。

该技术能够制造常规多层板技术无法实现的薄型、多层、稳定、高密度互联印制电路板，适应了电子产品向更轻、更小、更薄、可靠性更高的方向发展的要求，满足了新一代电子封装技术不断提高的封装密度的需要。

2.1.1 HDI/BUM 印制电路板的特点、用途及分类

1. HDI 板的特点

HDI 板的高密度在于其设计，图 2-1 所示为其常规结构图。

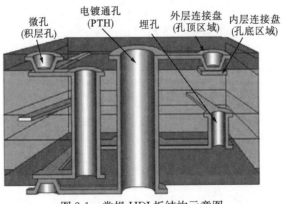

图 2-1 常规 HDI 板结构示意图

相对于传统的印制电路板，HDI/BUM 电路板具有 5 大特点：

(1)板内含有盲孔等微导孔设计。一般设计上，采用激光钻孔方式制作，不采用机械钻孔，原因如下：现阶段钻针制作工艺上，已经能够制作出 0.15mm 的机械钻针。但是，在将其用于 PCB 板钻孔时，要求较高的旋转速度，垂直下钻速度与之相反，速度要求不可过快，整个钻轴稳定性要求也很高，以防止因为钻针太细而断针。但是，即使如此，断针率也很高；同时，特殊的参数设置使得钻孔效率低下，难以让人满意。而且，当在同一层上同时有上下两个方向的钻孔时，无法用机械钻孔来加工，因为无法精确控制下钻深度。基于以上原因，厂家在制作 HDI 板时，通常会选择激光钻孔来制作。这也是为什么谈到 HDI 板，总是说"激光盲孔板"，"激光钻孔板"的原因。

(2)孔径在 $150\mu m$ 以下，且孔环在 $250\mu m$ 以下。一件产品升级，要在外形设计已经固定或者要求缩小的基础上去增加其他元器件，以增加更多的功能，其空间从何而来？缩小过孔(via hole)是一个优先考虑的解决方式。因为缩小了过孔，其 PAD 就也会缩小。例如，钻孔原设计为 0.30mm，PAD 单边 0.15mm，则 PAD 大小整体为 0.6mm，当钻孔缩小到 0.10mm(激光钻孔常设孔径)时，以盲孔方式设计，PAD 单边设计为 0.125mm，则 PAD 整体为 0.35mm，修改后，将比原来增加 67% 的空余面积。如果将孔直接设计在焊盘上，如 SMD、BGA 上时，面积将增加更多。

(3)焊接接点密度大于 130 点/in^2。焊接点的增加，是增加组件的基础。密度越大，组件越多，功能越强大。

(4)布线密度大于 117 in/in^2。要增加组件数，必然要求相对应的线路增加，因此，布线密度的加大将不可避免。

(5)线路的宽度和距离不超过 3mil。要增加布线密度，必然要求将原来的线宽线距缩小，在 HDI 的严格定义上要求是 $75\mu m/75\mu m$，但在实际上，常见的是 $100\mu m/100\mu m$ 线路。为什么会这样呢？这是由制造工艺能力决定的。线越细，间距越小，制作越困难，成本也越高。制作 $75\mu m/75\mu m$ 线路，对技术要求较高，没有良好而稳定的制程能力无法实现，以致于可选择的制造厂商少且报价昂贵。因此，许多客户经常选择 $100\mu m/100\mu m$ 的设计方案，既增加了选择性，也降低了成本。对于制造上而言，难度不太高，良率也能够保证。

2. HDI 板的用途

随着半导体技术的不断推进，HDI 技术逐渐发展成为了目前主要的电路板制造技术，其在电路板市场中所占领的份额也不断变大，在 4G 手机、高级数码摄像机、IC 载板等移动通信领域的比重尤为突出。有数据统计，2000~2008 年，全世界 HDI 印制板的总增长率超过了 14%，远高于其他类型电路板的增长。由此可见，HDI 技术在印制电路板领域具有广阔的发展前景。

从结构和使用性能上看，HDI 板具有质量轻、介层薄、传输路径短、布线密度高、体积小、噪声少，信赖性高、应用领域广及多功能化的优势，使其广泛应用于电子通信和移动设备。

图 2-2 是具有相同功能的多层印制板和 HDI 板的对比。可以看出，HDI 板的使用不仅可以极大缩减板层数(多层板 12 层减少到 HDI 板的 8 层)，同时可以很好地节约板面

的布线面积(节约 40%板面面积)。

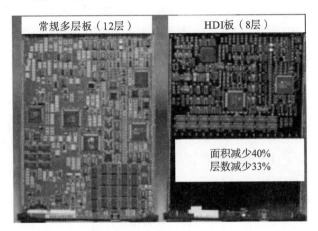

图 2-2　多层板和 HDI 板的对比

　　总结可得出：HDI 板具有"四高一低"的优点，高密度布线、高频高速化、高导通性、高绝缘可靠性，以及低成本化。

3. HDI 板的分类

　　根据盲孔的堆叠和积层次数的特点，可将 HDI 板分为较为常见的三种类型(图 2-3 所示)。

　　(1)1＋N＋1 型。只包含一次积层形成的高密度互联印制线路板。

　　(2)$i＋N＋i(i≥2)$型。包含两次及以上积层形成的高密度互联印制线路板。位于不同层次的微盲孔可以是错层式的，也可以是堆叠式的。在一些要求较高的设计中则常常见到电镀填孔堆叠式微盲孔结构。

　　(3)全层互联型。印制线路板的所有层均为高密度互联层，各层的导体可以通过堆叠式的电镀填孔微盲孔结构自由连接。这为手持及移动设备上采用的高度复杂的大引脚数器件如 CPU，GPU 等提供了可靠的互联解决方案。

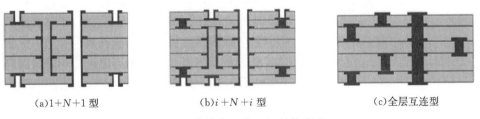

(a)1＋N＋1 型　　　　　　(b)$i＋N＋i$ 型　　　　　　(c)全层互连型

图 2-3　常见的三种 HDI 结构类型

2.1.2　HDI/BUM 印制电路板材料性能要求

　　HDI 印制电路板所用材料总是围绕满足"四高一低"的要求发展进步的。这"四高一低"的要求，在 HDI 发展的不同时期，在基板材料技术发展到不同水平的时期，有着不同的侧重面。但是"四高一低"的核心内容，是基板材料要满足印制电路板的高密度化的发展需求，如更好的抗静电迁移性、尺寸稳定性等。

　　根据所用材料的基本特性、应用加工性、成本性等方面的要求进行综合衡量和预测，在未来市场上占有主流位置的材料有以下几种。

1）半固化片（prepreg，PP）材料

PP 材料主要由树脂和增强材料（多层电路板大多使用玻璃纤维布）组成，这些玻纤能增加介质层的机械性和热学稳固性。多层板所用半固化片的主要外观要求有：布面应平整、无油污、无污迹、无外来杂质或其他缺陷、无破裂和过多的树脂粉末。另外，在多层板擦板的过程中，必须将其打磨掉，才能确切分析样板的电路图。

如果采用 PP 材料，那么材料成本低，其加工性、可靠性等方面却略为弱点，主要表现在板件的耐离子迁移（CAF）测试略差。但随着 PCB 行业对 HDI 加工技术水平的不断提升，产品可靠性方面已不成问题。它具有成本低、刚性强度好、实用性强、适应性广等特点，而广泛应用在 HDI 制造方面，但其表面焊盘抗剥强度较弱，对于一些有跌落测试要求苛刻的 HDI 板就不太适合，这类介质层材料适应于中低端、易耗电子类消费产品上，如一些中低端的手机板或中低端的其他电子产品。

2）涂树脂铜箔（resin coated copper，RCC）材料

RCC 主要有三种类型，一种是 PI 金属化膜；第二种是使用与 PI 薄膜的化学成分相似的胶黏剂将 PI 膜与铜箔层压复合在一起，层压后胶黏剂与薄膜及铜箔不分离，也称纯 PI 膜；第三种是通过将液体 PI 浇铸到铜箔上，然后进行固化形成 PI 膜，也称浇铸 PI 膜。

如果采用 RCC 材料，其可加工性好，产品的可靠性较高，表面焊盘的抗剥强度也是很好的，若产品有高要求的跌落测试，则建议采用此类材料。RCC 材料存在的缺陷是成品板整体的刚性强度较弱，贴装后如果元器件在整个板面分布不均匀，就会造成板件易翘曲现象。此外，该材料成本较高，为了降低成本完善产品功能，新的工艺技术有待研发。

RCC 的出现和发展使 PCB 产品类型由表面安装（SMT）推向芯片级封装（CSP），使 PCB 产品由机械钻孔时代走向激光钻孔时代，推动了 PCB 微孔技术的发展与进步，从而成为 HDI 板的主导材料之一。

3）扁平纱（laser drillable prepreg，LDP）材料

LDP 材料，其成本比 RCC 要低，其产品的可靠性优于 PP 材料，即这种材料的介质层的耐 CAF 优于 PP 材料，介质层的均匀性也优于 PP 材料，成品的印制电路板刚性强度好，广泛应用在 HDI 印制板中；适用于对跌落测试要求不高的产品，其表面焊盘的抗剥强度完全能满足并远远高于行业国际标准，这类材料适应于高中端手机或高中端的电子产品等。

4）液晶聚合物（liquid crystalline polymer，LCP）材料

LCP 材料也称为液晶高分子，是由日本 Mektron 公司开发的用于高频多层印制板的材料，是一种热塑性绝缘树脂，高频特性好、尺寸稳定性好，1GHz 频率下介电常数为 2.8，介质损耗仅为 0.0025，远低于 PI 材料，且传输线损小、阻抗稳定，适用于制作高密度电路板。

从电子电器设备的防火安全性考虑，PCB 必须具有阻燃性，然而阻燃剂往往污染环境，有害人体健康，PCB 材料中的 Cl 和 Br 对环境的负担尤为严重。无卤素材料不易研发，与含卤阻燃剂材料相比，会失去一些特性，如耐燃性及耐折性等，而 LCP 既具有防燃特性也不像 PI 一样需要加入卤素来达到防燃的要求，充分满足了环保的要求。LCP 正

以其更好的加工性能和物理性能挑战传统的 PCB 原材料 PI 的统领地位。一些大型的电路板厂商已经能够生产以 LCP 为基材的多层板。

2.2　含芯板 HDI/BUM 印制电路板制造工艺技术

HDI 是印制电路板行业内的一项新技术,那么就会涉及材料、结构及工艺技术方面的要求与创新。其中,工艺技术是 HDI 印制电路板制作的核心。绝大部分的积层多层印制电路板是采用有芯板的方法制造的,即在常规板的单面或双面各积层上 n 层(目前一般 $n=2\sim4$)而形成很高密度的印制电路板,而用来积层的单面或双面印制电路板称为积层多层印制电路板的芯板。

2.2.1　含芯板 HDI/BUM 印制电路板制造工艺流程

大多数的芯板都采用全贯通孔或具有埋、盲、通孔结合的结构形式,以提高互连密度,甚至采用含金属芯结构的多层印制电路板芯板。芯板的密度比积层多层印制电路板的密度要低很多,其通孔孔径一般大于 0.2mm,线宽与间距大于 0.08mm,层数在 4~6 层居多。而在芯板上一面或两面积层上 1~4 层为更高密度的导体层,其导孔直径小于 0.15mm,线宽与间距小于 0.08mm。

在积层多层印制电路板中,芯板不仅起刚性支撑作用,还起着与积层间黏接物理作用和电气互联作用,甚至还起到导热作用。为保证整体板面平整度和电气连接的可靠性,必须对芯板进行适当处理,如芯板通孔和盲孔的堵塞处理,磨平表面处理,表面化学镀铜和电镀铜处理以及导电图形的制造。

综合前述各部分对 HDI 板制作具体流程的讨论,图 2-4 所示流程图为常用的 1+4+1 型 HDI 板的全部制作流程,是一个由单芯板向上下方向两次积层的过程。整个过程图形转移是通过减成法工艺制作的,最终所得的 HDI 板结构和实物图如图 2-5 所示。

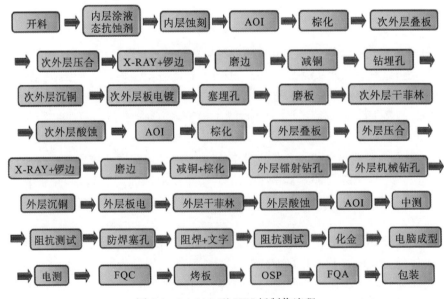

图 2-4　1+4+1 型 HDI 板制作流程

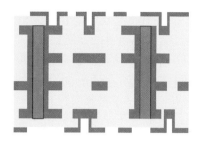
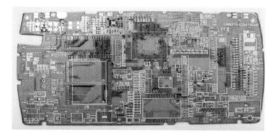

图 2-5　1+4+1 型 HDI 板结构图与成品图

2.2.2　含芯板 HDI/BUM 印制电路板导通孔堵塞技术

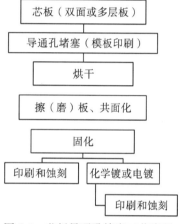

图 2-6　芯板导通孔堵塞工艺流程

　　芯板中导通孔的堵塞,主要提供了一个高平整度的表面便于积层,由于在其板面上要完成更高密度的积层,这些积层的导通孔或导线有可能"积"在芯板的导通孔上,为了支撑和连接积层上的导通孔,则芯板的导通孔必须进行堵塞工艺处理。其堵塞工艺如图 2-6 所示。芯板导通孔除了提供平整度表面外,还可以具有其他的功能,如提高连接和焊接可靠性以及改善导热、导电性。因而,导通孔堵塞材料和工艺是不尽相同的。从堵塞材料看,可以分为两种材料,一种是绝缘材料,另一种是导电材料。

1. 绝缘堵塞材料

　　绝缘堵塞材料起着导通孔作用。在芯板导通孔完成孔金属化后,采用合适的绝缘材料(如热固性环氧、液态焊料掩模或环氧与干膜焊料掩模联合使用等)来堵塞导通孔。它除了提供一个平坦表面外,由于堵塞满绝缘材料,从而消除了杂质进入导通孔或者避免卷入腐蚀杂质,也有利于层压或贴压 PTF(聚酯厚膜)时真空度下降过程。但是这些绝缘材料由于烘干,特别是固化和/或排气会出现大的尺寸收缩或空隙,从而造成堵塞材料的机械失效。另一个缺点是绝缘堵塞材料在积层界面处的任何残留物会影响它们之间的电气互连特性。目前,采用绝缘堵塞材料的方法已越来越少。

2. 导电堵塞材料

　　导电堵塞材料是目前芯板、BGA 板等普遍使用的堵塞导通孔的方法。这种材料是由聚合型黏接剂和导体颗粒(如银或铜或两者结合起来)组成的。它不仅起着堵塞导通孔而达到板面平整度作用,由于含有导电颗粒,因而还起到导电进而也起到导热作用。大多数的导电堵塞材料是由碳浆贯孔或银浆膏料而衍演过来的,但它的各种性能将高于这些材料。特别是在烘干、固化和焊接时防止收缩方面,因此要求这种导电堵塞材料(导电胶)的收缩要很小,即挥发物要少或者其 CTE 应与芯板 CTE 相匹配。目前,杜邦等公司研制出的一种独特的银/铜/环氧的膏料,它是经过模板印刷而进入导通孔的。因此,要根据芯板导通孔尺寸和形状合理制造模板网孔尺寸和形状,然后合理选择导电胶中金属颗粒大小、形状和等级及最佳化的树脂体系，以形成一种具有低黏度高密度导通孔堵塞与具有实质上为"零"收缩的材料，从而保证可靠地进行堵塞芯板等的导通孔。

这种导电胶应具有长的使用寿命，以利于大量的生产堵塞导通孔。膏料的黏度应最佳化到允许填满具有厚径比为 6：1 的导通孔。这种材料还应具有高的电和热的传导率，并具有耐热或耐焊接的冲击能力，从而能用于高性能的领域。导通孔堵塞过程主要是防止分层和圆筒形断裂问题，实践表明：采用 CTE 小于 35PPM 的导电胶膏料可以避免这种缺陷。表 2-1 示出杜邦公司的银/铜/环氧系导电胶膏料的典型特性。

表 2-1　杜邦公司的银/铜/环氧系导电胶的典型特性

测试项目	典型结果
体积电阻率	0.00016Ωcm
塞孔电阻（孔径 0.33mm，板厚 0.64mm）	<10mΩ/塞孔
热导率	>5.2w/(m·K)
线性 CTE	<35ppm/℃
热循环（−65℃±125℃）	1000 次后不退化（降级）
热应力（在 288℃ 的 Sn/Pd 中 10s）	浸渍 5 次不退化（降级）
膏料黏结力	在 BT 和 FR-4 上为 7~10 磅
可电镀性（铜）	可进行电镀和化学镀铜

当然，堵塞导通孔还可以采用电镀的方法使导通孔闭合，但这种工艺主要存在如下问题：一是电镀时间长，生产效率低，因而成本高；二是有可能夹入具有腐蚀性的电镀液于导通孔内部，形成潜在危及可靠性问题；三是板面镀铜层偏厚，对制造精细线路和焊接都是不利的。

3. 导通孔的堵塞

HDI 板的芯板经过钻孔、孔化和电镀后形成的导通孔，如上面所述，要经过堵塞导电胶等来保证其各方面性能要求。导通孔的堵塞大多是通过模板印刷来完成的。关于模板的制造，大多根据导通孔大小、形状等因素来确定模板（不锈钢薄板）厚度，然后用激光和光致蚀刻法来形成所要求的网孔尺寸和形状，然后用刮刀挤压导电胶通过网孔进入导通孔。

对于厚径比小于 3：1 的芯板来说，采用一次或两次刮刀的模板印刷是容易堵塞导通孔的。而对于更高的厚径比的芯板，则应采用真空桌完成。这种真空桌印刷技术在小孔的银浆贯孔和碳浆贯孔等工艺中已得到应用。

4. 磨平（擦板）

芯板导通孔经过印刷堵孔后，要经过烘干以便于进一步加工。为了便于把导电胶印刷而压入导通孔内，总是含有一定量的溶剂或分散剂，因而应把它们烘干挥发去。目前大多采用传送式的红外烘干系统，可明显提高烘干效率和生产力，烘干温度一般为 15~30min，115℃左右。为了便于除去板面在印刷时导电胶的污染（尤其是树脂部分）和由于模板厚度凸起部分以及模板提起形成拉尖部分，烘干温度不宜过高，否则会引起固化难于刷除。

经过烘干后的芯板通过常规的磨板机(装有刚玉——Al_2O_3 或浮石粉的压盘)进行磨刷或带有刷辊(含刚玉的尼龙刷)的擦板机除去板面污染物和凸出的导电胶,以获得平整干净的表面。

经过磨平板面的芯板,再通过固化处理,使导电胶中的树脂充分进行交联作用,从而牢固地把导电颗粒和导通孔内的铜箔黏结起来。其固化温度应在树脂的 T_g 温度以上,如对于环氧体系的树脂,其固化温度为 160℃/60min 左右。树脂在固化时会形成网状结构,密度增加,会产生收缩作用。但由于导电胶中金属颗粒按比重计大多占 95% 以上,而树脂所产生的热膨胀系数(CTE)<35ppm/℃,故实际上可以产生收缩现象(即与芯板的 CTE 能匹配起来)。

2.2.3　含芯板 HDI/BUM 印制电路板导通微孔制作关键技术

自从 1991 年 IBM 公司发表积层方式成果以来,经历了一个开发研究的初期阶段和规模生产的发展阶段,先后出现了多种制造 HDI 印制电路板的方法,但是对于 HDI 板而言,最核心的问题仍然是如何实现微小孔金属化的问题。HDI 板的微孔制作是体现积层互联高密度化最具有代表性的工序。微孔加工质量的好坏直接影响 HDI 板的最终品质,正确的加工方式和合适的工艺参数,可确保钻孔的高效性和孔位的准确性。盲孔加工的方法通常有机械方式、感光腐蚀方式、等离子体咬蚀方式和激光烧蚀方式,各成孔方式对比如图 2-7 所示。而 HDI 微孔加工较少采用机械方式,主要采用光致成孔方式、等离子蚀孔方式、激光蚀孔方式和射流硼砂成孔方式。

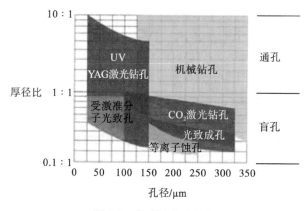

图 2-7　各成孔方式对比

1. HDI/BUM 板光致成孔制造技术

以感光干膜或液态感光树脂为介质材料,采用常规 PCB 图形转移技术——曝光、显影形成导通孔,再经过孔化、电镀制成导电图形形成层间电气互连和导电层。一次成孔量大、成本低,但不适应于小孔显影,适用于孔径不小于 0.09mm,厚径比不小于 0.5 的导通孔成孔。由于其对于感光介质的高依赖性,加上孔位偏移带来的对位问题严重,从而导致该方法所制作的盲孔可靠性比较低,目前已逐渐淡出 HDI 板的盲孔制作工艺,只在日本还有量产应用。

2. HDI/BUM 板等离子体蚀孔制造技术

等离子蚀孔过程也被称为"电浆蚀孔增层法",其过程是首先在层压板孔位处利用蚀刻或者激光烧蚀等方式开窗处理,去掉盲孔位置外层铜箔,然后放入等离子真空室中利用高活性的等离子气体(如 O_2、N_2、CF_4 等)自由基将介质层腐蚀去除,从而形成盲孔。但是,由于等离子自由基的无方向性咬蚀,容易出现侧蚀现象,使得所得的盲孔呈"鼓形",这给随后的盲孔金属化过程带来了挑战。另外,等离子气体对所咬蚀的介质基材具有一定的选择性,只适用于较薄的基材,这在一定程度上限制了等离子蚀孔技术的应用,适合于孔径高于 0.1mm 的孔制作。

3. HDI/BUM 板激光蚀孔制造技术

激光成孔是目前应用最广泛的加工盲孔技术,也是目前最普遍应用的微小盲孔加工方式。用于钻孔的激光,其能量波长主要分布于红外线和紫外线区域,激光钻孔要求控制激光束的能量大小,高能激光束可以切割金属和玻璃纤维,而低能的激光束可以很好地去除有机物而保留完好的金属部分,主要分为 UV 激光钻孔和 CO_2 激光钻孔,可加工孔径在 0.1mm 以下的导通孔、效率高、成本低。

1)UV 激光钻孔技术与原理

其基本原理是在整个光化学剥离过程中,由于紫外激光的波长短,激光束中单光子能量比某些材料(如高分子聚合物)的分子束缚能量高,因而可利用激光的光子能量直接破坏材料的化学键,使材料以小颗粒或者气态的方式排出,形成小孔,通过光化学反应达到剥离去除材料的目的。由于这种加工方式大部分激光能量用于"光化学作用",极少被转化为热能,因而加工过程中产生的热影响区是很小的,属于光化学裂蚀原理。图 2-8 为 UV 激光的三维分布图。由于 UV 激光可以直接烧蚀铜面,所以需要精确控制激光钻孔参数,否者极易引起孔底烧穿。

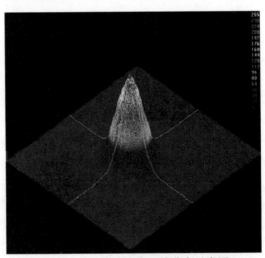

图 2-8　UV 激光光斑三维分布示意图

激光钻孔技术发展至今,UV 激光加工微孔的方式主要有以下两种:

(1)切割法。加工时激光束将以预加工孔径圆心的直线为轴,以距离 L 为半径旋转一周，可以改变 L 大小，进行重复切割。

（2）螺旋法。加工时激光束从预加工孔径的圆心出发，以螺旋向外运动的方式扫描整个预加工孔径。

2）CO_2 激光钻孔技术与原理

CO_2 激光钻孔的基本原理是被加工的材料吸收高能量的激光，以波大于 760nm 的红外光，在极短的时间将有机板材予以强热熔化或气化，使之被持续移除而成孔。这是一个激光与物质互相作用的热物理过程，包括反射、吸收、气化、再辐射、热扩散等不同的能量转换过程，属于光热烧蚀原理。其光路系统如图 2-9 所示。

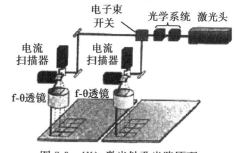

图 2-9　CO_2 激光钻孔光路原理

CO_2 激光烧蚀的主要过程：

（1）表面加热。高能量的激光束入射到材料表面，被材料吸收的入射光进行传导，将能量转化为热量。

（2）表面熔化。当激光强度和时间足够时，表面便开始熔化。

（3）蒸发。蒸发有助于材料对激光的吸收，同时使固体表面变成液体被喷射出来，喷射出来的蒸汽达到一定温度时会产生等离子气体，在蒸发中光子碰撞自由电子，把它们的热量转化成为电离蒸发的热能。

（4）蒸发喷射。由于表面液体的蒸发，大量液体在此阶段从孔中喷射。

（5）流体喷射。伴随着蒸发喷射，在流体表面产生了一个很强的蒸汽作用压力，压力迫使流体从激光通道一侧排出，即形成了孔；只要光束持续作用，在热与流体动力学和激光材料的相互作用下，孔将按照一定的方式持续增加。

3）CO_2 激光钻孔工艺主要有开窗工艺和直接打铜工艺

（1）开铜窗法（conformal mask）。用图形转移工艺在表面铜箔层蚀刻出与要加工的孔径尺寸相同的"窗口"，然后用比要加工孔径尺寸大的激光光束来进行加工。其主要流程如图 2-10 所示。

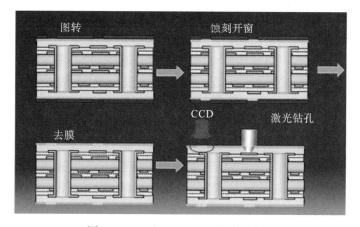

图 2-10　conformal mask 方式示意图

　　(2)开大铜窗法(large window)。用图形转移工艺在表面铜箔层蚀刻出比要加工的孔径尺寸大的"窗口"，然后用与要加工孔径尺寸相同的激光光束来进行加工。其主要流程如图 2-11 所示。

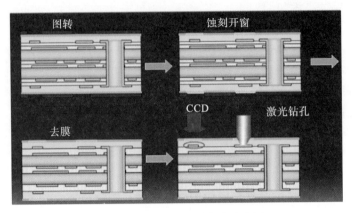

图 2-11　large window 方式示意图

　　(3)直接钻孔工艺(laser direct drilling)。为解决 CO_2 激光无法直接烧蚀铜箔问题，将印制板在 CO_2 激光钻孔前进行减薄铜＋棕化处理，改变铜表面颜色和形貌，减少铜箔对 CO_2 激光的反射，增加板面对激光能量的吸收，从而达到 CO_2 激光直接去除面层铜箔，再进一步直接烧蚀盲孔内介质的目的。其流程如图 2-12 所示。

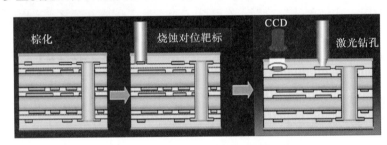

图 2-12　laser direct drilling 方式流程图

　　(4)CO_2 激光钻孔与 UV 激光钻孔比较。针对 CO_2 激光与 UV 激光的特点，可以得出二者在钻孔时的不同，如表 2-2 所示。

表 2-2　CO_2 激光钻孔与 UV 激光钻孔比较

比较内容	CO_2 激光钻孔	UV 激光钻孔
成孔原理	光热烧蚀	光化学烧蚀
加工尺寸范围	$75\sim200\mu m$	$30\sim150\mu m$
材料的加工性	可直接加工树脂、玻纤，不可直接加工铜箔 (可加工铜面特殊处理的铜箔或超薄铜箔)	可直接加工铜箔
加工效率	高	低
加工成本	低	相对较高
后续工序	需要去钻污	不需去钻污，直接孔金属化

4. HDI/BUM 板射流喷砂成孔制造技术

图 2-13 示出了射流喷砂成孔制造 HDI 板的工艺流程。射流硼砂打孔技术可以制得良好的微小孔，孔径可达 $\phi 50\mu m$。但是射流硼砂蚀刻的小孔成圆锥（或接近）形体，不同于光致法和等离子体（各向同性的等离子体）所形成的"鼓形"微孔，其孔化和电镀有利。其成本中等，主要问题是要投资喷砂设备。

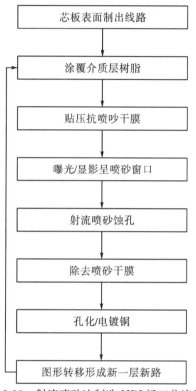

图 2-13　射流喷砂法制造 HDI 板工艺流程

2.3　无芯板 HDI/BUM 印制电路板制造工艺技术

2.3.1　无芯板 HDI/BUM 印制电路板制造工艺技术概述

目前大多数制造 HDI 板的方法是采用有"芯板"结构来实现的，但无"芯板"的 HDI 制造工艺已经显现出巨大优势。无"芯板"的 HDI 板是指采用 ALIVH（any layer inner via hole）和 B^{2}it（buried bump interconnection technology）技术等一类的积层多层板，其特点是不用"芯板"和不用孔化电镀方法来实现层间电气互联，且其结构没有"芯板"部分和积层部分的区别。因此，它可以在所有布线层之间的任意位置来形成 IVH（内连导通孔）的多层板。所以，这一类 HDI 板的整体层间互联密度是相同的，而且可以达到更高密度互联等级的。这样的 HDI 板将具有厚度更薄或尺寸更小的特点。这种结构的 HDI 板，其信号传输线路缩短，因而使基板的小型化、高密度化有着明显好处，也必将改善电子产品的性能和可靠性。

2.3.2　高级凸块积层技术

高级凸块技术(advanced grade solid-BUMp，AGSP)是在常规的芯板上，通过镀厚铜(相当于层间连接的厚度)，然后经过图形转移而形成凸块，再形成绝缘层，磨平后电镀外层，依次进行，得到积层的高密度互联板。由于采用蚀刻法形成凸块，因此可以自由地调整凸块直径和形状。AGSP工艺中采用生产性高的常涂法(curtain coat)，此外还可以采用印刷法、辊涂法和层压树脂片等。绝缘树脂干燥和硬化以后，进行只在整平树脂表面的研磨，这时可以除去凸块上部附着的树脂，在露出凸块头部的同时进行层间厚度的调整。研磨结束以后，采用AOI装置进行外观检查，确认凸块头部的露出。整面结束以后进行全板镀铜，可以采用减成法或者半加成法形成外层电路图形。其制作流程如图2-14所示。

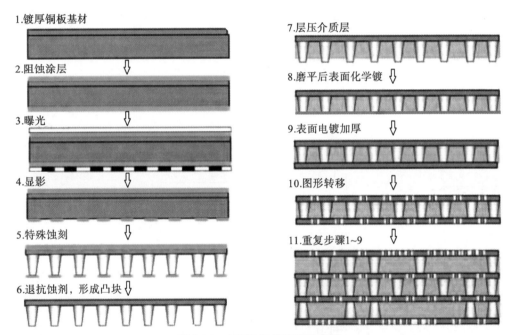

图2-14　AGSP制作流程示意图

AGSP工艺的优点：

(1)由于内外层都是通过镀层进行面连接的，所以连接可靠性很高。

(2)由于蚀刻形成凸块，可以自由地加工异径和异形状的凸块，这就意味着可以同时一次性形成极小径的凸块和大径凸块，大径凸块对于导热性高或者大电流的部分特别有效。

(3)通过控制树脂面整面和外层镀层的条件，可以调整外层图形/绝缘树脂界面的面粗糙度，因此对于趋肤效应引起的高频信号衰减的改善或者微细图形的形成都是有利的。

2.3.3　一次层压技术

一次层压技术(patterned prepreg lap up process，PALAP)指利用激光等在单面有铜箔的热塑性树脂绝缘层上制作微细孔，对孔镀覆或填充导电膏形成层间连接凸块，然后蚀刻铜箔在表面形成图形。用同样的方法同时制作必要的层数，对制作完成的各层进行检测，选择合格品。各层以黏结层等作介质进行一次层压，穿透黏结层的凸块相互结合的过程。其工艺流程如图 2-15 所示。

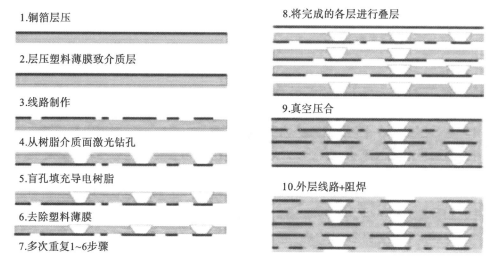

1.铜箔层压

2.层压塑料薄膜致介质层

3.线路制作

4.从树脂介质面激光钻孔

5.盲孔填充导电树脂

6.去除塑料薄膜

7.多次重复1~6步骤

8.将完成的各层进行叠层

9.真空压合

10.外层线路+阻焊

图 2-15　PALAP 制作流程示意图

2.3.4　嵌入凸块互联技术

嵌入凸块互联技术(buried BUMp interconnection technology，B^2it)是把印制电路技术与厚膜技术结合起来的一种甚高密度化互联技术，它比 ALIVH 技术更进一步，不仅不需要印制电路过程的孔化、电镀铜等，而且也不需要数控钻孔、激光蚀孔或其他成孔方法(如光致成孔、等离子体成孔、喷砂成孔等)，因此高密度互联积层电路采用 B^2it 技术是印制电路技术的一个重大变革，使印制电路的生产过程简化，获得更高密度，明显降低成本，可用于生产 MCM 的基板和芯片级(CSP)组装上。

该工艺就是采用一种嵌入式凸块而形成的很高密度的互联技术，而与传统的互联技术采用金属化孔来实现是不同的，其主要区别在于它是通过导电胶形成导电凸块穿透半固化片连接两面铜箔的表面来实现的一种新颖的工艺方法。其工艺流程如图 2-16 所示。

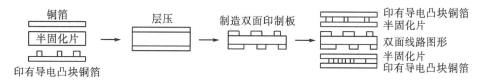

铜箔

半固化片

印有导电凸块铜箔

层压

制造双面印制板

印有导电凸块铜箔
半固化片
双面线路图形
半固化片
印有导电凸块铜箔

图 2-16　四层基层板制造工艺示意图

1.　主要工艺说明

这种结构类型的积层板的制造难度较高，需认真地进行结构分析，从结构的特性找出带有规律性的经验，以便更好地掌握制作技巧。

(1)根据结构的特点，必须对所使用的原材料进行筛选，特别是提高电气互联用的导电胶和带有所要求的玻璃布制造网格尺寸的半固化片。

（2）根据结构特点，要选择的导电胶的树脂材料的玻璃化温度必须高于半固化片玻璃化温度的 30～50℃，目的是便于穿透已软化的树脂层。

（3）在确保导电凸块与铜箔表面牢固结合的同时，要求导电凸块的高度要均匀一致，严格地控制高度公差在规定的工艺范围内。

（4）严格选择导电胶的种类，确保导电胶黏度的均匀性和最佳的触变性，使网印的导电胶不流动、不偏移和不倾斜。

（5）通过精密的模板，导电胶网印在经过处理的铜箔表面，经烘干后形成导电凸块，并严格控制导电凸块的直径在 $\phi0.20～0.30mm$，呈自然圆锥形，以顺利地穿透软化半固片层，与另一面已处理过的铜箔表面准确、紧密地结合。导电凸块高度控制的工艺方法就是根据半固化片的厚度经热压后的变化状态，通过工艺试验来确定适当的导电凸块的高度，然后进行模板材料厚度的选择，以达到高度的均一性，确保经热压后能全部均匀地与铜箔表面牢固接触，形成可靠的 3 层互连结构。

（6）此种类型结构的印制板，层间互联是通过加压、加热迫使导电凸块穿过半固化片树脂层。关键是控制半固化片玻璃转化温度，使软化的树脂层有利于导电凸块的顺利穿过，并确保导电凸块对树脂具有相应的穿透硬度，而不变形。通常要通过工艺试验来确定两者温度的差值，根据资料提供的温度相差为 30～50℃。温度控制过低，树脂层软化未达到工艺要求，就会产生相当的阻力，阻碍导电凸块的穿透；如控制的温度过高，就会造成树脂流动，使导电凸块歪斜和崩塌。

所以，从工艺的角度来说，必须严格控制树脂的软化温度，当温度和导电凸块外形调整到最佳时，导电凸块就能很容易地穿过半固化片的玻璃纤维布编织的网眼并露出尖端与铜箔实现可靠的互联，然后再升高到固化所需的温度和压力下进行层压工序。

2. 原材料的选择

（1）半固化片的选择。半固化片选择的原则就是树脂玻璃的转化温度与导电胶树脂的玻璃化温度的差别，并确保相匹配。在进行层压时，使导电凸块能顺利地通过已被软化的半固化片的网眼与表面铜箔牢固接触，但凸块必须均匀地全部与铜箔表面形成黏结。也就是说，当半固化片处于熔融状态时，而导电凸块内所含的树脂必须处于固化状态，才能顺利地穿透到达另一面铜箔表面上。

（2）导电胶的选择。导电胶主要是起到层间电气互联作用，是此种类型结构的主要原材料。因为导电胶是由具有导电性能的铜粉或银粉、粘结材料（多数采用 T_g 改性环氧树脂）、固化剂等原材料组成。所形成的导电凸块固化后互联电阻应小于 $1m\Omega$，具有高的导电性和热的传导性，而且具有一定合适的黏度，确保与金属材料（颗粒）均匀调合，使其固化后的电阻值符合设计技术要求。

（3）导电材料的选择。导电胶的组成主要是起导电作用的铜粉或银粉，无论采用什么导电材料，必须按照所需要的导电材料所形成的颗粒尺寸大小进行选择，主要依据就是所用的导电材料的颗粒尺寸应小于玻璃布网目边长的 1/2、1/3 较为适宜。

（4）树脂的要求。为满足安装高速元器件的要求，就必须选择具有低介电常数的树脂，如改型 BT 树脂、PPE（聚苯撑醚）树脂、改性 PI、聚四氟乙烯等。

具有 B^2it 结构类型的高密度互联积层印制板可分为全 B^2it 结构与混合式 B^2it 等两种

构型的高密度互联积层印制板。混合式 B^2it 技术可以认为是把 B^2it 技术与传统的印制板技术结合制成的印制板，如图 2-17 所示。

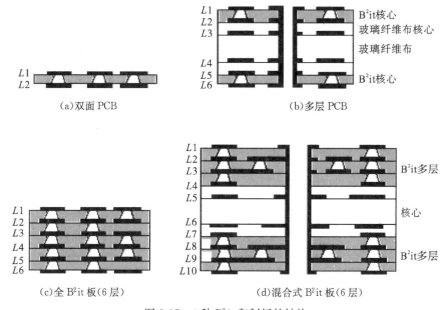

图 2-17　4 种 B^2it 印制板的结构

混合式 B^2it 板的制造过程是各自预先制备双面或四面 B^2it 板和传统板，然后经对位层压而成。这种各式各样的混合 B^2it 板比起纯 B^2it 板具有改善散热（传导热）的贯通孔结构，比起传统的多层板又具有显著增加布线自由度和随意布设内部导通孔的优点，从而达到更高密度特性，并满足单芯片模块（SCMs）和多芯片模块（MCMs）的高密度安装要求。

2.3.5　任意层内通孔积层技术

任意层内通孔积层技术（any layer inner via hole，ALIVH）是采用芳胺纤维无纺布和浸渍高耐热性环氧树脂半固化片，使用紫外激光（Nd：YAG 或脉冲震荡的 CO_2 激光）进行微导通孔的加工，微导通孔内再充填导电胶的工艺方法制造积层多层板。其主要工艺流程如图 2-18 所示。

1. 工艺要点

（1）介质绝缘材料的选择必须满足基板的功能特性要求，具有高的 T_g，低的介电常数。目前采用 Aramide 不织布为增强半固化片材料，它的主要特点是质量轻、介电常数低、热膨胀系数小及平滑性好。特别是它具有负的热膨胀系数（CTE），通过调整与环

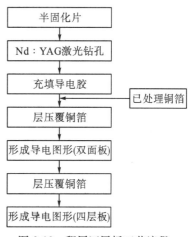

图 2-18　积层四层板工艺流程

氧树脂组成的比例从而控制基板的热膨胀系数，达到与芯片的 CTE 相匹配。

(2)选择与环氧树脂特性相匹配的导电胶。所采用的堵孔导电胶应具有收缩小，即挥发物少或者 CTE 应与芯板的 CTE(最好小于 35ppm)相匹配；具有高的导电性能和热传导率，并具有高的耐热或耐焊接的热冲击的能力。

(3)要根据芯板通孔直径的大小、形状，合理地制作模板网孔尺寸和形状，确保堵塞的导电胶能形成凸出的半圆形状。

(4)合理选择导电胶中金属颗粒的大小、形状、等级及最佳化树脂体系，以确保形成一种具有低黏度的导电胶对高密度导通孔进行堵塞与实际为"零"的收缩材料。

(5)提高表面的平整度，必须选择好的研磨工艺，对其突出的导电胶磨平形成与表面一致性良好的无沾污的待加工表面。

该技术制造的积层印制电路板的特点是所用的层数少、装联密度高、设计简单、制造方便，现已大量应用在便携式通信系统中。

随着微电子技术发展的需要，目前半导体器件除了细小片状化、微细间距化之外，还出现了 BGA(球栅阵列)、CSP(芯片级封装)、MCM(多芯片组件)等新型封装形式，围绕着制造多层板的技术有了很大的变化。特别地为了适应信号传输速度的提高，积层式多层板材料的选择和它的绝缘介质已由原来的玻璃布环氧树脂，改用新开发出来的介电常数更低的 FR-4、热固性 PPO 树脂、PI 类树脂及 BT 树脂等绝缘材料。由于环保要求，现已开发出减少溴类阻燃剂或无卤化绝缘材料，以减少对环境的直接影响。

从当前的生产过程了解，积层式多层板布线图形设计技术已经达到导体线宽间距为 $50\mu m/50\mu m$ 级的微细化水平，可在集成电路的引出脚之间通过 5 根印制导线。为适应 BGA、CSP 等新型封装的采用，新开发出一种焊料预涂覆工艺，可以在窄间距焊盘上形成高度任意、尺寸一致的焊料点，供装联时使用。

积层式多层板新技术已开发出多种工艺，其中 ALIVH 结构是其中之一。它主要解决常规多层板所存在的层间连接采用机械钻孔、化学加工和光学加工进行通孔加工和电镀处理。而装联用的元器件也需要通孔，这对印制电路板的有效面积是一种浪费，直接影响到电子产品的小型化。采用此种工艺方法，其制造的电路密度高，导线宽度和间距可小于 $50\mu m/50\mu m$ 级的微细化水平，通孔直径也能达到 0.15mm 以下。当然，此种要求会给工艺和设计带来难度。而采用 ALIVH 结构是在多层板各层之间采用的"金属间内通孔"的结构可充分利用器件标志下的区域进行层间连接，这样所设计的印制电路板的有效面积可缩小，由于布线距离短，特别适用于高速电路。

2. 实现此种工艺必须解决的技术问题

(1)层间的连接材料。首先要选择导电胶，它是不含溶剂而由铜粉、环氧树脂和固化剂混合而成。在采用激光加工而形成的通孔中充填这种导电性的涂料，并在半固化片两面放置铜箔，经热压至固化以实现层间电气连接。每个孔的接触电阻很低(小于 $1m\Omega$)。

(2)内通孔的加工工艺。内通孔是采用脉冲振动型二氧化碳 CO_2 激光加工而成。这种工艺方法速度很快，比机械钻孔工艺方法快 10 倍以上。

(3)所用半固化片是无纺布在耐高温环氧树脂中浸渍而成的基板材料。基于标准型 ALIVH 结构的设计特征，其主要特征如下：从 ALIVH 结构分析全层设有 IVH(内层导通孔)构造，导通孔设置层无限制；全层均一规格，无其他不同的导通孔种类，与邻近层导通孔的位置无限制；导通孔上的焊盘可与元器件安装焊盘共用。

随着电子设备的小型化、轻量化、高性能化，半导体器件的飞速发展，半导体的高速信号传输速度增加到 20GHz，器件的多针化和细间距化，输入/输出(I/O)焊脚数目增加到 1000 以上，甚至达到几千，于是对各种封装板的要求就越加严格。特别是对基板的平整度要求更高，对表面绝缘层厚度要求就更薄，采用高耐热性薄膜绝缘层，其材料由厚度为 12.5μm 的 PI 构成，厚度公差为±5％、线宽精细到 20μm。就连基板本身的热膨胀系数也要接近裸芯片的技术要求，使封装元器件的可靠性有了保证。这就是 21 世纪开发与研制的新工艺——ALIVH-FB。其主要工艺流程如图 2-19 所示。

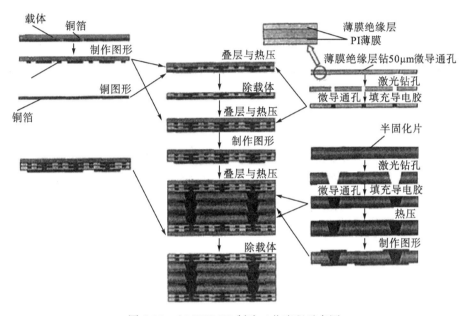

图 2-19　ALIVH-FB 制造工艺流程示意图

精细导线 25μm/15μm 的制作工艺：根据铜箔的厚度有两种工艺方法制作精细导线，一种方法是传统的减成法；另一种方法是加成法。如采用减成法工艺，就是将铝载体铜箔与有导电胶的导通孔的 PI 层精确地压贴在 ALIVH-FB 式结构的芯板上，然后利用铝金属具有两性的特性，采用盐酸或热碱溶液蚀去载体铝金属，即可获得厚度为 9μm 铜层表面，然后采用薄的光致抗蚀膜层进行精密的图形转移，通过显影与直接蚀刻而完成外层线路图形。如采用加成工艺，具体的做法首先是将承载用的铝金属片上进行铝合金电镀前的镀锌处理，使铝表面沉积一层锌镀层；然后进行涂覆有薄的光致抗蚀剂膜层，再进行精密的图像转移，制作出导线宽度为 25μm；最后在锌层表面直接进行选择性电镀铜层，电镀出 25μm 宽的铜层，除去抗蚀层，将具有铜导线的面贴向 PI 膜，并同时压在芯板上，再完成外层电路图形制作。

2.3.6　铜凸块导通互联技术

铜凸块导通互联技术（neomanhattan BUMp interconnection，NMBI）是由日本 North 公司开发的积层方法，是利用铜箔或者芯板上制作出的铜凸块，作为层间连接的不断积层的过程。其制作过程如图 2-20 所示。

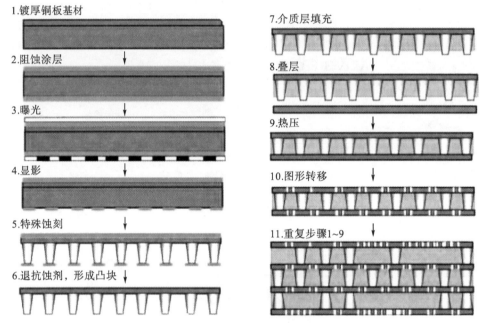

图 2-20　NMBI 制作流程示意图

其主要制程技术是以一种特殊结构的三层铜材进行凸块的制作，首先在铜材较厚的一面进行影像转移以及凸块的蚀刻，之后进行绝缘材料的填充与压合。在完成两面铜的导通之后，就进行线路的制作，接着进行下一个阶段的积层制程。而这个技术也因为铜柱的特殊性而被相关的业者所注意。其制程中最大的特色就是凸块完全用纯铜的方式制作，因此导电度比一般的导电膏导通方式具有更低的电阻。另外，在铜面的结合部分，该技术提出经过压合的接口没有明显的瑕疵，可以通过应有的信赖度测试。同时，相比于传统的激光制孔方法，该方法具有无焊盘优点，可以很好地节约板面布线面积，增加布线密度。

2.3.7　任意层叠孔互联技术

任意层叠孔互联技术（free via stacked up structure，FVSS）用镀层将钻孔填满，再使得钻孔堆叠起来。其制作流程如图 2-21 所示。其工艺要点在于利用激光钻孔方式获得良好的激光孔型，以及保证良好的填孔电镀质量。

日本 IBIDEN 公司自行研制的任意层叠孔互联（FVSS）技术是用电镀层将钻孔填满，再使得钻孔堆叠起来。这种方法制作的基板可靠性高，但是由于需要对钻孔进行整孔填满，对镀液的性能要求高，且电镀时间长。IBIDEN 公司利用此方法制作的基板已经成功应用于手机与平板电脑等产品中。

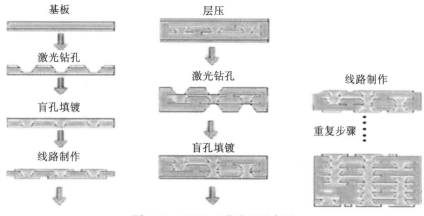

图 2-21　FVSS 工艺流程示意图

2.4　HDI/BUM 印制电路板可靠性测试与评价

HDI 印制板和高频化的高速数字电路印制板的需求正急速膨胀，成为企业新的经济增长点。但高密度互联组装的大幅度提高，使得 PCB 板的孔径、焊盘、布线宽度和线距都越来越微细化，介质基材日益薄型化，这既给 PCB 的内部导线与孔互联可靠性、内部导线与孔绝缘可靠性提出了挑战，也给外部 PCB 与器件的焊接可靠性带来了新的问题。

2.4.1　HDI/BUM 印制电路板可靠性测试

目前 HDI 板的可靠性测试仍然沿用或采用常规的 PCB 的方法。但是 HDI 板，其导线密度、导通孔密度、介质层薄度等都高得多，往往几倍、甚至几十倍的增加。因而，导线(线、盘、孔)之间的绝缘或连通变得至关重要。一般来说，导体之间的绝缘问题是易于解决的，而在电气连接上，特别是微孔方面，不仅其直径尺寸可小到 $50\mu m$，而且还起着层间互联作用。所以，微孔制造质量本质上是微孔的可靠性问题。

微孔的可靠性问题主要是来自两个方面：一是微孔底部连接盘上清洁度(钻污或沾污)；二是微孔金属镀层(一般都采用常规金属化和电镀或直接电镀形成的，某些是采用导电胶形成的)与介质层间的结合力和镀层厚度问题。如果存在这些问题，则会在 HDI 板制造和组装焊接过程中，由于热、压、湿等作用下产生热应力和机械应力的综合残留应力，这种应力在电子设备应用过程中可能会由于热的产生再次形成了附加应力，其结果可能超过焊接处的结合力，从而引起断裂。轻者产生电阻增大，重者断开而失效，其后果将带来 HDI 板可靠性问题。所以，HDI 板可靠性问题实质上主要是微孔的热可靠性问题，因此应主要集中于研究微孔的热可靠性问题。

微孔的可靠性或热可靠性的测试方法，根据行业标准和实际测试情况，PCB 常规的热可靠性测试方法主要有以下几种。

1. (温度)循环试验

根据行业标准，JPCA 对 HDI 板设置了三种热循环试验：$-40\sim+115℃$，$-25\sim+115℃$，$0\sim+115℃$。也有采用最新的 IPC-TM-650 方法的 2.6.7 规定：低温分别为 $-65℃$、$-55℃$、$-40℃$ 自动转入到高温区为 70℃、85℃、105℃、125℃、150℃ 或 170℃。要根据介质层材料和应用条件来选择试验条件，或按表 2-3 选择试验要求。

表 2-3　热循环试验温度—时间表

步骤	试验条件 A		试验条件 B		试验条件 C	
	温度/℃	时间/min	温度/℃	时间/min	温度/℃	时间/min
1	0，+0/−5	15	−40，+0/−5	15	−55，+0/−5	15
2	25，+10/−5	0	25，+10/−5	0	25，+10/−5	0
3	70，+5/−0	15	85，+5/−0	15	105，+5/−0	15
4	25，+10/−5	0	25，+10/−5	0	25，+10/−5	0

步骤	试验条件 D		试验条件 E		试验条件 F	
	温度/℃	时间/min	温度/℃	时间/min	温度/℃	时间/min
1	25，+10/−5	15	−65，+0/−5	15	−65，+0/−5	15
2	70，+5/−0	0	25，+10/−5	0	25，+10/−5	0
3	25，+10/−5	15	150，+5/−0	15	170，+5/−0	15
4	25，+10/−5	0	25，+10/−5	0	25，+10/−5	0

注：时间误差应在 +2/−0min。

2. 热应力(冲击)试验

热应力(冲击)试验，一般还是采用浮(浸)焊试验(IPC-TM-650 的 2.4.13.1)方法，即样品于 $(288\pm5)℃$ 下，每次 10s 共 5 次。或者采用新的 IST(interconnect stress test，IST)，即 IPC-TM-650 的 2.6.26(推荐)的试验方法，又称直流感生(current-induced，DC)热循环试验方法，这是一种相对新的试验方法，使样品设计更加灵活，测试更加便捷。若要分析失效机理，对相同样品可采用较正规的高、低温箱(air-to-air)法，或使用高、低温液槽的热油(liquid-to-liquid)方法。例如样品于 260℃ 硅油中浸渍 10s 后，于 15s 内转入 20℃ 硅油或其他液体中 20s 的热循环试验。

3. 高温、高湿偏置试验

高温、高湿偏置试验是将样品置于各种设定的环境条件下进行性能测试、考核，设定条件主要包括升高温度和增大湿度两方面。一般有：

(1)固定湿度为 85%RH，改变温度分别为 75℃、85℃ 和 95℃ 下进行性能考核试验。

(2)固定温度为 85℃，改变湿度分别为 75%RH、85%RH 和 95%RH 下进行性能考核试验。

(3)施加电压试验。在上述温度和湿度下，同时施加直流电压 5V、10V 或 30V 进行性能考核测量。

(4)其他测试与测量。例如高、低温放置试验，可在 100℃ 下放置 1000h，或在 −50℃ 下放置 1000h 后考核产品性能，又如高压釜蒸煮试验等。

2.4.2　HDI/BUM 印制电路板品质管理

印制电路板的可靠性即 HDI 板的可靠性，主要包括两层意义：

(1)长期使用的稳定性，这是从产品使用寿命上讲的可靠性。

(2)保证批次内每个产品的优良品质的可靠性。

由多层 HDI 板的结构示意图可以看出，信号电互联介质一般都是由蚀刻而成的铜线和金属化的孔组成的，电气绝缘则是由玻纤布、树脂组成的介质层特性决定的。因此，可以这样认为，保证印制电路板的可靠性只需做到三点。

(1)在存放、组装环境条件下能保持"焊盘、孔焊接可靠性"。

(2)在组装、使用环境条件下能保持"导线和孔连接可靠性"。

(3)在组装、使用环境条件下能保持"线间、层间绝缘可靠性"。

1. "焊盘、孔焊接可靠性"的试验与评价

高密度互联及无铅化生产工艺等给"焊盘、孔焊接可靠性"带来的问题：

(1)PCB 板面的孔、焊盘越来越小型化，与器件引脚或焊球焊接时有效接触面积和以往相比大大缩小，PCB 板面的每个焊盘或孔的可焊性要求更高。

(2)大尺寸多引脚的阵列 BGA 芯片焊接需要 PCB 具有更好的共面性，而无铅焊接工艺的温度提升给 PCB 的板面翘曲带来了隐患。

(3)PCB 生产及存放过程中带来的表面污染和氧化，造成焊盘或孔的可焊性不良。

对于 PCB 焊盘或孔的可焊性测试，目前除图 2-22 所示传统的浮焊、浸焊定性试验判定方法外，定量的润湿天平测试方法也已应用于 PCB 的来料检验、产品开发、工艺设计、生产管理等方面。

图 2-22　印制板孔、焊盘的可焊性样品图

2. "导线和孔连接可靠性"的试验与评价

印制电路板的连接可靠性主要包括金属化孔的连接可靠性、基底铜和镀层的连接可靠性、导线的连接可靠性。在当前，高密度互联使得印制板的孔和导线在尺寸上大大减小，相应地它们的机械强度降低，但无铅焊接温度的提高却加剧了热膨胀系数差带来的连接可靠性风险。因此，正确合理地选用好试验和评价方法，对于产品开发、工艺设计、质量管理控制等具有重要意义。

从影响导线和孔连接可靠性的主要原因入手，考核 PCB 连接可靠性的试验方法主要有：热应力、耐热油、温度冲击、温度循环、回流焊、机械应力等试验；样品的测试评价主要通过金相(显微剖切)、互联电阻测试、孔电阻测试等来分析判定。与温度相关的应力试验方法中，PCB 样品在低温与高温之间移动的周期性气相冲击试验是最典型的方法。在此项热冲击试验中，各厂家对温度、时间等条件要求都会有所不同；液相试验法可使此类试验的评价时间缩短，高温硅油的温度条件接近组装的实际工艺温度，低温则采用室温温度条件。由于液相试验对 PCB 样品的热冲击影响甚大，因而在短期内就可获得试验结果。

在高频高速印制电路板的制造过程中，为了保证信号传输质量，PCB 的表面导线、焊盘与介质层的黏合力下降，这是需要关注的一个问题。为此，在生产时需要对板件进行拉脱强度、模拟返工、剥离强度等测试，以考核导线和焊盘可靠性。

3. "线间、层间绝缘可靠性"的试验与评价

从"线间、层间绝缘可靠性"的角度来考察，绝缘可靠性主要包括导体图形间的绝缘可靠性和介质层间的绝缘可靠性。高密度互联印制电路板的孔径及导线间距缩小，介质层薄化，使得线间、层间绝缘可靠性问题更加突出，同时受无铅化的影响，导体间更容易形成粒子迁移，形成锡须而导致绝缘劣化。

在绝缘可靠性的测试方法中，都必须有水分的存在，这样才能创造出一个加湿的试验条件，从而对湿态处理下样品的绝缘性能进行评价和检测。目前常用的绝缘可靠性试验方法，主要有温湿度周期性试验法、常规加湿试验法、HAST 试验法、PCT 试验法，其中温湿度周期性试验法在试验条件上讲，属于"温和型"，得到此项试验结果需要较长的一段时间的。常规加湿试验法多选用 85℃/85％RH 试验处理条件，处理的时间可与用户协商而定(一般采用 1000h 居多)。高加速温湿度应力试验(highly accelerated temperatare & humidity stress test HAST)是以加速加湿过程为特点的加湿绝缘性能试验方法。该试验原来应用于汽车导体封装材料的物理性能检测，将此方法引入多层 PCB 加湿处理后的绝缘性能测试是否合理仍值得探讨。此外，PCT(pressure cooker test)试验法（又称压力锅蒸煮试验）是在饱和水蒸气条件下进行的高强度高湿试验。PCB 可靠性测试中，对有机材料样品的测试标准尚未建立，IPC 标准中也未曾详细规定试验装置，但目前许多用户明确要求 PCB 制造商对此项可靠性项目进行测验，因而众多日本 PCB 制造商均采用此项试验。

表 2-4 印制板常用绝缘性能考核评估试验方法

序号	试验项目	内容	相关试验方法
1	吸水性	将样品放置在蒸馏水或去离子水中	GJB 1651 方法 6010 QJ 832A-98 5.4.9 IPC-TM-650 2.6.2.1
2	水煮试验(沸腾试验)	将器件浸没于沸腾的液体中	100℃的去离子水
3	湿热试验	将印制板暴露于固定的温度和相对湿度 (小于 100%RH)的环境之中	GJB 362 4.8.6.1 QJ 832A-98 IPC-TM-650 2.6.3
4	湿热偏压试验(THB)	同上+偏压	GJB 362 4.8.6.1(GJB360.6) QJ 519A-99 5.6.2 GR-78-core 14.4
5	压力蒸煮试验(PCT)	暴露于超过 1 个大气压的润湿蒸汽压中	ED-4701(1992-2)(日本)
6	非润湿饱和压力试验(HAST)	暴露于超过 1 个大气压的非润湿蒸汽压中	GB/T 2423.40-97 JESD 22-A110
7	HAST+偏压试验	同上+偏压	同上
8	CAF 试验	在规定的温度湿度偏压条件下, 按照规定的时间进行绝缘电阻测试	IPC-TM-650 2.6.25

依据多个标准或测试方法,考核绝缘劣化主要选择表 2-4 列举的几种试验方法:吸水性、湿气敏感度试验、水煮试验、常规湿热试验、HAST 试验、CAF 测试等;样品的测试评价主要通过选取测试图形或成品取样件的金相(显微剖切)、绝缘电阻测试、介质耐电压等方法来分析判定。

习 题

1. 简述 HDI/BUM 电路板的特点及分类。
2. 简述含芯板的 HDI/BUM 电路板制造工艺流程。
3. 简述无芯板的 HDI/BUM 电路板制造工艺技术有哪些。
4. 简述嵌入凸块互联技术(B^2it)技术的原理及工艺流程。
5. 简述任意层内通孔(ALIVH)积层技术的原理及工艺流程。
6. 简述任意层叠孔互联技术(FVSS)的原理及工艺流程。
7. HDI/BUM 板微孔的可靠性测试项目有哪些?

第3章 特种印制电路技术

电子信息技术的不断进步，为极大地满足人们对电子产品多样性的需求提供了可能。一方面，电子产品的个性化设计，使得其制造部件——印制电路板呈现出多品种、多性能要求；另一方面，电子产品的智能化、便携化设计，使得印制电路板必须具有交流阻抗控制、高可靠性高频传输能力、优良的热处理及电磁兼容性能等。这就促使了特种印制电路板的诞生。本章介绍金属基印制电路板、厚铜(大电流)印制电路板、陶瓷基印制电路板等特种印制板的制造材料、制造技术及工艺。

3.1 特种印制电路技术现状、分类及特点

2006年，信息产业部(现工信部)电子信息产品管理司将高档 PCB 产品类型概括为 HDI 板、多层 FPC、刚挠结合板、IC 载板、通信背板、特种板材印制板、印制板新品种等种类。但直至目前，在印制电路设计与制造领域还没有形成特种印制电路的完整定义，人们达成的基本共识是：特种印制电路板是指具有制造材料特别、产品用途特别、制造工艺特别等基本特征的一类印制电路板。表 3-1 是常规印制电路板与特种印制电路板的比较情况。

表 3-1 特种印制板和常规印制板的主要差别

项目		特种印制板	常规印制板
用途		高散热，高频信号与大电流等传输	常规信号传递、元器件搭载等
PCB 加工		钻孔、孔化、层压等技术特殊化	钻孔、孔化、层压等技术常规化
材料种类与性能	种类	PTFE、金属基板等量少特制板材	FR-4，PI 等量大常规板材
	ε_r(或 D_k)	1.1~3.0(越小越好)	4.4~5.0
	D_f	0.002~0.008	0.01~0.04
	厚铜结构	铜箔和镀铜厚度≥$70\mu m$	铜箔和镀铜厚度≤$25\mu m$

特种印制电路板制造材料的特殊化是由其在电子设备中担任的功能与性能要求所决定。基板材料是印制电路导线及器件的搭载体，随着电子线路传输信号的高频化和高速化以及叠层高层化，低电磁干扰、高信号完整性、高散热等成为新产品必须具备的特质，而电子设备这些性能要求已经难于通过电路设计单独解决，新材料选用成为技术进步的方向。根据特种印制电路板在高频信号传输、大电流传输等领域的应用要求，低介电常数、低损耗、高散热材料成为特种印制电路板制造中可选用的基板材料，特色基板材料的选用决定了其制造工艺特殊性。

随着电子产品在日常生活、工农业生产、科技创新等领域的广泛应用，作为特色电子产品的基本部件——特种印制电路在通信电子、消费电子、汽车电子系统、仪器、电

源等领域的应用将日益广泛。WECC(世界电子电路理事会)、IPC(美国电子工业互联协会)和CPCA(中国印制电路行业协会)的统计数据显示:①2007年全球PCB产值为509亿美元,特种板产值为23亿美元,占总产值的4.5%;②2014年我国PCB产值为1700亿元人民币,特种板产值约为102亿元,占总产值的6.0%。

3.2 金属基(芯)印制电路板制造技术

电子产品向轻、薄、小、高密度、多功能化发展,使得印制电路板设计线宽越来越细,铜面越来越小,搭载元器件之间的距离更近,组装密度和集成度越来越高,功率消耗越来越大,热处理方案日益重要,对PCB基板的散热性提升要求越来越迫切。如果基板的散热性不好,温度的普遍升高使得导热更慢,就会导致印制电路板上元器件过热,PCB元件过热常常导致元件老化、失效、寿命缩短,从而使整机可靠性下降,解决这一问题的途径之一是采用金属基印制电路板。

3.2.1 金属基印制电路板的概述

金属基印制电路板是将导热性能优良的金属基板、绝缘介质层和线路铜层等三部分组成的夹层式结构高散热印制电路板,其结构如图3-1所示。随着通信信号的高频化、高清晰化、大数据等发展要求的提出与实施,推动了印制电路板产品制造技术不断创新。高频高速信号传输对材料的严格要求,使得印制电路板制造不仅要在绝缘基材上面形成金属导线、实现互联互通功能,同时要保障传输信号的质量。在微波领域、大功率电子(如LED)应用方面,材料的散热特性在很大程度上影响整个系统的可靠性,在一些高可靠性高功耗的高频应用方面,如军用雷达、微波应用、导弹控制系统、GPS等功率放大器,采用常规散热方法将不能满足可靠性的要求,使用导热性能好的金属材料成为必然选择。实际应用证明,采用金属基板实现散热解决方案与采用传统的散热器、风扇冷却等散热解决方案相比较,可极大地缩小设备体积、降低制造的成本等。

对于具有三片层夹心式结构的金属基(芯)印制电路板,不同层的选材与制造工艺皆具有特色。对于金属基板层,从原理上讲,任何导热性能好的金属单质皆可作为该类印制电路板制造的基板材料,且导热率越高性能也越好,但在实际应用中受成本、工艺可制造性等限制,金属基印制电路板中金属基通常使用的材料为铝、铁、铜、殷铜、钨钼合金等,该层的主要功能是提供线路、器件搭载的物理支撑与热流通道。在现有的金属材料中,铝具有资源丰富、制造工艺成熟、成本相对较低、导热性能良好、加工较容易及环境友好等优点,铝基电路板具有材料经济、电子连接可靠、导热和强度高、无铅焊接环保等优点,这使得铝基印制电路板成为研究与应用的重要对象。绝缘介质层常用改性环氧树脂、聚苯醚、PI等,该层的主要功能是防止线路层与基板层之间短路。线路层是通过铜箔蚀刻方式制作,是实现印制电

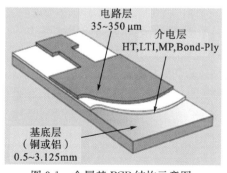

图3-1 金属基PCB结构示意图

路板电信号、电流传输等功能的主体单元。高散热性金属基印制电路板已经开发的主要种类有平面型厚铜基 PCB、铝金属基 PCB、铝金属芯双面 PCB、铜基平面型 PCB、铝基空腔 PCB、埋置金属块 PCB、可弯曲铝基 PCB 等，它们被广泛应用于从消费品到汽车、军品、航天等领域。金属板的导热性和耐热性无需置疑，关键在于与电路层间绝缘黏结剂的性能。

3.2.2　金属基印制电路板材料性能及其结构

1. 金属基(芯)印制电路板材料特性及作用

1)金属基(芯)印制电路板材料特性

众所周知，金属材料导热性能(导热系数)远高于合成树脂材料(及其形成的介质)，这是采用金属材料作为印制电路的基板材料解决高发热电子元器件的搭载后出现性能下降问题的理论基础。但金属材料具有密度高的不足之处，因此金属基印制板相对于有机基印制板来说，相同规格印制板的质量要大一些。表 3-2 为几种物质的导热系数、密度等。

表 3-2　印制电路板基板材料导热系数、CTE 与应用特性表

材料名称	导热率/(W/(m・K))	CTE/($\times10^{-6}°C^{-1}$)	T_g/℃	应用
金刚石	1300~2400	1.2~4.5	高热稳定性	基板介质层
硅	611	2.5	高热稳定性	基板材料
金	317	14.2	高热稳定性	金属芯或散热片
铜	403	17	高热稳定性	金属芯或散热片
铝	236	23.6	高热稳定性	金属芯或散热片
铁	84~90	12.2	高热稳定性	金属芯或散热片
导热胶	0.5~3.0	1~15($X-Y$)	稳定性较好	介质层
环氧树脂	0.133	80~85($\leqslant T_g$)	≥140	基板及介质层
聚苯醚(PPO/PPE)	0.186	40~45($\leqslant T_g$)	≥210	基板及介质层
聚酰亚胺(CPI)	0.1~0.35	40~45($\leqslant T_g$)	≥230	基板及介质层
胺玻璃纤维布	1.0	5~7	高热稳定性	增强材料
二氧化硅(SiO_2)	1.4~1.6	5~7	高热稳定性	填充材料
氧化铝(Al_2O_3)	2540	5~7	高热稳定性	填充材料
氮化硼(BN)n	1300	2	高热稳定性	金属芯或散热片
氧化铝陶瓷基板	18	5~7	高热稳定性	IC 封装基板等
FR-4 基材	0.5	13~15($X-Y$)	≥140	导热介质层材料
FR-4 基材	0.2	13~15($X-Y$)	≥130	传统介质层材料
金属基板材	1.5~5.0	取决金属类型	—	材料与导热胶膜

2. 金属基(芯)基板的种类、结构与性能

1)金属基(芯)覆铜板的种类

金属基覆铜板是制造金属基印制板的基板材料,其结构与层压法制造常规(有机树脂基)覆铜板(CCL)制造方法、工艺相似。不同种类的金属基覆铜板的结构基本相同,它是由三层不同材料所构成,即铜箔层、绝缘层、金属层(如铜、铝、铁、钢板、殷铜、钨钼合金)。

按照制造使用金属材料的种类,金属基板可分为铝基覆铜板、铜基覆铜板、铁基覆铜板、钨钼合金覆铜板等多个品种,其中铝基覆铜板、铜基覆铜板、铁基覆铜板为用量最大的三个品种。

(1)铝基基材。使用铝材的种类有 LF、L4M、LY12 等,其组成含量要求符合我国铝合金制造技术标准 GB/T3880-2006。性能要求:抗张强度 294 N/mm^2、延伸率 5%,导热系数在 150~210W/(m·K)。按照金属层厚度差异,铝基板常用的有 1.0mm、1.6mm、2.0mm、3.2mm 四种。

(2)铜基基材。一般使用紫铜板,其组成含量要求符合国家标准 GB/T26017-2010,性能要求:抗张强度 245~217 N/mm^2、延伸率 15%,导热系数为 403W/(m·K)。按照金属层厚度差异,铜基板常用的有 1.0mm、1.6mm、2.0mm、2.36mm、3.2mm 等五种。

(3)铁基基材。一般使用冷轧压延钢板、低碳钢板等。性能要求 25~32 kg·F/mm^2、延伸率 15%。按照金属层厚度常用的有不含磷 1.0mm、2.3mm 等种类,含磷性的铁基有 0.5mm、0.8mm、1.0mm 等种类。

2)常用金属基板性能差异的比较

在工业制造中常见金属基板有铜基板、铁基板、铝基板三大类,其性能比较如下:

(1)铜基板。导热性好,用于热传导和电磁屏蔽的地方,但质量大,价格昂贵。

(2)铁基板。防电磁干扰,屏蔽性能最优,但散热稍差,价格便宜。

(3)铝基板。导热好、质轻,电磁屏蔽也不错,但耐盐蚀性能较差。产品质量标准 CPCA4105-2010。

铝基覆铜板是目前应用最多的金属基板,该类基板具有优异的电气性能、散热性、电磁屏蔽性、高耐压及弯曲加工等性能。用铝基覆铜板制造的印制电路板主要应用大功率 LED 照明、电源、电视背光源、汽车、电脑、空调变频模块、航空电子、医疗、音响等相关行业,即使是普遍使用的手机摄像头中,铝基印制板也属于必备的一个零部件。

3. 金属基(芯)基板绝缘层、金属层、导线层作用与性能

1)金属基(芯)基板绝缘层的性能

金属基(芯)板中绝缘层使用的材料为有机聚合物(如 PET、改性聚苯醚、改性的环氧树脂、PI 等)、金属氧化物(如三氧化二铝等)、陶瓷等,其作用是隔离线路之间的电信号和黏接铜箔层与金属层,即绝缘与黏接作用。

通常金属基(芯)板中绝缘层是 50~200μm,绝缘层放在金属基板与铜箔层之间,同

金属基板和呈带状线路图形的铜箔层都应有良好的附着力,是制作金属基板的关键。若太厚,能起绝缘作用,防止与金属基短路的效果好,但会影响热量的散发;若太薄,可较好散热,但易引起金属芯与导线等短路。导热绝缘层的导热原理如图 3-2 所示。

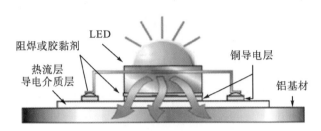

图 3-2　导热绝缘层的导热原理分析

从图 3-2 可以看出,当电子原件(如 LED)在产生热量后,通过线路层的铜箔传递到导热胶 PP,再由导热胶传递到铝基板上,由铝基板向外散发热量,故导热胶是铝基板散热的重要桥梁;从导热系数可知,铝基的导热系数要远大于导热胶,铝基可以迅速将集中在铝板内的热量散发到空气中,因此,铝基覆铜板导热性的好坏主要取决于绝缘介质层的散热性能,其散热性主要受导热胶的组成、性质、厚度等影响。要提高铝基覆铜板的导热性,就是要提高绝缘介质层的导热性。如何提升导热绝缘层的导热性及其稳定性成为一个重要的课题,是整个铝基板材料的技术核心所在。

2)金属基(芯)基板中金属层的特性及作用

采用金属基板(IMS)或金属芯印制电路板,其目标是提高印制电路板上搭载发热组件后整板的散热效果,提高电子产品的热可靠性与寿命。金属基板中金属层的主要作用有以下几点。

(1)在印制电路板中起导热作用。印制电路板在加工,特别是使用过程中会产生大量的热,出现局部"热岛"效应,从而在印制板内部产生较大的内应力,对印制板的内部结构产生破坏作用,影响电子产品的使用特性,成为失效的重要因素。由于金属材料的导热系数(率)比 PCB 介质层的导热系数(率)大,在印制电路板中加入(表面或内部或两者兼之)金属板,通过一种"冷指"效应,形成印制电路板内部热传递的快速通道,降低印制电路板整板的温度,同时使整板温度快速均匀化,降低内应力的产生。实际证明,采用金属基板的产品比同规格的有机基板在高发热领域使用时其整板温度一般可降低 30～50℃。

(2)在印制电路板中起刚性或控制线性热膨胀系数(CTE)作用。目前,印制电路板搭载的电子元器件都是通过焊接或表面贴装等手段实现的,这就需要一个刚性支撑体,这也是刚挠结合印制电路板的优势之一。金属材料具有高的耐热性、延展性、高导热性能、热膨胀系数与导线(铜)接近等优点,在印制电路板工作期间由玻纤布与树脂组成的介质层会因受热而变软或变形,金属板(芯)这一优良特性正好满足电子设备的组件需要控制其形变或尺寸、提高可靠性的要求。

(3)在印制电路板中起"屏蔽"作用。金属材料具有比有机合成树脂材料更优良的电磁屏蔽性能。电子设备中的印制电路板,暴露于大气会受到来自四面八方的成千上万的信号干扰,这既影响印制电路板内部信号传输,又影响接收信号的可靠性。在印制电板表面或内部加上金属层，可以起到屏蔽作用，明显提高信号传输或接收的完整性。同时，金属基板还可以作为接地层，进一步提升产品的品质。

3)金属基(芯)基板中导电层(铜箔层)的性能

金属基(芯)板的导电层是由覆铜板中铜箔层蚀刻得到的，因此金属基覆铜箔中铜箔的性能直接关系到金属基印制电路板的性能。为增强铜箔与绝缘层之间的结合力，铜箔背面需要经化学氧化处理过、表面镀锌和镀黄铜等工序，其目的是增加抗剥离强度、增加绝缘性能等。铜箔层厚通常为 $17.5\mu m$、$35\mu m$、$75\mu m$、$140\mu m$ 等。一般在通信电源上配套使用的铝基印制板常用铜层厚度为 $140\mu m$。图 3-3 为双面铝基板的结构图。

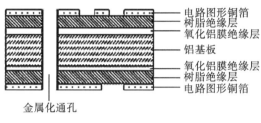

图 3-3 双面铝基板的结构示意图

4. 金属基(芯)印制电路板中金属基(芯)的传热学基本原理

金属基(芯)印制电路板被大量使用于高发热电子元器件搭载的系统之中，其传热性能是其重要性能指标。一般来说，物质的热传递有三种方式，分别为热传导、热对流和热辐射。

热传导是指两个相互接触的物体或同一物体的各部分之间由于温度差的存在而引起的热量传递现象，微观上将热传导现象归因于物体内部微观粒子的热运动。热传导中热量的传递遵循傅里叶定律：

$$q = \frac{\mathrm{d}Q}{\mathrm{d}A} = -k\frac{\partial T}{\partial n} \tag{3-1}$$

式中，q 为热流密度，单位是 W/m^2；dA 为微元等温面面积；dQ 为单位时间内通过 dA 的热量；"$-$" 表示热流密度方向，与温度梯度方向相反；k 为导热系数，单位为 $W/(m \cdot K)$，它是物体传导热量能力的重要参数，通常材料不同，导热系数 k 也不同；$\partial T/\partial n$ 为法向温度梯度，单位为 K/m。

热对流是指通过流体介质的流动进行的热量传递现象。进行热对流的流体介质可以是液体也可以是气体，一般热传导会伴随着热对流出现。对流情况下热量的传递满足牛顿冷却定律：

$$Q = hA\Delta T \tag{3-2}$$

式中，Q 为通过热对流传递的热量；h 为对流换热系数，单位为 $W/(m^2 \cdot K)$，它表征的是对流情况下热量传递能力的强弱，对流换热系数的值与温度、流体介质种类、对流换热面形状都有关系，表 3-3 列出了其大致范围；A 为对流换热面的面积；ΔT 是换热面与流体介质的温度差。

表 3-3　对流换热系数大致范围

热对流种类	流体介质种类	对流换热系数 h/[W/(m² · K)]
自然对流传热过程	空气	1～10
	水	200～1000
强制对流传热过程	气体	20～100
	高压水蒸气	500～3500
	水	1000～1500
	液态金属	3000～110000
沸腾传热过程	水	2500～25000
凝结传热过程	水蒸气	5000～15000
	有机蒸气	500～2000

　　热对流根据驱动力的不同可分为自然对流和强制对流两种。由流体介质中存在的温度差导致流体密度不均匀从而引起对流的现象叫做自然对流，这种对流方式的驱动力通常是密度差，值得一提的是这种密度差是由介质内部自身温度差导致的，没有借助外界的作用。因外界驱动力存在，而引起的对流传热称为强制对流，这种驱动力通常为风力，如台式电脑和笔记本电脑中都会有 1～2 个散热风扇装置，以加强产品内部的空气对流速率，提高热对流效率，从而达到散热的目的。一般的电子产品（如手机、照相机、平板电脑）内部是没有强制对流装置的，这些产品内部的 PCB 与空气传热都属于自然对流范围。自然对流公式如下：

$$Q = 3.94 \sqrt[8]{\Delta T} CA \times 10^3 / \sqrt[4]{L} \tag{3-3}$$

式中，Q、A 和 ΔT 意义与式(3-2)中参数含义相同，其中 C 和 L 为常数，与自然对流中对流面的接触方向和接触形状有关，表 3-4 列举了常见情况下的 L 和 C 的值。

表 3-4　常见情况下的 L 和 C 分布

对流接触面情况	L	C
向上水平面	0.71	(长×宽)/(长+宽)
向下水平面	0.35	(长×宽)/(长+宽)
矩形板面	0.55	厚度
不规则板面	0.55	面积厚度
圆形板面	0.55	0.78×直径
圆柱形器件	0.4～0.6	厚度
球形器件	0.65	半径

　　热辐射是指物体之间以辐射的形式传递热量的现象。在温度高于 0K 情况下，所有物体都会向外发射电磁波，这种现象被称为辐射。当物体以热的形式发送电磁波时，就称为热辐射。热辐射与物体的颜色和形状有关，研究表明深色的物体更容易发射和接收热辐射，而形状则涉及电磁波发射和接收的方向，与接收效率有关。辐射传热满足 Stefan-Boltzmann 定律，考虑到电子产品的内部辐射传热多是向周围环境进行热传递，

这种情况下 Stefan-Boltzmann 定律的计算公式可表示为

$$Q = \varepsilon \sigma A (T_1^4 - T_2^4) \tag{3-4}$$

式中，Q 为辐射传递的热量；ε 为物体的热辐射发射率，在计算热辐射时，定义黑体的辐射发射率为 1，所以一般物体辐射发射率取值在 $(0，1)$；σ 为 Stefan-Boltzmann 常数，其值为 $5.669 \times 10^{-8} \mathrm{W/(m^2 \cdot K^4)}$；$A$ 为与物体形状有关的常数，如物体形状规则，则可用辐射面表面积代替 A 进行计算；T_1 为物体的温度；T_2 为外界环境温度。

3.2.3　金属基印制电路板发展趋势

1963 年，美国 Western Electric 公司在世界上首次成功开发具有高散热性的金属芯 PCB，它表明新型的、具有特殊散热功能的金属基(芯)覆铜板的产生。我国金属芯印制板的研究最早始于北京电子工业部 15 所和电子科技大学，金属基覆铜板的研究及生产始于 1986 年(国营 704 厂)。经过近半世纪的发展，其应用领域和用量不断扩大发展，尤其是发达国家产量增长巨大，如日本铝基覆铜板产值 1991 年 25 亿日元，1996 年 60 亿日元，2001 年 80 亿日元，2004 年达 100 亿元以上。金属基 PCB 的历史如表 3-5 所示。

表 3-5　金属基 PCB 发展历史

基板种类	铁基夹芯印制板	铝基覆铜板	铁基覆铜板	铜基覆铜板
研发时间	20 世纪 60 年代	1974 年	1986 年	1998 年
研发地区和公司	美国 Western Electric 公司	日本三洋公司	中国国营 704 厂	中国国营 704 厂
应用领域	继电器等	STK 功率放大器混合集成电路	军事领域	通信服务器等
技术成熟度	未规模应用	规模化	规模化	规模化

铝基印制电路板具有优异的电气性能、散热性、电磁屏蔽性、高耐压及弯曲加工性能，主要用于汽车、摩托车、计算机、家电、通信电子产品、电力电子产品，是目前应用量最大的品种。铁基印制电路板和硅钢印制电路板具有优异的电气性能、良好的导磁、耐压特性，基板强度高，主要用于无刷直流电机、录音机等主轴电机及智能型驱动器等产品中，其中硅钢印制电路板的磁性能优于铁基印制电路板；铜基印制电路板具有铝基印制电路板的基本性能，且其散热性优于铝基印制电路板，该种基板可承载大电流，一般用于制造电力电子、汽车电子、通信基站等大功率电路用印制电路板，但铜基板密度大、价格高、易氧化，使其在便携式电子产品中的应用受到限制，用量远低于铝基印制电路板。

国外具有代表性的金属基板生产厂家有英资 Laird 公司、日本住友、日本松下电工、DENKA HITT PLATE 公司、美国贝格斯公司等。日本电气化学工业株式会社生产、销售散热型 PCB(散热基板)已经有 20 多年的历史，是日本国内的发展散热基板的先驱者。长期以来，散热基板成为该企业经营业绩的重要支撑部分。近年来，半导体照明及液晶 TV 的面板的 LED 背光源(backlight unite，BLU)散热基板的市场需求，得到迅速的扩大。三洋半导体公司早在 1969 年就在世界上成为最早实现工业化生产金属基 PCB 的厂家之一。自那时起该公司所生产的金属基覆铜板产品被注册为 IMST(insulated metal substrate technology，绝缘金属基板技术)的商标牌号。美国 BERGQUIST(贝格斯)公司于 1964 年开始从事导热绝缘产品的研发，主产品有：SIL-PAD 系列导热绝缘体，GAP-PAD 系列导热填充垫，BOND-PLY 导热双面胶，HI-FLOW 导热相变材料、THERMAL-CLAD 铝基覆铜板、铁基覆铜板、铜基覆铜板等，如表 3-6 所示。国内最早研制金属基覆铜板是国营第 704 厂(咸阳华电电子材料科技有限公司)，是目前国内生产覆铜板品种最多的企业之一。金属基覆铜板是公司 8 个系列产品之一，有铝基覆铜板、铜基覆铜板、铁基覆铜三大系列，型号 HMAF-1 产品(产品规格：500mm×600mm；500mm×1000mm；500 mm×1200mm，产品厚度：0.5～4.0 mm)的特点：优异的散热性、电性能、电磁屏蔽性和优良的机械加工性能，用于制造功率混合集成电路、小型电源开关、汽车电子产品、通信电子设备、LED 照明产品等。20 世纪 90 年代后期，国内有许多单位也相继研制和生产铝基覆铜板，例如广东生益科技股份有限公司是我国铝基覆铜板制造的主要企业，其产品 SAR20 具有无卤、高 CTI、优良的散热性、优良的剥离强度、优秀的耐热性和绝缘可靠性、优秀的加工性等优点，适用于大功率 LED 照明、电源电路、LED TV 等。表 3-6 为英资 Laird 公司金属基板产品性能表，表 3-7 为 Bergquist 公司金属基 PCB 产品性能表。

表 3-6　Laird 公司铝基板性能

产品类型	1W 系列铝基板	2W 系列铝基板	1KA 系列铝基板
铝(铜)板厚度	0.8、1.0	1.5、1.6	2.0、3.0
绝缘层厚度/mil	2.4、4.8	2.4、4.8	4、6、8、10、12
铜箔厚度/μm	1～6	1～6	1～6
导热系数/(W/(m·K))	1	2～3	3
板型号	1050	5052	6061
板标准尺寸/mm	500×600	500×600	460×600

表 3-7　Bergquist 公司金属基 PCB 产品性能

产品类型	HT-04503	HT-07006	LTI-04503	LHI-06005	IVP-06503	CML-11006
绝缘层厚度/mil	3	6	3	5	3	6
铜箔厚度/μm	H－10	H－10	H－10	H－10	H－10	H－10
导热系数/(W/(m·K))	2.2	2.2	2.2	2.2	1.3	1.1
剥离强度/(1b/in)	8	8	6	6	9	10
耐压测试/VDC	1500	2500	1500	2000	1500	2500
铝基厚度/mm	1.0、1.6、2.0、3.2					
板常规尺寸/in	16×19、18×24					

随着电子产品的智能化、便携化进步，促使印制电路板的高密度，散热问题成为产品可靠性的基本保障，促进了金属基板制造技术的进步，具体表现在以下几个方面。

(1)高耐热性。由于金属基覆铜板主要应用于大功率器件、电源模块等大功率、高负载的电子元器件中，因而它要求金属基覆铜板的绝缘介质层具有更高的耐热性。这种耐热性的要求，主要指绝缘介质层有较高的热分解性。

（2）超高导性。金属基覆铜板导热性的好坏主要取决于绝缘介质层的组成、性质、厚度等。要提高金属基覆铜板的导热性，就是要提高绝缘介质层的导热性。要提高绝缘介质层的导热性，一般是在绝缘介质层中引入导热材料（如导热粉料、导热纤维、导热树脂等）。由导热粉料、导热纤维、导热树脂等组成绝缘介质层，可制成超高导热化的金属基覆铜板。一般在保证电气强度的前提下，绝缘介质层越薄，导热性越好。

（3）高频化。高频电路用金属基覆铜板，其绝缘介质层由聚烯烃树脂、聚苯醚、PI等极性较小的树脂体系构成。由于金属基板的特殊结构，其本身就构成了一个无限大的电容器。因此，在设计金属基覆铜板及 PCB 时，不仅要考虑绝缘介质层的构成、性能，同时不能忽视绝缘介质层的厚度等其他因素。

（4）多层化。金属基多层 PCB 板的制作，一般是用高散热性的树脂基覆铜板制成所需的"两层"或"多层"印制线路，并进行孔金属化等工艺处理，然后借助于高热传导性的绝缘介质层复合于铝基板之上。铝基板向多层化发展，需求高导热铝基 CCL 薄板及与之配套的导热胶膜。

（5）承载大电流、负载大功率。金属基板的导电层一般为铜箔材料，通常以 $35\mu m$ 厚的铜箔为主，也有采用 $12\mu m$、$17\mu m$、$72\mu m$ 厚度的铜箔。从制作精细线条考虑，铜箔越薄越好；从功率模块、汽车电子、电力、电子元器件等大电流和高效率化的方面考虑，铜箔厚一些更好。一般选用 $100\sim500\mu m$ 厚的铜箔，这也是金属基板发展的一个新动向。现阶段我国已可成批量提供高耐热性（250℃）、高导热性、高频化及承载大电流、高负载的金属基覆铜板。要求铝基覆铜板能承受更高的击穿电压，要求最高击穿电压高达15 kV（DC/AC）。

3.2.4　金属基印制电路板制造技术及工艺

1. 单面铝基印制电路板制造技术

1）单面金属基印制电路板制造工艺流程

单面铝基印制电路板的工艺流程与常规单面板相似，其工艺流程如下：

印制板工程设计→开料→钻定位孔→光成像（图像转移等）→检查→蚀刻→印制阻焊层→固化→印制字符→检查→热风整平→铝表面处理→外形加工→成品检查

2）单面铝基印制电路板制造工艺特殊控制要点

（1）下料。一般采用铝面有保护膜的基材，下料后板材不必烘烤，但需要注意对铝基面保护膜的保护。

（2）钻孔。钻孔参数与 FR-4 基材相似。铝基板的孔径要求严格，钻头尺寸在钻孔前应预先测量。铜层厚度≥$75\mu m$ 的基材都应注意控制毛刺的产生。钻孔时，一般铜箔面朝上。孔内残余有任何的毛刺、铝屑都会影响耐高压测试。

（3）光成像。表面处理时仅对铜面刷板，铝基面有保护膜，贴膜仅贴铜箔面；曝光，显影与传统工艺相同。

（4）蚀刻。蚀刻前，需确保铝基保护膜没有破损。酸性蚀刻液和碱性蚀刻液均可使用。工艺参数与传统工艺相同。如铜层厚度≥$75\mu m$，应注意加强线宽、间距的抽查，以确保工程设计时线宽、间距工艺补偿的可行性。

(5)印制阻焊层、字符。使用液态光成像阻焊油墨。流程是：刷板(仅对铜面)→网印阻焊油墨(第一次)→烘干→网印阻焊油墨(第二次)→预烘→曝光→显影→固化→印字符→固化→转热风整平等后工序。

对于线路铜层厚度≥75μm的铝基板，需要做二次网印油墨，第一次和第二次使用的网版是不同的。低温(75℃)预烘后，固化应当分段进行，如90℃/50min，110℃/50min，150℃/60min。网印时应严格控制气泡。

(6)热风整平。如果铝基面上的保护膜是不耐高温的，在热风整平前须将保护膜撕掉。热风整平前应先烤板，130℃/30min。从烘箱取出在制板到热风整平之间的相隔时间尽量短(如1～2min内)，以免温差大引起分层，阻焊膜脱落。若热风整平工艺不合格，如不平整、发白、发粗不上锡等，可返工一次；若热风整平二次以上，绝缘层受到热冲击多次，会影响到铝基印制电路板的耐压性能。

(7)基板表面处理。对铝基面，可以在铝基上刷板。如果有明显划痕，应用2000号以上的细砂磨平后再去刷板。

铝基面应有保护膜保护或作钝化处理，铝面钝化处理工艺流程：钝化预处理→钝化处理→封孔处理。①钝化预处理：机械磨板→氢氧化钠(5％、3～5min)→水洗(1～2min)→硝酸(10％、3～5min)→水洗(1～2min)→120℃烘板(30min)。②钝化处理：氢氧化钠(5％、3～5min→水洗(1～2min)→硝酸(10％、3～5min)→水洗(1～2min)→钝化处理→水洗(1～2min)→超声波清洗机吹干。铝板钝化处理典型配方及工艺参数：

$K_2Cr_2O_7$	3g/L;
CrO_3	2g/L;
NaF	0.8g/L;
温度	55～65℃
氧化时间	10～12min

(8)外形加工。单面铝基印制电路板外形加工有4种方法：①V铣外形。适用于样板的加工；②切割"V"槽。切割"V"槽时需要使用切削铝金属的特殊V形刀，行速应当慢些，V形刀角度30°、45°、60°；③剪外形。作为方形或长方形整齐的外形边有用，但剪外形公差是大的，不适用于异形外形公差要求严格的外形和批量生产；④冲外形。这是最常用的批量加工方法。需要加工高效冲模，模具使用特种模具钢制作。冲外形和冲安装孔可以一次完成，也可以使用操作模，先冲安装孔，再冲外形。冲外形后，印制电路板翘曲度要求很苛刻，通常要求0.5％。

2. 单面铁基印制电路板的制造

1)单面铁基印制电路板材料选择

铁基覆铜箔板的介质层多为环氧树脂，厚度80～150μm，铁基厚0.5mm，0.8mm，1.0mm，而铜箔面常用17.5μm，35μm，75μm和140μm。铁基常为镀锌钢，含硅钢，属高磁性物体，可耐高热，与绝缘介质层有很高的附着力，高防锈能力，阻燃性为94V-0级。

2)单面铁基印制电路板的制造工艺流程

单面铁基板的生产流程同相同类型的铝基板相似，其工艺流程如下：

印制电路板工程设计→下料→钻定位孔→光成像(图像转移等,铜面贴干膜,铁基面保护膜破损必须用蓝胶带补位)→蚀刻(碱蚀/酸蚀均可)→退膜(不能损伤保护膜)→酸洗→烘干→检查→印制 UV 阻焊层(网印前需要撕掉保护膜,过 UV 固化后重贴保护膜)→印制字符层→涂敷耐热有机助焊剂→ 外形加工→耐高压测试→最终检查。

3. 其他类型的单面金属基印制电路板制造技术

1)单面沉镍金铝基印制电路板

单面沉镍金铝基板制造工艺流程如下:

印制电路板工程设计→下料→钻孔(钻定位孔及对位孔)→外层干膜→干膜检查→蚀刻→外层 AOI→湿膜→湿膜检查→外层干膜(保护铝面)→沉金→退膜→印字符→字符检查→钻孔 1(钻板内通孔)→铣板→电子测试→电子测试 1(高压测试)→功能检查→终检。

2)单面喷锡铝基印制电路板

单面喷锡铝基印制电路板工艺流程如下:

印制电路板工程设计→下料→钻孔(钻定位孔及对位孔)→外层干膜→干膜检查→蚀刻→外层 AOI→钻孔 1(钻板内通孔)→湿膜→湿膜检查→印字符→字符检查→喷锡→铣板→电子测试→电子测试 1(高压测试)→功能检查→终检。

3)单面 OSP 铝基印制电路板

单面 OSP 铝基印制电路板工艺流程如下:

印制电路板工程设计→下料→钻孔(钻定位孔及对位孔)→外层干膜→干膜检查→蚀刻→外层 AOI→钻孔 1(钻板内通孔)→湿膜→湿膜检查→印字符→字符检查→铣板→电子测试→电子测试 1(高压测试)→功能检查→终检。

4. 双面金属基印制电路板制造技术

1)全导热型双面金属基印制电路板结构

图 3-4 是全导热型双面板结构示意图。双面金属基 PCB 制造工艺流程如下:

下料(准备铜箔及导热胶片)→层板→钻孔(盲孔)→沉铜→电镀→内层菲林(L2)→内层蚀刻→材料处理(准备 T-preg,以及经过表面处理的铝板)→压板→铝面处理(包括铝面打磨及贴保护膜)→外层干膜(L1)→外层蚀刻→打定位孔→钻通孔→湿膜→字符→表面处理→磨板→外形加工→电子测试→高压测试→FQC→包装入库。

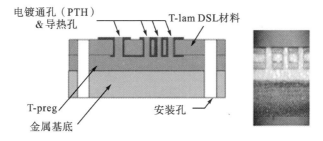

图 3-4 全导热型双面板结构图

2)混合双面板(T-Preg 与 FR-4)结构

图 3-5 为混合双面板结构示意图。

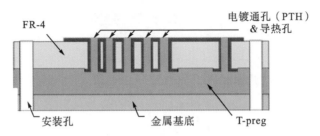

图 3-5　混合双面板结构图

对于具有(T-Preg 与 FR-4)结构混合双面金属基印制电路板，工艺流程如下：

印制电路板工程设计→开料 FR-4(L12)→钻孔(盲孔)→沉铜→电镀→内层(L2)→内层蚀刻→材料处理(铝基板阳极氧化处理)→压板→铝面处理(包括铝面打磨及贴保护膜)→外层干菲林(L1)→外层蚀刻→打定位孔→钻通孔→湿膜→字符→表面处理→磨板→外形加工→电子测试→高压测试→终检。

3)夹心铝基双面印制电路板

图 3-6 为夹心铝基双面印制板结构示意图。

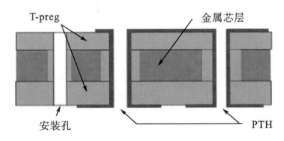

图 3-6　夹心铝基双面印制板结构图

夹心铝基双面印制电路板工艺流程如下：

(1)工程设计与下料。根据工程设计，选择合适的铝板型号、导电层与绝缘层材料种类与厚度、工艺操作参数等，下料。

(2)铝板钻孔。钻孔位置同成品铝基双面板的元件孔，其孔径必须比第二次钻孔的孔径大一些(≥0.3～0.4mm)。

(3)铝板作阳极氧化处理。其目的是在铝基板表面覆盖一层均匀的绝缘的无色氧化膜，膜厚度应大于 $10\mu m$。

(4)半固化片准备。根据工程设计，对应夹芯铝基板的结构，对半固化片和铜箔下料。半固化片型号、尺寸及铜箔厚度、尺寸应符合工程设计文件的要求。

(5)压制成型。压制工艺用 FR-4 层压工艺。

(6)第二次钻孔。对层压完后的夹心铝基印制电路板的元件孔钻孔(PTH 孔)，必须保证第二次和第一次钻孔的孔中心重合。即使用第一次钻孔的磁带(盘)，但第二次钻孔的孔径比第一次要小些，以避免元件孔与金属铝板短路。

(7)线路制作、层压等工序。化学镀铜，板面镀铜，光成像，图形电镀，蚀刻，阻焊……外形加工，最终检查。各工序的制作，同常规 FR-4 板工艺。

夹心铝基双面印制电路板工艺加工简图如图 3-7 所示。

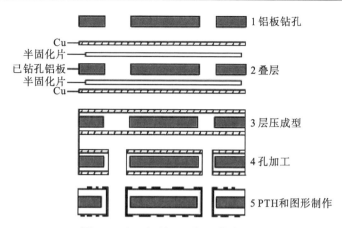

图 3-7　夹心铝基双面板工艺流程图

4)盲孔双面铝基印制电路板

有盲孔双面铝基印制电路板制造与常规金属基双面印制电路板制造在技术与工艺上的不同之处在于盲孔的制作。以下是其基本工艺过程。

(1)印制电路板工程设计。根据客户资料要求制订工艺文件,通常板厚 0.2~0.5mm。

(2)根据设计要求,选择合适的铝板型号、厚度,按尺寸要求下料。对铝基板作阳极氧化处理,使其表面形成一层无色绝缘的氧化膜,膜厚≥10μm。

(3)对半固化片下料,其型号、尺寸符合要求。

(4)根据设计结构,把已完成了黑化(棕化)的双面板、半固化片、铝板叠层,按常规工艺作层压。层压后裁去毛边,烘烤(150℃/4h),消除应力。

(5)铝基面贴上保护膜。按 FR-4 传统制作工艺,钻孔,全板电镀,光成像,图形电镀,蚀刻,退膜,检查,然后对此双面板进行黑化(或棕化)。

(6)对线路面刷板,印阻焊与字符。

(7)根据设计要求,进行热风整平、镀镍/金或镀银,或涂敷耐热有机助焊剂。

若做热风整平,需撕去保护膜,热风整平后再贴上保护膜保护铝面。如果铝面已贴的是耐高温(250℃)保护膜,热风整平则可不必撕去。

(8)外形加工(铣、冲、剪或铣 V 型槽)钻出安装孔。

(9)最终检查,耐压、绝缘电阻测试。

盲孔双面铝基板的全过程工艺流程简图见图 3-8。

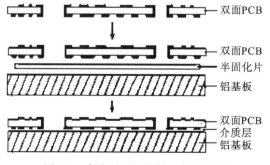

图 3-8　盲孔双面铝基板工艺流程图

5. 金属芯多层印制电路板制造技术及工艺

1)金属芯多层印制电路板制造工艺流程

金属芯多层印制电路板的特点是金属基放置于该板厚度方向的中间位置,主要功能是散热(类似冷指作用),其制造技术、工艺与常规金属基多层印制电路板相似。

金属芯多层印制电路板制造一般工艺流程如下:

(1)内层芯板制作工艺。内层芯板工程设计→开料→钻定位孔与盲孔→沉铜→板面电镀铜→内层线路制作(图像转移、蚀刻等)→镀铜+镀锡→退膜蚀刻→棕(黑)化。

(2)金属基板夹芯板制作工艺。夹芯板工程设计→开料→钻定位孔与盲孔→树脂填胶→流延基板面胶→砂带研磨→铝基板化学粗化→保护铝基板用边框制作→边框套上铝基板。

(3)芯板与夹芯板融合工艺。叠层(内层芯+PP(半固化片)+夹芯板+PP(半固化片)+内层芯板)→真空层压。

(4)外层电路制作工艺。X-Ray打靶→钻孔→沉铜→进入多层板常规制作工序,直至获得成品。

2)金属芯多层印制电路板制造技术特殊性

金属芯多层印制电路板制造技术的特殊性主要体现在以下几点:

(1)工艺设计。工艺设计时必须保证金属化孔同金属芯的预制孔成同心圆,用同一钻孔磁盘,且金属芯的钻孔直径必须大于元件孔直径0.3mm以上,以保证信号线、电源线等金属化孔与金属芯电气绝缘,例如元件孔直径 ϕ0.9mm,金属芯应钻 ϕ1.2mm。如信号电压很高,还应考虑加大其间隙。

(2)定位技术。定位孔冲制时需保证各层底片、内层芯片、半固化片、金属芯使用同一套定位系统,同时冲出定位孔。

(3)金属芯材料选择。金属芯材料可考虑铝、铜、殷铜。由于这类多层板高 T_g,采用高密度装配,装配时多使用无引线元件,采用表面贴装技术,这些元器件尤其是陶瓷功能块的热膨胀系数比较小,仅为6ppm/℃,较FR-4的热膨胀系数要小得多(16ppm/℃),使用过程中温度升高,焊接时形成剪切应力,反复多次易超过焊料疲劳极限,导致出现裂纹,严重时导致开裂脱落。因此,需要考虑使用低膨胀材料,殷铜是金属芯选择的其中之一。殷铜为铜/殷钢/铜结构,其中殷钢为镍铁合金(镍36%、铁63.8%、碳0.2%)能在很宽的范围内保持其固定长度,尺寸稳定性好。

(4)半固化片选择。金属芯多层印制电路板制造时半固化片选择除环氧树脂外,还可考虑PI、双马来酰亚胺三嗪树脂(BT)、聚苯醚(PPE/PPO)等材料。

(5)层压工艺。对于叠层法多层印制电路板制造技术路线,在金属芯多层印制电路板生产制程中,叠层前需要对殷铜和内层线路板作棕化和黑化处理,以增加层间结合力。若金属芯为铝,在层压前需做阳极氧化,使金属表面生成一层均匀的绝缘氧化膜。层压时应使用真空层压机,以利用层压使树脂填满金属芯的孔。初始压力不宜过高,采用程序升压时,加压速度不宜过快。层压温度应根据半固化片的类型、 T_g 温度、流动性、含胶量等制订工艺操作参数。层压后多层板应做后固化(150~200℃/4~6h)或退火处理,以消除层压工序产生的应力,提高产品的稳定性。

3)金属芯多层印制电路板制造技术应用

以某印制电路板制造的 4 层盲孔铝基夹芯印制电路板为例,介绍金属芯多层印制电路板制造技术的应用。图 3-9 为某公司设计制造的 4 层盲孔铝基夹芯印制电路板结构。

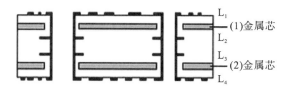

图 3-9　金属芯 4 层多层印制板结构图

4 层盲孔铝基夹芯印制电路板制造的基本步骤如下:

(1)4 层盲孔铝基夹芯印制电路板工艺设计。

(2)下料与定位孔制作。包括内层、铜箔、半固化片、金属芯,并在确保同一定位系统下冲孔。

(3)内层制作。

(4)金属芯钻孔。孔径要比所设定的多层板金属化孔(元件孔)大,同多层板钻孔数据资料相同。若使用殷铜或铜金属芯,应做黑化(棕化)处理;若为铝金属芯,应做阳极氧化处理。

(5)层压。叠层,层压,后固化,铣毛边,用打靶机加工钻出多层板钻孔用的定位孔。

(6)外层制作、孔金属化、产品检验等。对层压多层板钻孔、通孔金属化等,后续工序与常规双面印制电路板制作工艺相同,直至产品检查、测试、入库等。

若采用殷铜做金属芯,会得到散热性能良好、热膨胀系数小的金属芯多层板。

3.2.5　铁基、铝基印制电路板制作技术比较

不管铝基印制电路板还是铁基印制电路板,其制造工艺总体来说与 FR-4 等有机基板印制电路板制造有很多相似之处,可也实现共线生产,但由于铁基与铝基的所有工艺流程与工艺参数必然存在独特性,需要进行严格、有效的管控,才能制作出合格的铝基/铁印制电路板。

1. 铝基印制电路板制造技术的特殊性

1)铝基板的线路制作多属于厚铜箔蚀刻

铝基板往往应用于功率器件,功率密度大,所以铜箔比较厚(最小也有 $35\mu m$ 以上),如果实际中使用到 3oz 以上的铜箔,厚铜箔的蚀刻加工需要工程设计线宽补偿,否则蚀刻后线宽就会超差,出现偏大或偏小等问题,对于高频铝基板对线宽/线距的控制将更加严格,一旦补偿设计不合理或蚀刻参数控制出问题,就会导致阻抗、信号等不能满足客户要求。为保证最终蚀刻后的线宽/线距、阻抗等满足设计要求,须注意以下几个方面。

(1)工程合理设计线宽补偿。线宽补偿设计一般是需根据各公司蚀刻线的制作能力来制定,即工程的补偿设计先要得到一定的数据,理论预测可参考厚铜层印制电路板制作技术部分中的相关部分,该预测值需要根据工艺人员使用实验数据进行必要修改,即多厚的底铜要补偿多少线宽都是通过实际测量数据来确定的。如现有铜箔厚度 2oz 的铝基

板，要做到成品线宽/线距均为175μm的产品，工程人员在设计线宽时要做一定的补偿，补偿后的线宽可能是250μm，而线距只有100μm，蚀刻时有侧蚀现象存在，会使线宽变小，如果这个变小的值刚好为75μm，则最终线宽/线距就可以满足所需要的175μm成品要求了。当然，补偿设计合理只是为产品达到合格要求提供一个必要的前提条件，影响最终线宽/线距的因素很多，其中线路制作过程(如菲林绘制、图形转移等)影响最为明显。

(2)排除线路制作对线宽/线距的影响。在完成菲林制作和图形转移后，由于曝光机所使用的光不可能完全保证是平行光，会使设计线宽/线距与实际线宽/线距出现偏差，且菲林图像与PCB板中间还有玻璃框、菲林保护膜等，折射是在所难免，这都是组成所得到的图像必然会与设计的图像存在一定偏差的因素。近年来，新的设备不断出现，使PCB技术有了很大的提升，如LDI(激光直接成像)出现在很大程度上改善了线宽“失真”的问题，也使PCB行业制作细线路的技术水平大大提高。

(3)严格控制好蚀刻因子、药液参数等项目。线宽/线距控制的成败还是在蚀刻线上，包括蚀刻参数的控制、过程抽检和首件检查等等措施必不可少。蚀刻厚铜类的线路最关键步骤是控制好蚀刻因子，蚀刻因子是衡量蚀刻能力的一个最重要指标。不同体系的蚀刻药水其蚀刻能力是存在一定差异的，而保证药液组分在蚀刻过程中稳定十分必要。如采用自动系统通过比重计测试控制药液的铜离子浓度、用pH计来控制药液的pH等，这样就会减少人工控制的不准确性，另外，药液温度、蚀刻喷淋压力等也是经常需要监控的，一旦超出控制范围就极有可能造成重大品质隐患或报废。

2)铝基板印制阻焊层的特殊性

将阻焊印制列为铝基板加工控制难点也是由于厚铜箔的影响，它会造成阻焊印刷时下油困难，阻焊曝光控制和阻焊结合力的保证等均是控制难点，因为图形蚀刻后线路铜厚超常规，线路表面与基板之间会存在较大的落差，这使印制阻焊层出现技术上的困难，出现跳印、过厚或过薄等客户都不接受。获得质量优良的铝基板阻焊层的控制要点为：

(1)选择性能、质量较优的油墨来制作。油墨性能的好坏是最终可靠性测试能否通过的关键所在，使用前应该做好油墨性能的评估，如耐酸性、耐碱性、耐后制程药水的攻击性和结合力测试等，只有这些测试都通过了，才能判定这种油墨是否适合使用在铝基板产品上。

(2)采用两次印刷阻焊的方式。由于线路厚度大，印制油墨产生的落差大，影响印制油墨的均匀性，采用两次印刷阻焊的方式可以起到较好的效果。第一次采用36T网纱印刷，下油量比较多，能将大部分“凹陷”的地方填满，然后预烤一段时间(15～25min)；第二次印刷采用100T网纱进行，下油量相对较小，可以保证很好的“补偿”填充效果，同时起到精细修饰线条表面的作用。具体流程为：磨板(只刷铜面)→丝印绿油(第一次36T)→预烘→二次丝印绿油(第二次100T)→预烘→曝光→显影→磨板机酸洗软刷→后固化→后续工序与常规板相同。

在这个制程中需要注意的是油墨消泡流平的控制，若有需要时可加少量((1～2%)的稀释剂，同时要特别控制好曝光能量、显影参数等，厚铜板的曝光能量相对要大一些，一般控制在9～12格，可通过试验板做能量测试获得准确的控制参数，而显影压力、速度等也要做适当的调整，必须确保显影效果良好，否则翻洗重新印刷将十分麻烦。

(3)必要时采用先填充树脂再印刷阻焊的制作方式。在铜厚特别厚(10oz以上)的情况下，可采用树脂填充再印刷阻焊的方式，这种情况下需要做两次线路，在第一次蚀刻后用树脂将线路"间隙"用树脂填满，再经过沉铜、电镀后进行二次线路蚀刻，然后完成阻焊印刷，其流程为：开料→全板电镀→一次线路制作→蚀刻（酸蚀）→树脂填平→磨板→钻孔→沉铜/全板电镀→二次线路制作→图形电镀→蚀刻（碱蚀）→印阻焊→后续工序与常规板相同。

采用这种方式需要注意的是两次线路的"重合性"控制问题，必须保证两次线路图形有较好的重合效果。两次线路的补偿也不一样，第一次采用酸蚀方式且铜厚较第一次厚，需要补偿多一些，而第二次采用碱蚀方式，铜厚较薄，就适当少补一些，从而保证两次的线宽尽量保持一致。这种情况下阻焊的印刷基本与普通的印制板一样，不存在控制难度，但存在流程较长、成本较高等缺点。

3）铝基印制电路板制作机械加工技术的特殊性

铝基板的机加工包括：机械钻孔、冲铣成型、V-cut 等，铝基板钻孔后容易在孔内、孔口留有毛刺，这会影响耐压测试，铣外形十分困难，而冲外形需要使用高级模具，模具制作很有技巧，这也是制作铝基板的难点之一。外形冲后要求边缘非常整齐、无毛刺、不碰伤板边的阻焊层等，相关工艺控制要点为：

（1）小批量尽量选取电铣加工和专用铣刀。小批量或样品铝基板尽量采用电铣成型，可保证成型尺寸精度和外观完美，铣外形的铣刀要求采用双刃螺旋形，转数相对较慢，行程比 FR-4 慢 3～5 倍，V-cut 采用材质较硬的金刚石刀具，钨钢刀效果较差，V-cut 角度有 300，450，600 三种。

（2）模冲成型时注意控制技巧和模具选择。由于铝基板的板材特殊性，在成型后会出现一定的板翘问题，这也是铝基印制电路板加工的又一难点。在模冲成型时，是有一定的控制技巧的，例如工程设计模具时，就必须精确地选用质量较好的铁模，模具的设计、与制造模具偏差不超过正负 0.05mm。由于模具上模的弹力胶加长会带出产生的毛刺，所以需做好日常设备维护等。冲板设备一般采用较大吨位的机械冲床，为了解决由于印制板在预热条件下冲切时其孔的径向收缩率较大，而冲头产生紧密咬合造成脱料困难的问题，现业界在 60T 以下的冲床均装有液压卸料或机械辅助脱料装置，其冲力和脱料力计算方法如下：①冲床安全系数一般在 1.0～1.5；②脱料力＝(0.2～0.3)P 冲力。

（3）厚铜铝基板钻孔参数适当调整，控制披锋的产生。

4）铝基印制电路板制作过程中铝基面保护

铝基板的整个生产过程不允许擦花铝基面，这是生产过程的难点之一。金属基面经手触摸或碰到某种化学药物都会产生表面变污、发黑，还有擦花、划伤等，这些缺陷往往会导致客户退货，因此，在生产过程中要严格做好铝基面的保护措施，主要包括以下几个方面。

（1）前处理磨板过程中注意磨刷面选择。在线路、阻焊等前处理磨板的时候，一定要注意磨刷面的选择，只须刷铜面（线路面），铝基面的磨刷须关闭。在显影、退膜等操作时，需要检查铝基面是否完好，如果有破损，则须先用蓝胶带封住铝基面，否则就会出现铝基面被浸蚀现象，这是因为铝与 NaOH 会发生反应，造成铝基面咬蚀、发黑等。

（2）搬运、传递操作须规范，谨防药水等浸蚀铝基面。由于铝基板比较重，要求拿板取板必须双手持板边，轻取轻放，必要时采用白纸或胶片隔板装筐。铝基板在进行热风整平时需要注意的是，所使用的保护膜是否为耐高温材料，如果不是，则需要在热风整平前撕掉保护膜，完成之后再贴上保护膜。

(3)铝基面的钝化处理。铝基面钝化处理的原理是在络合剂的条件下生成稳定的化合物，并以其成膜的稳定性形成牢固致密耐蚀的钝化膜，钝化膜一般要求大于10pm。其处理工艺流程为：磨板(500♯)→水洗→钝化→水洗→烘干。一般钝化处理试剂的组分为 Na_2CO_3、$K_2Cr_2O_7$、$NaOH$、H_2O_2 等几种。

2. 单面铁基印制电路板的制造加工的特殊性

基材为铁基，硬度比铝基要高，比重比铝基要大，铁基印制电路板在制造工艺参数设置时需要注意以下几点：

(1)钻孔参数需特别设定，速度宜更慢些，定位孔径建议大于$\phi1.5mm$。

(2)铁基印制电路板在摩托车、微型马达等散热方面用的较多，为省成本，往往阻焊油墨使用UV型(紫外光固化型)。

(3)印完阻焊后表面涂敷耐热有机助焊剂或普通的助焊剂。铁基面的保护膜不宜撕掉，若有破损，需认真用胶膜补上，否则易损坏铁基面的防锈膜。

(4)冲外形的模具材料建议使用高硬度钢，模具间隙为铁基总厚度的5%～6%。根据板面积大小，选用40～100吨冲床冲板，冲外形后的板边不能有毛刺和脏物。

(5)在制造过程中铁基不允许直接暴露在酸和碱等腐蚀性化学品中，以免引起基材被腐蚀、变色。在对印制电路板的线路面修饰时不得用刀具直接修刮，否则会损伤介质层。

(6)工程设计时线宽和间距尽量加宽，以防高压时导线间漏电。导线和板边缘之间的最小距离应大于板的厚度。若作手工焊接，焊盘尽量取大尺寸。铁基板的类型和铁基厚度的选择是依据铁基板的使用条件和应用领域。

(7)如果使用UV油墨作阻焊膜，在网印前应撕去铁基层的保护膜，UV油墨经紫外光固化后，重新再贴上保护膜作保护，因为保护膜在过UV机固化时会被熔掉。

3.2.6　金属基板的热阻性能测试

目前，国内外尚未制定金属PCB基板的技术标准，因此国外各生产厂金属PCB基板的产品标准指标体系、测试条件、测试方法、环境试验项目存在较大差异。金属基印制板电绝缘性能和机械性能测试，主要比照FR-4基板所采用的IPC(美国电子电路互连和封装协会)、ASTM(美国材料与试验协会)和IEC(国际电工委员会)这三个标准。在金属基板散热性能测试方面，在1995年以前国内外没有统一的考核及测试标准，有的用热阻来表示，有的用热导率来表示，1995年美国材料与试验协会(ASTM)制定了"薄导热固体绝缘材料热传导性标准试验方法"，其标准编号为ASTM D5470-1995，此后国外许多金属PCB基板生产厂多采用该方法测试基板的热导率，并用热导率来衡量金属PCB基板的散热性。国际上几个著名的铝基板生产商(如The Bergquist，NRK和DENKA)对外公布依据ASTM D5470-1995标准试制订的金属基板热阻测试方法(即TO-220方法)。我国2000年制定的电子行业军用标准SJ20780-2000《阻燃型铝基覆铜箔层压板规范》中规定了金属PCB基板热阻测试方法，该方法参照国外某公司"热阻测试方法"的测试原理制定，目前国内704厂具有符合SJ20780规定的检测设施。2010年我国印制电路行业协会(CPCA)制订的行业标准为"金属基覆铜箔层压板规范"(CPCA4105-2010)，规范了金属基印制电路板的热阻及表现导热率的试验方法，但在实际应用中仍然存在很多问题。

1. 热阻测试原理

根据热传递基本规律，温差是热量传递的推动力，材料内部热传到粒子之间的相互作用是产生热传递阻力的结构基础。目前，不同技术领域对热阻的规定与测试方法有不同的规定。在印制电路板领域，人们根据半导体器件热阻定义与方法给出了金属基板的热阻定义及测定方法。

金属基板的标准热阻一般定义为：在热平衡条件下，测试给定的耗散功率 P 所产生的热量在金属基板的两面所形成温差 ΔT，则温度差与耗散功率的比值被定义为基板的热阻(R_{th})，即

$$R_{th} = \frac{T_{高温} - T_{低温}}{P} = \frac{\Delta T}{P} \tag{3-5}$$

该定义假定测试给定耗散功率产生的全部热流流经测试基板，测试给定耗散功率为输入功率与输出功率差。

2. 热阻测试方法

1)恒耗散功率测试法

即在相同发热功率 P(耗散功率)条件下，测试耗散功率产生的热量通过金属基板后在金属基板两面所形成的温差 ΔT，热阻通过 $R_{th} = \Delta T / P$ 计算。这种方法不能定量测试绝缘层的热阻，误差较大，但能定性地测出铝基板整板的热阻。如果采取在同一测试条件同时测定两种基板，则测试结果可用于比较两种基板的热阻大小。

这种方法是用铝基板电源模块作电源，把铝基板、电源模块、散热器装配在一起，并用螺钉在 3~4 个装配孔中上紧就可以测试，其使用装置示意图如图 3-10 所示。

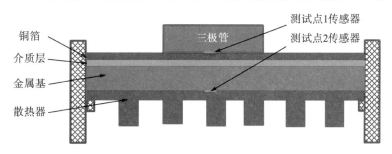

图 3-10　恒耗散功率法测试热阻结构示意图

计算热阻公式中 ΔT 为模块温度和散热器温度之差，而 P 为输入功率和输出功率之差，其中功率=电压×电流。

测试示例：

按照图 3-10 所示的结构将准备测温仪的传感器置于测温点 1 和测温点 2，将电源模块(大功率三极管)、试样、散热器等三部分接触面分别涂上导热硅脂，并把三者固定在一起，要求三极管与试样，试样与散热器之间没有空隙，然后通入电流并记录温度，散热器温度恒定时停止加热，记录电源模块的输入与输出电流、电压，计算测试件热阻。

例1：某公司采用恒功率方案测试两个铝基板的热阻，其实验数据为：输入电压48V，输入电流2.5A；输出电压4.98V，输出电流20A。两个试样模块温度分别是89℃、96℃，散热器温度为82℃、88℃，则计算出两个试样热阻分别为0.35℃/W和0.40℃/W，平均值为0.375℃/W。

例2：某公司采用恒功率方案测试两个铝基板的热阻，其实验数据为：输入电压分别是47.88V，48.0V，输入电流是2.55A，2.56A；输入电压测出都是5.1V，输出电流同为20A；模块温度分别是92℃、102℃，散热器温度为81℃、90℃，则计算测试铝基板的热阻为0.57℃/W，0.54℃/W，平均值为0.555℃/W。

2)恒温式热阻测试方法

即在维持终点温度恒定的条件下，测试到达该终点温度所需要的耗散功率(P)与能够形成的温度差异ΔT，热阻通过$R_{th} = \Delta T / P$计算。这种方法将散热器置于恒温体系中，有利于消除环境波动对测试结果的影响，测试结果误差可减小。

测试示例：

(1)按照图3-11所示的结构连接好装置，将测温仪传感器置于三极管和铝基板上。将传感器、散热器(用铜板制成)和测试样的接触部分涂上硅脂(胶)，然后将三极管、铝基板、散热器三者固定在一起并压合使其组成测试组件(三极管与试样、试样与散热器之间不能有空隙)，最后将测试组合件放置到超级恒温槽内。

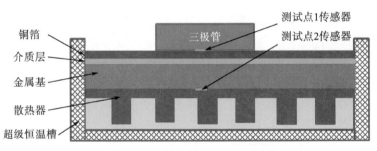

图3-11　恒温式热阻的测试结构示意图

(2)连接三极管与供电电源，打开恒温槽电源，开动恒温槽搅拌器。

(3)打开电源，每隔5min记录测试点1和测试点2的温度。当温度稳定时，从温度显示器上读出T_1和T_2。测量并记录三极管集电极和发射极之间的电压V_{ce}，集电极I_C。

(4)计算测试金属基板的热阻(℃/W)，即

$$R_{th} = (T_1 - T_2)/P$$

式中，$P = V_{ce} \times I_C$；V_{ce}为耗散功率源三极管集电极和发射极之间的电压(V)；I_C为耗散功率源三极管集电极电流(A)。

例3：某公司采用恒温式方案测试某个铝基板的热阻，其实验数据为：耗散功率源三极管集电极和发射极之间的电压$V_{ce} = 5.0V$，耗散功率源三极管集电极电流$I_C = 1.8A$，模块温度分别是91.8℃，超级恒温槽温度控制在97℃，则计算测试铝基板的热阻为0.58℃/W。

目前，由于测试规范不尽相同，导致其测试结果会有较大的差异，其原因主要有以下几个方面：

(1)热电偶的位置对热阻值有重大影响。

(2)晶体管功率不同,耗散功率产生率不同。

(3)试样铝基板的尺寸及焊盘尺寸。

(4)三极管、测试件、散热器之间的导热胶种类、厚度具有很大的随意性。

(5)测试件组合时使用压力不同导致对层间结合的紧密度差异,进而影响层间热传导。

印制电路板基板热阻测试方法仍然是行业研究热点,材料热学性能测量中采用的稳态热流法、激光光法一般适用于均质材料,对于铝基板这类具有多层非匀质、高导热特点的物件,并不适于采用稳态热流法及激光光法进行热阻测。张诗娟等最近通过研究多层结构介质的热传导模型并对激光法的测量数据进行处理,提出一种适用于高导热铝基板的新测量方法,该方法的适用性值得关注。

3.3　陶瓷基印制电路板制造技术

陶瓷基印制电路板是指用陶瓷基板设计与制造的线路板,一般是采用铜箔在高温下直接键合到氧化铝(Al_2O_3)、氮化铝(AlN)、莫来石等基片表面(单面或双面)而形成的一类特殊印制电路板基板。陶瓷材料具有高的化学与热稳定性、电阻高、高频特性突出、热导率高、熔点高等特性,常用特种电子陶瓷制成的超薄复合基板具有优良电绝缘性能、高导热特性,软钎焊性、高的附着强度等,可采用与在有机 PCB 基板(如 FR-4)上制作电子线路类似的方法与技术在其上形成导电图形(线路),获得产品允许具有大的载流能力。因此,陶瓷基印制电路板可应用于大功率电力电子电路、LED 照明等电子设备之中。

3.3.1　陶瓷基印制电路板的特点及应用

1. 陶瓷基印制电路板特点

在实际应用中,有机基印制电路板(如环氧树脂类、PI 类、PET 类)依据优良的加工性能及成本优势占据整个电子市场的统治地位,但是许多特殊领域,如高温、线膨胀系数不匹配、高气密性、高稳定性、高热机械性能等领域,采用有机基印制电路板显然不适合,即使在环氧树脂中添加大量的有机溴化物也无济于事,采用陶瓷基印制电路板是一种选择。

与常规有机质电路板(如以 RF-4 为基板的印制电路板)相比较,陶瓷基印制电路的特点主要有以下几点:

(1)优良的热导率,耐热性佳。

(2)耐化学腐蚀与磨耗,适用高温高湿环境,抗 UV 和黄化。

(3)适用的机械强度,低翘曲度,高硬度,加工性好,尺寸精度高。

(4)容易与焊接元件的热膨胀系数相匹配,热膨胀系数接近硅晶圆(氮化铝)。

(5)容易实现高密度布线,高绝缘电阻、容易金属化、电路图形与之附着力强。

(6)无铅、无毒、化学稳定性好。

(7)材料丰富(陶土、铝)、制造容易、价格低。

陶瓷基印制电路板具有的高耐热性、高热传导率、低热膨胀系数、高尺寸稳定性等优异性质，被广泛应用于许多对尺寸稳定性具有严格要求的技术领域，如 LED 基板。近年来，电子产品的高速化、小型化的发展，电子工艺技术的表面安装（SMT）、裸芯片直接在基板上的安装（COB、MCM 等）以及其他新的高密度安装技术的不断开发与进步，为陶瓷基印制电路板制造技术的进步奠定了市场基础，陶瓷基印制电路板将更加广泛地应用于裸装芯片的组件基板（MCM）中，如图 3-12 所示。可以预计，今后以氮化铝、莫来石、玻璃陶瓷为基板的陶瓷印制电路板的需求量将不断增加。

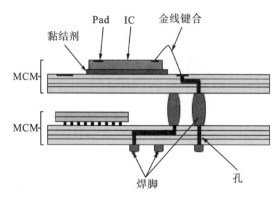

图 3-12　陶瓷基 PCB 应用图

2. 陶瓷印制电路板的种类及特性

陶瓷基印制电路板种类较多。按照基板制作材质可分为结晶玻璃类和玻璃加填料类，如三氧化二铝基印制电路板、氮化铝基印制电路板等。按照线路制作方法可分为陶瓷基厚膜印制电路板、薄膜陶瓷印制电路板、高/低温共烧陶瓷印制电路板、直接接合铜基印制电路板、直接镀铜基印制电路板 5 种，本书采用后者进行介绍。

1）陶瓷基厚膜印制电路板

在电子材料领域，一般将膜层厚度在 $1\mu m$ 左右的膜称为薄膜，而膜层厚度在 $10\sim25\mu m$ 范围的膜称为厚膜。在基片上制造厚膜电路的主要工艺是印刷、烧结和调阻。常用方法是丝网印刷法，即在烧结成瓷的陶瓷基板上，反复交替地印刷导电浆料（如金浆料、银浆料、铜浆料）和介质浆料形成厚膜，然后在低于 1000℃ 的温度下烧结而成厚膜印制陶瓷基印制电路板。由于金浆料价格贵，且金又会阻止焊料的析出以致返修能力大幅度下降，所以只在特殊领域应用；银浆性价比较高，应用较多；铜浆价廉但容易氧化，近年来，随着工艺技术的进步，厚铜箔印制电路板已成功地应用于电子和通信领域，极大地提高了电子产品性能，从而也提高了整机散热、集成化程度和效率，缩小了整机体积。

2）陶瓷基薄膜印制电路板

陶瓷基厚膜印制电路板与陶瓷基薄膜印制电路板划分的依据是其导线层的厚度，它们在制造工艺上的差异在于金属层的制程上，陶瓷基薄膜印制电路板的优势在于其制程上采用类似半导体技术的精准特性。随着 LED 技术的进步，产品制造技术采取高对位准确的共晶或覆晶制程成为发展方向，在小尺寸芯片的覆晶制程中，要求线路精准度达 $5\mu m$ 以内、线路高低落差小于 $2\mu m$，这是目前厚膜制程难于达到的要求。另外，在网印方式制作线路制程中，由于网版张网等问题容易产生线路粗糙、对位不精准等现象，陶瓷基厚膜印制电路板精确度难于符合许多高精度产品的要求，从而限制了其应用。这为陶瓷基薄膜印制电路板提供了发展空间。

3）高/低温共烧陶瓷基印制电路板

共烧陶瓷基板可分为高温共烧(HTCC)陶瓷基板和低温共烧(LTCC)陶瓷基板。共烧陶瓷基是目前陶瓷基印制电路板中运用最广泛的。

高温共烧陶瓷基板是把瓷粉和黏结剂、增塑剂、润滑剂和溶剂混合后，制成生瓷片并与 W 或 Mo/Mn 等难熔金属的浆料，在 1500~1900℃烧结而成。高温共烧陶瓷基板中瓷粉主要包括氧化铝、莫来石、氮化铝、氧化铍、碳化硅及氮化硅。低温烧结技术是 1982 年休斯公司开发的新型材料技术。低温共烧陶瓷粉制成厚度精确致密的陶瓷生片，利用激光钻孔、微孔注浆、精密导体浆料印刷等工艺在陶瓷生片上制作所需要的电路图形。可使烧结温度下降到 900℃以下，可以用 Ag、Cu、Ag-Pd 等熔点较低的金属代替 W、Mo 等难熔金属作为布线导体，既可以提高电导率，又可以在大气中烧结。

高/低温共烧陶瓷基印制电路板又可分为：

(1)高温熔合陶瓷基板(hight-temperature fusion ceramic，HTFC)，将高温绝缘性能好及高热传导的 Al_2O_3 或 AlN 陶瓷基板的单面或双面，运用钢板移印技术，将高传导介质材料印制成线路，放置于 850~950℃的烧结炉中烧结成型，即可完成。

(2)低温共烧多层陶瓷基印制电路板(low-temperature co-fired ceramic，LTCC)，此技术须先将无机的氧化铝粉与 30%~50%的玻璃材料加上有机黏结剂，使其混合均匀称为泥装的浆料，接着利用刮刀把浆料刮成片状，再经由一道干燥过程将片状浆料形成一片片薄的生胚，然后依各层的设计钻导通孔，作为各层信号的传递，LTCC 内部线路则运用网版印刷技术，分别于生胚上做填孔及印制线路，内外电极则可分别使用银、铜、金等金属，最后将各层做叠层动作，放置于 850~900℃的烧结炉中烧结成型，即可完成。

(3)高温共烧多层陶瓷基印制电路板(hight-temperature co-fired ceramic，HTCC)，生产制造过程与 LTCC 极为相似，主要的差异点在于 HTCC 的陶瓷粉末并无玻璃材质，因此，HTCC 必须在高温 1200~1600℃环境下干燥硬化成生胚，接着同样钻上导通孔，以网版印刷技术填孔于印制线路，因其共烧温度较高，使得金属导体材料的选择受限，其主要的材料为熔点较高但导电性却较差的钨、钼、锰等金属，最后再叠层烧结成型。

4）直接接合铜基印制电路板

直接接合铜基印制电路板(direct bonded copper，DBC)，将高绝缘性的 Al_2O_3 或 AlN 陶瓷基板的单面或双面覆上铜金属后，经由高温 1065~1085℃的环境加热，使铜金属因高温氧化，扩散与 Al_2O_3 材质产生(Eutectic)共晶熔体，使铜金属陶瓷基板黏合，形成陶瓷复合金属基板，最后依据线路设计，以蚀刻方式制备线路。

5）直接镀铜基印制电路板

直接镀铜基印制电路板(direct plate copper，DPC)，先将陶瓷基板做前处理清洁，利用薄膜专业制造技术——真空镀膜方式于陶瓷基板上溅镀于铜金属复合层，接着以黄光微影的光阻被覆曝光、显影、蚀刻、去膜制程完成线路制作，最后再以电镀/化学镀沉积方式增加线路的厚度，待光阻移除后即完成金属化线路制作。

3.3.2　陶瓷基印制电路板材料及常见基板简介

1. 陶瓷基印制电路板材料

陶瓷是陶器和瓷器的总称，其传统制作材料为黏土、氧化铝、高岭土等。随着近代科学技术的发展，陶瓷材料已经扩大到非硅酸盐、非氧化物等范围。美国和欧洲一些国家的文献已将 ceramic 一词理解为各种无机非金属固体材料的通称。印制电路中常用到的陶瓷材料有氧化物、碳化物、氮化物瓷、硼化物等。陶瓷基印制电路板的优良特性直接来源于基板陶瓷材料的优良的热导率和耐热性、耐化学腐蚀性强、适用的机械强度、低的热膨胀系数等特性。表 3-8 为典型的印制电路基板的材料特性。

表 3-8　印制电路板所用基板材料特性

材料	体积电阻率 /(Ω/cm)(25℃)	介电常数 /MHz	介电损耗 /MHz	耐热性 /℃	热膨胀率 /($\times 10^{-6}$/℃)	热导率 /(W/(m·K))
氧化铝	$>10^{14}$	9～10	$(3\sim5)\times10^{-4}$	1500	7.0～7.8	20
莫来石	$>10^{14}$	5	7×10^{-3}	1400	4.4～4.7	70
玻璃陶瓷	$>10^{14}$	4～8	$\approx1\times10^{-3}$	800～900	3～6	30
氧化铍	$>10^{14}$	6～7	1×10^{-4}	1600	6.0～8.0	24
氮化铝	$>10^{14}$	8.9	$(3\sim10)\times10^{-4}$	1800(N_2)	4.4	180
酚醛纸	$(1\sim2)\times10^{14}$	4.2～4.8	$(30\sim40)\times10^{-3}$	200(30min)	—	—
环氧玻璃	$5\times10^{15-16}$	4.6～5.2	$(18\sim24)\times10^{-3}$	140(60min)	18～20	30～60
聚酰胺玻璃	10^{15-16}	4.4～5.0	$(5\sim12)\times10^{-3}$	300(120s)	14～16	—

2. 几种常见印制电路用陶瓷基板简介

1）氧化铝陶瓷基板

氧化铝（Al_2O_3）是实用的陶瓷材料中比较低价格的一种。它的机械强度、电气绝缘性、热传导性、耐热性、耐冲击性、化学稳定性等诸方面特性较平均、优良，因此是陶瓷基 PCB 中使用最早，目前使用最多的一种。它的加工技术比其他陶瓷材料更为成熟些。

Al_2O_3 陶瓷基片中常用的成形方法有干压、流延，而流延成形是目前应用最广泛的成形方法。尽管氧化铝陶瓷基板具有机械强度高、绝缘性好、避光性高等优良性能，但是氧化铝多层陶瓷基板有下列缺点：①介电常数高，影响信号传输速度的提高；②导体电阻率高，信号传输损耗较大；③热膨胀系数与硅相差较大，从而限制了它在巨型计算机上的应用。

2）莫来石陶瓷基板

莫来石是化学式为 $3Al_2O_3\cdot2SiO_2$，白色，含杂质时带玫瑰红色或蓝色。斜方晶系，成柱状或针状晶体。莫来石的介电常数为 7.3～7.5，比 Al_2O_3（96％）的介电常数 9.4 低，用它制成的 PCB 能使信号传播更加高速化；它的热膨胀系数低且与硅接近，装配 LSI 部位的应力可以减低；它还与所用的形成导体材料的 Mo 或 W 在热膨胀率上差别小。在同时烧制时，导体与基板材料间产生的应力低。不过此基板的布线导体只能采用钨、镍、钼等，电阻率较大而且热导率低于氧化铝基板。通常情况下采用热压烧结法制备莫来石陶瓷基板，也可用 SiO_2 溶胶和 Al_2O_3 溶胶先获得莫来石溶胶，然后制备莫来石陶瓷。

3）氮化铝陶瓷基板

氮化铝具有高的热导率、低的介电常数、绝缘以及与硅有相近的热膨胀系数等特点，使其在电子工业中的应用日益受到重视。过去的基片材料采用 Al_2O_3，而 AlN 的热导率是 Al_2O_3 的 5~10 倍，更适合大规模集成电路要求。长期以来，绝大数的集成电路基板运用的都是 Al_2O_3 基板或者 BeO 基板，但氮化铝的介电常数、介质损耗、热导率均优于氧化铝，尽管 BeO 的综合性能也十分优异，但因其具有毒性和较高的成本使之难以推广。从目前的非金属导热情况看，氮化铝的综合性能优异且无毒，是较为理想的材料。表 3-9 是几种陶瓷材料的性能比较。

表 3-9 四种陶瓷封装材料的性能对比

性能	BeO	AlN	Al_2O_3(96%)	Al_2O_3(99.5%)
密度/(g·cm^{-3})	2.85	3.28	3.75	3.8
热膨胀系数/($\times10^{-6}$℃$^{-1}$)	6.3	4.3	7.1	7.1
导热系数/(W/(m·K))	285	180	21	25.1
比热容/(J·g^{-1}·K^{-1})	1.046	0.75	—	—
介电常数	6.7	10	9.4	10.2
介电强度/(kV·mm^{-1})	10.6	15	15	15
体积电阻率/(Ω·cm)	>10^{15}	>10^{13}	>10^{14}	>10^{14}
抗屈强度/(N/cm^2)	232.2	186.0	275.6	323.8

氮化铝（AlN）是一种高热传导的材料，最早于 1862 年由 Genther 合成。其粉体的制备方法主要包括铝粉直接氮化法、碳热还原法、化学气相法及自蔓延高温合成法，成型的方法主要是流延-烧结成型法。氮化铝在烧结时，需要较高的温度。温度过高会使氧与氮化铝发生反应降低热导率，而加入烧结助结剂以降低烧结温度时热导率也会有显著下降，因此其工艺很难，并且价格很高。近年，日本有关公司通过对 AlN 粉末制造技术改性、烧结技术优化，已开发出热传导率是 Al_2O_3 基板材料的 10 倍以上的高性能的 AlN 基板，并实现工业化生产和低成本化。由于氮化铝基板的热膨胀系数接近 Si，对大型芯片在此上安装的可靠性提高十分有利。现在日本用它制成多层板，广泛地应用于 MCM 产品方面，十分活跃，技术也在飞速发展。

在印制电路板制造领域，Al_2O_3 基板形成各种金属覆层的形成方法都适用于在 AlN 基板上的导体电路层的形成。在厚膜制造技术方面，可采用在 AlN 的生片上印刷高熔点的金属（W 或 Mo）的厚膜糊膏，经过必要的后处理最后烧制而成，也可在烧制后的基板上印刷 AlN 专用的厚膜糊膏，再烧制形成 AlN 基板导体层。在薄膜形成法技术方面，是采用 Au/Pa/Ti 或 Au/Pa/Ni 等层压膜或蒸镀（蒸镀是采用喷镀熟料法成膜），再用碱液蚀刻已电镀的基板，形成图形；最后，粗化图形表面，以进行 Cu 或 Ni 的电镀加厚。在日本，进一步发展的还有称为 DBC(direet bond copper)的特殊金属覆层法。

氮化铝基板所具有的缺点是：①布线导体电阻率高，信号传输损耗较大；②烧结温度高，能耗较大；③介电常数与低温共烧陶瓷介质材料相比比较高；④氮化铝基板与钨、钼等导体共烧后，其热导率有所下降。

4）氧化铍陶瓷基板

氧化铍陶瓷材料具有高热导率、高熔点（2530℃±10℃）、高强度、高绝缘性、高的化学和热稳定性、低介电常数、低介质损耗以及良好的工艺适应性等特点。BeO 陶瓷的热导率在目前所有实用的陶瓷材料中为最高的，是致密 Al_2O_3 的 6～7 倍。BeO 是十分理想的陶瓷基板材料。美国是世界上氧化铍陶瓷生产与消费大国之一，不仅氧化铍陶瓷产量最大，其产品性能指标也是最好的。

特别提示，BeO 是一种毒性很大的物质，在制造和使用过程中容易对人员安全和环境造成危害，已经被列为致癌物质，而且一些国家和组织对 BeO 材料的使用也提出了限制。氧化铍陶瓷制作工艺过程中不可避免地有氧化铍粉尘和蒸汽的出现，其属一级高毒性，需要采取完善的防护措施，避免产生中毒现象。

5）碳化硅陶瓷基板

碳化硅是一种典型的共价键结合的稳定化合物，它是先由人工合成后，才在陨石中发现，地壳中几乎不存在。碳化硅具有化学性能稳定、导热系数高、热膨胀系数小、密度小、耐磨性能好、硬度大、机械强度高、耐化学腐蚀等特点。工业上制备碳化硅的方法是用石英砂（SiO_2）加焦炭（C）直接通电还原（在电阻炉中），温度通常为 1900℃以上，此时所发生的化学反应如下式所示：

$$SiO_2 + 3C \rule[0.5ex]{2em}{0.4pt} SiC + 2CO \uparrow \tag{3-1}$$

碳化硅陶瓷具有高温强度，在 1400℃时抗弯强度仍保持在 500～600MPa，工作温度可达 1700℃。碳化硅陶瓷的硬度极高，抗磨损能力很强，熔点高达 2450℃。但容易发生氧化且会与热或熔融的黑色金属发生反应，氧化形成的二氧化硅会阻碍进一步氧化。氧化是从 800℃开始，氧化速度随温度的上升急速加快，因此将其使用温度限定在较低温度下。

碳化硅陶瓷的烧结方法主要有无压烧结、热压烧结、热等静压烧结、反应烧结等。表 3-10 为 SiC 陶瓷的烧结方法及物理性能。

表 3-10　SiC 陶瓷的烧结方法及物理性能

烧结方法	无压烧结	热压烧结	热等静压烧结	反应烧结
积体密度/(g/cm³)	3.12	3.21	3.21	3.05
断裂韧性/(MPa·m1/2)	3.2	3.2	3.8	3.0
抗弯强度/(MPa)(20℃)	410	640	640	380
1400℃	410	650	610	300
弹性模量/GPa	410	450	450	350
热膨胀系数/(×10⁻⁶/K)	4.7	4.8	4.7	4.5
热导率/(W/(m·K))(20℃)	110	130	220	140
1000℃	45	45	50	50

6）氮化硅陶瓷基板

氮化硅（Si_3N_4）是无机非金属强共价键化合物，其基本结构单元为[SiN_4]的四面体，硅原子位于四面体的中心，4 个氮原子分别位于四面体的 4 个顶点。其扩散系数、致密化所必须的体积扩散及晶界扩散速度和烧结驱动力都很小，即决定了纯氮化硅不能靠常规固相烧结达到致密化。所以除用 Si 粉直接氮化的反应烧结外，其他方法都需加入一定量助烧剂与 Si_3N_4 粉体表面的 SiO_2 反应形成液相，通过熔解-析出机制烧成致密材料。

陶瓷材料具有一般金属材料难以比拟的耐磨、耐蚀、耐高温、抗氧化性、抗热冲击及低比重等特点。其硬度可以与刚玉媲美，同时制备成本低，无毒等特性决定其具有强大的发展空间。目前，氮化硅陶瓷烧结方法主要有常压烧结、反应烧结、热压烧结及气压烧结。以下对 4 种烧结方法进行比较，如表 3-11 所示。

表 3-11　氮化硅陶瓷烧结方法的比较

烧结方法	优点	缺点
常压烧结	可获得形状复杂、性能优良的陶瓷	烧结收缩率较大，一般为 $16\% \sim 26\%$，制品易开裂变形
反应烧结	烧结无收缩性适用于制造形状复杂、尺寸精确的零件，成本低，不需添加助烧剂	氮化时间较长
热压烧结	与反应烧结获得的 Si_3N_4 陶瓷相比，其强度高、密度大、致密度高、制造周期短	制造成本高，设备复杂、烧结收缩率大、难以制造尺寸精度高和形状复杂的零件、机械加工困难
气压烧结	产品具有致密度高、韧性高、强度高、耐磨性较好，可制造形状复杂制品，适合大规模生产	烧结温度高

7）微晶玻璃系

微晶玻璃系是实现高膨胀低温共烧陶瓷的方法之一。微晶玻璃是一定成分的玻璃通过受控晶化制得的以大量微小晶体和少量残余玻璃相组成的复合体。晶体的种类和数量对微晶玻璃系有重大的影响，也正是由于晶相的产生使微晶玻璃系的基板性能得到了提升。

微晶玻璃系的制作方法主要包括溶胶-凝胶法、熔融法、烧结法。烧结法和熔融法对玻璃的要求不同。如果玻璃中有气泡或一些不均匀的部分存在，使用烧结法工艺路线时在玻璃水淬和细磨成粉料时还可以进行均化，同时，烧结法不仅比熔融法对玻璃的要求低，而且比熔融法制备玻璃的熔融温度低熔化时间短。由此可见，烧结法比熔融法更具有实用性。微晶陶瓷大致可以分为辉石、董青石、氟云母等类型。其中，董青石具有低的介电常数、高的绝缘性及强度、抗热震性和耐火度等优良性能，但其烧结温度高于 1000℃。

8）玻璃-陶瓷系

玻璃-陶瓷系是由玻璃相和陶瓷相混合烧结而成的陶瓷材料。玻璃-陶瓷系陶瓷具高电导率、介电常数较低、可内埋无源元件等优点，但其热导率和导热率较低。

在烧结过程中玻璃不但有促进烧结的作用以降低陶瓷的烧结温度，还会与陶瓷颗粒发生反应。不同的升温速率、烧结温度和保温时间等热处理条件共同影响着复合材料的晶相和性能。玻璃陶瓷材料的烧结温度低，可以采用电阻值低的 Au、Ag、Cu、Ag-Pd 等作为导体材料。其主要的技术特性如表 3-12 所示。

表 3-12　玻璃陶瓷基板材料主要技术特性

项目	特性
烧结温度	850～1000
热导率	2～4.2
介电常数	5～7MHz
表面粗造度	$0.3\mu m$
收速率偏差	±0.2%以下
层压层数	～100层
导体材料(比电阻)	Ag～Pd：$5\mu\Omega\cdot cm$ Ag：$2.5\mu\Omega\cdot cm$ 以下

　　玻璃－陶瓷系陶瓷主要使用的材料成分有 Al_2O_3、BeO 和 AlN。BeO 虽然具有优良的性质，但由于其有毒性，所以实际适用的并不多；玻璃相主要包括硼硅酸铅玻璃、硼硅酸玻璃＋镁橄榄石系及硼硅酸玻璃。玻璃－陶瓷作为制备低温共烧陶瓷材料，在制备高膨胀系数的低温共烧陶瓷时一般会有方石英晶体析出。

　　9)非玻璃系

　　LTCC 在烧结助剂方面的发展倾向"两无"：即无铅和无玻璃。铅有毒，无铅是为了环保的需要；无玻璃是考虑寻找低熔点的氧化物作烧结助剂，因此产生了非玻璃系低温共烧陶瓷基板。

3.3.3　陶瓷基印制电路板制造工艺技术

1. 陶瓷基印制电路板制造基本方法

　　1)陶瓷基印制电路板制造基本方法与特点

　　陶瓷基印制电路板的种类、应用背景不同，决定了制造方法上的差异。对于单面、双面陶瓷基印制电路板的制造方法，一般是采用陶瓷基覆铜板为基板，应用常规单面、双面印制电路板制造方法即可，而对于多层陶瓷基印制电路板制造，其方法相对复杂。根据多层陶瓷基印制板在导体层、绝缘层制作技术上的差异，多层陶瓷基印制电路板可分为湿式法、干式法(厚膜法)、薄膜＋厚膜混合法三种方法。

　　湿式法制造方法是在烧制前在陶瓷生片先形成电路图形，然后将陶瓷生片和图形导电层同时烧制形成印制电路板。湿式法又分为生片多层层压法和生片多层印制法。

　　生片多层层压法。先在生片上钻孔加工，再用钼(Mo)或钨(W)等高熔点金属作为导体糊膏填充层间导体通路用的通孔，并同时用同种类导体糊膏印制电路图形，形成单层预制生片，然后再进行叠合，经加热和加压使涂在生片上的黏结剂得到均匀分散、溶剂挥发，最后将预烧过的生片(导体金属层(电路)和陶瓷基板层压体)进行烧制形成印制电路板。

　　生片多层印制法。先在生片上印制导体图形，干燥后印刷与生片材质相同的绝缘层后进行高温烧制成型，即可获得单层线路板，然后再在获得的单层线路板上印制下一层图形，进行通孔加工、导电胶填充层间导体通路用的通孔，经过预烧、烧制等工序获得双层印制线路板。如此连续反复进行可制备设计多层陶瓷基多层印制电路板。

表 3-13　陶瓷基多层板几种制造工艺法的产品性能和特点对比

项目	生片多层		厚膜多层印刷法	厚膜/薄膜混合制程
	印刷法	层压法		
导电层	W、Mo 等	W、Mo 等	Au、Cu 等	Au、Cu 等
绝缘层	90%~94%Al$_2$O$_3$、玻璃陶瓷		结晶化玻璃	
基板	陶瓷	陶瓷	陶瓷	陶瓷
面积电阻/$(mΩ·□)^{-1}$	5(表面电路);10 内部电路		3(Au);2(Cu)	
最小线宽/μm	80	80	100	50
最小线距/μm	70	70	150	50
最小孔径/μm	120	100	200	200
最小孔间距/μm	300	300	500	500
介电常数	5.7~8.5		10~15	
热膨胀系数/$(×10^{-6}℃^{-1})$	4.5~7.5		4.4~5.5	
介电损耗 tan δ	5.0×10^{-4}		10.0×10^{-4}~50.0×10^{-4}	
绝缘电阻/$(Ω·m)$	≥10^{14}		≥10^{14}	
单绝缘层厚度/μm	20~40	100~300	20~60	20~60
最大层数	10	40(60)	6	6
放热性	良	良	尚可	尚可
通孔形成	优	优	良	良
表面平坦性	尚可	优	尚可	良
气密性	优	优	优良	优
可焊接性	良	良	良	良
导体层黏接性	良	良	良	良
LSI 芯片安装性	良	良	尚可	良
外部引线黏合强度	优	良	尚可	尚可
尺寸精度	尚可	尚可	良	良
设计变化方便性	良	尚可	优	优
试制周期长短	良	尚可	优	优
生产工艺性	良	良	尚可	良
耐环境性	良	优	良	良

干式法(厚膜)多层印制法。首先陶瓷基板烧制,然后在烧制陶瓷基板上印金属浆料(如银浆、铜浆),形成金属层–厚膜导体电路,在厚膜导体电路上面再印刷釉浆(如结晶化玻璃),经过烧制形成单层印制电路板。与生片多层印制法不同,此处所用釉浆不同与基板的陶瓷成分,烧制温度更低。最后采用与生片多层印制法相同的工艺流程,制造多层化陶瓷基印制电路板。

薄膜+厚膜混合法。该方法的差异在于金属层的制备方法。厚膜法采用印刷法+烧制工序获得导电层;而薄膜法则采用真空蒸发、溅射等方法先形成薄膜金属层,然后再电镀(用 Cu、Au、Ag 等)加厚降低其电阻等而获得导电层。

生片多层层压法获得的产品具有孔间耐电压高、绝缘层高散热性、层间连接的检查简单和准确的优点，所制层数可达 30~40 层。其他两种方法在层数制作得越多时，膜面凹凸不平就越显著，因此必须有高度的印刷技术水平。但这两种方法在制造穿孔用的模具上成本低。其中厚膜多层印刷法的导体电阻最低，并且烧制印制的陶瓷的温度低。

由于烧铸成型法有利于实现从多层板制造的简易性、大批量生产，因此在多层印制电路板制造中应用最为普遍，其工艺流程图如图 3-13 所示。

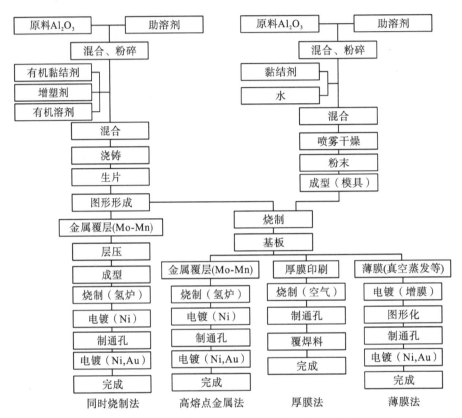

图 3-13　三氧化二铝基 PCB 金属覆层不同工艺法的生产流程图

2)陶瓷基印制电路板金属覆层形成方法

在陶瓷基板的表面形成的金属膜，是后续工序制作导体(电路图形)以及连接 1/0 端子的引脚所需要的基本条件，制作金属覆层一般有 4 种方法，即厚膜法、薄膜法、喷墨打印法、同时烧制法。

(1)厚膜法。先在陶瓷基板上印刷釉浆，再印刷导体和绝缘体等，经过烧制工序获得电子电路。印刷图形的厚膜导体胶(糊膏)是将一定比例的金属粉末(粒径 1~6μm)、玻璃料、有机胶黏剂、有机溶剂等混合均匀而成的一种具有特定黏度的浆料。厚膜导体与陶瓷基板的黏合形态有传统黏接型(玻璃材质类)、化学连接型(氧化物)类、混合型(玻璃材质和氧化物)等三种。传统黏接型选用软化点低、热膨胀系数与陶瓷基接近的玻璃材质类为黏结剂，如氧化铝；化学连接型则采用可与陶瓷基材反应、形成固溶体的氧化物(如 CuO、Bi_2O_3 等)为黏接材料，此类材料可在导体金属层与陶瓷基板中形成反应层(过渡层），具有连接力高的特点，但烧制温度高（＞950℃）；混合型则综合了上述两种方法的特点，黏接力较传统型高，烧制温度（＞900℃）较化学连接型低。

（2）薄膜法。通过真空蒸发、磁控溅射等方法在陶瓷基板上形成金属薄膜，最后采用光刻技术形成线路图形。所选择形成的薄膜材料是黏合力强的金属，如 Cu、Mo、W、Zr、Cr、Ti 等。薄膜法获得的金属层较薄，需要在此薄膜金属电路形成后再电镀一层金属（用 Cu、Au、Ag 等）以增加金属覆层的厚度，降低导体电阻，提高疏散应力的能力和延展性。该方法形成图形的尺寸精度高（线宽/间距＝$20\mu m/20\mu m$）。由于可采用铜作为线路材料，即使在表层形成高密度线路图形的情况下，和银线路相比，也不必担心迁移问题的产生。但是薄膜工艺仅适用于表面线路图形的形成。

（3）喷墨打印法。近年兴起的一种新技术，即采用专制的"墨水"与打印机，通过精确控制打印机喷头油墨喷出量和位置，即可形成微细线路图形。目前批量生产打印的线路密度线宽/线间距为 $40\mu m/30\mu m$。喷墨打印技术符合近年来对电路板小型化及高密度化的需要，但专用材料与设备上仍然存在技术瓶颈而制约其工业化应用。

（4）同时烧成法。上文介绍的湿式生片多层层压法就属于此法。由于烧制温度高，此法采用高熔点金属（Mo 或 W 等）导体胶（糊膏）在生片印制图形，最后同时烧制。

2. 陶瓷基厚膜/薄膜印制电路板、共烧高/低温共烧陶瓷基印制电路板制程

陶瓷基印制电路板通常采用厚膜/薄膜制程、高低温共烧制程。对于高低温共烧制程，该技术路线适合大规模生产，而对于中小批量生产以及客户定制的产品制造，采用厚膜/薄膜制程更具有优势，工艺的市场竞争优势在于成本控制及品质保障。

1）陶瓷基厚膜印制电路板

陶瓷基厚膜印制电路板最常用的基片是含量为 96％和 85％的氧化铝陶瓷；当要求导热性特别好时，则用氧化铍陶瓷。基片的最小厚度为 0.25mm，最经济的尺寸为 35mm×35mm～50mm×50mm，其制备工艺流程如下。

（1）基板前处理。陶瓷选择（90％～96％的氧化铝）→浆料选择（导体浆料、电阻浆料和绝缘浆料）→图像印刷（主要是通过丝网印刷）。丝网印刷的工艺过程是先把丝网固定在印刷机框架上，再将模版贴在丝网上；或者在丝网上涂感光胶，直接在上面制造模版，然后在网下放上基片，把厚膜浆料倒在丝网上，用刮板把浆料压入网孔，漏印在基片上，形成所需要的厚膜图形。常用丝网有不锈钢网和尼龙网，有时也用聚四氟乙烯网。

（2）厚膜印制加工。导体印刷→电阻印刷（反复 2～3 次）→水平静置（平摊、干燥）→烧制（约 650～670℃的温度进行烧制）。烧结工艺常在隧道式烧结炉中完成。其目的是使浆料中有机黏合剂完全分解和挥发、固体粉料熔融分解和化合，形成致密坚固的厚膜导电线路。厚膜的质量和性能与烧结过程和环境气氛密切相关，升温速度应当缓慢，以保证在玻璃流动以前有机物完全排除；烧结时间和峰值温度取决于所用浆料和膜层结构。为防止厚膜开裂，还应控制降温速度。

（3）后期处理。检验调整（助焊检查，调整电阻值），包装。

最后，为使厚膜印制陶瓷基印制电路板具有最佳电气性能，还需要对线路进行调阻。常用调阻方法有喷砂、激光和电压脉冲调整等。

2)陶瓷基薄膜印制电路板制程

对于高精度的陶瓷基薄膜印制电路板线路制作,采用溅镀、电镀、化学镀沉积、黄光微影等技术实现线路制作是行业通用做法。其制程具备以下方面的优势:

(1)低温制程(300℃以下),避免了高温材料破坏或尺寸变异的可能性。

(2)使用黄光微影制程,让基板上的线路更加精确。

(3)金属线路具备不易脱落等特点,因此适用于高功率、小尺寸、高亮度的 LED,尤其要求对位精确性高的共晶/覆晶封装制程。

3)高/低温共烧陶瓷基印制电路板制程

高温共烧(HTCC)陶瓷基板和低温共烧(LTCC)陶瓷基板是目前陶瓷基印制电路板中运用最为广泛的。

高温共烧陶瓷基板是把瓷粉和黏结剂、增塑剂、润滑剂和溶剂混合后,制成生瓷片并与 W 或 Mo/Mn 等难熔金属的浆料,在 1500~1900℃烧结而成。高温共烧陶瓷基板中瓷粉主要包括氧化铝、莫来石、氮化铝、氧化铍、碳化硅及氮化硅。高温共烧工艺流程如下。

(1)流延。流延包括配料、真空除气和流延三个步骤。

(2)生瓷片上打孔。打孔的方法分为数控钻床钻孔、数控冲床冲孔和激光打孔,其中激光打孔对陶瓷的影响最小,精度及效率也是最高的。

(3)用金属浆料填充通孔。通孔填充的方法一般是丝网印刷和导体生片填孔。丝网印刷的运用更加广泛。

(4)金属导电带形成。包括丝网印刷与计算机直接描绘。

(5)叠层热压。叠层时,精确定位是制造多层板的关键步骤。

(6)切片和脱胶。

(7)共烧。包括高温共烧技术与低温共烧技术两种。

(8)检验和包装。

低温共烧的主要流程:流延→打孔→通孔填充→电极印刷→叠层→热压→切片→共烧。综合比较了厚膜技术、低温共烧和高温共烧技术的优劣,低温共烧技术结合了高温共烧和厚膜技术的优点,同时又避免了二者的缺点。

4)薄膜/厚膜制程印制电路板产品性能比较

陶瓷基薄膜印制电路板与陶瓷基厚膜印制电路板由于制程差异,使产品在性能上产生差异。厚膜产品由于导电层较厚可承载更高的信号流,但薄膜产品的线路精度更高,高频特性更佳,厚膜印刷产品的对位及线路的精准度不够精确,使其限制了芯片封装工艺中的应用。性能比较如表 3-14 所示,两种制程得到的线路如图 3-14 所示。

表 3-14　薄膜印制电路板与厚膜印制电路板制造制程产品性能比较

	薄膜制程产品	厚膜制程产品
线路精准度	精准度较高,误差低于±1%	以印刷方式成形误差值较高±10%
线路位置	曝光显影,相对位置精准度高	丝网印制,相对位置精准度低
镀层材料	材料稳定度较高	易受浆料均匀性影响
镀层表面	表面平整度高	平整度低误差值 1~3μm

续表

	薄膜制程产品	厚膜制程产品
镀层附着性	附着性佳	附着性受基板材料影响大
设备维护	维护较不易,费用较高	生产设备维护较为简易

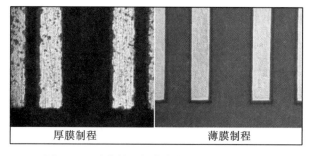

图 3-14　厚膜制程与薄膜制程产品金相照片

　　厚膜制程工艺大多使用网版印刷方式形成线路与图形,因此,其线路图形的完整度与线路对位的精确度往往随着印刷次数增加与网版张力变化而出现明显的累进差异,此结果将影响后续封装工艺上对位的精准度;再者,随着元件尺寸不断缩小,网版印刷的图形尺寸与解析度亦有其限制,随着尺寸缩小,网版印刷所呈现之各单元图形尺寸差异(均匀性)与金属厚度差异亦将越发明显。薄膜技术的导入可解决上述线路尺寸缩小的工艺瓶颈,结合高真空镀膜技术与黄光微影技术,能将线路图形尺寸大幅缩小,并且可同时符合精准的线路对位要求,其各单元的图形尺寸的低差异性(高均匀性)更是传统网版印刷所不易达到的结果。

　　LED 散热基板所使用之材质,现阶段以陶瓷为主,而氧化铝陶瓷基板应是较易取得且成本较低之材料,是目前运用在元件上的主要材料,然而厚膜技术或薄膜技术在氧化铝陶瓷基板上制备金属线路,其金属线路与基板的附着度或是特性上并无显著的差异,而两种工艺显现出最主要的差异则是在线路尺寸缩小的要求下,薄膜工艺能提供厚膜技术无法达到的较小线路尺寸与较高的图形精确度。而在更高功率 LED 应用的前提下,具高导热系数的氮化铝(170~230W/mK)将是散热基板的首选材质,但厚膜印刷之金属层(如高温银胶)多需经过高温(高于 800℃)烧结工艺,此高温烧结工艺于大气环境下执行易导致金属线路与氮化铝基板间产生氧化层,进而影响线路与基板之间的附着性;然而,薄膜工艺则在 300℃ 以下工艺之条件下制作,无氧化物生成与附着性不佳之疑虑,更可兼具线路尺寸与高精准度之优势。薄膜工艺为高功率氮化铝陶瓷 LED 散热基板创造更多应用空间。

3.3.4　几种陶瓷基印制电路板简介

　　陶瓷基印制电路板的种类很多,有不同的分类方法,按照基板材料的化学性质可分为氧化铝基印制电路板、AlN 基印制电路板等,按制程特点可分为:

　　1)氧化铝基印制电路板

　　氧化铝是实用的陶瓷材料中比较低价格的一种。它的机械强度、电气绝缘性、热传导性、耐热性、耐冲击性、化学稳定性等方面特性较平均、优良,因此是陶瓷基 PCB 中使用最早且目前使用最多的一种。它的加工技术比其他陶瓷材料更为成熟。

其多用在 IC 封装基板和计算机用多层板中，如图 3-15 所示。

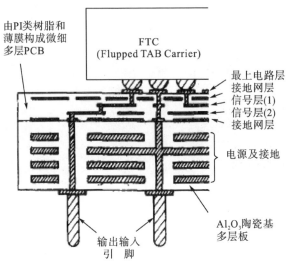

图 3-15 Al_2O_3 陶瓷基多层板(MCM)

2)$3Al_2O_3 \cdot 2SiO_2$ 基印制电路板

$3Al_2O_3 \cdot 2SiO_2$ 材料来自多铝红柱石(俗称麻来石)。因为它比 Al_2O_3 介电常数低，用它制成的 PCB，能使信号传播更加高速化。它的热膨胀系数低，装配 LSI 部位的应力可以减低。它还与所用的形成导体材料的 Mo 或 W 在热膨胀率上差别小。同时烧制时，导体与基板材料间产生的应力低，因而用这种陶瓷基板材料去代替 Al_2O_3 材料的开发工作近几年在日本有很大的进展。它的制造方法和金属覆层法基本同 Al_2O_3 基 PCB 工艺。图 3-16 为日立公司的 $3Al_2O_3 \cdot 2SiO_2$ 多层板。

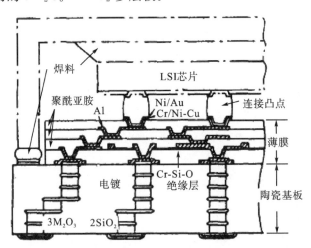

图 3-16   日立的陶瓷($3Al_2O_3 \cdot 2SiO_2$)基多层板(MCM-D)

3)氮化铝基印制电路板

氮化铝(AlN)是一种高热传导的材料。过去要烧结成结合性很强的 AlN 化合物，其工艺很难，并且价格很高。近年，日本有关公司由于在 AlN 粉末原料上加以改性以及烧结技术上的进步，已开发出热传导率是 Al_2O_3 基板材料的 10 倍以上的高性能的 AlN 基板，并实现工业化生产和低成本化。由于它的热膨胀系数接近 Si，对大型芯片在此上安装的可靠性提高十分有利。现在日本用它制成多层板，广泛地应用于 MCM 产品方面十分活跃，技术也在飞速发展。

AlN 是人工合成化合物。世界上 1862 年由 Genther 最初合成成功。AlN 原粉末传统制法是还原氮化法和直接氮化法。还有新的制造法，如 Al 的卤化物和 NH_3 的反应而得到 AlN 的气相合成法等。在 AlN 基板上的导体电路层的形成对 Al_2O_3 的各种金属覆层形成法都是适用的。在厚膜制造方面，在 AlN 的生片上印刷高熔点的金属(W 或 Mo)的厚膜糊膏，同时进行烧成。在烧制后的基板上，印刷 AlN 专用的厚膜糊膏，再烧制。在薄膜形成法方面，是采用 Au/Pa/Ti 或 Au/Pa/Ni 等层压膜。蒸镀是采用喷镀熟料法成膜，再用碱液蚀刻已电镀的基板，形成图形。粗化了图形表面以后，再进行 Cu 或 Ni 的电镀加厚。在日本，进一步发展的还有称为 DBC(direet bond copper)的特殊金属覆层法。

4)碳化硅印制电路板

碳化硅(SiC)是一个内部分子结合性强的人工合成化合物。它的硬度高，耐磨性、耐药性优异。它的高纯度单结晶体的热传导率仅次于金刚石。SiC 的烧制是采用真空烧结法，在 2100℃ 高温下进行，因此用湿式法制多层是不可行的。一般采用烧制成型基板，利用干式法的薄膜法制多层板。碳化硅基板主要性能如表 3-15 所示。

SiC 基板材料的热扩散率远远高于其他陶瓷材料，比铜还大，热膨胀系数与硅接近，它的热传导率在室温下超过 Al 材料，比 Al_2O_3 基板大 20 倍。它的介电常数在 1MHz 下为 40、在 1GHz 下为 15，该介电常数比 Al_2O_3 基板高，因此在通信设备等高频用的电路板上应用受到限制。

表 3-15　碳化硅基板与其他陶瓷基板主要性能对比

性能	SiC/BeO	AlN	BeO	Al2O3	Si
密度(g/cm³)	3.2	3.28	2.9	3.9	2.33
体积电阻[25℃]/(Ω·cm)	>10¹¹	>10¹⁴	>10¹⁴	>10¹⁴	10⁻³~10³
绝缘电压/(kV/mm)	0.7	14~17	10~14	18	—
介电常数(1MHz)	40	8.9	6.7	9.7	12
介电损耗(1MHz)/(×10⁻⁴)	50	1~10	4	1	
热扩散率[25℃]/(cm²/s)	1.3	0.25~0.7	0.82	0.07	0.71
热传导率[25℃]/(W/(m·K))	270	60~260	250	30	125
热膨胀系数(RT-400)/(×10⁻⁴℃⁻¹)	3.7	4.4~4.6	7.2	7.3	3.6
抗弯强度/(kg/cm²)	45	3~50	24	30~40	49~56

碳化硅多层板在大型计算机 HITACM-680 上的组件(MCM)得到的应用，其散热性能是氧化铝基板的 10 倍左右。

5)低温烧制性的玻璃陶瓷基印制电路板

低温烧制性的玻璃陶瓷基 PCB 的材料特性和主要技术特性如表 3-16 和表 3-17 所示。

表 3-16 玻璃陶瓷基 PCB 的材料特性

性能	硼酸玻璃－陶瓷类基板材料	硼酸铅玻璃－陶瓷类基板材料
硼酸玻璃：陶瓷	50：50	45：50
烧制温度/℃	950~1050	850~950
介电常数(1MHz)	7.1	7.8
介电损耗(1MHz)/($\times10^{-4}$)	0.002	0.002
热传导率[25℃]/(W/(m·K))	3.6	3.6
热膨胀系数(RT-400)/($\times10^{-6}$℃$^{-1}$)	5.0	5.5
抗弯强度/MPa	280	280

表 3-17 玻璃陶瓷基 PCB 的主要技术特性

序号	特性		技术参数
1	层数		~100 层
2	导电材料与比电阻	Ag~Pd 复合	5$\mu\Omega$·cm
		Ag	2.5$\mu\Omega$·cm
3	表面粗糙度 Ra	0.3μm	
4	收视率偏差	0.2%以下	
5	层间对准度	25%以下	
6	翘曲度	10μm/100mm	

3.4 大电流(厚铜层)印制电路板制造技术

厚铜板可承载大电流、减少热应变和具有高散热性能,多用于通信设备、航空航天、汽车、网络能源、平面变压器、电源模块等。大电流(厚铜层)印制电路板自问世起,PCB 的应用领域就跨入了一个新的工业产品领域——功率电子产品。

1958 年美国 GE 公司生产了第一只晶闸管,开创了功率半导体器件,产生了功率电子行业。1973 年美国西屋公司研究室主任 Dr. Newell 首次提出功率电子技术概念,给出其经典的定义为:功率电子又习惯上称为电力电子(power electronics),它是一门以包含电工、电子、控制等多个子学科的交叉技术作为支撑的一类产品。功率流经功率电子电路,受电子器件控制。功率电子技术与微电子技术的差异在于:微电子技术的功能是信息处理,即对小信号的放大、运算、波形变换等,主要用于信号传感及变送;功率电子技术的主要功能是功率调节或功率处理,其实质是功率变换,即将某一电压(或电流、频率、波形)的电能变换为另一种电压(或电流、频率、波形)的电能,功率变换包括可控整流、逆变、变频、DC-DC 等各种变换。变换的功率其电流大于几 kA,电压超过数十kV,容量达到兆瓦级。

3.4.1 大电流(厚铜层)印制电路板概述

1)大电流(厚铜层)印制电路板定义

通常将厚度 105μm(单位面积质量 915 g/m² 或 3 oz/ft²)及以上的铜箔(经表面处理的

电解铜箔或压延铜箔)统称为厚铜箔,将厚度 300μm 及以上的铜箔称为超厚铜箔,用厚铜箔及超厚铜箔制成的印制电路板被称为"厚铜印制电路板"。与常规印制电路板相比较,这类印制电路板在性能上最突出的表现就是能稳定地通过大电流以及更好散发由负载大电流在基板内产生的高热量的特性,因此又被称为大电流(厚铜)印制电路板。

2)大电流(厚铜层)印制电路板的特点

大电流(厚铜层)印制电路板是日本共荣电资公司(Kyoei Denshi Co.,Ltd)生产的一类主导产品,大电流厚铜印制电路板具有以下几个优点:

(1)提供元件向外散热通道。大电流(厚铜层)印制电路板的线路厚度一般大于 105μm,相比于常规 355μm 厚度线路,其散热截面提高了 2 倍以上,深入 PCB 内部的线路可起到"散热指"的功效,进而解决大功率器件、高密度集成产生的散热难题。

(2)大电流(厚铜层)印制板在汽车、电源、电力电子等领域中应用,可替代传统的电缆配线、金属板排条等输电结构,这不仅可以提高生产效率,同时还可以降低布线成本以及系统维护成本等。

(3)印制板内部厚铜层电子线路高效的热传递效率,可避免产品局部热量堆积,实现 PCB 内部热均一化,从而提升终端整机产品性能的热稳定与可靠性。

(4)采用 PCB 内部厚铜层代替传统电缆配线,产品中电子元件、器件的集成提高,配线设计更加方便,有利于终端整机产品的小型化设计。

(5)由于铜的密度较高,厚铜层印制电路板不利于电子产品的轻型化。

3)大电流(厚铜层)印制电路板热处理的理论基础

PCB 中的热量主要来源于电子元器件的发热、PCB 本身的发热、PCB 以外的其他部分传来的热(如整机工作环境的热)三个方面。在这三个热源中,元器件的发热量最大,其次是 PCB 板电路所产生的热量。

元器件的发热量是由其功耗决定的,承载大功率器件(多指用于处理大容量电功率、能够控制电路通断的电子器件)的 PCB 一般都伴随着大电流(百毫安级以上)从导电线路上通过,因此在大电流 PCB 设计时,首先要考虑导电层通过大电流的能力。其次要考虑 PCB 安全承受大电流所产生热量的能力。从理论上讲:铜导体承受电流的大小与其导电线路横截面积大小成正比,即从增加铜箔厚度或加大线宽值两个方面设计可以来满足电流荷载要求,鉴于 PCB 散热性、安全性、耐久性等需求,PCB 对其最大负载下的温升做了安全规定,一般在大电流 PCB 设计时其实际的导体截面积的选择要高于理论的载电流所需截面积(表 3-18、图 3-17、图 3-18)。

表 3-18　电源板电路图形的安全导电能力评价

	导电类型	导线厚度/μm(电源电路)	连续短路电流额定电流值/A
常规印制电路板	常规铜箔	35	10
		70	14
电源印制电路板	PB-M	245	25
	厚铜箔(PB-F,PB-L)	210	25
		500	38
	短铜排条(PB-S)	1000	54
		1500	66

续表

导电类型		导线厚度/μm（电源电路）	连续短路电流额定电流值/A
电源印制电路板	母汇线铜排条（PB-B）	2000	76
		3000	93

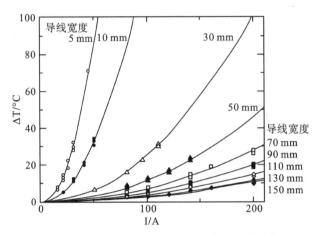

图 3-17　210μm 厚导线的内层导线温差的测定

注：导线厚度＝210μm，水平位置

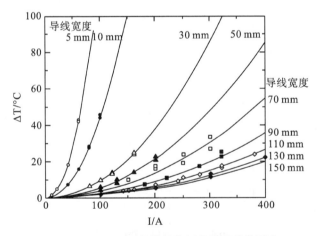

图 3-18　500μm 厚导线的内层导线温差的测定

注：导线厚度＝500μm，水平位置

　　从表 3-18、图 3-17、图 3-18 可以看出：常规厚度电解铜箔乃至厚电解铜箔安全导电能力难以满足大功率 PCB 安全设计的要求，该项功能只能让位于超厚电解铜箔。目前提高 PCB 散热能力是依靠宽导线、厚铜箔、薄板或多层结构、大面积铺铜或芯层内置厚铜箔层、添加金属底板（如金属基 PCB 的采用）、增加导热孔等设计方案去实现。其中，考虑到电子产品向着薄、轻、小型化发展，以及高密度布线发展的趋势，当今 PCB 制造技术的发展，更加注重在采用厚铜箔解决大功率 PCB 散热功效问题。

　　鉴于铜比铝有更高的导热率（传热系数高 90％），因此厚铜箔及超厚铜箔充当散热功效底板的 PCB，要比铝基 PCB 发挥出更高导热效果（但采用铜做底板，需要解决它的端面易氧化等问题）。以厚铜作为内芯层结构多层板越来越成为解决基板散热问题的一种常规的产品形式，成为一大特殊多层板的重要品种。铜内芯层多层板的内芯铜箔厚度与该基板的热扩散效率成正比（图 3-19）。

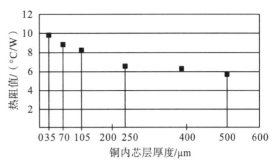

图 3-19　内芯铜箔厚度与基板的热阻关系

近年市场对铜内芯层结构的需求有很快的增加。例如，在日本不仅近几年出现了关于此方面内容的许多专利，而且很多世界著名的大型 PCB 生产厂家（如 CMK 公司、冲电气公司等）也加入到了这类多层板的工艺研发、产品设计与制造的行列之中。在日本的 PCB 市场上出现了多种多样的埋置铜内芯层结构的多层板，它们在应用领域方面不只限于电源基板，还扩展到汽车电子产品、LED 基板、模块基板等方面。总之，PCB 用厚铜箔及其厚铜箔覆铜板在当前一些大功率、大电流、高散热需求的基板制造中发挥着不可替代的作用。

近几年来，世界厚铜箔的市场需求得到迅速增加。厚铜箔覆铜板及厚铜层印制电路板研制、产销已成为当前业界热门。高速发展的大电流基板、电源基板、散热基板成为驱动、厚铜箔市场规模扩大的主要方面。

目前，厚铜箔的主要应用市场是大电流基板的制造。大电流基板一般都为大功率或高电压的基板。它多用于汽车电子、通信设备、航空航天、网络能源、平面变压器、功率转换器（调解器）、电源模块等方面，涉及到汽车、通信、航空航天、电力、新能源（光伏发电、风力发电）、半导体照明（LED）、电力机车等行业领域。近年来这种厚铜箔在金属基覆铜板制造方面的应用量明显的增加，一些大功率 LED 基用铝基覆铜板、电源基板用铝基覆铜板在设计、制作中选择厚铜箔作为导电层的情况在增多。电子产品薄型、小型化的发展迫切需要 PCB 更加具有高导热功效。由此，近年来不断涌现出各种采用厚铜箔内埋入基材内层的多层板设计方案来实现商品的实例。

3.4.2　大电流（厚铜层）印制电路板厚铜箔主要性能要求

厚铜箔及超厚铜箔的主要产品规格如表 3-19 所示。目前在实际生产及应用中的厚铜箔及超厚铜箔厚度规格主要有 $105\mu m$、$140\mu m$、$175\mu m$、$210\mu m$、$240\mu m$、$300\mu m$、$400\mu m$、$500\mu m$ 等。

表 3-19　厚铜箔及超厚铜箔的主要产品规格

名称	标准厚度/μm	单位面积质量		标准厚度	
		g/m^2	Oz/ft^2	μm	mil
	105	915.0	3	102.9	4.05
	140	1220.0	4	137.2	5.40
厚铜箔	175	1525	5	171.5	6.75
	210	1830	6	205.7	8.10
	240	2135	7	240.1	9.45

续表

名称	标准厚度/μm	单位面积质量		标准厚度	
		g/m^2	Oz/ft^2	μm	mil
超厚铜箔	300	8.5		291.6	11.48
	350	10		342.9	13.50
	400	12		411.6	16.20
	500	14.5		497.4	19.58

厚铜层在 PCB 加工制造中有特殊的工艺相对应,并需要解决不同于用常规厚度铜箔 PCB 所出现的特殊质量问题。由此,PCB 厂家对厚铜箔所提出的性能要求,除了一般性能要与常规厚度铜箔达到相同标准外,还提出了许多特殊性的要求。

1)厚铜箔表面粗糙度要求

对于大量使用在大电流基板上的厚铜箔来讲,它的表面粗糙度(Rz)降低与均匀性提高显得尤为重要。因为这项性能直接决定着薄型绝缘芯材($0.125\mu m$ 以下,甚至更低)的超厚铜 CCL 能否生产以及其所制成的 PCB 耐电压可靠性能否通过测试的问题。厚铜箔的表面粗糙度过大,或不均匀(毛面存在较高凸起点)会造成个别点位置的基材介质层厚度减少。以双面覆铜板为例,它会造成个别点的导电层之间距离缩短,严重威胁基板材料的绝缘可靠性。利用切片法得到的双面厚铜箔覆铜板纵向剖面图,更直观地说明了此问题(图 3-20)

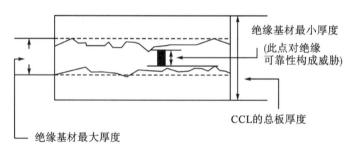

图 3-20　双面覆铜板截面示意图

国内有覆铜板专家曾提出“要求铜箔 Rz 的均匀,还有另外一层意义,覆铜板两面铜箔的毛峰,实际上影响到层间实际绝缘层的最小厚度,从而影响层间绝缘性。如果铜箔粗糙面各点的峰值相差很大,轮廓峰值大的位置在基材与铜箔接合、层压成型后,这一点就会出现绝缘层实际减薄的问题。PCB 必须通过大电流及其耐压试验,如果超厚电解铜箔的 Rz 值偏高,绝缘层实际减薄的现象难免消除,进而给 PCB 的可靠性带来隐患。超厚电解铜箔轮廓度(Rz 值)高低直接决定其能生产绝缘芯材多薄的超厚铜覆铜板,高 Rz 的超厚电解铜箔生产的超厚铜覆铜板,其耐压值低于用 Rz 值 $5\mu m$ 以下超厚电解铜箔生产的超厚铜覆铜板。

2)厚铜箔密度与传热关系

众所周知,单质金属导热系数与其结晶形态及结晶形态引发的密度变化相关,即就单质金属而言,其导热系数与其密度成正比;就电解铜箔而言,不同的生箔工艺其致密性也不一致，常规厚度的电解铜箔(非厚电解铜箔、超厚电解铜箔)密度范围在 7.0～8.0g/cm³，难以达到铜的理论密度 8.90 g/cm³。如果深入研究单质金属的结晶、密度与传热的关系，可以得出进一步的结论：单质金属传热系数增加值(％)远大于其致密性增加值(％)。不言而喻，低轮廓度超厚电解铜箔导热性能远远优于常规轮廓度超厚电解铜箔导热性能，在同等条件下使用低轮廓度超厚电解铜箔所生产大电流 PCB 的散热性能将优于常规轮廓度超厚电解铜箔所生产的 PCB 散热性能。

　　3)厚铜箔的蚀刻性

　　国内 PCB 技术人员在研究论文中提出："蚀刻是影响厚铜箔印制板导电图形精度的主要因素之一，蚀刻精度不但受导电图形的均匀性、蚀刻液流量的均匀性、蚀刻设备喷淋系统设计的合理性等的影响，而且受铜箔结晶形态与表面粗化处理方式等因素的影响，鉴于这些影响的存在，印制板上下两面以及板面上各个部位的蚀刻并不均匀。通常印制板下面比上面蚀刻速率快、板边缘比板中间蚀刻速率快。对于普通印制板，由于蚀刻时间相对较短，所以这种差别并不明显。而厚铜箔印制板的蚀刻时间很长，这种不均匀性就非常明显。印制板在蚀刻液中停留的时间越长，产生的侧蚀会越严重"。图 3-21 为该文献通过实验找出了不同厚铜箔在同一蚀刻工艺条件下的形成的线路不同侧蚀结果。可从此图中看出，随着铜箔厚度的增加，其侧蚀程度就越大。

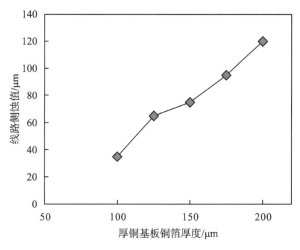

图 3-21　铜箔厚度与侧蚀关系

　　拟合公式为

$$线路侧蚀值 = 0.85 × 铜箔厚度 - 50$$

　　厚铜箔 PCB 制造的工艺中普遍遇到的难点之一是：如何减少侧蚀，实现铜层断面轮廓的较好直线性。鉴于超厚铜 PCB 的铜层蚀刻质量要求不断提高，PCB 厂家非常希望厚铜箔生产厂家在铜箔的结晶构造与铜箔表面处理方式等方面加以改进。为适应下游客户对这一质量的要求，近几年国内外的厚铜箔生产厂商在此方面不断改进。

　　世界上生产厚铜箔的厂家在提高厚铜箔蚀刻性方面整体思路是一致的，即使厚铜箔的结晶构造致密、均一化。以上述国产超厚电解铜箔为例，经过多年对厚铜箔工艺的摸索、试验，成功地研制出超厚电解铜箔生箔复合添加剂工艺，同时研制出低轮廓度铜箔抗剥离强度表面处理增强工艺——须晶工艺(毛面平坦、均匀、高密度、粗化晶粒上长"胡须",故称须晶工艺);生箔复合添加剂工艺使超厚铜箔的晶粒结构由原有的柱状长形晶粒结构变为等轴、球形细晶结构,同时使生产出的生箔产品 M 面、S 面的粗糙度 Rz 值均小于 $2\mu m$。等轴、球形细晶结构可以充分保证超厚铜箔蚀刻时的"各向均一性",不仅使侧蚀减轻而且使柱状结晶引发的"晶隙残留夹液"的现象消失;须晶工艺实质是"低粗化度",其粗化的高度只有传统粗化高度 1/2 左右,进而减少了蚀刻时间;这两项工艺创造不仅改善了蚀刻"各向异性"的问题,同时缩短了超厚 PCB 制造时的线路蚀刻的时间、改善了线路侧蚀问题,并且解决了在压制双面板时因"狼牙"刺穿半固化片而形成短路的技术难题。

4)厚铜箔的剥离强度与耐化学药品性的保证

近年来厚铜箔覆铜板剥离强度偏低质量问题出现的频率略高于常规厚度铜箔基板,因此厚铜箔剥离强度的问题越发引起下游客户关注。

影响铜箔抗剥离强度的因素有多方面。从铜箔制造方面讲,主要有:①毛箔的粗糙度 Rz、峰的尖锐性和均匀性;②粗化层的结晶粒子的形状、大小、展开度;③表面处理均匀程度;④硅烷偶联剂的种类和涂覆量等。从覆铜板制造方面讲,主要有:①树脂基材的类型;②树脂组成物的组成、各成分比例(包括无机填料的类型、形状、填充率等);③半固化片的树脂流动性、凝胶化时间等;④层压板工艺等。

一般来讲,铜箔粗化层的粗糙度(Rz)越大、峰越尖锐,表面处理后的铜箔的抗剥离强度越高。但为了使电解铜箔同时还达到其他关键性能(如抑制铜瘤不牢、铜牙易脱落在树脂基材中;克服蚀刻因子大;避免因粗糙面的轮廓度过大造成的介质层相对减薄,绝缘可靠性下降等)要求,实现多项目关键性能的均衡性,因此不能盲目采用提高铜箔 Rz 值来提高其抗剥离强度。根据厚铜箔 PCB 的蚀刻工艺特殊性,为了保证厚铜箔 M 面的耐化学药品性,它的表面粗糙度越小越好,因此对于厚铜箔粗化层的粗糙度必须控制得很小。上述表面处理的须晶工艺彻底颠覆了传统电解铜箔的毛面粗化形状(山峰上"长莲花"),使电解铜箔 M 面在粗糙度锐减的前提下比表面进一步增大,进而达到粗糙度大幅度降低而抗剥离强度不降低的效果。粗糙度降低更大的效果是:完全避免了铜箔 M 面高粗糙度蚀刻残留现象,使 PCB 导线间绝缘性进一步提高。

3.4.3 大电流(厚铜层)印制电路板制造工艺技术

1. 大电流(厚铜层)印制电路板制造方法

大电流(厚铜层)印制板线路铜层厚度要求大于 $105\mu m$,相对于普通多层板而言这类印制电路板的生产工艺有许多特点,如内层蚀刻精度控制、伸缩控制、层压结构与工艺、钻孔和孔金属化、阻焊涂覆等工序都有相当的难度。目前,使用的技术方法主要有三种:直接电镀积层法、厚铜箔直接层压法、厚铜箔蚀刻层压法。

(1)直接电镀积层法。先在印制电路板基板的原始铜箔上进行整板电镀铜箔增厚,使得铜箔加厚至规定要求,然后按照印制板通用流程进行加工。考虑到综合制造成本,这种方法一般限于将铜箔加厚 $150\mu m$。

(2)厚铜箔直接层压法。即直接在常规印制电路基板上层压一层超厚铜箔。该方法可实现铜箔一次增厚到位,但这种方法也存在一些技术难题,如钻孔时要注意防止孔内铜刺、断钻头和机器移位;蚀刻时因铜层太厚需多次蚀刻,并要注意毛边过大等问题;铜层过厚使得基材和铜层有较大落差,阻焊层制作也是一个难点;布线密度不如直接电镀积层法高。

(3)厚铜箔蚀刻层压法,该种方法是厚铜箔直接层压法的改进型。此法在铜皮层压之前先进行蚀刻,即同一层铜皮进行正反面蚀刻,将印制板原始铜箔腐蚀后,通过层压在腐蚀后的铜箔表面增加一层厚铜箔,以达到产品要求的铜层厚度。从原理上利用这种方法可以生产各种厚度大电流(厚铜层)印制电路板,而且表面铜层均匀性良好。这种方法存在一些技术难题,如线路制作时要在同一层设计两套菲林来进行蚀刻;第一次蚀刻铜皮时蚀刻深度应控制在 $210\sim250\mu m$,蚀刻过深容易造成层压板面不平,过浅容易造成阻焊时难以下油;层压前必须进行填 PP 粉;钻孔时要注意防止孔内铜刺;布线密度不如直接电镀积层法高。

2. 大电流(厚铜层)印制电路板制造工艺流程

1)直接电镀积层法双层厚铜印制电路板制造工艺流程

工程设计→下料→钻定位孔→图形转移→图形电镀→退膜蚀刻→印制阻焊层→固化→沉铜板电镀(＊)→图形转移→退膜蚀刻→阻焊→固化(＊)→钻孔→沉铜板电镀→图形转移→退膜蚀刻→阻焊→固化→测试→铣外形→QA→成品。

工艺特点:①下料后不先钻孔,而是先制作线路与阻焊层;②通过从沉铜板电镀(＊)到固化(＊)工序循环增厚铜层,保障获得制作电子线路的铜层厚度达到设计要求;③最后一次印制阻焊层的前期印制阻焊油墨主要作用是铺平板面,以利于提升后工序中贴干膜的质量;④需要进行多次图形转移,对位要求非常高,采用激光直接成像可提高对位精度。

2)铜箔直接层压法双层厚铜印制电路板制造工艺流程

工程设计→铜板下料→层压到绝缘基材上→厚铜箔覆铜板→常规双面板工艺。

工艺特点:工艺成熟,但技术要求高,布线密度受到限制。

3)铜箔蚀刻层压法双层厚铜印制电路板制造工艺流程

FR-4 板下料→钻定位孔→蚀刻成光板。

工程设计→铜板下料→钻定位孔→图形转移→退膜蚀刻→黑化→与蚀刻光板层压→钻孔→沉铜板电镀→图形转移→退膜蚀刻→阻焊→固化→测试→铣外形→QA→成品。

工艺特点:制作难度适中,制作周期较短,对设备要求低。

4)厚铜层多层印制板的生产工艺流程

工程准备→单片下料→全板电镀加厚→冲定位孔→打铆钉孔→内层图形(湿膜,封定位孔)→湿法加工→层压→电镀加厚→钻孔→孔化→外层图形→湿法加工→阻焊→热风整平→常规工艺流程至成品。

厚铜箔印制电路板的生产工艺与普通印制电路板生产工艺不同,由于印制电路板铜箔加厚,在许多工序上都需要调其整工艺参数,对其进行严格的控制,如 CAM、电镀、蚀刻、阻焊等。

3. 大电流(厚铜层)印制电路板制造技术

1)印制电路板 CAM 设计制作

由于厚铜箔印制板蚀刻出导电图形需要更长的时间,在线路制造工序中会产生图形严重侧腐蚀现象,为保证图形的完整性,需要根据不同的铜箔厚度制订补偿工艺参数值与工艺规范。铜箔厚度与线宽及焊盘补偿值的关系如表 3-20 所示。

表 3-20　铜箔厚度与线宽及焊盘补偿值的关系

表面铜厚/μm		70	105	140
线宽及焊盘补偿值/μm	内层	87.5	125	175
	外层	50	125	150

表 3-20 中的数据说明:铜箔越厚,需要对线宽及焊盘的补偿值越多;内层铜箔比外层铜箔的补偿值要高。由于电镀加厚过程中孔内铜也会变厚,从而使孔径变小,考虑到用户对孔径的要求,因此制作厚铜板时必须对孔径作相应的补偿。孔径补偿值是由孔铜厚度和孔径公差决定的。它们的关系如表 3-21 所示。表 3-21 中的数据说明孔径的补偿值随着孔铜厚度的增加而递增,随着孔径公差范围的放宽而增大。

表 3-21　孔铜厚度及孔径公差与孔径补偿值的关系

孔径公差/mm	孔铜厚度/μm			
	0.6oz	1.0oz	2.0oz	3.0oz
±0.076	100	150	200	250
±0.1	125	175	225	325
±0.15	150	200	25	350

2)厚铜板钻孔

随着电子技术的发展,芯片及功能元器件的密集度不断增加,使得缩小线宽成为 PCB 设计的必然发展趋势。为了提高线路的电流承载能力,只能相应提高导体厚度即铜厚。而厚铜板在钻孔生产过程中出现的内层拉伤、孔粗、钉头等问题是产生高报废率的主要来源。采用优化试验设计对造成厚铜板钻孔内层拉伤、孔粗、钉头问题的因素进行分析,找出主要影响因素,从而得出最适合高厚铜板钻孔的钻头类型及生产参数,是有效解决高厚铜板钻孔品质缺陷率高这一难题的有效研究方法。

3)全板电镀

通过全板电镀加厚制备电子线路或铜箔是制作大电流(厚铜层)印制电路的方法之一。该方法具有保证原覆铜板上铜箔的剥离强度高的优点,其存在的缺点是电镀铜时间越长,板面上铜厚越不均匀。为了提高镀铜的均匀性,优化电镀工艺参数是常规方案。例如,在电镀过程中通过颠倒板方向并添加辅助阴极的方法来提升电镀均匀性;或在条件允许的情况下,将电镀药液调整到酸铜比 15:1 左右(如即硫酸含量 15%~20%、硫酸铜含量 40~60g/L)以获得均匀性更佳的镀层。表 3-22 为电流密度为 25ASF、电镀时间为 2h 的条件下,正常电镀和颠倒板方向的均匀性比较。从表 3-22 可以看出,通过颠倒印制板方向,有效地减少了板面镀层的差值,对于尺寸越大的印制板,其电镀均匀性提高得越明显。

表 3-22　不同电镀方式 PCB 板边缘与中间铜厚差值

PCB 尺寸/mm×mm	245×245	305×410	460×510
常规电镀时差值/μm	11	12.5	13
颠倒板方向时差值/μm	3.5	4.5	6

4)层压铜箔

厚铜板因其铜厚较厚($\geqslant$103 mm)的特性，在压合制程容易出现填充不足、流胶大、厚度不均、空洞等问题。本书主要从叠层结构设计、半固化片选择、压合参数与材料的匹配性、图形设计方面进行论述，解决厚铜板容易出现的压合空洞、白斑、耐压不良等问题。图形设计、叠层结构、材料选择、压合程式的匹配及压机的温升和真空能力，均影响着压合后的产品质量。

5)压合设计及压合过程

层压是多层印制板制作的关键工序之一，对于大电流(厚铜层)印制电路板来说，由于电子线路较厚，在线间凹陷较常规电路板更深，层压工序参数更显重要，叠层结构、材料选择、压合程式的匹配及压机的温升和真空能力，均影响着压合后的产品质量。

A. 叠层结构设计

根据内层最终铜厚(埋盲孔芯板需要镀铜)要求，计算压合后的介质厚度，其经验公式如下：

$$H = h - 内层铜厚 \times (1 - 残铜率)$$

其中，H 为压合后厚度；h 为压合前 PP 理论厚度；残铜率为内层板面剩余铜占整板的比率。

上面公式计算出的厚度同样可用于板厚的计算设计中，精确度可达$\pm$0.05 mm。

根据压合厚度选择相应的半固化片(即 PP)、计算压合后的厚度等可计算层压工序的填胶是否足够，指导半固化片、层压参数等选择。

B. 半固化片选择原则

尽量选择薄织物的 PP 片，如 106、1080、2116，而且针对厚铜叠构要使用高胶量的 PP，一般比正常胶量高 3%～5%。众所周知，薄织物从树脂含量的指标由大到小排序是 106(71%～75%)、1080(61%～70%)、2116(51%～60%)，而由于各 PP 的玻璃布重量也是由小到大，按照真正可提供的胶量(含胶量)由大到小排序则是 2116、1080、106。

具体的胶量计算可依据胶含量的计算公式为

$$RC = (1 - BW/TW) \times 100\%$$

其中，RC 为树脂含量%；BW 为织物(玻璃布)重量；TW 为 PP 上胶后总重量。

另外，胶含量指标固然重要，但是不同织物的填充效果也存在差异，因为多张 PP 叠合后自然会形成"网眼"式结构，这种结构会产生一种上下阻挡效应，进而影响印制板的填胶效果，成为产品"爆板"、"分层"等现象产生的重要因素。

层压配料时尽量选用流胶量多的半固化片，以提供足够的树脂填满线条间隙；层压时高温设置时间延长，使加高压时间比常规板推迟 10～15min，这样做可以使半固化片的流胶更充分，从而减少气泡，增强结合力。

C.　压合

厚铜板的叠构中 PP 较多，需要综合考虑胶水流动和基板滑移问题，设定较合理的升温速率和层压压力提升与降低点。企业可根据压机能力不同，采用不同的工艺控制参数，例如采取的是快升温、提前上大压模式，升温速率控制在 2~3℃/min，最大压力点在 80℃左右。

压合前烘烤压合前的内层芯板都需要进行棕化或黑化处理，棕化后产品也可不进行烘烤，烘干能力完全可以满足需求，而针对厚铜板特别增加了烘烤流程，烘烤的目的主要是赶出水汽，防止最终成品爆板。为改善厚铜填充空旷区的欠压问题，可使用有弹性的 PE 膜或其他覆形材料。一般说来，使用覆形材料的表面"凹陷感"较强，无铜区域的填充效果自然更好。

5）电路板线路制作——蚀刻

大电流（厚铜层）多层印制板的外层图形是通过蚀刻工序制作的，其工艺流程与常规印制板线路制作流程基本一致，差异在于工艺参数。

目前厚铜层基板的铜箔厚度已经由原来的 $34.3\mu m$（1 oz）、$68.6\mu m$（2 oz）增加到 $102.9\mu m$（3 oz）、$137.2\mu m$（4 oz），甚至 $171.5\mu m$（5 oz）、$205.7\mu m$（6 oz）以上。蚀刻过程中，随着蚀刻时间的增加，厚铜箔使得新鲜蚀刻液进入线间蚀刻部位的难度不断提升，蚀刻因子下降，水池效应明显，厚铜基板线路制作是大电流（厚铜层）印制电路板制作的难点之一。

大电流（厚铜层）印制电路板线路制作的特殊性主要体现在以下两个方面。其一，蚀刻形成较深的线间凹槽存在积液效应，蚀刻液也会攻击线路两侧无保护的铜面，造成香菇般的蚀刻缺陷，即残余侧蚀效应。其二，在蚀刻时印制板上下板面的蚀刻液流量不均匀，从而使印制板板面各个部位的蚀刻也不均匀。厚铜板因蚀刻时间很长，这种不均匀性非常明显。解决的常规措施有将蚀刻液控制到最佳范围内、采取多次蚀刻的方式（一次蚀刻不净，将板上下翻转后根据残铜厚度再进行蚀刻）、线宽补偿等。

线宽补偿是指在菲林设计阶段通过增加线宽来抵消侧蚀的影响，其大小与蚀刻因子、铜箔厚度、蚀刻液酸度等具有密切关系，蚀刻时选择密集线路长的方向作为蚀刻方向，可取得更好的蚀刻因子和线路（线形）。

（1）线宽补偿量和蚀刻因子的关系。彭镜辉等选取铜厚 $68.6\mu m$ 的板（通过减薄铜的方式减到 $43\mu m$）等研究表明，当控制蚀刻后收集蚀刻因子在 2.5，3.0，3.5，4.1 这 4 个水平下、制作线宽值为 0.20mm（线宽底部），其蚀刻后蚀刻因子随着线宽的减小而增大，换句话说，即制作线宽的补偿量随着蚀刻因子增大而增大，蚀刻因子 E 和线宽补偿量 C 的经验关系式如下：

$$C = -101.0 + 53.90E - 3.819E^2$$

蚀刻因子最终将达到一个峰值，此时再增加补偿量对蚀刻因子的提升已经没有多大意义。因业界普遍认同的蚀刻因子水准在 ≥3.0 即可，因此，从成本与效率的角度，我们后续只需选择能够令蚀刻因子 ≥3.0 的补偿量即可。

（2）线路补偿量和铜箔厚度的关系。当蚀刻速率一定时，铜箔厚度增加就意味着蚀刻时间增长，侧蚀影响越大，设定的补偿值就应该越大。对于铜箔范围为 30~99 μm，控制在蚀刻因子 ≥3.0、蚀刻线均匀性达标（≥92%）前提下的铜箔厚度 T 和线宽补偿量 C 的经验关系式如下：

$$C = -217.8 + 67.46 \times \ln T$$

菲林内的线都是孤立线，因此该公式适用于孤立线线宽的补偿，可作为设计酸性蚀刻减成法不同铜厚板的菲林线宽补偿的依据。关于公式的应用，对于密集位，则需要考虑到不同线蚀刻环境的差异导致的蚀刻量差异。

（3）线宽补偿量与线间距的关系。线间距增大，就意味着需要蚀刻的铜量增大，根据化学反应基本原理，蚀刻时间就相应增加，线宽补偿量也需要增加。对于铜箔为 $43\mu m$ 厚的基板，固定蚀刻因子 $\geqslant 3.0$，线宽补偿量 C 与线间距 S 之间的补偿经验公式为

$$C = -0.2750 + 0.1025 \times S - 0.002576 \times S^2$$

该公式可扩展到 $40\sim55\mu m$ 铜厚水平应用。

6）阻焊涂覆

对于厚铜箔印制板来说，网印阻焊涂覆是最难控制的工序，因为厚铜箔印制板的阻焊层也厚，操作时很难做到阻焊均匀一致。通常由于阻焊影响印制板外观的缺陷有：导线和基材上阻焊厚度相差较大而产生色差、基材与厚铜箔间的阻焊气泡、厚铜箔导线上阻焊厚度不够等。影响网印阻焊质量的因素主要有刮板选择、丝网种类、印刷方式选择、网印次数等。

（1）刮板选择。刮板是将油墨网印到印制板上的一种操作工具，选择合适的刮板及合理使用刮板，对网印阻焊的品质起直接作用。由于厚铜箔印制板的导线很高，因此应选择硬度偏低一些的刮板，因为硬度越低，刮刀下"油"越多，油墨填充越充分。建议使用 $65°\sim70°$ 肖氏硬度的刮板。

（2）丝网选择。通常丝网的种类有尼龙、聚酯、不锈钢、塑料等。一般来说，厚铜板对丝网的弹性和透墨性有很高的要求。尼龙网的弹性最好，但尺寸稳定性和抗张强度一般，聚酯网的抗张强度和尺寸稳定性比尼龙网性能好但弹性差一些，而目数越低，下"油"越多。因此，对厚铜板应选择 $36\sim49T$ 的尼龙丝网。

（3）印刷方式选择。印刷方式选择以印出质量好、外观完美的印制板为前提。对于厚铜板印刷，为了避免油墨上焊盘或进入孔内，对批量板采用 $36\sim49T$ 网并制作孔径加补偿的挡点网进行印刷。

（4）网印阻焊生产流程的选择。由于厚铜板生产工艺受铜箔厚度、图形分布、工作环境的影响较大，因此工艺流程也有严格要求，每批次生产前必须做首件，以确定具体生产参数。具体工艺流程为：基板前处理→TOP 面印刷→水平静置→预烘→BOT 面印刷→水平静置→预烘→曝光、显影→高温分段烘烤→阻焊工序检验。

对于厚铜箔批量板，除按上面步骤严格操作外，在印刷时须采用对位印刷，而且要用 $36\sim49T$ 网制作 TOP 和 BOT 阻焊挡点网 2 个，挡点大小等于补偿后的孔径，以防止油墨上焊盘或进入孔内。印刷角度的选择以易印刷、油墨进孔少为原则，如果一次印刷完成后，还有跳印现象，可把板旋转 $180°$ 印刷第二次。对于 3oz 以上的板，静置和烘板时应水平放置，以防垂流。最后要做好阻焊工序的检验，除常规阻焊检验外，还需要增加以下检验项目：线路间有无明显褶皱、气泡，线路边缘有无发白或发红，阻焊结合力检验等。

7)热风整平

由于铜箔受热易膨胀，而铜箔厚度的增加加大了其受热膨胀，因此厚铜板对基材的应力比普通印制板要大得多。为了降低这种应力，建议采取以下措施：

(1)热风整平前对印制板进行预烘，使印制板逐渐受热，避免骤热，预烘温度(120±5)℃，40~45min。

(2)对于3oz或以上的板，阻焊高温烘烤与热风整平的间隔时间不超过4h。阻焊高温烘烤后4h内没有热风整平的板必须重新烘烤，烘烤参数：(120±5)℃，40~45min。

8)厚铜板质量检测

厚铜板制作出来后，为了了解其性能是否符合国家标准，必须采取一定的方法检测。最常见的检测方法有热冲击实验、金相切片分析等。

(1)热冲击实验。把成品板放在(288±5)℃的温度中，浸锡10~11s，重复3次。观察有无内层分离、孔壁铜层剥离、阻焊脱落等现象发生。

(2)金相切片分析。对经过热冲击的厚铜板取样进行金相切片分析。除观察有无缺陷外，还必须重点观察以下特征：各层铜箔厚度、板面铜箔厚度均匀性、孔壁粗糙度、层间不重合度、层间厚度均匀性等。下面给出了在同样放大50×物镜的显微镜下，厚铜板铜厚与普通印制板铜厚的区别(图3-22)

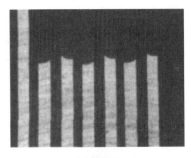
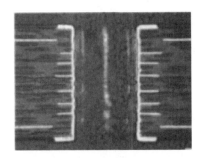

(a)厚铜板   (b)普通板

图3-22   厚铜板铜厚与普通印制板铜厚的区别

3.4.4   大电流(厚铜层)埋/盲孔多层板制造技术

随着电子信息技术快速发展，使电子设备呈现出多样化特征，带动了PCB产品的多样化。在智能功率电子产品、复杂电源系统，采用具有厚铜、埋/盲孔等特性的多层PCB产品成为一种趋势，其制造技术受到人们广泛关注。由于表铜较厚，在钻孔/层压/蚀刻/阻焊等制程均有区别于普通PCB加工的工艺控制和难点，且随着布线密度的增加，厚铜板采用盲埋孔设计工艺的比例也越来越高，这进一步加大了工艺加工难度。

厚铜层埋/盲孔多层板每层铜箔厚度要求≥105μm以上，应用该类产品可获得的优势有：元器件高密度集成，使PCB设计向厚铜箔埋/盲孔多层印制板发展；厚铜箔起到通过大电流和散热作用；埋/盲孔的设计，极大地缩小了整机或电气装置的体积；极大地提高了印制板的效率，或同样效率可缩小体积1/2。厚铜箔/盲孔多层板的效率可以达到90%。

1. 厚铜箔埋/盲孔多层板制造基本工艺流程

厚铜箔埋/盲孔多层板制造工艺流程与常规埋/盲孔多层印制板工艺流程相似,即先制作芯层然后制作外层,其工艺流程图如图 3-23 所示。

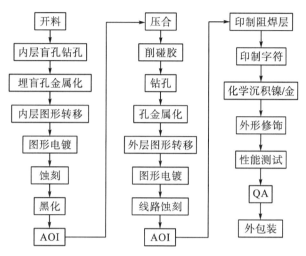

图 3-23　厚铜箔埋/盲孔多层板制造基本工艺流程图

在厚铜箔埋/盲孔多层板中其孔有四种类型,即元件孔:这是 PTH 孔(金属化孔,镀覆孔),此孔作元件焊接和电气互连,孔穿过印制板两个外层;导通孔:这是小孔,孔径<ϕ0.6mm,孔内不插元件引脚;PTH 插孔,仅起电气导通作用;盲孔:此孔是 PTH 孔,孔径<ϕ0.6mm,连接多层板(≥2 层)导体层,此孔仅延伸至一个外层。埋孔:此孔是 PTH 孔,孔径<<ϕ0.6mm,连接多层板(≥2 层)导体层,不会延伸到外层。

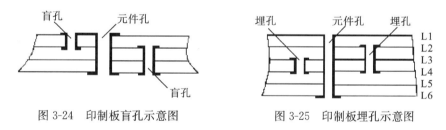

图 3-24　印制板盲孔示意图　　　　　　图 3-25　印制板埋孔示意图

2. 厚铜箔埋/盲孔多层板制造技术要点

以 10 层印制板要求总厚度为 2.95mm、每层铜层厚度要求 175μm 为例。

1)厚铜箔埋/盲孔多层板制作工程设计

A. 基板等材料选择

内层基片选择。10 层的总厚度为 2.95mm,而每层铜层厚度要求 175μm,则 10 层铜的总厚度为 1.75mm,则余下的芯材和半固化片总厚度仅为 2.95-1.75=1.20mm。因为 L1 和 L10 都有盲孔,只能用 5 张内层芯板制作,因此只能采用 0.10mm(不计铜箔厚度)的内层芯材厚度。

层间半固化片选择。L2L3、L4L5、L6L7 和 L8L9 之间需用半固化片,其总的半固化片厚度为：2.95(板总厚)－1.75(10 层铜总厚)－0.5(5 层内层芯材总厚)＝0.7mm。也就是说，从理论上层间半固化片层压后厚度仅允许 0.70/4＝0.18mm。

每层铜层厚度为 175μm，层间半固化片需采用 4～5 张最薄的半固化片才能填满每层厚铜的空隙。合格的成品板测试的结果，无论是芯材、层间半固化片层，压后的介质厚度总处于 0.105～0.120mm。

芯板起始铜箔选择。基于所有的孔(元件孔、埋/盲孔)的孔内铜层厚度均要求≥80μm。因此，芯板的覆铜层厚度应选 70μm。这样，生产过程中孔内和表面都应通过电镀铜加厚，使孔内铜层厚度达到 80～100μm，而线路铜层厚度又增加 100μm，加上基板的铜层厚度 70μm(实际厚度为 60～65μm)就可达到 165μm。

B. 线宽的加放补偿

如果光绘线宽是 0.35mm，而线路铜层厚度要求 165μm，因此加工的线路底片的线宽必须大大放宽，才能抵消侧蚀的损失。线宽的放大量需根据工艺水平和实践数据总结得出，通常需放大到 0.50～0.55mm。当然，还得考虑放大后对线间距的影响，线间距至少要保持在 0.12～0.15mm 以上。

C. 定位

如果采用铜销钉铆合 5 片芯板，应加几个(如 8 个、12 个等)φ3.175mm 铜钉。同时，在板边设置若干个埋/盲孔芯板的对位孔。实践表明，销钉加得少，会在层压过程中产生层间滑移，钻孔和蚀刻后发现 10 层的孔对位是偏的，导通孔和盲孔受到破坏。

D. 拼板尺寸及工艺途径的考虑

拼板尺寸越大，越要考虑层压后的伸缩尺寸，底片的伸缩尺寸应与之相吻合。拼板后尺寸太小，则效率低。另外，由于既有埋/盲孔，又有元件孔，设计需要精确考虑钻孔带和铣外形带的数量。

E. 印制板加工的工艺边设计

内层板流胶盘尽量多些，以使层压时流胶顺畅。流胶盘设计得不合理会影响到层压后气泡排不出来、分层。层间定位偏差的设计，要求考虑到层压前后芯板的半固化片的缩放系数，做到蚀刻后能肉眼看到各层定位的偏差。拼板板边余留尽量大一些宽度，例如 25mm 以上，以使板边铜中间的电镀铜层厚度偏差不要太大。

2)厚铜埋/盲孔多层板的带埋孔芯板制作

制作工艺流程为：下料→埋孔钻孔→埋孔芯板镀铜→全板镀铜→内层光成像→内层镀锡→内层蚀刻→内层 AOI→内层棕化→层压。

技术要点：

(1)内层芯板厚 0.1mm(不算铜层厚度)，表面铜层厚度 70μm，需用 L3L4，L5L6，L7L8 三张芯片。

(2)全板电镀一次性达到表面铜层总厚(175μm)，埋孔内铜层厚度到达 80μm。

(3)内层芯板线路必须加宽，加宽多少由实际情况确定。

(4)L3L4，L5L6，L7L8 需分别编出三条钻孔磁带，分别钻孔，钻孔直径的放大量需做计算。

3)厚铜埋/盲孔多层板的带盲孔芯板制作

制作工艺流程(填铜)为：下料→盲孔钻孔→盲孔芯板镀铜→全板电镀→内层板光成

像→内层板图形镀锡→内层板蚀刻→内层 AOI→内层棕化→层压。

技术要点：

(1)内层基板厚 0.1mm(不算铜层厚度)，表面铜层厚度 $70\mu m$，共需下料两张芯板，L1L2，L9L10。

(2)盲孔钻孔需编出 L1L2，L9L10 两条磁带，钻孔直径的放大量要计算。

(3)全板电镀一次性达到表面铜层厚度($175\mu m$)，盲孔内铜层厚度达到 $80\mu m$。

(4)光成像时，对 L1 和 L10(第 1 和第 10 层)的底片需特别制作，露出需电镀的孔，其余部分保护起来不电镀。

(5)内层板蚀刻时仅蚀刻 L2 和 L9(第 2 和第 9 层)的图形，而 L1 和 L10 仅蚀刻出靶位孔，销钉孔，AOI 标记孔。

4)层压、图形转移、线路制作等后工序

在埋孔芯板和盲孔芯板制作完成后，通过层压及其以后的工序制作多层板。

工艺流程是：层压→铣边框→打靶机钻出定位孔→钻孔→化学沉铜→全板电镀→光成像→图形电镀→蚀刻→检查→阻焊→字符→热风整平→铣 V 形槽→铣外形→电性能测试→成品检查。

层压、图形转移、线路制作等后工序的技术要点：

(1)层压。需使用真空层压机，因为每层铜箔很厚，半固化片宜用高含胶量，每层至少要放 4 张以上最薄的半固化片(每张厚 0.05～0.06mm)。控制升温速率，注意控制流胶量，层压后板四周应有多余的流胶。建议叠层时尽量多加销钉，以防层压时内层滑移。层压后务必认真检测多层板厚度，必须小于 2.8mm(成品板厚度要求(2.95±0.15)mm)。层压后按传统工艺烤板除应力。层压后应削胶、铣去多余的毛糙周边等。

(2)钻通孔。按传统工艺钻出 10 层板的通孔。钻孔直径基于通孔内铜层厚度($80\mu m$)，需考虑放大量。

(3)全板电镀过程。L1L10 应镀到所要求的表面铜层厚度($175\mu m$)和孔内铜层厚度($80\mu m$)，镀后应作微切片检测孔内和表面铜层的实际厚度。使用脉冲电镀或低电流长周期作全板镀。

(4)图形转移。考虑到侧蚀，其线宽应设计补偿值，如要求成品板线宽为 0.35mm，可将底片线宽放大到 0.50mm。线宽补偿值与蚀刻因子、铜箔厚度、线间距等有关，具体放大数据由实际情况作决定。

(5)图形电镀。图形电镀锡层，作为蚀刻的抗蚀层。

(6)碱性蚀刻。蚀刻后测线宽、间距。蚀刻后此板若有气泡、白斑，则产品报废。

(7)印制阻焊层。由于作为电路板的铜层厚，若加上电镀铜层厚度不均匀，板周边和中间铜层厚度差别大，会造成印制阻焊层困难。可考虑使用多个网板、多次印制油墨等措施，以获得均匀一致漂亮的绿色外观。对于 10 层厚铜埋/盲孔印制电路板，线路上和线拐角的阻焊层厚度≥$8\mu m$，而基材上的阻焊层厚度至少达到 $170\mu m$。

(8)热风整平与外形修饰。孔拐角的 Pb-Sn(或 Sn)层厚度为 1～$3\mu m$，而孔内最厚约为 $5\mu m$。铣外形的工艺规范与常规印制板传统工艺类似，其外形尺寸公差要求±0.10mm。

5)性能测试与成品检查

测试内容包括：

(1)通断电性能及耐高压测试。高压 1500V(DC)，通断电性能合格率≥80％为正常。

(2)平整度检查。翘曲度检测应小于 0.7％。

(3)成品基本技术参数测试。使用金相微切片，测元件孔、埋孔、盲孔铜层厚度；测每一内层、外层线路铜层厚度；测阻焊剂厚度；测每一个介质层厚度；测板总厚度、线宽、间距等。

(4)热冲击测试。作 288℃/10s 热冲击，无分层剥离。

(5)外观无白斑、气泡；阻焊层均匀一致；外形、孔径、槽孔符合客户图纸要求。

习　　题

1. 简述特种印制电路板含义及其常规印制电路板的共同点与差异。

2. 金属基板有哪些特点？其制造工艺与有机质基板有何不同？

3. 简述金属基印制电路板的应用领域与优势。

4. 简述金属基板有哪些种类。简述单面金属基印制电路板、双面铝基印制电路板的工艺过程。

5. 简述陶瓷基印制电路板制造基本方法与特点。

6. 简述铝基印制电路板制造技术的特殊性。

7. 采用陶瓷基板制作印制电路板的工艺流程有哪些种类？薄膜制程与厚膜制程有何不同？

8. 简述厚铜箔埋/盲孔多层板制造工艺过程、制造技术要点。

9. 金属基印制电路板热性能测试方法有哪些？各方法测试的原理是什么？

10. 何谓大电流(厚铜层)印制电路板？其制造技术与规模印制电路板有何差异？简述其应用领域。

11. 与常规印制电路板相比，厚铜层印制电路板有何技术优势？

12. 简述陶瓷基印制电路板材料的分类方法及常见陶瓷基印制电路板材料基本性能、优点与缺点、应用领域等。

13. 某工程师拟选用铜厚为 $68.6\mu m$ 的基板通过蚀刻法制作线宽 $200\mu m$ 的电子线路，请计算当控制线路蚀刻因子为 2.5、3.0、3.5、4.0 这 4 个水平时，其制作线宽的补偿量应控制在何值？根据计算结果您可以获得何种结论？

14. 单面铁基印制电路板的制造工艺流程，该流程与单面铝基印制电路板的制作工艺流程有何差异？

15. 在实验室中采用恒功率方案测试两个铝基板的热阻，其实验数据为：输入电压 36V，输入电流 2.5A；输出电压 5.0V；输出电流 20A。两个试样模块温度分别是 85℃、95℃，散热器温度 80℃、86℃，请计算出两个试样的热阻。

16. 通过本章的学习，您认为未来特种印制电路板制造技术的发展方向有哪些？

第4章 高频印制电路技术

21世纪是信息的时代，随着信息处理量的日益增加，对电子产品的信息处理能力及信息传输速度提出了越来越高的要求。在高频通信、高速传输和通信高保密性的趋势下，要实现传输信号的低损耗、低延迟，必须选用低 D_k/D_f、耐高温的高频材料，以满足高频板的运作环境要求。与普通多层板相比，高频印制电路板也有其特殊的制造工艺技术。本章将介绍高频印制板的特殊性能要求、所需要的特殊覆铜板材料及高频印制板的制造工艺技术，特别是埋嵌铜块技术和高低频材料复合混压技术。

4.1 高频印制电路板概述

4.1.1 高频印制电路板简介

在通信和广播领域利用电波发送各种信息，电波的频率越高，信息的容量就越大，如表4-1所示。近年来随着信息产业的飞速发展，要求传输信号的频率不断提高，甚至进入甚高频、超高频领域。高频 PCB 是通信技术向高速高频化方向发展的必然产物之一，要求所传输的高频信号具有大容量、低延时、低损耗、实时性等特点。

表 4-1 电波频段的划分标准

频率	波长	名称	英文名	备注
3THz~300GHz	0.1~1mm	亚毫米波	—	
300~30GHz	1mm~1cm	毫米波	EHF	
30~3GHz	1~10cm	厘米波	SHF	
3GHz~300MHz	10cm~1m	分米波	UHF	
300~30MHz	1~10m	米波	VHF	信息容量依次减小
30~3MHz	10~100m	短波	HF	
3MHz~300kHz	100m~1km	中波	MF	
300~30kHz	1~10km	长波	LF	
30~3kHz	10~100km	甚长波	VLF	

如表4-1所示，按照波段划分标准，波长在短波及以上的波段都属于高频范围，但是由于信息技术不断向更高频率迈进，目前所述的高频一般指频率为 GHz 及以上的波段。

高频 PCB 顾名思义是指具有高频信号传输特征的 PCB。要赋予 PCB 高频化特征，主要通过两个方面的技术途径。

　　增加 PCB 布线密度，如减小线宽/线距、减小孔径、减小铜箔、电介质层厚度等。该途径试图通过缩短信号总传输路径从而减少信号传输损失。

　　采用具有高频特性的 PCB 用基板，即采用具有优良高频介电特征的基板材料，如低介电常数、低损耗因子的 PCB 板材。

　　以上两种途径目前均有使用，但随着电子产品小型化发展的趋势，目前 PCB 布线密度已遇瓶颈，加上高布线密度会使基板材料绝缘可靠性下降，因此通过采用具有高频特性的板材来实现 PCB 高频化已突出到更加重要的位置。对 PCB 基板材料的深入研究，不但有助于提高基板材料介电性能，使其具有高频信号传输特征，而且还可掌握材料的耐热性、加工性和成形性等方面的特性。

4.1.2　高频对 PCB 基板材料的特性要求

　　高频 PCB 用基板材料需要具有以下几个特征：

　　(1)低介电常数 ε。介电常数 ε 是材料储存电能大小的量度，ε 大表示基板材料对传输能量的储电能力强，信号在材料内传输时存储的时间长，损失大；反之，ε 小表示基板材料对传输能量的储电能力小，信号在材料内传输时滞留时间小、信号损失小。根据式(4-1)所示，ε 越小，信号传输速率 V 越大。

$$V \propto C\sqrt{\varepsilon} \tag{4-1}$$

　　(2)低损耗因子 $\tan\delta$。损耗因子 $\tan\delta$ 是指信号在电介质材料中传输时所消耗的程度。损耗因子越小，信号在传输过程中的衰减越慢，信号到达目的地时越完整、质量越高；反之，损耗因子越大，信号衰减越快，信号到达目的地时完整性越差，质量越差。损耗因子 $\tan\delta$ 与信号传输衰减率的关系式为

$$\alpha \propto \sqrt{\varepsilon}f\tan\delta \tag{4-2}$$

　　(3)稳定的特性阻抗 Z_0。高频 PCB 对传输线特性阻抗的控制要求更加严格，由式(4-3)可知，要求传输线线宽 W 制作更加精细准确，绝缘层 h 更薄，同时要求介电常数 ε 和损耗因子 $\tan\delta$ 在温湿度变化下仍然具有良好的稳定性。

$$Z_0 = \frac{60}{\sqrt{\varepsilon}}\ln\left[\frac{4h}{\pi W}\right] \tag{4-3}$$

　　(4)低吸水性。由于水分子是高极性分子，材料吸水后会使其介电常数 ε 变大，使其信号损失增加，因此实现高频信号、低损失低延时传输需要低吸水性的电介质材料。

　　此外，高频 PCB 同其他 PCB 一样，对材料玻璃态转化温度和热分解温度也有较高的要求。

　　在选择高频 PCB 用基板材料时需要综合考虑各种特性，理想的高频 PCB 材料是以上性能的综合，其中低介电常数 ε 和低损耗因子 $\tan\delta$ 是高频 PCB 材料的主要特性。

4.1.3　高频 PCB 常用覆铜板

　　PCB 用覆铜板材料由高分子树脂为电介质层和铜箔为导电层组成的基板材料，其中高分子树脂分为热固性树脂和热塑性树脂。

　　热固性树脂是指在加热加压等外界条件下进行化学反应交联固化成为不溶不熔物质的一大类合成树脂。现 PCB 用热固化树脂体系主要有环氧树脂(EP)、双马来酰亚胺

（BMI）、氰酸酯树脂（CE）。

热塑性树脂是指一类受热软化、冷却硬化而不起化学反应的树脂体系，包括全部的聚合树脂和部分缩合树脂。现在 PCB 用热塑性树脂体系主要有聚苯醚树脂（PPO 或 PPE）、聚四氟乙烯（PTFE）、PI。

二者的区别在于：热固性树脂分子结构为体型，固化反应不可逆，经固化后的树脂再加热加压时不能再软化或流动，温度过高则分解或碳化。热塑性树脂分子结构均属线性，无论加热加压多少次均能保持原有特性。

每种树脂体系各有优缺点，基板材料为达到优良的整体性能，PCB 基板电介质层常采用一种树脂体系为主并利用其他体系进行改性而成的复合树脂体系。

1. 环氧树脂类

环氧树脂（epoxy，EP）泛指分子中含有两个或两个以上环氧基团的有机高分子化合物，其中环氧基团可位于分子链末端、中间或成环状结构。图 4-1 所示为简单的环氧树脂分子式。

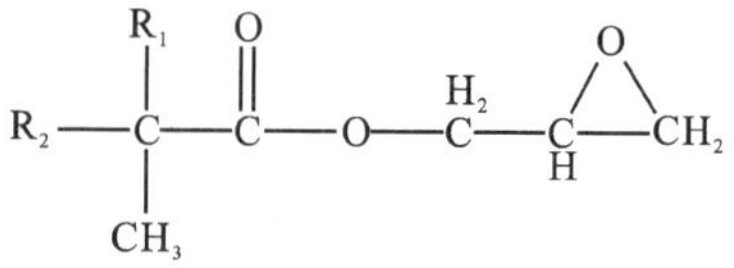

图 4-1　所示为简单的环氧树脂分子式

如图 4-1 所示，分子结构中含有活泼的环氧基团，故可与多种类型的固化剂发生交联反应，形成不溶的三向网状结构高聚物，其中用量最大的环氧树脂 EP 基板为 FR-4 型覆铜板。

环氧树脂 EP 作为 PCB 用基板材料所具有的优缺点如下：

优点：成本低、可加工性好、耐热性好、化学稳定性高、尺寸稳定性高、与铜箔的附着力良好。

缺点：耐湿性差、介电常数大、损耗因子大、线膨胀系数高、阻燃性差。

综上所述，由于环氧树脂 EP 分子极性大，故以此合成的电介质材料介电常数 ε 及损耗因子 $\tan\delta$ 均较大，因此未经改性的环氧树脂 EP 不适用于高频电路。目前环氧树脂 EP 改性制备高频基板的方法主要有以下几种：

（1）增加支链数，增大材料的自由体积，降低极性基团的浓度。该方法由于降低了极性基团的浓度，故牺牲了其与铜箔间的黏结强度，同时使其 T_g 下降。

（2）加入双链结构，使树脂分子不易旋转。该方法通过固定分子旋转键使其介电性能和耐高温性得到提高。

（3）引入占有体积空间较大的基团或高分子非极性树脂等方法，例如，在 EP 中加入线性酚醛树脂或多酚化合物，不但减小了材料的介电常数，而且还提高了树脂固化后的耐热性。

（4）尝试使用不同的添加剂，试图在降低介电常数的同时改善其吸水性。

通过以上改性后的 EP 可用于高频电路，目前主要的几类改性 EP 有聚苯醚改性环氧树脂、氰酸酯改性环氧树脂、线性酚醛改性环氧树脂及其他改性环氧树脂。

其中图 4-2 为聚苯醚改性 EP 的反应式。研究表明，利用氰酸酯改性 EP 使分子结构中羟基、胺基等极性基团大大减少，从而显著提高了材料的介电性能和耐湿耐热性能。对于线性酚醛改性 EP，由于线性酚醛树脂含有大量极性小、体积大的基团，改性后可改善 EP 的介电性能。

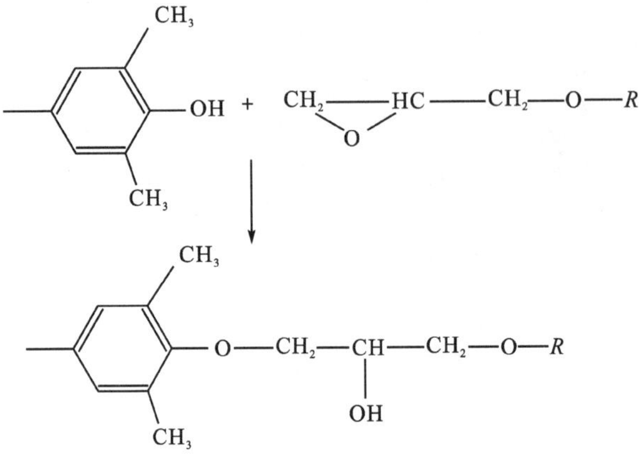

图 4-2　聚苯醚改性 EP 的反应式

2. 双马来酰亚胺

双马来酰亚胺(bismaleimide，BMI)是由 PI 体系派生而来的含有活泼双键的一类树脂，最常用的为 4-4-双马来酰亚胺二甲烷。如图 4-3 所示为 BMI 的分子通式。该树脂是一种性能优良的耐高温热固性树脂，能在较宽的温度范围内保持较高的物理机械性能。

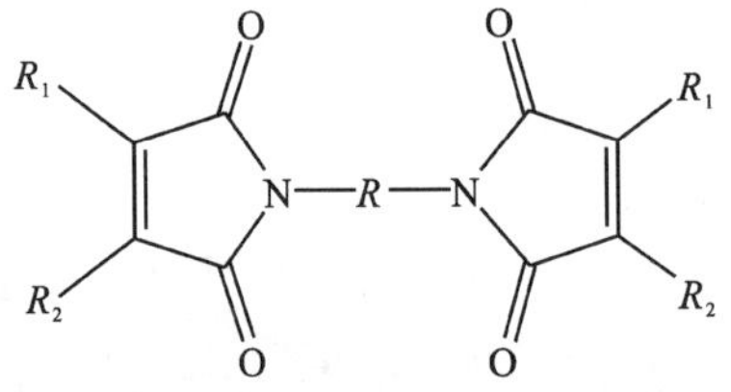

图 4-3　所示为 BMI 的分子通式

由于分子具有较高的刚性和玻璃态转化温度 T_g，在较宽的范围内其偶极损耗小，电性能十分优良，具有低介电常数 ε、低损耗因子 $\tan\delta$ 及大体积电阻等特点。此外，由于该树脂体系是由 PI 体系派生而来，因此除了具有合成工艺简单、成本低、成型温度低、固化时无低分子物质析出等特点外，还具有 PI 树脂体系的固有特性。

综上所述，双马来酰亚胺 BMI 由于其优良的电性能、耐热性、耐水性、耐化学腐蚀性等特点，在高性能覆铜板中有着广泛的使用。即便如此，未经改性的 BMI 存在熔点高、溶解性差、固化脆性大、与铜箔附着力差等缺点。

在双马来酰亚胺 BMI 的众多缺点中，"脆性"是阻碍 BMI 走向使用化的一个最关键因素，因此 BMI 的改性主要针对"脆性"而言。其改性方法如下：

(1)与烯丙基苯基化合物共聚(APC)。该技术是目前增韧方法中最成熟的一种。该体系的特点是预聚物稳定、易溶、黏附性好、固化物坚韧、耐湿热，并具有良好的电性能和力学性能。

（2）新型 BMI 单体合成。BMI 增韧差是由于基团间距短及固化交联密度高所致的，因此在保持原有 BMI 耐热性高的前提下，设法延长其基团间距、适当增加链的自旋与柔韧性、减少单位体积中反应基团的数目、降低交联密度，从而达到改善 BMI 热性的目的。此外，尝试引入键能高且柔韧性大的基团或链节，使 BMI 韧性、耐热性得到更好的统一。

（3）与芳胺的外扩链方法。BMI 与芳胺通过 Michael 加成链反应获得韧性树脂，是 BMI 增韧最早的一种方法，该方法由于提高韧性有限且所得预聚体工艺性差而很少单独使用。

（4）热塑性树脂（TP）改性。采用端基带有活性反应基团的 TP 与 BMI 发生共聚反应，使 TP 与 BMI 以化学键相连并形成巨大的交联网络，从而获得韧性、耐热性、加工性俱佳的改性 BMI 体系。

（5）热固性树脂共聚改性。该方法的典型实例是氰酸酯与 BMI 共聚而得的 BT 树脂，具体特性后续详解。

（6）刚性粒子改性。该方法中刚性粒子的种类、尺寸、用量及其表面处理方法是影响改性体系韧性的重要因素。刚性粒子的种类分为有机刚性粒子和无机刚性粒子，其中前者发展了液晶环氧对 BMI 的改性，通过液晶活性端基于 BMI 共聚产生交联，在网络中形成微纤来提高 BMI 的冲击强度；后者中纳米粒子的增韧效果较其他无机刚性粒子对 BMI 的改性显著。目前用于 BMI 改性的无机刚性粒子主要包括黏土、碳纳米管、氮化硅、纳米二氧化钛、无机晶须等。

3. 氰酸酯树脂

氰酸酯树脂（cyanate ester，CE）是指含有两个或两个以上氰酸酯官能团的新型热固性树脂，目前以双酚 A 型氰酸酯树脂的应用最为广泛。CE 在加热和催化作用下，可交联得到一种含三嗪环网状结构的聚合物，其反应机理如图 4-4 所示。

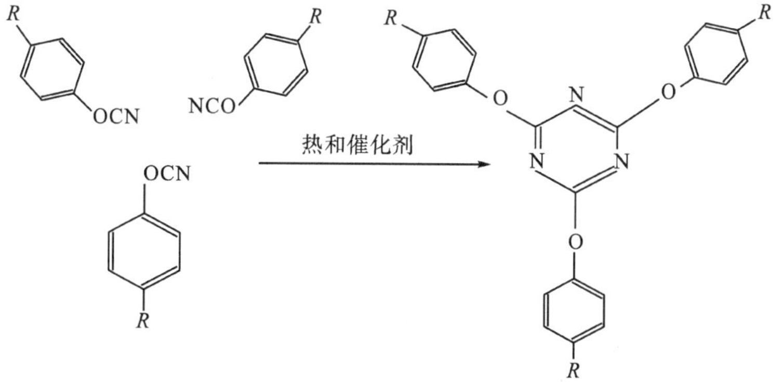

图 4-4　CE 交联机理

由于三嗪环网络结构使整个大分子形成一个共振结构，该结构使氰酸酯在电磁场作用下表现出极低的介电常数 ε 和介电损耗 $\tan\delta$，而且当频率发生变化时，这种分子对极化松弛不敏感，因而其使用的频率范围较宽。同时氰酸酯树脂具有较好的力学性能，特别是大量的连接苯环和三嗪环之间醚键的存在，使其具有良好的抗冲击性能。

总体来说，氰酸酯树脂 CE 具有低介电常数、低损耗因子、高耐热性、低吸湿率、小膨胀系数、力学性能优良、黏结性好等优点，同时也具有如下缺点：固化成型温度较高、加工工艺复杂、成本高、脆性大等。

4. 聚苯醚树脂

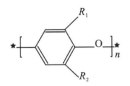

图 4-5　聚苯醚化学分子式

聚苯醚（polyphenylene oxide，PPO）是由 2,6-二甲基苯酚经氧化偶合反应缩聚而成，化学名为聚 2,6-二甲基-1,4-苯醚，是一类耐高温的热塑性树脂，其化学分子式如图 4-5 所示。

PPO 最大的特点是在长期负荷下仍具有优良的尺寸稳定性和突出的绝缘性，还具有低介电常数、低损耗因子、高玻璃态转化温度、低吸水性、耐酸碱性等特点。即便如此，将 PPO 直接用作基板材料具有以下缺点：熔融黏度高，难于加工成型；耐芳香烃及卤代烃等溶剂性差，清洗时易造成导线附着力下降；熔点与 T_g 相近，难于承受锡焊等操作温度。

目前对聚苯醚 PPO 改性的基本原理为，将热塑性聚苯醚树脂改性成可交联的热固性聚苯醚树脂。聚苯醚 PPO 热固性改性可分为两大类：

(1)采用分子设计技术，通过化学接枝改性在聚苯醚的主链上引入含有碳碳双键或三键的非极性可交联基团。

(2)通过共混改性或互穿网络（IPN）技术引入其他的热固性树脂，形成相容共混的热固性 PPO 树脂体系，具体有聚烯烃改性、环氧树脂改性、氰酸酯树脂改性、BT 树脂改性、烯丙基化改性。

其中比较典型的改性技术有烯丙基化改性 PPO 和 IPN 技术。烯丙基化改性 PPO 是通过溶液接枝来实现的。该技术的关键问题是控制 PPO 中烯丙基的接枝率，接枝率的大小直接影响到改性 PPO 的多种性能。烯丙基改性为加成反应，产物没有气体或水等，使得改性 PPO 无气泡等缺陷。IPN 技术即指 PPO/EP 互穿聚合物网络树脂，该技术主要通过以下途径。

为提高 PPO 与 EP 的相容性，首先要对 PPO 进行熔融接枝改性。PPO 与不饱和羧酸或酸酐在引发剂存下，250~300℃经熔融共混，制备出预官能化的 PPO。再将预官能化的 PPO 乙烯类树脂，多环氧组合物溶解在甲苯溶剂中，在适当加热的条件下配制成胶液。

通过控制适当的固化反应条件，使 PPO 与 EP 同时分别以相同的反应速度固化交联，形成两两相互贯穿的聚合物网络。

经热固化后的 PPO 基板具有优良的介电性能、突出的耐热性和耐溶剂性，且质量轻、涨缩系数小、尺寸稳定性好及耐离子迁移。具体来说，其电性能和耐热性均优于FR-4，且电性能优于 BMI，耐热性与 BMI 相当。其信号传播速度比 EP 高出 20%~30%，其质量是 FR-4 的 85%，是 PTFE 的 70%，其价格均小于 BMI 和 CE。涨缩系数均小于 PTFE。在 1~12Hz 范围内使用的热固性 PPO 电性能仅次于 PTFE，特别是 1~

4Hz 范围内与 PTFE 的传输损失基本相同，可以取代昂贵的 PTFE。此外，其吸湿率为 FR-4 的 1/3 倍。

5. 聚四氟乙烯（polytetrafluoroethylene，PTFE）

PTFE 是一种由四氟乙烯聚合而成的高分子聚合物，其分子结构如图 4-6 所示。主链由碳碳单键构成，所有侧链都为氟原子所取代。

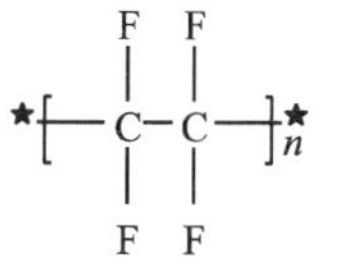

图 4-6　PTFE 分子结构

因其完美的对称性及碳氢键的高键能，PTFE 表现出极低的介电常数和损耗因子，并且在很宽的频率和温度范围内均保持不变。分子结构的非极性还使其具有低吸水性和高耐热性，耐化学腐蚀性等，非常适合作为高频电路基板材料。

目前所使用的各类高频基板材料中，仅从介电常数、损耗因子、吸水率和频率特性考虑时，PTFE 毫无疑问被认为是最佳选择，而且当产品应用频率高于 10GHz 时，只有氟系树脂的基板才适合。但其缺点也很显著，如价格高、刚性差难以加工、热碰撞系数较大、与铜箔黏结性差、孔金属化困难等。

6. 聚酰亚胺

聚酰亚胺（polyimide，PI）是一类分子结构含有 PI 基链节的芳杂环高分子化合物，其分子式如图 4-7 所示，因其在性能和合成方面的突出特点被认为是"没有聚酰亚胺就没有今天的微电子"。

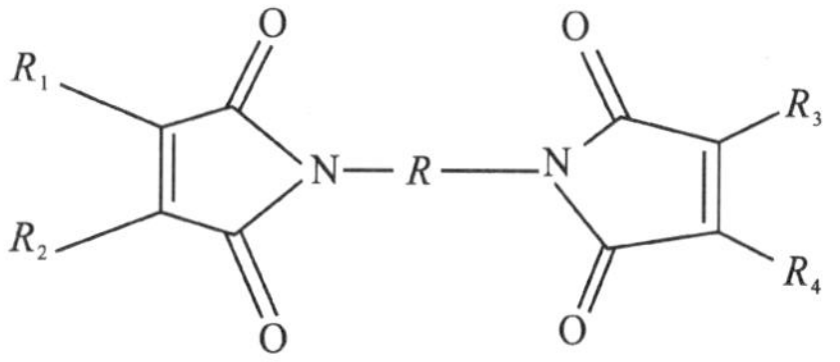

PI 可分为缩聚型和加聚型两类。缩聚型 PI 在合成期间因有挥发物放出，易在复合材料中产生孔

图 4-7　聚酰亚胺分子式

隙，因此较少用于复合材料的主体树脂。加聚型树脂是为这些缺点而开发的，主要有聚双马来酰亚胺和降冰片烯基封端 PI。PI 是目前工程塑料中耐热性最好的品种之一，可长期承受 200～400℃的高温，另外介电性能、力学性能、耐化学药品和尺寸稳定性均很好，但其缺点是吸水率大、膨胀系数大、成型温度高等。

图 4-8　BT 反应式

7. 双马来酰亚胺三嗪

双马来酰亚胺三嗪（BT）是由带有氰酸酯官能团的氰酸酯树脂 CE 和双马来酰亚胺 BMI 在 170～240℃下进行共聚反应所得到的树脂，其反应式如图 4-8 所示。

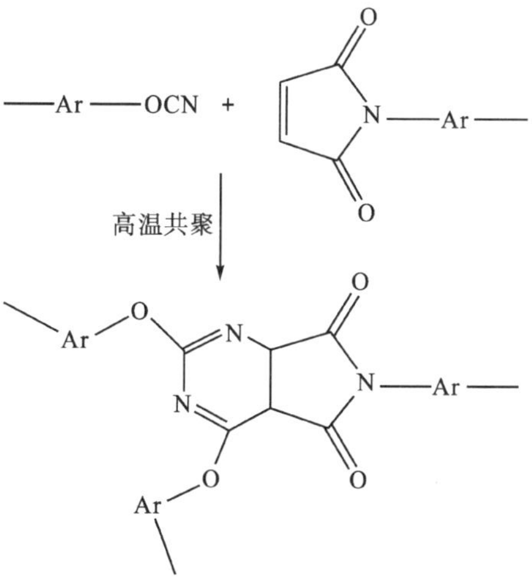

双马来酰亚胺三嗪 BT 树脂不但提高了 BMI 的抗冲击性能、介电性能和工艺操作性能，同时也改善了 CE 的耐水解性和固化过程的操作性能。该树脂具有优良的介电性能、耐金属离子迁移性、吸湿后仍保持优良的绝缘性、耐化学腐蚀性、尺寸稳定性高等优点。根据调查表明，BT 基板销售额仅次于 FR-4 板材，在制造高性能高

频用 PCB 中得到越来越多的应用，但作为 PCB 基板材料的 BT 树脂，绝大多数还需要进行改性。常用的改性剂有环氧树脂、丙烯基化合物、具有优良电性能的热塑性树脂等。

4.1.4　各种高频基板多种性能对比

综上所述，各种高频基板各有特点，现整体归纳比较各种基板的多种性能，如下所示，其中'>'表示前者性能较优于后者，而不是指数值的大小。

介电特性(包括介电常数 ε 和损耗因子 $\tan\delta$)：PTFE>CE>PPO>BT>PI>EP。

信号传输速度：PTFE>CE>PPO>BT>PI>EP。

耐金属离子迁移：BT>PPO>CE>PI>EP。

耐热性：PI>BT>PPO>CE>EP>PTFE。

耐湿性：PTFE>PPO>EP>BT>PI>CE。

加工性：EP>BT≈PPO>PI≥CE>PTFE。

成本性：EP>PPO>PI>CE>BT≥PTFE。

4.2　信号高频化产生的问题及其解决方案

4.2.1　信息高频化问题

当今电子产品除了继续向高密化、多功能化和高可靠性方向发展外，最突出的一个问题是信号传输高频化和高速数字化。当信号速度达到 Gbps 甚至数十 Gbps 时，其在 PCB 板中的传输会遇到一系列的问题，如损耗、反射、串扰和抖动等。信号完整性是指一个信号在电路中以正确的时序和电压做出响应的能力。差的信号完整性会带来信号的失真噪声，降低信号传输的准确性。主要的信号完整性问题包括反射、振荡、地弹、串扰等。

(1)信号的反射。以下情况下均会产生信号反射：①当一个信号在一个介质中向另一个介质传输时，由于介质阻抗变化而导致信号在不同介质交界处产生信号反射，导致信号部分能力不能完整地传输到另外的介质；②情况严重时会引起信号不停地在介质两端往来反射，从而产生进一步的问题；③PCB 上传输线的不规则形状，阻抗不匹配，经过连接器的传输及电源平面不连续等均会导致反射情况发生。信号的反射是由于传输线和负载的阻抗不匹配造成的。减小和消除反射的方法是：近距传输线的特性阻抗在其发射端或接收端采取一定的匹配，从而使源端反射系数或者负载反射系数为零来达到一致反射的作用。

(2)信号的串扰。当信号在一个网络上传输时，其中的一部分电流和电压会传递到邻近的网络上，这种网络之间的信号干扰会导致信号传输质量的下降，称为串扰。串扰不仅会把噪声感应到邻近网络，还会改变传输线的特性阻抗和信号传输速度。串扰与信号的变化速度与摆幅、平行线长度成正比，与线间距、信号层对地高度成反比。为减低信号串扰所采取的措施有：①在 PCB 布局布线过程中，应该尽可能加大线间距，以降低信号线间的串扰，相邻层布线方式须互相垂直，减少相邻层信号耦合；②在满足特性阻抗目标值情况下，使传输线尽可能靠近地层，并采用合理逻辑划分与布局，减少布线密度程度,以降低网络之间的串扰对信号传输质量的影响。

(3)信号的过冲、下冲及振荡。过冲是指接受信号的第一个峰值或谷值超过设定电压,过大的过冲会损坏元件中的保护二极管,导致元件失效。下冲是指接受信号的第二个峰值或谷值超过设定电压,严重时将越过接受阈值电压,可能产生假时钟信号,导致系统的误读写操作。振荡是指在一个时钟周期中反复出现过冲和下冲的现象。振荡是因为反射产生的多余能量未能及时吸收的结果。如果振荡幅度过大,将会导致信号在逻辑电平门限附近来回跳跃,这样多次跳跃会导致逻辑功能紊乱。

在高频电路中,过孔不能简单认为只起层间电气连接的作用,还应该考虑其对信号完整性的影响。为此应注意以下几点:

(1)PCB 上信号走线尽量不换层,即尽量减少不必要的导通孔。

(2)尽量减小导通孔长度,采用微型孔和背钻技术,减少寄生参数的影响。

(3)合理选择导通孔的直径。

此外,高频化使电磁感应越来越严重,传输信号损失越来越大。为减少这种干扰,在 PCB 设计时往往采用以下措施:

(1)以降低电源电压值来降低电流值。

(2)采用"差分线"结构。

(3)采用短线或无线结构。

(4)增加无源元件的数量。

4.2.2 信号高频化问题的处理方法

为克服高频效应,需要从 PCB 设计、材料、制造等各方面进行改进。

(1)设计方面。通过走线设计、图形旋转设计、返回路径设计、非功能 Pad 设计、孔环设计、背钻设计、差分传输线设计、信号线与返回路径同张 Core 上的设计等进行改进。

(2)加工方面。通过背钻加工精度控制、线路平整性控制、介电层控制、电镀均匀性控制、前处理微蚀、表面处理控制等方面进行改进。

(3)材料方面。采用具有高速、高频特性的基板材料,使用 D_k、D_f 较低的材料等进行改进。

4.2.3 信号高频化对 PCB 设计方面的要求

1. 玻纤布的选择

介质层组成的均匀性影响到高频信号在其内部传输时介电性能的均匀性和一致性,即高频信号的传输性能将随着介电层组成结构的不均匀而变化,这种影响关系随着信号频率的增加而严重化。介电层中树脂体系较容易达到均匀分布,而玻璃布等增强材料较难达到均匀化。为此将常规玻纤布进行"扁平加工"处理,使原有"圆柱"形玻纤纱疏散开来形成均匀分布的"扁平"状"薄纸"结构,如图 4-9 所示。该结构的介电均匀性较好,可明显改善高频化信号传输的性能。

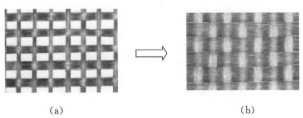

图 4-9   圆柱形玻纤布与扁平状玻纤布示意图

2. 铜箔的选择

由于高频信号存在趋肤效应，即高频电流密度集中在导体表面传输的一种现象。如表 4-2 所示，其信号取向表面传输的厚度随频率的增加而减小，其中电流渗透的平均厚度称为趋肤深度。例如，存在当信号传输频率在 500MHz 时，其信号在导线表面的传输厚度为 3μm，基板铜箔底部粗糙度为 3～5μm 时，信号传输仅在粗糙度的厚度范围内进行。当信号仅在"粗糙度"的尺寸层传输内进行传输时，必然产生严重的信号"驻波"和"反射"等，使信号造成损失，甚至严重时失真。

表 4-2   趋肤深度与频率间的关系

频率 f/Hz	1k	10k	100k	1M	10M	100M	500M	1G	5G
厚度 δ/μm	2140.0	680.0	210.0	60.0	20.0	6.6	3.0	2.1	0.9

3. 图形设计角度的选择

图形设计时不易与玻璃纤维布的纵横处于同一方向，应与玻纤布的纵横方向形成一定的角度，如图 4-10 所示，即 5～15℃为佳。图形设计时与玻纤布纵横方向存在一定角度是为了保证信号在 PCB 传输线各个方向上传输时有相同的介电损耗。

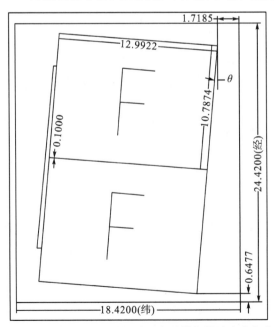

图 4-10   PCB图形与基板玻纤布纵横间设计有小角度

4. 传输线设计

用双信号带状线时，相邻两层信号线不应平行布线，应互相垂直、斜交，同时不应直角或锐角走线，应以圆角或走弧线与斜线，尽量减小信号耦合或干扰。当入出阻抗以及传输线阻抗匹配时，系统输出功率最大，入出反射最小。信号线过孔会引起阻抗传输特征变化，一般要求信号线没有过孔。差分传输线要求等长等距、等长优先、线宽一致。返回路径的宽度≥3倍传输线宽度，此外信号线与返回路径尽量布在同一张基板上。

5. 孔和 PAD 的设计

孔环越小越好，Clearance 越大越好，尽量取消非功能 PAD。通过过孔连接的信号层尽量设计在邻近层上，信号传输的过孔不易过长，此外，采用背钻减小信号在过孔中的损失，如图 4-11所示。

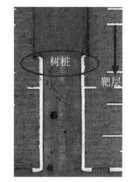

图 4-11　过孔采用背钻示意图

4.2.4　信号高频化对 PCB 加工的要求

信号高频化对 PCB 加工的要求主要表现在铜箔粗糙度和导线制作精度两个方面。首先，高频信号的趋肤效应使其对铜箔表面粗糙度有严格的要求。由于信号传输高频化发展，要求导线等的表面粗糙度走向平整光滑和缺陷走向精细完整，从而带来了制作加工方面的变革。如表 4-3 为信号高频化带来表面粗糙度及其处理方式的变化。

表 4-3　表面处理方式随频率变化图

频率 f	1M	10M	100M	1G	10G	100G	1000G
粗糙度	不限制	不限制	$\leqslant 7\mu m$	$\leqslant 3\mu m$	$\leqslant 1\mu m$	$\leqslant 0.1\mu m$	$\leqslant 30nm$
加工方法	机械抛光	机械抛光	火山灰	火山灰	(电)化学	(电)化学	纳米技术

其次，高频信号传输需要严格的特性阻抗管控，在制作加工上表现为对传输线的制作精度及涂覆层的选择及厚度控制。线路的完整性在高频 PCB 制作中非常重要。导体上针孔、缺口、凹陷等问题同样会产生信号损失，高频 PCB 严禁补线等处理。高频信号需要严格控制线路平整度、宽度等，以保证特性阻抗的连续性和一致性。高频信号传输的特性阻抗控制要求非常严格，线宽控制公差不能再按±20％控制，最严已达±0.010mm。由于线路结合力不同，高频板料蚀刻时需及时调整蚀刻参数或做好线路线宽的工艺补偿。此外，表面涂覆层的种类和厚度同样影响线路的整体特性阻抗。因此，选择合适的表面涂层及控制涂层的厚度也同样非常重要。

4.2.5　信号高频化对基板材料的要求

PCB 基板是由双面覆铜的电介质材料组成的，其电介质材料由基体树脂、无机填料和增强材料组成。高频信号传输需要具有优良介电性能的电介质层，即低介电常数、低损耗因子和低热膨胀系数等。"复合材料"的介电性能是各组成介电性能的"加权和"。也就是说，高频 PCB 要求介质层各组成部分均应满足高频信号传输的要求。PCB 基板介电层是由树脂体系和增强材料及少量填料组成的，不但要求开发复合高频信号传输的树脂体系，同时也要求发展具有高频特性的增强材料。

1. 对电介质层介电性能的要求

发展低介电常数和低损耗因子的玻纤增强材料来代替介电性能差的 E-玻纤增强材料，利用低介电常数和低损耗因子的有机纤维增强材料，也是今后增强材料发展的方向和主流。表 4-4 为某些高弹性模量增强材料的介电性能及膨胀系数，此外发展新型树脂可进一步降低树脂及填料的介电常数及损耗因子。表 4-5 为几种典型树脂体系基板的介电性能。表 4-6 为某些常规采用的介电性能及一般特性。

表 4-4　某些高弹性模量增强材料的介电性能和膨胀系数

玻纤类型	弹性模量/(g/d)	介电常数 ε	损耗因子 tan δ	密度/(g/cm²)	热膨胀系数/($\times 10^{-6}$℃$^{-1}$)
E-玻纤	258	6.2	0.002	2.5	5
S-玻纤	300	5.2	0.003	2.5	4～6
NE-玻纤	/	4.6	0.0007	2.3	4～6
D-玻纤	200	4.0	0.0026	2.14	4～6
石英纤维	370	3.7	0.0001	2.2	4
HMPP 纤维	200	2.3	0.0002	0.9	55～66
芳纶纤维	950	4.5	0.019	1.4	—
UHMWPE 纤维	1400	2.3	0.0005	0.96	55～66
碳素纤维	3300	—	—	1.8	—
COC 纤维	—	2.35	0.00007	1.0	60

注：g/d 表示克/旦尼尔(1 克/旦尼尔表示 9000m 丝长重 1g)，HMPP 表示高分子聚丙烯，UHMWPE 表示超高分子量聚乙烯，COC 表示环烯共聚物。

表 4-5　几种典型树脂体系基板的介电性能

性能	环氧树脂	聚四氟乙烯	聚酰亚胺	聚苯醚	液晶聚合物
介电常数 ε	3.9	2.1	3.3	2.5	2.9
损耗因子 tan δ	0.025	0.0004	0.011	0.0028	0.002

表 4-6　某些常规树脂的介电性能及一般特性

性能	聚丙烯	聚苯醚	环烯共聚物	聚醚酰亚胺
介电常数	2.3	2.69	2.35	3.15
损耗因子	0.0002	0.0007	0.0007	0.0025
弹性模量	1.38	2.5	3.0	3.5
拉伸强度	34.5	63	60	110
热导率	0.13	—	—	0.22
密度	0.9	1.08	1.0	1.27
玻璃转化温度	—	75～155	180～195	217
热膨胀系数	100	59	60	56

2. 对介电层厚度及结构的要求

（1）介电层厚度。介电层的结构和厚度将会影响高频信号传输特性，其影响程度将随着高频化而严重化。根据横波传输模式，介质层的厚度应≤传输波长的 1/8。随着信号传输高频化发展，其波长越来越短，故要求介质层的厚度也越来越薄。对于几十微米的薄形基板，其保存和加工都给现有管理和设备提出了更高的要求。

（2）介电层结构。采用"扁平"状玻纤布，且提高树脂体系的均匀性，保证信号在传输过程中介电性能的稳定性。选用在温湿度变化下，介电性能仍然稳定的介质层，或采用介质层各组成介电性能变化相互匹配的组合，如液晶聚合物的介电常数的温度系数是负的，而玻纤布的介电常数的温度系数是正的，两者搭配时可互相抵消变化值，最终达到在温度变化过程中保证介电常数的稳定性。

3. 对铜箔厚度和粗糙度的要求

（1）铜箔厚度。根据带状线阻抗公式，如式（4-4）所示，随着高频 PCB 介电层越来越薄，及 D 减小时，只有减小导线宽度 W 和厚度 T 才能保证阻抗值。如果只减小导线宽度 W，而不减少厚度 T，则侧蚀大导致阻抗误差很难控制。因此，在介电层越来越薄的趋势下以减小铜箔厚度为主。

$$Z_0 = \frac{60}{\varepsilon_r} \cdot \frac{\ln 4D}{0.67\pi(0.8W + T)} \tag{4-4}$$

其中，Z_0 表示阻抗；D 表示带状线间介质的宽度；W 表示导线的宽度；T 表示导线的厚度。如当阻抗值为 50Ω 时，毫米波覆铜板的铜箔厚度≤$12\mu m$ 才能满足制造上的要求。

（2）铜箔表面粗糙度。信号高频化使信号传输越来越集中于导线"表面层"内，信号传输频率越快，导线"表面层"传输信号的厚度就越来越薄。该现象称为高频信号的趋肤效应，该表面层称为趋肤厚度，如（式 4-5）为趋肤深度计算公式。由于覆铜板介电层与导体铜箔间黏结时，为增大相互的结合力，通常将导体铜箔表面处理为具有一定粗糙度的大比表面界面。而随着高频信号的趋肤效应，信号越来越挨近"粗糙度"内传输，从而造成传输信号的"驻波"和"反射"等，信号传输的"失真"也逐渐严重。为减少趋肤效应带来的信号损失，应在保证介电层与铜箔间结合力的基础上尽量降低铜箔表面粗糙度。

$$\delta = \frac{1}{\sigma\omega\mu} \tag{4-5}$$

其中，δ 表示趋肤深度；σ 表示导电率；ω 表示角频率；μ 表示导磁率。

4.3　高导热树脂的开发

电子产品发展趋势对 PCB 散热的要求越来越高。主要表现在以下 4 个方面：

（1）电子产品高速高频化促使 PCB 布线密集化及介质层薄型化，最终导致 PCB 内部热量越来越聚集。

（2）小型化及内埋有源无源器件促使 PCB 功耗越来越大，散热通道越来越拥挤，从而导致 PCB 内部热量急剧上升。

(3)微波大功率器件及汽车电子需要 PCB 在高温环境下长期工作,小型化大功率高温长期负荷对 PCB 的散热要求越来越高。

(4)无铅标准及绿色环保生产促使 PCB 焊接及安装温度变高,PCB 需承受更大的温度冲击。

由于 PCB 内部散热主要通过残铜率及通孔进行热量扩散,必要时采用铝、铜等金属进行导热。在 PCB 内部阻碍其散热的最主要因素是作为电介质层的高分子树脂。传统意义上的高分子树脂是绝缘材料,但近年来随着科技发展,高分子材料也成为导电导热领域的新角色。制备高导热并且有一定介电能力的高分子树脂材料是目前 PCB 基板材料领域的研究热点。

4.3.1 实现基板导热的途径

提高基板导热性能主要通过两种途径:①利用复合手段在树脂组成中掺杂具有导热性能的无机填料;②制备高导热性树脂,即通过本体树脂自身的完整结晶性构成协调的晶格振动,以声子为热能载体来实现树脂体系的高导热性。

其中,利用具有原子晶体形式和致密结构的无机填料填充制备高导热性复合材料的途径是目前最广泛采用的方法,但在实现更高的导热率上是有极限的,如金属基覆铜板利用该技术只能达到 3W/(m·K)的导热率。同时该方法还易带来其他性能方面的负面影响,如无机填料的高填充实施会影响树脂在层压过程中的流动性,还会使其韧性、耐电压性等降低。途径二是以声子为热能载流子来实现树脂高导热性,该技术是目前导热基板开发的新课题,也是突破基板散热瓶颈的重要途径。目前在高分子树脂中引入含有高导热性液晶结构的环氧树脂已成为开发的热点,但因其制备困难,价格昂贵,尚未得到广泛应用。

4.3.2 高导热树脂开发与应用

高导热树脂开发的核心技术主要有:无机填料的选择、无机填料的高填充技术、高导热性树脂的选择与应用、绝缘层树脂组成的配合技术。在实际应用过程中为达到高导热率往往由以上几种技术配合使用。单独采用"无机填料高填充"手段,主要限于基板介电层导热率在 2.0W/(m·K)及其以下的配方组合中。若基板介电层热导率达到 3.5W/(m·K)及以上,主要采用引入含有介晶基元的环氧树脂,或者"无机填料高填充"和引入含有液晶结构环氧树脂相配合的手段。在热导率为 5W/(m·K)以上的基板介电层树脂配方中,还多采用除常用氧化铝无机填料以外的其他陶瓷填料,如氮化硼及引入氮化硼垂直取向的技术、氮化铝、氮化硅等陶瓷粉进行填充。

当前,国内外通过无机填料填充技术实现基板高导热性的开发中,主要有以下几个方面的研究重点和成果。

对填料形态、粒度的选择与控制。首先,填料粒度的大小是影响其导热系数的重要因素。当填料的平均粒径过小时,填料粒子间的接触点数量大,当它的平均粒径过大时,对玻纤布经纬纱所围成孔隙的填充效果变差,这两方面均会造成基板导热系数无法提高。其次,填料的形态不同会影响散热方向。如采用鳞片状氮化硼填充时,热量更易于从

PCB 侧面进行扩散，与其他无机填料填充的基板相比，氮化硼填充的基板在厚度方向上的散热效果明显较差。

对填料及其某一类填料品种的选择研究。从分析材料结构出发选择高导热及特殊功能的填料，如氮化硼是具有原子晶体形式和致密结构的填料，利用以声子作为载流子进行热能传导，因此其具有较高的导热系数。此外，氮化硼为鳞片状结构，故如前所述，其易于横向散热。对于某一类填料的选择，还需要考虑其填充对基板其他性能的影响，如耐水性、线性膨胀率、介电常数及损耗因子。

对填料高填充技术的研究。该方面的研究主要围绕三个方面：树脂中的混合技术、采用不同粒度的复合技术及偶联剂处理技术。

对某一工艺性和应用性问题的研究和改进。通过对填料的选择，改善不同填料品种的复合技术，解决高填充所带来的基板层压时流动性变差的问题。同时，解决高导热基板材料在 PCB 钻孔加工中对钻头磨损增大的问题。

采用新型高导热树脂可以改善无机填料填充难以达到的高导热效果。近年来在新型高导热树脂开发与应用中，引入含液晶基元结构的树脂已成为开发的热点。该方面的研究主要有：

对导热性高聚物树脂导热机理的研究。该方面的研究分为三种：①以获取导热机理作为导热性基板材料研发思路的理论支持去指导高聚物树脂的合成；②对现有不同化学结构的导热性高聚物树脂品种进行最佳选择；③利用导热性基板材料的固化形成过程的工艺条件去控制产生高聚物树脂，更有利于发挥导热性的结构。

研究选择何种结构的含介晶基元树脂及其固化过程中结构变化控制技术。目前多采用含芳香环分子结构的液晶环氧树脂。此外还研究采用结构变化控制技术后的液晶性树脂固化形成过程。

关于液晶环氧树脂及其他常规环氧树脂的配合技术、溶解技术等。

研究采用液晶环氧树脂后如何降低高导热性树脂组成物的制作成本。

4.3.3　高分子树脂热导机理的探讨

研究高聚物树脂导热机理主要有三个方面的实用性目的。

(1)研究热导理论是获取新思路新技术的途径之一。对导热理论的深入认识不但有助于知道高聚物树脂的合成，而且有助于对现有各种不同化学结构导热性树脂品种进行优化选择。

(2)实现基板树脂高导热性与其他性能的均衡性。对导热性高聚物树脂构成的复合材料，创造更有利的成型加工工艺条件以获得树脂的分子、链节结构及晶格结构的有序性调整和改变，从而实现在不影响基板树脂其他性能的前提下提高其导热率。

(3)有利于实现无机填料与高导热性树脂的复合技术。基板材料的导热性聚合物树脂组成物的导热率取决于聚合物树脂和导热性无机填料的共同贡献。对散热基板材料的深入研究在帮助了解和认识高聚物树脂导热机理的同时，有助于实现高填充无机填料的导热网链和树脂有序晶格结构的更加匹配，使这种复合技术达到两者的结构取向与热流传递方向尽量一致，从而更有效地提高树脂导热性。

随着高分子技术的发展，高分子材料已成为导电导热领域的新角色，它颠覆了多年来传统高分子材料被称为是绝缘隔热材料的概念。近年来高分子复合材料研究进展过程中，出现的一种新技术既保留原有的绝缘性和耐热性，又使其具有良好的导热性功能。

物质的导热性与其内部组成的微观粒子密切相关。热传递可认为是一种通过分子、原子或电子等的移动及振动而实现热能传递的过程。热传递的方式有传导、对流及辐射三种，PCB 基板的散热方式主要为热传导。物质的热传导是物质内部微观粒子相互碰撞和传递的结果。

热能传输不是沿着一条直线从物体的一段传到另一端，而是采用扩散的形式向周围同时传递。固体内部热能的载荷者包括电子、声子和光子。对于大多数高分子聚合物材料而言，其均为饱和体系，结构中没有或极少有自由电子的存在，固其热传导主要是晶格振动的结果，其热能载荷者主要是声子。

国内外对导热高分子材料的研究大约始于 20 世纪 80 年代，自 20 世纪以来世界上建立了导热高分子复合材料导热系数推算的数学模型及相关工作。Agari 等较早地提出了复合材料的导热模型，并使用此模型对高填充和超高填充的导热材料的散热功效进行了预测，提出由于在复合材料的制备中，填料会影响聚合物的结晶度和结晶尺寸，从而改变聚合物的导热系数。因此考虑到填料的影响，并假定填料均匀分散，得出高分子复合材料导热模型为

$$\lg\lambda = V_fC_2\lg\lambda_2 + (1-V_f)\lg(C_1\lambda_1) \tag{4-6}$$

其中，C_1 为结晶度和结晶尺寸影响因子；C_2 为形成离子导热链的影响因子；λ 为复合材料的导热系数；λ_1 为聚合物基体的导热系数；λ_2 为填充粒子的导热系数；V_f 为粒子填充的体积分数。

目前基板材料按导热系数大小共划分为 4 个等级：第一等级为 $\lambda < 0.5W/(m \cdot K)$，第二等级为 $0.5W/(m \cdot K) < \lambda < 3.0W/(m \cdot K)$，第三等级为 $3.0W/(m \cdot K) < \lambda < 10.0W/(m \cdot K)$，第四等级为 $\lambda > 10.0W/(m \cdot K)$。日本日立化成公司导热基板开发进展揭示了不同导热等级下所应用的技术。该公司利用高填充高导热率填料和混炼技术制备了导热率为 $5.4W/(m \cdot K)$ 的基板材料；采用具有有序性、高比例近晶相结构的环氧树脂，并将其与氧化物类高导热性无机填料混合后开发了导热率为 $7.1W/(m \cdot K)$ 的基板材料；在此基础上进一步运用填料的高填充技术和高导热性树脂与氮化类无机填料混合技术开发出导热率为 $11.4W/(m \cdot K)$ 的基板材料。日立化成公司在开发第四类高导热基板过程中主要运用了三种关键技术：有序性高比例液晶相树脂应用技术、无机填料的高填充技术和高导热无机填料应用技术。

一般热固性高聚物树脂为非结晶质结构，其声子排列散乱且较大，热导率较低，因此对树脂内声子排列加以控制使其内部结构实现有序性是提高树脂热导率的有效途径。

由 Debye 声子导热率关系式，如式(4-7)所示，声子导热率的高低与树脂的比热、声子运动的速度、声子平均自由程等密切相关，而声子的运动速度、平均自由程大小又与树脂结构的有序性密切相关。由此可得，树脂结构的有序性决定了树脂分子的导热率。

$$\lambda = \frac{1}{3}C_vVI \tag{4-7}$$

其中，λ 表示声子热导率($W/(m \cdot K)$)；C_v 表示比热，即热容量($J/m^3 \cdot K$)；V 表示运动速度(m/s)；I 表示声子平均自由程(m)。现详细介绍如下：

　　(1)声子运动速度。使树脂声子运动速度缓慢从而致使高聚物树脂导热率下降的因素主要有：①高分子链的无规则缠结和巨大的相对分子量，使得高聚物树脂中的非结晶部分百分比增大，导致树脂整体结构结晶度不高；②因为分子大小不等及分子量的多分散性，导致无法形成完整晶体；③分子链的振动较大造成声子的散热受阻；④极性基团数量及其偶极矩极化程度的影响。

　　(2)声子平均自由程。在声子碰撞过程中，平均两次碰撞之间多经过的路程称声子平均自由程。声子热导理论认为：声子平均自由程的大小主要是由两个散射过程所决定的：①声子间的碰撞引起的散射；②声子与晶体的晶界、各种缺陷、杂质作用等引起的散射。实际上，对一般基板材料用的高聚物树脂结构特点分析可得：①静态的声子由于树脂的有序结构缺陷、晶体界面的存在而表现得很散乱；②动态的声子由于晶格振动的非和谐性而造成散乱及平均自由程缩短；③有关测试数据表明：在室温下一般高聚物树脂的平均自由程只有 0.2nm，而无机填料氮化铝的平均自由程为 70nm，结晶性硅微粉为 4nm。

　　(3)晶格结构的有序性。在决定高聚物树脂热导率的各因素中，树脂的结晶性和去向方向的有序性是非常重要的。树脂具备有序晶格结构，它会创造出具有较高的热导率特性。热能是通过材料中声子的无规则扩散进行传递的。当声子的运动速度恒定时，其平均自由程的大小取决于具有晶体点阵结构的材料中声子的几何散射以及与其他声子的碰撞散射。在较高的温度下，由于声子相互碰撞速度加快，声子的平均自由程缩短，造成它的热传递速度变慢。如果树脂分子链结构是有序的，排列的散乱程度小，热量将沿分子链方向，以声子为荷载主体得到迅速传输。当热量为沿分子链方向传导占主导时，沿着分子链方向的热导率远高于分子链垂直方向的热导率。因此，控制分子链方向上的热导率将会更有效地提高树脂基板电介质层的热导率。

　　在声子热导率 Debye 关系式以外，影响高聚物树脂热导率的因素还有很多。其中与高聚物树脂构成十分相关的一个因素是：非晶聚合物树脂的热导率随交联密度的增大而增大。这是因为随着树脂分子的空间网络密度提高，在化学键网络的结点上形成了更多的"热导桥"。

　　高分子树脂结构可分为晶态和非晶态两种。晶态高聚物树脂分子排列规则有序，其结晶度很高，非晶态高聚物树脂分子排列无规则，其声子自由程很小，导热率极低。合成或选择可以兼备晶态和非晶态两种结构，但以晶态成分占主导的高聚物树脂可获得声子自由程的增加、声子运动速度的提高，从而提高聚合物树脂的导热率。

　　近年来，在导热性高聚物树脂合成选择上更多地集中在采用在高聚物树脂结构中引入介晶基元的技术途径，这种技术在高导热率散热基板材料开发中越来越突出。介晶是指处于中间相或称液晶态的物质，它既具有像液体一样的流动性和连续性，又具有浸提一样的各向异性。含介晶基元的高聚物树脂可实现其介晶性和取向方向的有序性，并可调整树脂内部分子的秩序构造，对热能载荷者声子的散乱加以抑制。此外，含介晶基元的引入增大了秩序构造的域率，增大了声子自由程。有关实验结果表明，在与同一交联密度的同类树脂导热率对比中可以看出引入介晶基元结构的高聚物树脂导热率要比一般高聚物树脂导热率高出 1.5~4 倍。

4.3.4　高导热性环氧树脂的开发与应用

在导热性环氧树脂的开发应用前首先应了解普通高分子材料导热性差的原因。声子作为热能的载荷者，它对导热系数的影响主要表现在自身的散乱程度上。声子的散乱分为静态散乱和动态散乱，静态散乱是由材料中存在的缺陷所造成的，动态散乱主要是由分子振动和晶格振动的非协调性引起的声子间相互碰撞所造成的。一般高分子材料都具有材料中缺陷及分子振动和晶格振动不协调等特点，因此它不能很好地利用声子作为载荷者达到高传热的效果。

含有介晶基元结构的液晶高分子是由小分子量基元键合而成的，它是一种结晶态，既具有液体流动性，又具有晶体各项异性，因此具有高的有序性，较大的声子自由程。如果将介晶基元利用反应性官能团进行封端，可制得功能性液晶小分子。根据对介晶单元封端的不同官能团结构，如双键、三键等，可构成液晶树脂，分为液晶环氧树脂、液晶双马来酰亚胺树脂、液晶氰酸酯树脂等类型。

在众多开发应用的液晶高聚物树脂中，液晶环氧树脂因其优异的综合性能深受人们的青睐。

由于其环氧基团与固化剂交联的反应机理明确，反应容易控制，而且可以通过改变环氧树脂和固化剂的结构合成一系列不同结构的聚合网络。

液晶环氧树脂是一种高分子有序、深度分子交联的聚合物网络，它融合了"液晶有序"与"网络交联"的优点。与普通环氧树脂相比，其耐热性、耐水性、耐冲击性都大为改善，可以用来制备高性能复合材料。

作为PCB电介质材料的液晶环氧树脂还具有在取向方向上线性膨胀系数小、介电强度高及损耗因子小等优良性能。

世界上最早开发出的高散热性环氧树脂的是日本日立公司的竹泽由高、赤塚正树等。新神户电机公司研发的高散热性覆铜板是在与日立公司的合作基础上进行的典型的高导热性含中间基液晶环氧树脂，是一种含联苯型结构的品种，如图4-12所示。其开发思路主要分为以下步骤。

增大环氧树脂的组成分子结构的"秩序性"，从而提高分子振动和晶格振动的协调性。为实现分子结构的"秩序性"，主要采用了在环氧树脂分子中引入含有中间基的结构，通过聚合成为液晶性环氧树脂的技术路线。

减少树脂材料中的分子缺陷，克服声子散乱，达到在分子链间方向的导热性提高。

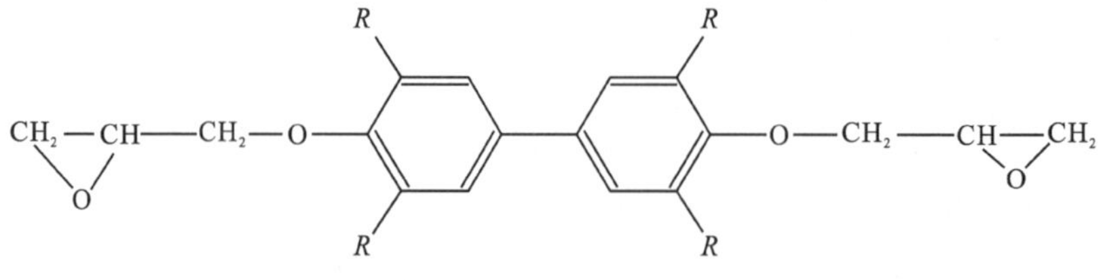

图4-12　高导热性含中间基液晶环氧树脂

这种液晶性环氧树脂实现有序的分子取向需要经过三个演变阶段：最初在含中间基的单体中，分子处于取向无序的状态。在聚合条件温度下，有部分的分子以中间基为中心形成有序的取向状态。最后在经过了聚合反应的后固化阶段，绝大多数分子达到有序取向的良好状态。

4.4　埋铜印制电路板技术

4.4.1　埋铜 PCB 简介

埋铜 PCB 是一种高散热特殊 PCB，其发展背景要追溯到最早的散热基板。

最初的金属散热工艺是直接将微波 PCB 通过螺钉固定在具有高散热系数的金属散热底板上，由于使用螺钉固定 PCB 与金属散热底板时，因 PCB 与散热底板均有一定的翘曲，两者连接处不可避免地存在有空气缝隙，极大地降低了导热效率。为了替代这种工艺出现了第一代铜基板（pre-bonding），即预先将铜箔、介电材料、铜基进行压合，再进行电路图形制作的单面 PCB。为满足复杂电子产品多层 PCB 散热问题而出现的第二代铜基板（post-bonding），即将经过电路图形制作的 PCB 通过导热系数较高的半固化黏结片在高温下与散热金属板一起层压制成。

虽然以上两种基板在很大程度上改善了 PCB 散热性，但随着电子产品小型化、轻便化发展，逐渐不能适应市场的需求。为此，不但出现了在 PCB 内埋置电阻、电容、IC 芯片等有源无源器件的新型技术，同时也出现了在 PCB 内埋置散热金属块的新型散热技术。

目前，埋铜 PCB 按铜块形状可分为阶梯埋铜 PCB、矩形埋铜 PCB 和圆形埋铜 PCB。按照埋入位置可分为通埋铜 PCB 和盲埋铜 PCB，其中，盲埋铜 PCB 为单面盲埋。

4.4.2　埋铜 PCB 工艺制作要点

埋铜 PCB 是在图形转移后的各层芯板和预压合半固化片上先铣出埋置铜块槽孔，经熔合、铆合、叠板后在高温下使散热金属块通过半固化片与各层芯板黏结在一起。制作的混压 PCB 需要满足行业内各项检测标准，埋铜区各项控制要点如图 4-13 所示。主要控制点有：铜块与基板表面平整度，铜块与基板连接处流胶宽度，铜块与基板表面连接处凹陷深度，铜块与基板表面连接处铜厚，铜块与基板内部连接可靠性。目前业内埋铜 PCB 的一般制作能力如表 4-7 所示。一般接受标准为：铜块与基板间高度差≤3mil，铜块

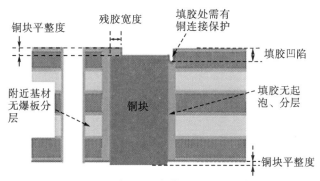

图 4-13　埋铜 PCB 制作控制要点示意图

上溢胶及周围树脂填充规格如图所示。热应力接受标准：①铜块周围填充树脂上的镀层允许有轻微浮离，但不能出现断裂；②铜块侧面允许出现树脂微裂纹及树脂收缩；③铜块与半固化片之间的微裂纹可接受。

表 4-7 埋铜 PCB 特殊特性及制作能力

特殊特性	制作能力	单位
最小铜块尺寸	2×2	mm
最大铜块尺寸	70×80	mm
铜块厚度	1.0～3.0	mm
平整度	±2	mil
流胶宽度	10	mil
铜块和线间距离	≥1.0	mm
凹陷深度	0.1	mm
铜块和空间距离	≥0.3	mm
铜块形状	长方形、圆形、阶梯型	

1. 混压处平整度控制

铜块与基板表面的平整度是埋铜 PCB 中首先须解决的技术点。为使压合后基板表面刚好与预埋铜块高度一致，须经过以下三种步骤。

(1)根据结构图计算出压合后备埋层理论厚度。叠构图是 PCB 制作前为清楚直观描述该 PCB 整体信息的示意图。从该图中可以得知各层的物料特性、铜厚度、残铜率、最终厚度等信息。其中指定厚度是指客户的要求厚度。物料特性显示各层基板的类型、介质厚度、尺寸及各层半固化片的类型、含胶量、厚度等。通过这些信息计算软件会给出每一层的理论成品板厚，即最终厚度。从给出的各层最终厚度可以计算出压合后理论板厚。

(2)实验得出理论厚度与实际厚度的最佳关系。不同的半固化片种类、基板种类、铜块尺寸、开槽尺寸、压合条件均会影响铜块理论厚度与实际厚度间的关系值。一般来说，混压缝隙处需要半固化片流胶填充，故实际埋入铜块厚度需要比理论厚度稍大。铜块的实际厚度需要实验验证，即选取理论值以上一定范围值内不同高度的铜块进行实验并测量其结果。

(3)选择厚度匹配的铜块进行混压制作。选用合适的测量仪是保证获得准确测量结果的基本前提。表 4-8 为三种不同量测方法，长臂板厚测量仪是专门用来量测压合后整板厚度用的，其测量精度为±0.003mm，测量时操作方便快速，但缺点是测量不同位置处小范围厚度会受 PCB 翘曲度影响，故长臂测量仪测量必须在板翘曲度较低的情况下使用。百倍镜是用来表面量测的仪器，其量程为 0～1mm，测量精度±0.01mm，使用百倍镜量测混压区高度差是利用它的微调刻度，其微调刻度可达 0.0005mm，精度很高。测量时，先将百倍镜放在混压交界处，这时因铜块和 PCB 间高度不一使得两者表面明亮度不同，以其中一边为准将另一边明亮度调至相同，这时微调旋钮所旋转的刻度值即为两边的高度差。其方法的特点是，测量准确度高，与整板翘曲度无关，但缺点是操作花费时间长，易受操作员判断的影响。切片显微镜分析可以清楚地看到混压交界处的高度差，精确度最高，是三种方法中结果最为精确的方法，但其工作量大且属于破坏性分析。总之，三种方法各有利弊，需根据具体情况来使用。

表 4-8　混压区量测方法种类与特点

量测方法	优点	缺点
长臂板厚测量仪	测量快、操作方便	测量受板翘曲度影响
百倍镜	测量准确，与板翘曲度无关	测量慢，费时耗力
切片显微镜分析	精确度很高，观察很清楚	破坏性大，只适合少量抽检

2. 混压处流胶与凹陷控制

多层埋铜混压板混压缝隙处的流胶宽度和凹陷深度是同一个问题，即当缝隙处半固化片填胶量大时多余的胶量会溢出板面，导致铜块边沿的流胶宽度大；反之，当缝隙处填胶量少时混压缝隙处因填胶不够，会出现一定程度的凹陷。影响混压处流胶宽度与凹陷深度的因素主要有：

缝隙处填胶量大小。而填胶量的大小又受铜块厚度、半固化片含胶量、半固化片铣槽尺寸等因素的影响。

压合叠板时使用的缓冲材料也对流胶和凹陷带来一定影响。

压合条件及压合温度、压力、时间等也会影响半固化片的填充。

其中，压合选用的缓冲方式如图 4-14 所示。为避免半固化片在高温时胶体溢出板面，一般在埋铜 PCB 混压面铺上铜箔和铝片，且铜箔光滑面朝向混压面。

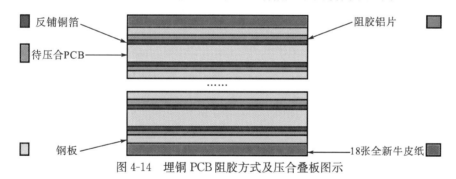

图 4-14　埋铜 PCB 阻胶方式及压合叠板图示

3. 铜块上机加工制作

铜块上机加工主要有钻孔和控深铣槽。铜块上钻孔主要是为了实现顶层线路接地，控深铣是为功放器件散热和层间线路接地设计的。钻孔质量受钻机类型、钻头类型、钻孔参数、工艺方法、垫板、盖板等多种因素的影响。控深铣质量受铣刀类型、铣槽方式、制作参数、制作流程等的影响。铜块上钻孔要求孔径准确、孔壁无披锋毛刺等现象。目前，控深铣要求深度公差±0.1mm、外形尺寸公差±0.1mm，无披锋毛刺，外观良好。

4. 埋铜混压处界面可靠性

埋铜混压交界处的可靠性分析实验主要有回流焊测试和漂锡测试两种。

回流焊测试是将 PCB 放在实际回流焊接环境下进行模拟测试，然后制作成微切片用显微镜观察目标区域的断面形貌，以此检查内部材料性能在高温下是否变化失效。回流焊测试参数参照华为无铅标准：液相线217℃以上停留120~150s，板面峰温为260℃，停留时间20~30s，回流5次。

漂锡测试是将待测PCB上裁切的目标区域放在高温环境中接收多次热冲击后制成微切片用显微镜观察断面形貌，以此判定该区域的热承受能力。漂锡测试参数针对FR-4材料具体参数为板面温度288℃，停留时间10s，循环3次。

为提高混压界面处结合力，需要对埋入铜块进行棕化，需要特别管控铜块侧壁的棕化程度。一般由于铜块尺寸较小，无法过板料棕化线，需要使用特殊模具等辅助。铜块棕化面不允许出现擦花等现象，以保证界面间黏结充分。

4.4.3 埋铜PCB制作流程

埋铜PCB制作流程主要分为两个阶段，即压合前和压合后。

压合前：首先，将顶层基板与底层基板进行单面图形转移，即PCB外两层待外层制作时转移图形，其余中间层基板双面转移图形。该阶段包括裁板、前处理、贴膜、曝光、显影、蚀刻和光学检查。其次，在中间基板、底层基板和半固化片对应埋铜位置处铣槽。然后，将各类基板及铜块进行棕化处理，棕化是一种表面氧化过程，图形转移后的基板表面经棕化处理后表面粗糙度增加，使压合后层间结合力增强。最后，将各层基板、半固化片和铜块一起进行叠层、对位检查后送入压机进行压合。

压合后：压合后首先进行除胶，即将埋铜混压处溢出在板面的胶剂进行去除。除胶方式有机械除胶法、化学除胶法、等离子除胶法、激光烧蚀等。除胶后依次进行钻孔→孔金属化→外层制作→表面处理→成型→电测等工序制作。

其中，重要工序为铣槽、叠板、压合及除胶。需要严格管控其铣槽精度、叠板操作、压合条件及除胶程度。

4.4.4 埋铜PCB常见问题及解决方法

1. 埋铜混压处流胶控制

埋铜混压处流胶问题是指铜块与基板进行混压时，其缝隙处半固化片在高温下溢出板面导致板面无法制作线路等问题，且这种经过高温固化后的胶剂与铜箔表面紧密相连，很难除去。除了胶剂所在处无法制作线路，板面处过多胶剂还会在外层图形转移时使贴膜与铜箔间存在细小缝隙，该缝隙会造成曝光线路不精确等附加问题。

目前常用的解决方法主要如下：

(1)控制半固化片开槽尺寸，使缝隙处流胶既不过量溢出板面又不过少而造成凹陷，该方法难以精确控制。

(2)采用合适的阻胶方式，如在混压区反铺铜箔和铝片，或采用可剥离胶等方式，阻止半固化片胶外溢。

(3)压合前在外层印绿油，使半固化胶剂溢出后流在绿油表面，然后再反洗绿油，从而将胶剂与绿油一同除去。

(4)采用高能量射线、等离子、机器或手工打磨等方式除胶。

2. 铜块偏位问题

当埋入铜块时，因操作不当或搬运移动导致铜块一边或一角挨近槽边沿，如图 4-15(a) 所示，另一边或另一角远离槽边沿，如图 4-15(b)所示。铜块过度偏移会使铜块与内层线路连接，导致 PCB 电性能完全失效。

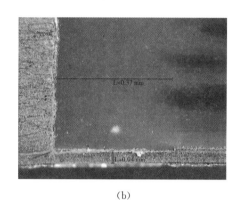

（a）　　　　　　　　　　　　　　　　　　　（b）

图 4-15　铜块偏移过度示意图

因不易在铜块上打定位孔，因此铜块偏移问题一般通过如下方法进行控制：

(1)从规范操作方面入手，如少搬运、小心埋入、多次检查等。

(2)在铜块背面黏胶，该胶性能须与半固化胶类似。

(3)叠板时埋铜面朝上放置。

4.5　高低频混压印制电路板

以往电路板设计者将中低频信号与高频信号设计在不同的 PCB 上进行调制和收发，中低频信号处理模块的 PCB 一般选用 FR-4 基板制作，微波高频信号处理模块的 PCB 选用高频基板制作。近年来电子产品向小型化、高密度、多集成方向的发展，高低频多板分离设计制作方式已不适应市场需求。

为迎合该发展趋势，采用高低频电磁兼容共板技术将不同频率的信号处理单元设计在同一 PCB 上。高低频混压 PCB 在制作时中低频信号处理单元依然选用普通 FR-4 板材，高频处理单元选用高频高速板材，所不同的是：两种传输频率不同的基板经内层图形制作后，叠板混压组合集成为同一 PCB。共板制作的高低频混压 PCB 不仅迎合了产品小型化多功能的发展趋势，而且充分降低了微波多层板需用板材的总体成本。

对于高低频基板的制造，面临着很多方面的挑战，电磁兼容设计、高密度布线、信号高速传输、内置元件、任意层互连、高可靠性、低制造成本等。其中，高低频共板设计的基础是电磁兼容设计。此外，减少信号间电磁干扰，主要通过以下途径：采用微带线或带状线；采用介电常数低且薄的介电层；信号线布线方面，如前所述；尽量减小传输线的长度，如背钻等。

高低频混压 PCB 一般是由高频基板如 RO4350 与 FR-4 类基板混压的复合基板，其特性如表 4-9 所示，表 4-10 为目前市场上主要的高低频板材特性。按叠层的结构主要有非对称整板混压结构(图 4-16(a))和非对称局部混压结构(图 4-16(b))两类。其中白色区域为高频板材 RO4350，灰色区域为低频 FR-4 板材。

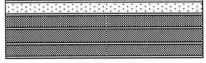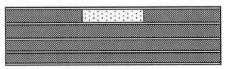

(a)整板混压结构 (b)局部混压结构

图 4-16　两种不同类型的高低频混压 PCB

表 4-9　高低频复合板常用基材特性

板材及特性	FR-4(IT180A)	RO4350B
介电常数 D_k	4.4(1MHz)	3.48(10GHz)
损耗因子 D_f	0.015(1MHz)	0.0037(10GHz)
CTE	2.7%	<0.5mm/m
T_g	>175℃	>280℃
T_d	345(5%wt,℃)	390(5%wt,℃)

　　一般来说，非对称整板混压结构是考虑到信号的高速传输及设计要求，将高频板材设计在顶层并与其他普通低频 FR-4 材料进行整张叠板压合。非对称局部混压结构是在整板混压的基础上将小块高频板材以无源器件埋置的方式埋入普通低频 FR-4 板材顶层局部区域后进行压合制作。

表 4-10　目前市场上的主要高低频板材

产品类别		特性描述	板材型号
FR-4	Mid-T_g	150℃≤T_g<170℃	S1000、IT158、NP-155FTL、TU-662、TU-668、EM825
	Hi-T_g	T_g≥170℃	S1170、S1000-2、IT180A、IT180I、370HR、NP-175FTL、EM827
	Low CTE	CTE≤3.0%	S1000-2、IT180A、IT180I、370HR、NP-175FTL、EM827
Hi-speed Hi-frequency	Low D_k	3.65≤D_k(1GHz)≤4.0	FR406、FR408、IS415、N4000-13/13EP、IT200LK、Megtron-4、IT150D、FR408HR
		3.0<D_k(1GHz)<3.65	IT150DA、N4000-13SI/13EPSI、Megtron-6、RO4350B、RF-35
		D_k(1GHz)≤3.0	TLX(series)、RO3000(series)
	Low D_f	0.005<D_f(1GHz)≤0.01	N4000-13(series)、IT200LK、FR408HR
		D_f(1GHz)≤0.005	IT150D、IT150DA、Megtron-4、Megtron-6、RO4350B、RO3000(series)、RF-35、RF-35A2

　　注：板材型号按不同厂家和材料性能分类，S 代表生益公司，IT 代表联茂公司，N 代表 NELCO 公司，RF 代表 TOCNIC 公司，FR 代表 ISOLA 公司，RO 代表 ROGERS 公司，Megtron 系列属于 Panasonic 公司产品，NP 代表 NanYa 公司，TU 属于 TUC 公司产品。

4.5.1　高低频混压 PCB 制作流程

　　高低频混压 PCB 制作流程如埋铜混压 PCB 制作流程。

　　压合前：高频板制作流程简单归纳为：下料→内层图形转移→冲定位孔→AOI 光学

检查→铣板→棕化。低频板制作流程简单归纳为：下料→内层图形转移→冲定位孔→AOI 光学检查→铣板→棕化。

压合后：熔合→铆合→叠板→压合→打靶→钻孔→孔金属化→外层图形转移→表面处理→防焊→文字印刷→成型→电测。

以上流程需要说明的是：高频板铣板是指铣出小块埋入板材，因制作时为提高生产效率及制作便利一般在同一基板上设计 N 个小块高频板，而低频板铣板是铣出埋入小块高频板的槽。内层图形转移时不需要转移第一层和倒数第一层，这两层称为外层，压合后在外层工序中制作。其中埋入子板所在的层及层间 PP 均需要开槽，开槽尺寸以保证缝隙处流胶饱满且溢胶不多为准。

4.5.2　高低频混压 PCB 制作要点

高低频混压 PCB 制作要点如表 4-11 所示。其热应力标准：局部混压单板都需要检验两种材料界面的可靠性，测试条件及接受标准同有（无）铅标准。目前制作过程中，混压处平整度、流胶及凹陷均易达到标准；较难控制的项目为：高低频板间的图形对准度和高频区域处的控深铣制作。

表 4-11　高低频混压 PCB 制作要点

制作要点	要求指标
混压处平整度	高度差<0.05mm
混压处流胶宽度	流胶宽度<1.0mm
混压处凹陷深度	凹陷深度<0.3mm
混压涨缩优化	同心圆不相切
混压高频区控深铣	控深公差<±5mil
混压处对准度	不短路

1. 混压处高度差、流胶及凹陷深度

高低频混压 PCB 的高度差较易控制，选用厚度匹配的高频板材和低频板材即可，如选用 IT180A/0.510mm/0.5oz 的低频板与 RO4350B/0.508mm/0.5oz 的高频板搭配。

流胶与凹陷控制与埋铜 PCB 类似，选用合适及便利的阻胶方式，优化半固化片开槽尺寸控制缝隙流胶处的胶量大小，选用正确的压合参数等，在此不再赘述。需要说明的是：高低频混压处除胶不易选用磨刷、擦刮等机械方式，因其易造成表面铜箔不均匀、漏基材等，造成线路制作的不均匀，在很大程度上影响信号完整性，故建议采用化学除胶或激光烧蚀。

2. 非对称混压胀缩调整

胀缩是指材料实际尺寸与标准尺寸间的差值，差值为正，则为胀，差值为负，则为缩。非对称压合涨缩是由于高低频混压板由两种不同的材料不对称叠板压合，故高温压合后两种材料的伸缩尺寸各不相同，最终造成其上图形间错位问题。

为测量不同层间的胀缩值，一般在每层双面基板的偶数层边框的两个长边设计一对圆形图标，每层的圆形图标彼此为同心圆设计，第一层至最后一层同心圆半径依次增加，同一基板相邻层间同心圆半径相差 2mil(1mil=0.0254mm)，不同基板相邻层间同心圆半径相差 4mil。该图标既可以用来量测每一内层基板的胀缩值，同时还可以观察不同层间的同心圆偏差。

影响胀缩大小的原因很多，如基板类型、基板开槽尺寸、图形剩余率、压合条件等，因此，若以首次压合所测得的胀缩值为准来补偿第二次压合前的菲林图形尺寸，要求第二次压合的压合条件及叠层方式均需与首次压合时相同。

胀缩调整主要分为三个步骤：

首次压合后利用同心圆标靶分别测量各层胀缩，包括高频板和每层低频板，同心圆还可用于观察层间偏位情况，如图 4-17 所示。

其次，在图形转移前，按照各层的胀缩大小补偿在菲林上，即使各层图形未压合前转移的图形比例在压合胀缩后对准度处于一定的范围内。

经补偿后再层压，依次进行改善。

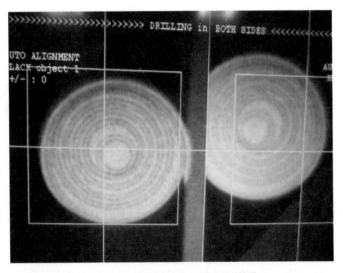

图 4-17　同心圆标靶观察层间偏位

3. 射频线高精度管控

射频线及高频传输线，其传输线的精度关系到信号传输质量，需要高精度管控。目前公认的管控标准为：10mil 以下线宽按公差±20%控制；10mil 及以上线宽按公差不超过±2mil 控制。不允许出现缺口、空洞、针孔等，更不允许补线。对于目前的制作能力而言，射频线的公差控制不是很难，难点在于制作大面积范围内均匀一致的高频线路。

为达到以上标准要求的射频线精度，主要采用以下措施：

(1)要求线宽补偿准确、镀铜层均匀、保证蚀刻后的传输线线宽均匀一致。

(2)蚀刻时射频线一面向下放置，使蚀刻面与药水充分接触及时循环。

4.5.3　高低频混压 PCB 常见问题及解决方法

1. 高低频基板偏位问题

高低频基板间偏位问题类似于铜块偏位，二者间偏位会导致其上图形短路或断路，使 PCB 电性能失效。解决的方法从设计入手，在公共对接边处增加一条工艺边，用于设计一高低频板对准度测试条、一对铆钉孔用于高低频板间固定、一对同心圆用于铆合后压合前观察高低频板间对准度状况。

2. 混压板翘问题

由于非对称混压，不但使混压 PCB 出现胀缩不一致问题，还易出现板翘曲问题，即板面向高频板一面弯曲的现象。IPC 标准规定板翘曲度一般需控制在 0.7%，即翘曲的高度与 PCB 板对角线的商值不超过 0.7%，若超过此值则会带来安装时的各种问题。高低频混压 PCB 板翘曲度改进措施如下：

(1)钻孔后烘板，制作完成后马上真空包装，尽量减少板潮湿度。

(2)压合时延长冷压时间。

(3)优化叠板结构，使各方向受力尽量均衡对称。

(4)储存时平行放置，不易倒立或竖放。

4.5.4　高低频埋铜混压 PCB 制造技术

高低频共板设计与大功率器件的散热需求共同造就了高低频埋铜混压 PCB 的产生。高低频埋铜混压 PCB 是高频板材、低频板材及散热铜块多个功能模块组合在同一基板上的三板合一非对称混压板。其中，散热铜块常设计在高频板上大功率器件的底部，通过阶梯槽制作使功放器件与散热铜块紧密接触，以便高效输送大功率器件底部热量，如图 4-18 所示。

高低频埋铜混压 PCB 不但提供了高速度、低损耗、低延迟、高质量的信号传输，而且适应高频大功率器件的高功耗环境，且满足低成本、小尺寸等要求。图 4-19 所示为 12 层高低频埋铜混压 PCB 实例图，如图所示：铜块埋入高频板下方，且从底面埋入，埋入层为 L3~L12；各层对准度良好，混压界面平整光滑；混压界面处无分层爆板等品质不良问题。

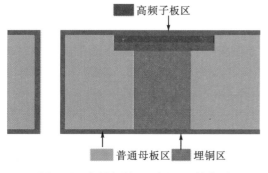

图 4-18　高低频混压埋铜 PCB 结构图

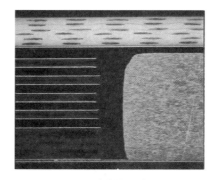

图 4-19　12 层高低频埋铜混压 PCB
实例微切片图

高低频埋铜混压 PCB 制作流程类似于埋铜板和高低频混压板，具体如图 4-20 所示。

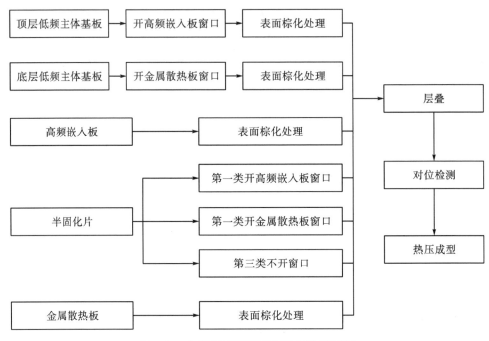

图 4-20　高低频埋铜混压 PCB 制作流程图

　　高低频埋铜 PCB 的制作难点主要有：双面埋入所带来的叠板操作困难、高频板或铜块的偏位现象更加严重、板翘曲度更甚。此外，对于机加工的要求更高，主要表现在半金属化槽的制作方面。高低频埋铜 PCB 的半金属化槽制作首先是在压合后的高低频混压埋铜多层 PCB 上钻孔铣槽，然后经沉铜电镀使阶梯槽侧壁金属化，再经控深铣加工除去侧壁部分金属连接，使表面焊角的镀层铜与接地铜块间电气断路。阶梯槽处控深铣易出现两种现象，其一为铣板深度不够导致侧壁处第一层铜未完全断开，其二为铣板深度超过第一基板厚度导致侧壁处第二层铜被断开。此外，由于侧壁镀层受铣刀旋转力拉扯、镀层自身延展性、镀层与基材结合力、加工制作参数等因素影响，还会使半金属化槽壁产生的槽壁铜披锋毛刺及剥离等不良现象。

　　由于高低频埋铜 PCB 为双面埋入混压板，故其叠板操作较为特殊且关系到 PCB 整体性能。故现详细陈述其高频板、低频板、半固化片和铜块 4 种基材经内层图形转移及棕化处理后的叠板组合步骤，具体如下所示：

(1)将开槽棕化的低频各基板与开槽后的半固化片按叠构图依次叠放。

(2)使用板边熔合标靶将叠好的低频基板与半固化片进行热熔合固定。

(3)将熔合后的低频基板与半固化片放在 X-Ray 下检查同心圆对准度。

(4)将对准度良好的低频基板与半固化片放在铆合机上进行铆合固定。

(5)将熔铆合后的低频基板与半固化片水平放置，并使顶层基板朝上。

(6)将高频双面板埋入顶层低频基板对应开槽区。

(7)使用公共工艺边上的铆钉孔将高低频基板进行铆合固定。

(8)将高低频基板放在 X-Ray 下检查各层同心圆对准度。

(9)在叠板台上放置 18 层全新牛皮纸、钢板、阻胶铝片、阻胶铜箔。

(10)将所述高低频基板放置在阻胶铜箔上方并使底层面朝上。

(11)将棕化后的金属块埋入底层面的对应开槽区并尽量使铜块边缘留胶缝隙宽度相同。

(12)在埋好铜块的高低频板上依次放置阻胶铜箔、阻胶铝片、钢板及牛皮纸,送入压机进行压合。

习　　题

1. 高频对 PCB 基板材料的特性要求有哪些?
2. 信息高频化问题有哪些?
3. 简述实现基板导热的途径。
4. 简述埋铜 PCB 的制作工艺流程。
5. 简述高低频混压 PCB 的制作流程。

第5章 图形转移新技术

图形转移技术是半导体行业与印制电路板制造行业的共用技术,其差异在于使用的材料、工艺流程与参数的不同。随着印制电路板布线密度及完整性要求的提升、新材料与新设备的应用,印制电路板图形转移工序出现了激光直接成像、激光直接成型等新技术。本章将介绍图形转移新技术的相关内容。

5.1 图形转移新技术概述

电子成品的智能化、便携式、高质量信号传输推动着芯片技术的不断提升,日益增长的芯片级封装和倒芯片阵列封装技术要求,是高密度印制电路板板、系统集成印制电路板等高端产品广泛应用的主要驱动力,带动着印制电路板制造技术的不断升级,促使新一代精密图形转移专用材料(如感光抗蚀材料等)及相关新工艺的不断开发与应用。

5.1.1 图形转移技术的定义及分类

1. 图形转移技术的定义

目前,在实际中应用的印制电路板都是以环氧树脂-玻璃布、聚酰亚胺、电子绝缘陶瓷等材料作为基板材料,然后采取物理或化学的手段将导电材料(如铜、金、银、复合导电浆料等)按照电路设计图纸中要求在基板上形成导电图形——电子线路。把设计电路底图上的电路图形"转印"在印制电路基板的工艺过程就是印制电路板制造工艺中的图形转移工艺,简称"图形转移"。

图形转移后所获得的电路图形可分为"正像"和"负像"两种。"正像"是指借助抗蚀剂等在覆铜箔上对需要的导电层形成保护(抗蚀图形),然后蚀刻除去不需要部分,剩下部分即为所制作电路图像,即转移图形与制作图形完全一致;而"负像"则是将抗蚀剂涂覆在需要蚀刻部分(抗电镀图形),需要部分用电镀技术形成锡铅、锡镍、锡、金等抗蚀金属层后,经过去膜+蚀刻等工序获得电路图形,即转移图形为制作电路的"负像"。

2. 图形转移技术分类及特点

印制电路板制造中的图形转移技术按照工艺特点可分为以下几种类型:

(1)网印图像转移技术。该技术采用传统的印刷技术,通过将特种"油墨"(抗蚀材料、导电材料等)印制在覆铜板上而实现图像转移,与光化学图像转移技术相比较,网印图像转移技术的成本低,在大批量生产的情况下优势十分明显,但是网印抗蚀印料通常只能制造大于或等于 0.25mm 的印制导线，且分辨率受到网板制作、印刷次数等诸多因素的限制。

(2)光化学图像转移技术。该技术采用菲林、掩模曝光显影等手段实现图像转移，与半导体行业所用图形转移工艺十分相似，该技术途径也可获得分辨率高的清晰图像，适用于制作具有高密度布线、精细线路等特质的高端印制电路板产品。

光化学图像转移技术按照使用光源的种类又可分为可见光图像转移技术、紫外－可见光图像转移技术、紫外光图像转移技术以及激光图像转移技术(如激光接触式成像技术、激光投影成像技术、激光步进重复成像)等，由于使用光波的波长不同，其分辨率不同，一般是使用光源的波长越短则其分辨率就越高。

(3)激光直接成像技术(laser direct image，LDI)。该技术是传统光化学图像转移技术的发展，其技术要点是直接利用 CAM 工作站输出的数据，驱动激光成像装置，在涂覆有光致抗蚀剂的 PCB 基板上扫描成像，经过冲洗蚀刻后形成线路，其作用类似于光绘机，是典型的非物理接触式(non-contact)图形转移技术。与传统的光化学底片接触式曝光方法的差异主要有：①传统曝光是通过汞灯照射底片将图像转移至 PCB 上，而 LDI 是用激光扫描的方法直接将图像在 PCB 上成像，不需要底片，图像更精细优势；②省去曝光过程中的底片制作工序、节省装卸底片时间和成本以及减少因底片涨缩引发的偏差等，有利于精细线路制作；③直接将 CAM 资料成像在 PCB 上，省去 CAM 制作工序；图像解析度高，精细导线可达 $20\mu m$ 左右，适合精细导线的制作；④可提升 PCB 生产成品的良率；⑤其缺点是需要价格较贵的特殊光致抗蚀材料、不能用于阻焊剂曝光、生产效率随线路精细度提升而降低、设备投入大等。激光直接成像技术根据光源的不同又可分为可见激光直接成像技术、紫外激光直接成像技术、YAG 激光直接成像技术、热激光成像技术等。

(4)激光直接成型技术(laser direct structuring，LDS)。指利用高能激光的烧蚀原理，通过计算机控制激光的运动轨迹，用激光直接将电路图形(金属层 pattern)刻制在印制电路板基板，最后经过活化、图形电路加厚(如化学镀铜)等工序最终获得印制电路成品，印出电路图案。相对于激光直接成像技术，该技术避免了昂贵光致抗蚀层材料的使用，可直接在不规则的塑壳上进行 3D 线路雕刻，设计可变换的自由度更大，产品的制程更简化。但该方法需要使用特殊基板材料(即激光可活化树脂材料)、用激光烧蚀大面积铜箔的成本高，故应用受到限制。

(5)微纳压印技术。该技术最先应用于半导体芯片制作，其基本原理就是将制作好的模板压在一层薄的聚合物薄膜上，薄膜通过热的或者化学的方法固化，从而在聚合物上形成与模板具有 1:1 比例大小的图案。工艺过程主要包含图形复制和图形转移两个关键特性步骤。微纳压印技术是一种采用简单的类机械过程，但可获得高精度复制图形的技术，图形变化自由度大。由于没有光学曝光中的衍射现象和电子束曝光中的散射现象，该技术具有超高分辨率(纳米级)、低成本、高产量等显著特点。

(6)其他图形转移新技术。如导电浆料印制技术、喷墨打印技术、分子组装技术等。这些内容参见印制电子章节相关内容。

3. 图形电路制作工艺流程

印制电路板上的电子线路不仅要承载一定的信号流，也需要承载一定强度的能量流，因此获得的电路图形需要经过后期工序才能形成印制线路板产品。目前，不同的图形转移技术形成了与之适应的工艺，主要有以下几种。

对于网印图形转移技术、光化学图像转移技术等，图形转移是将照相底版上的电路图像转移到覆铜箔层压板上，通过曝光显影等形成一种抗蚀或抗电镀的掩模图像。根据掩模图形的性质分为"印制＋蚀刻工艺"和"图形电镀工艺"（pattern electroplating）两种。抗蚀掩模图像用于"印制＋蚀刻工艺"，即用保护性的抗蚀材料在覆铜箔层压板上形成正相图像，那些未被抗蚀剂保护的不需要的铜箔，在随后的化学蚀刻工序中被去掉，蚀刻后去除抗蚀层，便得到所需的裸铜电路图像。而抗电镀掩模图像用于"图形电镀工艺"，即用保护性的抗蚀材料在覆铜层压板上形成负相图像，使所需要的图像是铜表面，经过清洁、粗化等处理后，在其上电镀铜或电镀金属保护层（锡铅、锡镍、锡、金等），然后去掉抗蚀层进行蚀刻，电镀的金属保护层在蚀刻工序中起抗蚀作用。

1）印制＋蚀刻工艺

印制＋蚀刻工艺流程：下料→板面清洁处理→涂覆湿膜与固化（贴干膜）→曝光→显影→蚀刻→去膜→进入下工序。

2）图形电镀工艺

图形电镀工艺流程：覆铜箔板→下料→冲钻基准孔→钻孔→孔金属化→预镀铜→板面清洁→涂湿膜→曝光→显影→形成负相图像→图形镀铜→图形电镀金属抗蚀层→去膜→蚀刻→进入下工序。

图形电镀就是针对干膜没有覆盖的铜面进行选择性加厚，其目的是加大线路和孔内铜层厚度（主要是孔铜厚度），确保其导电性能和其他物理性能。根据不同客户不同板件的性能要求，一般孔壁铜厚在 $20\sim30\mu m$（平板层＋图电层）。图形电镀蚀刻法制双面孔金属化板是 20 世纪六、七十年代的典型工艺，目前已经成为精密双面板制造技术的主流工艺。

图形电镀前需要除油，主要是除去铜面表面的污物。采用酸性环境除油效果比碱性除油差，但避免了碱性物质对有机干膜的攻击，因此实际使用中采用酸性除油更为普遍。酸性除油剂主要成分为硫酸和供应商提供的电镀配套药水，其浓度测定是通过测定计算浓硫酸（98％）浓度来相对估算（无法直接测定，而配缸和消耗都是 1：1 比例）的，因此在换缸和补充时要保证两者要等量添加，以保证测定浓度和实际浓度的一致性。

5.1.2　图形转移技术的基本材料

不同图形转移技术使用的基本材料具有很大的差异，本节介绍通过制作抗蚀层实现图形转移技术路线所需的基本材料。

1. 丝网

顾名思义，印制电路板和丝网印刷工艺有着密切而不可分割的关系。丝网印刷是印制电路板制造图形转移工序最常用的技术之一，具有设备操作简单、方便、成本低廉、适应性强等特点。丝网印刷的基本原理是：根据电路设计图形堵塞丝网部分孔洞（制板），通过刮板的挤压作用，使油墨通过部分网孔在承印物上形成设计图形。传统的制板方法是手工的，现代较普遍使用的光化学制板法，丝网是必需基本材料。

1）丝网材料

印制电路行业使用的丝网是指以金属、非金属为材质加工成的丝，根据需求编织成不同形状、密度和规格的网，如不锈钢丝网、绢丝网、PVC 丝网、尼龙网等。表 5-1 为常见丝网材料性能比较。

表 5-1 常用丝网材料性能比较

性能	尼龙	聚酯	不锈钢
抗化学腐蚀	佳	佳	极佳
抗张强度	中等	高	极高
尺寸稳定性	差	中等	极佳
耐磨性	中等	中等	极佳
弹性及伸长率	极佳(0.1%)	中等(2%)	差(2%)
吸水性(20，65RH)	24%	0.4%	不吸水
目数范围	16～460	60～390	30～500
耐印次数	4 万	4 万	2 万
油量控制	佳	佳	差
纤维粗细	较粗	粗	细
价格	低	中等	最高

2）丝网的性能与规格

丝网的规格参数主要有目数、孔径、丝径、网厚及网孔面积。

丝网目数是指单位面积上网孔数目。丝网产品规格中用以表达目数的单位是孔/cm 或线/cm。使用英制计量单位的国家和地区，以孔/in 或线/in 来表达丝网目数。目数一般可以说明丝网的丝与丝之间的密疏程度，目数越高丝网越密，网孔越小；反之，目数越低丝网越稀疏，网孔越大，如 150 目/in，即 1in 内有 150 根网丝。网孔越小，油墨通过性越差，网孔越大，油墨通过性就越好。在选用丝网时可根据承印的精度要求选择不同目数的丝网。

丝网厚度是指丝网表面与底面之间的距离。一般以毫米（mm）或微米（μm）计量。厚度应是丝网在无张力状态下静置时的测定，由网丝直径决定，与丝网过墨量有关。

丝径是指织构网所使用丝的最大直径。丝径大小直接影响丝网的抗张强度、图像分辨率等。

孔径是指网孔的开度，也称为丝网开度。假设网孔为正方形时，孔径实际表示网孔的宽度，可作为下油的衡量指标。在印料性质相同时，孔径越大油墨漏过性越好。

丝网孔面积是指单位面积内网孔所占的百分率，也称为丝网开口率。不同丝网性能指标如表 5-2 所示。

表 5-2 不同丝网性能指标

产地	规格	目/inch	目/cm	系列	丝径/μm	厚度/μm	孔径/μm	开口率/%	油墨透过体积/(cm³/m²)
日本	单丝聚酯丝网(TNO)	305	120	S	30	50	53	41	20
				M	33	52	50	36	19
				T	35	56	48	34	19
				H	40/35	63	47	31	20
				HD	40	72	45	28	20
日本	Catex 尼龙丝网不锈钢(TO)	305	120	TK	25	46	41	24	11
		255	100	D	43	75	57	32	24
		305	120		30	70	55	42	29
瑞士	Estalmono	305	120	S	32	53	49	35.6	
		305	120	T	37	61	45	30.1	
瑞士	Nytal 尼龙单丝	305	120	S	30	48	53	40.75	
				T	35	60	48	33.5	
				HD	39	68	44	28.75	
瑞士	混合金属(丝网)	305	120	S	36	52	50	36	
				T	38	62	46	20.5	
瑞士	Estalmono	255	100	T	40	65	58	35	
				HD	53	88	46	21.6	
上海	铁猫牌 单丝聚酯	255	100	T	39.1	69	61		
		305	120	S	31.9	58	51		

3)丝网选用

丝网选用需要兼顾丝网种类、印制材料性能、印制工艺技术参数、制造成本等多方面因素,在印制电路板行业应用最多的是涤纶丝网,个别特殊要求才使用不锈钢网。网印时至少需要两根丝桥接组成网目,否则就无法制成掩模板,选用丝网的技术参数可参见以下公式:

$$\text{印制最小线宽 / 最小网点直径} \geqslant 2 \times \text{丝径} + \text{孔径} \qquad (5\text{-}1)$$

$$\text{丝网目数} = 1/(\text{丝径} + \text{孔径}) = 1/(\text{印制最小线宽} / \text{网点直径} - \text{丝径}) \qquad (5\text{-}2)$$

表 5-3 表示了不同目数的丝网可印刷最细线条尺寸的理论值,但在实际选用时还需进行试验确定。

表 5-3 丝网技术参数与印制线宽对照表

序号	丝网目数	丝径/μm	开孔大小/μm	可印制最小线宽/μm
1	200	55	72	190
2	255	40	60	150
3	305	35	48	120
4	355	35	37	110

2. 印料——油墨

印制电路板印制的油墨尽管因用途不同所应具备的性能也不同，但为了满足多种用途的需要，印料的性能必须具备以下条件。

(1)化学稳定性好，不与网版等发生化学反应。抗蚀油墨要求在蚀刻液内不被溶解、不脱落、不起泡和抗蚀良好。耐电镀油墨，必须具备耐酸、耐碱、耐电镀液的特性，而且要求电阻率高，绝缘性好。阻焊防护油墨要求耐高温、可耐焊性好，同时要求耐工业大气、耐盐雾、耐霉菌等。油墨本身和所用稀释剂不能和网版发生任何化学反应，否则网版会受到破坏。

(2)干燥温度控制性好，干燥速度适宜。油墨在丝网上未漏印前，干燥速度越慢越好，若黏度不变，最利于网印操作及网印质量。油墨一经漏印到覆铜板上，则要求干燥速度快些好，以缩短生产周期，便于自动留守处生产。

(3)具有良好的附着性能。在整个工艺过程中，印制的油墨不能产生脱落、起泡、变形等现象，黏附力要求达到国家相关标准。

(4)黏度合适触变性好。油墨的黏度尤其重要，黏度过大会产生漏印困难，而黏度太小则产生漏印图像易扩散、失真大等问题。油墨触变性好，网印图形整齐，饱满；反之，网印困难，针孔砂眼多。

(5)颜色要适中。油墨的颜色和铜箔颜色色差大些好，同时色彩要柔和协调，不反光，不刺眼，有利于修版工作和检验网印质量。

(6)透印能力好且便于去除。油墨颗粒度要小，流动性要好，网印轻松省力，网印图形针孔小，覆盖能力强。对抗蚀油墨和抗电镀油墨而言，一经蚀刻完毕或电镀结束，即要去除掉油墨。这一工序应越简单越好，故需油墨易于溶解于稀酸、稀碱或有机溶剂，方便去除。

3. 光致抗蚀剂

光致抗蚀剂是光化学图像转移工艺需要使用的基本材料，它是一种经过某种光照后能改变其结构从而具有抵抗某种蚀刻液或电镀溶液浸蚀性能的高分子化合物，是现代加工工业的一种重要功能材料。光致抗蚀剂的使用历史可追溯至照相的起源，早在 1826 年，人类第一张照片诞生就是采用了光致抗蚀剂材料——感光沥青，经过 100 多年的发展，人们研发出了许多分辨率更高的光致抗蚀剂材料，如 1949 年开发出重氮萘醌——线性酚醛树脂系感光材料，1980 年 IBM 首先开发出化学增幅型光刻胶。

光致抗蚀剂按照成像特点可分为两大类。①正性光致抗蚀剂。受光照部分的高分子材料发生降解反应转化为能溶解于显影液的化合物，曝光显影之后，留下的非曝光部分的图形与掩模板一致。正性抗蚀剂具有分辨率高、对驻波效应不敏感、曝光容限大、针孔密度低和无毒性等优点，适合于高集成度器件的生产。它主要包括：聚乙烯醇肉桂酸酯、聚乙烯氧肉桂酸乙酯、环氧树脂、环化橡胶等；②负性光致抗蚀剂。受光照部分高分子材料产生交链反应成为不溶于显影液的化合物，曝光显影之后，非曝光部分被显影液溶解，获得的图形与掩模板图形互补，及"负像"。负性抗蚀剂的附着力强、灵敏度高、显影条件要求不严，适于低集成度的器件的生产。它主要包括线性酚醛树脂、聚甲基丙烯酸甲酯等。

　　按照抗蚀剂的物理形态，光致抗蚀剂又可分为：液态抗蚀剂与干膜抗蚀剂。

　　自从杜邦公司 1968 年首先提出将光致干膜抗蚀剂（dry film photoresist，简称干膜）应用于印制电路板制造领域起，干膜就成为印刷线路板制作中主要基本材料。目前在实际中使用干膜的结构是由载体膜、光致抗蚀层（感光层）、覆盖膜组成的。手机、电视和电脑等电子产品的智能化、便携式发展，推动着精细线路制作技术的进步，对图形转移工艺中的图像解析度要求越来越高，改进干膜的性能、采用短波长的光源与平行光曝光、降低覆盖薄膜和干膜本身厚度、优化光致抗蚀干膜配方等措施，使光致抗蚀干膜的分辨率也获得较大的改善，干膜的分辨率在 20 世纪 70 年代是 $500\mu m$，到 80 年代提高到 $200\mu m$，到 90 年代达到 $75\mu m$。目前，特定的高分辨率的光致抗蚀干膜在一般制程条件下分辨率就可达 $25\mu m$ 甚至更低。

　　干膜的光致抗蚀层是光致抗蚀干膜的关键部分，是实现图形转移功能层。其厚度根据其用途的不同有若干种规格，一般在 $10\sim100\mu m$。碱溶性感光树脂是制备光致抗蚀干膜的主要组分，对光致抗蚀干膜的各种性能，尤其是前烘、显影、曝光等工艺性、附着力、硬度、光固化速度起着极其重要的作用。其合成方法可以简单描述为：利用缩合或接枝等方法在一些大分子上"安装"上一些可溶＋碱性水溶液的基团（如羧基、酰胺）以及反应活性基团（如乙烯基、丙烯基）。覆盖层覆盖在感光胶层表面上，起保护作用，避免空气中灰尘污染及氧等对感光层的不利影响，防止在分切收卷过程中互相黏结，该层一般为聚乙烯薄膜（PE），厚度为 $20\sim25\mu m$。载体膜为光致抗蚀层的支撑体，即将感光材料涂覆在载体膜上形成干膜。干膜生产中一般聚酯膜（PET）通常采用 $16\sim25\mu m$。载体膜在曝光之后显影之前将其撕去，其作用是防止曝光时氧气向光致抗蚀层扩散，氧气扩散会导致破坏抗蚀胶的游离基，从而引起曝光度的下降。

表 5-4　日立化成工业株式会社的光致抗蚀干膜 FZ 系列产品品种及主要性能

项目	条件	单位	FZ-2520G	FZ-2525G	FZ-2530G	FZ-2535G
膜厚	—	μm	20	25	30	35
感度	ST=18/41	ml/cm^2	250	250	250	250
解像度	冲制孔	$\mu m\phi$	40	50	60	70
T_g	TMA	℃	97			
CTE(a_1/a_2)		10^{-6}	57/148			
弹性率	抗张实验	GPa	2.3			
抗张强度		MPa	76			
伸长率		%	6.0			
浸焊耐热性	260℃/10sec. /3cycles	—	Pass			
耐性化学镀 Ni/AuX 性	Ni：5cm Au：$0.1\mu m$	—	Pass			
HAST 耐性	130℃/85%/6V/300h	Ω	$>1.0\times10^{12}$			
TCT 耐性	-55℃/125℃/1000cycles	—	Pass			
PCT 耐性	121℃/2.1atm/100h	—	Pass			

液态光致抗蚀剂(LPR，简称湿膜)是于 20 世纪 90 年代开发出的一种新型图形转移专用材料，其目的是为了克服干膜在图形转移工序中产生的不利影响，满足集成电路和封装技术的迅速发展对 PCB 线路精细程度越来越高、简化工艺流程以及降低生产成本等要求。液态光致抗蚀剂由感光性树脂、感光剂、色料、填料、溶剂等制成，使用时经光照射后产生光聚合反应而得到图形，属负性感光聚合型。与传统抗蚀油墨及干膜相比具有如下特点。

(1)采用底片接触曝光成像(contact printing)，不需要制丝网模板，可避免网印所带来的渗透、污点、阴影、图像失真等缺陷，解像度(resolution)可从传统油墨 $200\mu m$ 提升到 $40\mu m$。

(2)液态光致抗蚀剂涂布方式灵活、多样，工艺操作性强，易于掌握，使用范围广。由于是光固化反应结膜，其膜的密贴性、结合性、抗蚀能力(etch resistance)及其抗电镀能力比传统油墨好，可用作多层板内层线路图形制作及孔化板耐电镀图形制作，也可与堵孔工艺结合作为掩孔蚀刻图形抗蚀剂，还可用于图形模板的制作等。

(3)液态光致抗蚀剂的流动性可填充铜箔表面轻微的凹坑、划痕等缺陷，以获得比干膜更好的基板密贴性。湿膜薄可达 $5\sim10\mu m$，只有干膜的 1/3 左右，而且湿膜上层没有覆盖膜(在干膜上层覆盖有约为 $25\mu m$ 厚的聚酯盖膜)，故其图形的解像度、清晰度高。如在曝光时间为 4S/7K 时，干膜的解像度为 $75\mu m$，而湿膜可达到 $40\mu m$。

(4)液态光致抗蚀剂是液态膜，不会出现干膜在使用时容易出现的起翘、电镀渗镀、线路不整齐等问题，其可挠性强，尤其适用于挠性板(flexible printed board)制作。涂覆工序到显形工序允许搁置时间可达 48h，可解决生产工序之间时间衔接问题，有利于提高生产效率。

(5)一般干膜不耐镀金液，而液态光致抗蚀剂可耐镀金液，可应用于日益推广的化学镀镍金工艺。

(6)液态光致抗蚀剂本身厚度的减薄可减低成本。与干膜相比，不需要载体聚酯盖膜(polyester cover sheet)和起保护作用的聚乙烯隔膜(polyethylene separator sheet)，而且没有像干膜裁剪时那样大的浪费，不需要处理后续废弃薄膜。使用液态光致抗蚀剂大约可节约成本每平方米 $30\%\sim50\%$。

(7)液态光致抗蚀剂属于单液油墨容易存储保管。在温度为 (20 ± 2)℃、相对湿度为 $(55\pm5)\%$的条件下，阴凉处密封保存的储存期(storage life)一般为 $4\sim6$ 个月。

但是，湿膜厚度(thickness)均匀性不及干膜，涂覆之后的烘干程度也不易掌握好，增加了曝光困难. 故操作时务必仔细。另外，湿膜中的助剂、溶剂、引发剂等的挥发，对环境造成污染，尤其是对操作者有一定伤害。因此，工作场地必须通风良好。

目前，工业实际使用的液态光致抗蚀剂的外观呈黏稠状，颜色多为蓝色，固态成分 $70\%\sim80\%$，黏度 250 ± 50ps，硬度 2H(曝光后，铅笔硬度)，抗蚀液种类：三氯化铁、酸性氯化铜、氨水、硝酸、盐酸等；抗电镀种类：酸性铜、锡铅、镍金等。如中国台湾精化公司产 GSP1550、中国台湾缇颖公司产 APR-700 等，此类皆属于单液油墨，可用简单的网印方式涂覆，用稀碱水显影，用酸性或弱碱性蚀刻液蚀刻。

液态光致抗蚀剂的使用寿命(life span)与操作环境和时间有关，在温度≤25℃、相对湿度≤60%、无尘室中黄光下操作，其使用寿命大约为 3 天，但超过 24h 可影响其性能。

5.1.3　光致抗蚀剂图形转移工艺流程

与丝网印刷图形转移技术相比较，光致抗蚀剂图形转移技术具有解析度高、使用面广、但成本更高的特点。

1. 干膜光致抗蚀剂图形转移

采用干膜的图形转移工艺流程为：覆铜箔基板或孔金属化后的预镀铜基板→干燥→基板前处理→贴膜→定位→曝光→显影→修板→下道工序。

1)基板前处理(pre-cleaning)

基板前处理主要是去除铜层表面的油脂(grease)、氧化层(oxidized layer)、灰尘(dust)和颗粒(particle)残留、水分(moisture)、化学物质(chemicals)等污染物质，特别是碱性物质，以保证铜层表面清洁度和粗糙度，提升铜层表面性质的均匀度，保障感光胶与铜箔获得良好的结合力。常规方法有机械研磨方法、化学前处理方法、机械研磨方法＋化学前处理方法三种。

A. 机械研磨方法

机械研磨方法通常使用的基本设备是刷板机，根据前处理时使用的材料种类不同，刷板机可以分为磨料刷辊式刷板机和浮石粉刷板机两种。磨料刷辊式刷板机根据刷子的性质分为压缩型刷子和硬毛型刷子。压缩型刷子是将磨料(如 100 目碳化硅)黏接在尼龙丝上，然后再将特种尼龙丝制成刷辊供使用；硬毛刷是用含碳化硅等磨料的尼龙丝直接编绕而成。在实际中一般根据用途选用不同种类与粒度的磨料。一般情况下，钻孔后去除毛刺用 180~240 目的刷子，贴干膜前基板处理可用 320~500 目的刷子。由于磨料刷辊式板机存在基板表面擦伤、出现沟槽、孔周边缘产生椭圆孔的现象、板面不均匀等缺陷，随着现代电路设计的发展，线宽和间距越来越小，磨料刷辊刷板机不能保证质量，产品合格率低。

浮石粉刷板机工艺流程为：尼龙刷与浮石粉浆液相结合进行擦刷→刷洗除去板面浮石粉→高压水冲洗除去孔内浮石粉→水清洗→干燥。

与其他刷板工艺相比较，浮石粉刷板机工艺具有优点有：

(1)尼龙刷与磨料浮石粉粒子相结合在板面相切擦刷，从而除去种类污物，使基板铜箔光亮如新。

(2)板面形成均匀一致的轻微粗糙，而不会出现沟槽现象。

(3)表面和孔之间的连接因尼龙刷的作用缓和而不会受到损坏。

(4)由于板面均匀度良好，使得曝光时光的散射降低，成像的分辨率得到改善。

使用机械研磨方法应严格控制工艺参数，保证板面烘干效果，从而使磨出的板面无杂质、胶迹及氧化现象。磨完板后最好进行防氧化处理。

B. 化学前处理方法

基板化学前处理方法的基本原理是利用化学反应去除基板表面的污染物等，并可同时实现对铜箔表面的微蚀，以改进其表面性能，增进贴膜质量。化学清洗的优点是铜箔损耗较少，基材本身没有机械应力的影响，处理薄型基板容易操作而不变形，该方法对因基材较薄、不宜采用机械研磨法处理的基板(如内层板)具有独特的应用优势。

典型的化学前处理工艺流程：去油→清洗→微蚀→清洗→烘干。去油处理液基本配方如表 5-5 所示。

表 5-5 去油处理液基本配方及操作温度

序号	试剂种类	用量
1	Na_3PO_4	$40\sim60g/L$
2	Na_2CO_3	$40\sim60g/L$
3	$NaOH$	$10\sim20g/L$
4	操作温度	$40\sim60℃$

微蚀(mi-croetehing)处理液配方及操作温度：NaS_2O_8，$170\sim200g/L$；H_2SO_4，$2\sim4\%$(体积比)；操作温度，$20\sim40℃$；

用碱溶液清洗除去铜表面的指印、油污及其他污物，然后用酸性溶液去除铜表面的氧化层，最后进行轻微蚀刻处理后而得到充分粗化的表面，最终获得干膜与基板牢固的结合力。

C. 基板前处理效果检查

无论采用机械研磨法还是化学前处理法，处理后都应立即烘干，经过化学处理的铜表面应为粉红色。

处理效果的检查方法为：采用水膜试验，水膜破裂试验的原理是基于液相与液相或者液相与固相之间的界面化学作用。若能保持水膜 $15\sim30s$ 不破裂即为清洁干净。

注意：清洁处理后的板子应戴洁净手套拿放，并立即涂覆感光胶，以防铜表面再氧化。

2)贴膜工序

贴膜通常在贴膜机上完成，基本结构大致相同。干膜贴膜时，先从干膜上剥下聚乙烯保护膜，然后在加热、加压的条件下将干膜抗蚀剂粘贴在覆铜箔板上。干膜中的抗蚀剂层受热后变软，流动性增加，借助于热压辊的压力和抗蚀剂中黏结剂的作用完成贴膜。连续贴膜时要注意在上、下干膜送料辊上装干膜时要对齐，一般膜的尺寸要稍小于板面，以防抗蚀剂黏到热压辊上。连续贴膜生产效率高，适合于大批量生产。完好的贴膜应是表面平整、无皱折、无气泡、无灰尘颗粒等夹杂。为保持工艺的稳定性，贴膜后应经过 15min 以上的冷却及恢复期再进行曝光。

贴膜工序影响质量的因素有压力、温度、传送速度三个方面。

(1)压力。贴膜机上下两个热压辊产生的压力是使干膜附着到基板表面的基本动力。使用时根据印制板厚度调至使干膜易贴、贴牢、不出皱折等需要的压力即可，常规干膜的压力为 $3.5\sim40.6kg \cdot F/cm^2$。

(2)温度。贴膜温度的差异直接影响干膜的流动性(硬度与黏结性)等性能，使用时应根据干膜的类型、性能、环境温度和湿度选择不同的贴膜温度。如果膜涂布较干且环境温度低湿度小，贴膜温度要高些，反之可低些。暗房内良好稳定的环境及设备完好是贴膜的良好的保证。贴膜温度过高，干膜图像会变脆，导致耐镀性能差；贴膜温度过低，干膜与铜表面黏附不牢，在显影或电镀过程中，膜易起翘甚至脱落。通常控制贴膜温度在 $100℃$ 左右。

（3）传送速度。与贴膜温度有关，温度高，传送速度可快些，温度低则将传送速度调慢。通常传送速度为 $0.9\sim1.8m/min$。在大批量生产时，如果传送速度过高，热压辊难以提供足够的热量，则需要给贴膜基板预热，即在烘箱中干燥处理后稍加冷却便可贴膜，或以减慢贴膜的速度来保证。

为适应生产精细导线的印制板，又发展了湿法贴膜工艺，此工艺是利用专用贴膜机在贴干膜前于铜箔表面形成一层水膜，该水膜的作用是：提高干膜的流动性；驱除划痕、砂眼、凹坑和织物凹陷等部位上滞留的气泡；在加热加压贴膜过程中，水对光致抗蚀剂起增黏作用，因而可大大改善干膜与基板的黏附性，从而提高了制作精细导线的合格率。据报道，采用此工艺精细导线合格率可提高 $1\%\sim9\%$。

3）干膜曝光

干膜曝光即在紫外光照射下，光引发剂吸收了光能分解成游离基，游离基再引发光聚合单体进行聚合交联反应，反应后形成不溶于稀碱溶液的体型大分子结构。曝光一般在曝光机内进行，曝光机根据光源的冷却方式不同，可分风冷和水冷式两种，根据曝光面数又分为单面曝光机和双面曝光机等。影响曝光成像质量的因素除干膜光致抗蚀剂的性能外，还有光源的选择、曝光时间(曝光量)的控制、照相底版的质量等重要因素。

A．光源的选择

任何一种干膜都有其自身特有的光谱吸收曲线，而任何一种光源也都有其自身的发射光谱曲线，因此光源的选择主要有最佳波段和辐射功率。如果某种干膜的光谱吸收主峰能与某种光源的光谱发射主峰相重叠或大部分重叠，则两者匹配良好，曝光效果最佳。国产干膜的光谱吸收曲线表明，光谱吸收区为 $310\sim440nm$，其中高压汞灯、碘镓灯等在该波长范围均有较大的相对辐射强度，是干膜曝光较理想的光源，氙灯不适应于干膜的曝光。另外，在光源种类确定的前提下，应考虑选用功率大的光源，因为光强度大，分辨率高，而且曝光时间短，照相底片受热变形的程度也小。此外，灯具设计与放置方式同样十分重要，要尽量做到使入射光均匀性好，平行度高，以避免或减少图形曝光不均匀。

B．曝光时间(曝光量)的控制

干膜曝光其化学实质是高分子材料产生的光化学反应。因此，不同的干膜由于其组成、结构的差异必然存在一个最佳曝光波长、曝光时间等。当光源确定时，在曝光过程中由曝光机输入的能量就由曝光时间决定，正确控制曝光时间是得到优良的干膜抗蚀图像非常重要的因素。当曝光不足时，由于单体聚合的不彻底，在显影过程中，胶膜溶胀变软，线条不清晰，色泽暗淡，甚至脱胶，在电镀前处理或电镀过程中，膜起翘、渗镀、甚至脱落。当曝光过头时会造成难于显影、胶膜发脆、留下残胶等弊病。更为严重的是不正确的曝光将产生图像线宽的偏差，过量的曝光会使图形电镀的线条变细，使印制蚀刻的线条变粗；反之，曝光不足使图形电镀的线条变粗，使印制蚀刻的线条变细。

在实际生产中，由于应用干膜的各厂家所用的曝光机不同，即光源、灯的功率及灯距不同，因此干膜生产厂家很难推荐一个固定的曝光时间。国外生产干膜的公司都有自己专用的或推荐使用的某种光密度尺(干膜出厂时都标出推荐的成像级数)，国内的干膜生产厂家没有自己专用的光密度尺，通常推荐使用瑞斯顿(Riston)17 级或斯图费(stouffer)21 级光密度尺。

$$光密度 \ D = -\log T, T \ 为透光率 \tag{5-3}$$
$$透光率 \ T = 透射光强度 / 入射光强度 \tag{5-4}$$

瑞斯顿 17 级光密度尺第一级的光密度为 0.5，以后每级以光密度差 ΔD 为 0.05 递增，到第 17 级光密度为 1.30；斯图费 21 级光密度尺第一级的光密度定为 0.05，以后每级以光密度差 ΔD 为 0.15 递增，到第 21 级光密度为 3.05。

在用光密度尺进行曝光时，光密度小的(即较透明的)等级，干膜接受的紫外光能量多，聚合得较完全，而光密度大的(即透明程度差的)等级，干膜接受的紫外光能量少，不发生聚合或聚合的不完全，在显影时被显掉或只留下一部分。这样选用不同的时间进行曝光便可得到不同的成像级数。现将瑞斯顿 17 级光密度尺的使用方法简介如下。

实验时可任选一曝光时间作为参考曝光时间(用 T_n 表示)进行，然后进行显影，获得实验最大级数(即参考级数)，将推荐的使用级数与参考级数相比较，并按下面系数表进行计算，获得使用级数，如表 5-6 所示。

表 5-6　曝光时间选择换算系数表

级数差	光密度	系数 K	级数差	光密度	系数 K
1	0.5	1.122	6	0.75	2.000
2	0.55	1.259	7	0.8	2.239
3	0.6	1.413	8	0.85	2.512
4	0.65	1.585	9	0.9	2.818
5	0.67	1.778	10	0.95	3.162

当使用级数与参考级数相比较需增加时，使用级数的曝光时间 $T = K \times T_n$。当使用级数与参考级数相比较需降低时，使用级数的曝光时间 $T = T_n / K$。这样只进行一次试验便可确定最佳曝光时间。在无光密度尺的情况下也可凭经验进行观察，用逐渐增加曝光时间的方法，根据显影后干膜的光亮程度、图像是否清晰、线宽是否与原底片相符等来确定适当的曝光时间。

影响曝光时间的主要因素有：灯光的距离越近，曝光时间越短；液态光致抗蚀剂厚度越厚，曝光时间越长；空气湿度越大，曝光时间越长；预烘温度越高，曝光时间越短。

当曝光过度时，易形成散光折射，线宽减小，显影困难。当曝光不足时，显影易出现针孔、发毛、脱落等缺陷，抗蚀性和抗电镀性下降。因此选择最佳曝光参数是控制显影效果的重要条件。

需要指出的是，以时间来计量曝光是不科学的，因为光源的强度往往随着外界电压的波动及灯的老化而改变。

C. 照相底版的质量

照相底版质量的好坏直接影响曝光质量。照相底版图形线路清晰，不能有任何发晕、虚边等现象，要求无针孔、沙眼，稳定性好。照相底版要求黑白反差大。照相底版的质量主要表现在光密度和尺寸稳定性两方面。

照相底版的光密度是评价其本身品质的参数，常使用最大光密度(D_{max})和最小光密度(D_{min})衡量。最大光密度是指底片在紫外光中，其表面挡光膜的挡光下限；最小光密度是指底片在紫外光中，其挡光膜以外透明片基所呈现的挡光上限。一般要求照相底版

的最大光密度 D_{max} 大于 4.0、最小光密度 D_{min} 小于 0.2。也就是说，底片不透明区的挡光密度 D_{max} 超过 4 时，才能达到良好的挡光目的，或者当底片透明区光密度 D_{min} 小于 0.2时，才能达到良好的透光目的。银盐片光密度 $D_{max} \geqslant 3.5$，$D_{min} \leqslant 0.15$；重氮片光密度 $D_{max} \geqslant 1.2$，$D_{min} \leqslant 0.1$。

照相底片的尺寸稳定性(指随温度、湿度和储存时间的变化)将直接影响印制板的尺寸精度和图像重合度，照相底片尺寸严重胀大或缩小都会使照相底版图像与印制板的钻孔发生偏离。国产硬性软片受温度和湿度的影响，尺寸变化较大，其温度系数和湿度系数大约在 $(50 \sim 60) \times 10^{-6} ℃^{-1}$ 及 $(50 \sim 60) \times 10^{-6} \%$，对于一张长度约 400mm 的底片，冬季和夏季的尺寸变化可达 $0.5 \sim 1$mm，在印制板上成像时可能偏半个孔到一个孔的距离，因此照相底版的生产、使用和储存最好均在恒温恒湿的环境中。另曝光机如冷却系统有问题，机内温度过高会使底片产生胀缩影响定位精度。采用厚聚酯片基的银盐片(如0.18mm)和重氮片可提高照相底版的尺寸稳定性。除上述三个主要因素外，曝光机的真空系统及真空框架材料的选择等也会影响曝光成像的质量。

4)曝光定位(适用于非自动曝光机)

(1)目视定位。通常适用于使用重氮底版的手动定位曝光，重氮底版呈棕色或桔红色的半透明状态；但不透紫外光，透过重氮图像使底版的焊盘与印制板的孔重合对准，用胶带固定即可进行曝光。

(2)脱销定位系统定位。脱销定位系统包括照相软片冲孔器和双圆孔脱销定位器。定位方法是：首先将正面、反面两张底版药膜相对在显微镜下对准；将对准的两张底版用软片冲孔器于底版有效图像外任冲两个定位孔，把冲好定位孔的底版任取一张去编钻孔程序，便能得到同时钻出元件孔及定位孔的数据带，一次性钻出元件孔及定位孔，印制板金属化孔及预镀铜后，便可用双圆孔脱销定位器定位曝光。

(3)固定销钉定位。固定销钉分两套系统，一套固定照相底版，另一套固定印制板，通过调整两销钉的位置，实现照相底版与印制板的重合对准。

5)干膜显影工序

干膜显影的化学机理是感光膜中未曝光部分的活性基团与显影剂(如稀碱)溶液发生化学反应生成可溶性物质通过溶解作用进入显影液中，从而把未曝光的部分溶解下来，而曝光部分的干膜成分由于发生光化学反应生成了不与显影剂反应的结构而不被溶胀，被留在基板表面。目前，在实际应用中多为水溶性干膜。水溶性干膜的显影液为 $1\% \sim 2\%$ 的无水碳酸钠或碳酸钾水溶液，显影操作温度一般控制在 $30 \sim 40℃$，显影工序的基本设备为显影机。影响显影效果的因素有显影液的温度、显影时间、喷淋压力等显影参数。

机械方法显影工艺的显影液配方：

无水 Na_2CO_3：$0.8\% \sim 1.2\%$；

消泡剂：0.1%；

温度：$(30 \pm 2)℃$；

显影时间：(40 ± 10)s；

喷淋压力：$1.5 \sim 3$kg/cm^2；

显影速度一般随温度增高而加快，不同的干膜显影温度略有差别，需根据实际情况调整，温度过高会使膜缺乏韧性变脆。

正确的显影时间通过显出点(没有曝光的干膜从印制板上被溶解掉之后)来确定,显出点必须保持在显影段总长度的一个恒定百分比上。如果显出点离显影段出口太近,未聚合的抗蚀膜得不到充分的清洁显影,抗蚀剂的残余可能留在板面上。如果显出点离显影段的入口太近,已聚合的干膜由于与显影液过长时间的接触,可能被浸蚀而变得发毛,失去光泽。通常显出点控制在显影段总长度的 40%~60%。显影点的计算方法较为简单,使用一至几块长的板材,其长度大于等于显影段的长度,贴完膜后不曝光直接显影,当板子的最前端走到显影出口时关闭显影药水的喷淋。根据板子显影的情况可得知显影点在显影段中的位置,从而根据显示情况调整显影速度达到最佳的显影状态。

干膜与显影液作用会产生溶胀作用,通过显影药水的喷淋作用可增加显影剂的作用,一般压力控制在 $1.5\sim3kg/cm^2$。

显影机在使用时由于溶液不断地喷淋搅动,会出现大量泡沫,因此必须加入适量的消泡剂,如正丁醇、印制板专用消泡剂等。消泡剂起始的加入量为 0.1% 左右,随着显影液溶进干膜,泡沫又会增加,可继续分次补加。部分显影机有自动添加消泡剂的装置。显影后要确保板面上无余胶,以保证基体金属与电镀金属之间有良好的结合力。在显影的过程中碳酸钠需要不断补充,在某些天气较寒冷地区在冬天显影时其补充碳酸钠的药桶要有加热装置,以防止显影段由于补充药液导致温度下降造成显影不良。

不恰当的工艺参数会在显影后产生余胶,主要有以下几种可能:显影温度较低,碱性物质(Na_2CO_3 或 K_2CO_3)浓度偏低,喷淋压力小,传送速度较快,显影不彻底,曝光过度,叠板等。

检测方法:用 1% 甲基紫酒精水溶液或 1%~2% 的硫化钠或硫化钾溶液检查,染上甲基紫颜色和浸入硫化物后没有颜色改变说明有余胶。

2. 液态光致抗蚀剂图形转移

液态光致抗蚀剂工艺流程:上道工序→覆铜箔基板或孔金属化后的预镀铜基板前处理→ 涂覆→ 预烘→ 定位→ 曝光→ 显影→干燥→ 检查修版→ 蚀刻或电镀→ 去膜→ 交下工序。

从工艺流程图可见,液态光致抗蚀剂工艺流程与干膜图形转移工艺流程相似,其主要区别在于液态光致抗蚀剂工艺需要涂覆和预烘工序,而干膜技术途径则为贴膜工序。

1)基板前处理(pre-cleaning)

湿膜前处理技术手段、使用设备等与干膜工艺技术路线基本相同,其差异在于湿膜工艺与干膜工艺的要求有所不同,湿膜工艺更侧重于处理基板的清洁度。

2)液态光致抗蚀剂涂覆(photoresist coating)

液态光致抗蚀剂涂覆是液态光致抗蚀剂图形转移技术的必需工序。通过涂覆工序在基板铜层表面均匀地覆盖一层液态光致抗蚀剂,为后续工序提供物质基础。液态光致抗蚀剂涂覆方法有多种,如离心涂覆、浸涂、网印、帘幕涂覆、滚涂等。

丝网印刷是目前常用的一种涂覆方式,其设备要求低,操作简单容易,成本低,但不易双面同时涂覆,生产效率低,膜的均匀一致性不能完全保证。一般网印时,满版印刷采用 100~300 目丝网,抗电镀的采用 150 目丝网。此法受到多数中小厂家的欢迎。帘幕涂覆既适宜大规模生产,也能均匀控制涂覆层厚度,但设备要求高,且只能涂完一面后再涂另一面，影响生产效率。

液态光致抗蚀剂涂覆质量对后续工序中的曝光、显影等具有较大影响。如果液态光致抗蚀剂的涂覆层膜太厚，就容易产生曝光不足、显影不足、感压性高、易黏底片等问题。如果液态光致抗蚀剂涂覆膜太薄，则容易产生曝光过度、抗电镀绝缘性差及易产生电镀金属上膜的现象，而且去膜速度慢。另外，操作间的洁净度对膜质也具有影响，一般要求在无尘间的黄光下操作，室温控制在 23~25℃，相对湿度为(55±5)％。

为获得优质涂层，涂覆操作时应注意以下几方面：

(1)无论采用何种涂覆方式，获得涂覆层都应达到厚度均匀、无针孔、气泡、夹杂物等，皮膜厚度干燥后应在 8~15μm。

(2)涂膜前应仔细检查清洁度并预防涂覆层中混入空气中的污染物而产生针孔；如果光致抗蚀剂中有不明物引起针孔，应用丙酮洗净且更换新的抗蚀剂。

(3)采用网印时选用恰当丝网十分重要。丝网目数不恰当可使涂膜过厚或过薄，若涂覆层厚度不均匀，应加稀释剂调整抗蚀剂的黏度或调整涂覆的速度。

(4)涂膜时尽量防止油墨进孔。

(5)因液态光致抗蚀剂含有溶剂，作业场所必须换气良好。工作完后用肥皂洗净手。

3)预烘(pre-curing)工序

预烘是指通过加温干燥使液态光致抗蚀剂膜面达到干燥，以方便底片接触曝光显影制作出图形。此工序大都与涂覆工序同一室操作。预烘的方式最常用的有烘道和烘箱两种。对于采用烘箱干燥技术途径，如果采用双段预烘策略，即第一面采用(80±5)℃、预烘 10~15min；第二面采用(80±5)℃、预烘 15~20min。这种一先一后预烘，使两面湿膜预固化程度存在差异，显影的效果也难保证完全一致。理想的是双面同时涂覆，同时预烘，温度(80±5)℃，时间约 20~30min，这样预处理件双面同时预固化，时间、温度皆相同，从而可能保证双面显影效果一致，并节约工时提高生产效率。

在印制板预烘阶段，控制好预烘的温度(temperature)和时间(time)对于后续工序的质量控制影响较大。例如采用烘箱干燥，如果温度过高或时间过长，显影困难，不易去膜；若温度过低或时间过短，干燥不完全，皮膜有感压性，易黏底片而致曝光不良，且易损坏底片。

该工序操作注意要点：

(1)预烘后，板子应经风冷或自然冷却后再进行底片对位曝光。

(2)不要使用自然干燥，且干燥必须完全，否则易黏底片而致曝光不良。预烘后感光膜皮膜硬度应为 HB~1H。

(3)若采用烘箱，一定要带有鼓风和恒温控制，以使预烘温度均匀，而且烘箱应清洁，无杂质，以免掉落在板上，损伤膜面。

(4)预烘后，涂膜到显影搁置时间最多不超过 48h，湿度大时尽量在 12h 内曝光显影。

(5)对于液态光致抗蚀剂型号不同，要求也不同，应仔细阅读说明书，并根据生产实践调整工艺参数，如厚度、温度、时间等。

4)定位、曝光、显影等工序

湿膜工艺与干膜工艺在定位、曝光、显影等工序的技术要求基本一致，其差异在于工艺参数的控制。例如液态光致抗蚀剂通常选用的曝光灯灯源为高亮度、中压型汞灯或者金属卤化物汞灯，灯管 6000W，曝光量 $100\sim300\mathrm{mJ/cm^2}$，密度测定采用 21 级光密度表，最佳曝光参数通常为 6~8 级。液态光致抗蚀剂对曝光采用平行光要求不严格，但其感光速度不及干膜，因此应使用高效率曝光机。曝光工序操作注意事项。

(1)曝光机抽真空晒匣必不可少，真空度≥90％，只有通过抽真空将底片与工件紧密贴合，才能保证图像无畸变，以提高精度。

(2)曝光操作时，若出现黏生产底片，可能是预烘不够或者晒匣真空太强等原因造成，应及时调整预烘温度和时间或者检查晒匣抽真空情况。

(3)曝光停止后，应立即取出板件，否则，灯内余光会造成显影后有余胶。

(4)工作条件必须达到：无尘黄光操作室，清洁度为 10000~100000 级，有空调设施。曝光机应具有冷却排风系统。

(5)曝光时底片药膜面务必朝下，使其紧贴感光膜面，以提高解像力。

5)干燥

为使膜层具有优良的抗蚀抗电镀能力，显影后应再干燥，其条件为温度 100℃，时间 1~2min。固化后膜层硬度应达到 2~3H。

6)检查修版

修版实际上是进行自检，其目的主要是：修补图形线路上的缺陷部分，去除与图形要求无关的部分，即去除多余的如毛刺、胶点等，补上缺少的如针孔、缺口、断线等。一般原则是先刮后补，这样容易保证修版质量。常用修版液有虫胶、沥青、耐酸油墨等，比较简便的是虫胶液，其配方为：虫胶，$100\sim150\mathrm{g/L}$；甲基紫，1~2g/L；无水乙醇，适量。

修版要求：图形正确，对位准确，精度符合工艺要求；导电图形边缘整齐光滑，无残胶、油污、指纹、针孔、缺口及其他杂质，孔壁无残膜及异物；90％的修版工作量都是由于曝光工具不干净所造成，故操作时应经常检查底片，并用酒精清洗晒匣和底片，以减少修版量。修版时应注意戴细纱手套，以防手汗污染版面。

5.1.4　图形转移技术的发展

1. 专用材料——光致抗蚀材料的发展

光致抗蚀材料是目前通用图像转移技术必需的基本材料，目前仍然是行业研究的热点。

对于印制电路板专用干膜的技术发展有：

(1)提高解像力、增加曝光时间宽容度，以适用于制作更加精细线路（如线宽线距 20μm 以下）。解决思路：干膜厚度更薄、降低树脂本身对光的散射、降低树脂厚度公差、减少 PET 厚度、提高 PET 透光率、提高干膜覆盖力。

(2)附着力及覆盖力提高、减少侧蚀。解决思路：提高黏接树脂黏接能力、提高黏接树脂褪膜性能、提高树脂柔韧性及贴合性。

(3)提升贴膜性能与效率。如要求贴膜速度快、温度要求低。解决思路：改良黏接树脂性能、提高树脂对铜的润湿性能、提高树脂贴合性能。

(4)具有更好的耐化学药品性与耐电镀特性，降低对化学镍金药水、电镀镍金药水污染性。解决思路：针对不同药水，选择性地使用树脂材料。

(5)改进干膜的机械性能，增减膜的柔韧性、塞孔特性优异等。解决思路：降低树脂硬度、提高树脂柔韧性、水溶性贴膜工艺的适应性。

(6)提升干膜的工艺适用性，如要求曝光后颜色对比明显便于识别，曝光速度快以提高生产效率。解决思路：使用颜色敏感性更好的颜料、使用变色树脂，选择更好单体、改良引发剂等。

(7)改进干膜的储存性能，提升使用寿命，如将储存温度与湿度调整到室温状态。解决思路：改良热阻聚剂性能、降低树脂吸潮能力、提高树脂保湿性能。

2. 成像技术

图形转移是PCB生产过程中的关键步骤。当前普遍使用的一些用于PCB生产的图形制作技术对生产线宽和间距为$125\sim200\mu m$时的线路是很成功的，但是对于生产线宽和间距小于$75\mu m$的图形，要保证可靠的质量，其传统的工艺遇到了难以逾越的障碍。在这些更小线宽间距的图形制作中，缺陷密度问题成为业者越来越严重的困扰。例如在HDI板和微导通孔板的生产实践中，传统的接触成像已不能满足高水平的技术要求，传统的曝光设备也已经不能满足生产对照相底版、连接盘、导通孔、定位精确度、图形重合度的要求，以激光直接成像技术为代表的新型成像技术，已经开始逐步取代传统的接触成像技术。

在印制电路板制作领域已经使用的成像技术共有4种：接触成像、激光投影成像、激光直接成像、步进重复成像，这些技术的操作原理和特点各不相同，每一种都有其优缺点。

1)接触成像技术

接触成像技术在工业生产PCB中有着多年的应用历史，其特征是需要照相底版，并且曝光时生产底版与印制板必须充分接触，其优点有：技术相对成熟、产业链完善、生产设备低廉、生产传统印制板(低密度板)产量高。在成像过程中，紫外光等直接照射生产底版，光线穿过底版透明部分在印制板上形成图像。印制板工艺的发展使得接触成像的局限性越来越明显。首先，随着大面积印制电路板导线或间距的不断变缩小、定位精度与分辨率的提高，在实际应用中产生了一系列难以解决的问题，如引起印制板开路和短路等；其次，大面积不均匀的接触容易引起线条宽度和边缘清晰度的变化，而且精细图形印制板要求的严格定位也不可能用接触成像技术简单完成；其三，定位难度日益提高，往往不能达到预定的要求。最后，生产过程中多次的曝光就是生产底版与印制重复的接触，很容易产生杂质污染、底版寿命缩短、使用液态光致抗蚀剂沾到底版上等技术难题。

2)激光投影成像

激光平行投影成像技术(LPI)是集各类图像转移的优点为一体，利用紫外区激光的高输出能量进行的光学投影成像。激光以其平行性好、窄的线宽和高分辨率等独特的优势运用到PCB曝光机上，能够生产高密度、高质量的PCB，满足电子产品日趋小型化、轻薄化的需要。图5-1说明了LPI系统的结构：底版和印制板放置在同一平台的两侧，以便从两个方面同时扫描，激光经折射从平台下方一个六边形的区域内照射底版，这样通过一个全折射投影镜头网像便在印制板上形成。保持底版与印制板彼此固定，平台做螺旋状运动，保证整个底版的图像都能投影在印制板上，其中印制板上预先涂好了光致抗蚀剂。激光以补偿方式进行连续扫描，最终在印制板上形成一个完全重合且均匀的曝光图形。这样用一个预期分辨率的小面积投射镜，仅需要可以自由移动的平台及正确地操作软件，在低成本的条件下便可完成一次完美的图像转移. 并且产率很高。

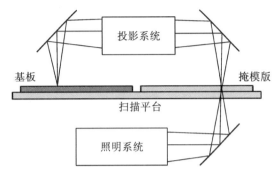

图 5-1　LPI 系统结构示意图

由于激光的光束直径小，考虑 PCB 抗蚀剂曝光量以及激光能量问题，即使激光束被扩束，从底版投射到印制板的光斑尺寸与整个板大小相比还是非常有限的，因此可以通过步进重复扫描或者六边形无接缝扫描的方法来实现整块底版和印制板间的图像转移。步进重复成像技术是把一整块板分成若干小块，然后通过投影物镜一块一块地分别成像，效率较低。而六边形无接缝扫描技术，是把光斑整形成正六边形分布，平台做高速扫描运动，印制板被一行一行扫描而成像。扫描系统是 PCB 曝光设备的主要组成部分之一，曝光过程的扫描速度直接影响曝光量和曝光速度，从而影响到整个产品的质量和产量。

激光平行投影成像技术的优点：①适用大面积、高分辨率的图形转移；②适用于所有光致抗蚀剂(包括干膜、湿膜)和阻焊剂，用传统的光致抗蚀剂也能获得高产率；③可实现层与层之间高精确度对位；④不存在印制板与底版的直接接触，可以降低错误率，提高产量，延长底版寿命；⑤用此系统可以在其他一些聚合物抗蚀剂上形成导通孔。

激光平行投影成像技术目前存在的问题是技术成熟度较低，且产业链不完善，设备选择余地较小。

3)激光直接成像技术

激光直接成像(laser direct imaging，LDI)技术是近年来在 PCB 行业发展最为迅速的激光加工工艺。LDI 技术是利用激光技术直接在 PCB 的感光层上扫描成像，经过冲洗蚀刻后形成线路。对传统的工艺制程 LDI 技术不需要菲林及曝光，省掉了光绘机、曝光机及冲洗设备，不仅极大地缩短了制程，而且由于具有光斑精细、设备精度高的特点，它的应用早期主要集中在快速制作样板及高精度板的生产。但目前由于 LDI 系统的生产效率还比较慢以及设备价格和设备的运营成本太高，高感光度干膜的价格太高，LDI 技术还很难用于批量化的生产。随着激光技术的发展，激光输出功率和 LDI 技术的生产效率都越来越高，同时感光膜技术也在发展，高感光度的干膜成本越来越低，高密高层的板越来越多，LDI 技术也逐步应用于批量生产。

严格地讲，LDI 是一种误称，抗蚀剂并不是直接被曝光就形成图像，而是通过形成数字化图形数据控制激光使抗蚀剂曝光形成图形，因此，"激光直接刻像"或许是更准确的说法。事实上，使用类似机器生产底片的 IC 工业中已广泛使用此术语。关于激光直接成像技术在 PCB 图像转移中的应用原理、工艺、优点与缺点等将在 5.2 节中详细介绍。

4）步进重复成像技术

步进重复成像是激光投影成像中的一种。在步进重复成像系统中，一块整板被分成若干小块，然后通过投射镜一块一块分别成像，结构如图 5-2 所示。

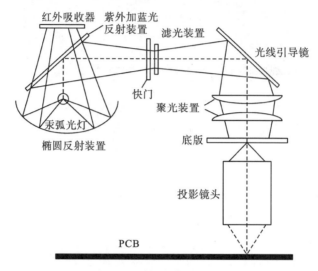

图 5-2　步进重复成像系统结构图示

使用步进重复成像系统每次成像最大范围限制在 5in×6in 的面积内。由于每次步进设定和校正增加了重复时间（实际上时间不是花费在曝光上），因此每一步的产率都比 LPI 系统低。步进重复系统的产率可以用下式表示：

$$每小时加工的板数 = \frac{3600}{N \times T_0 + K \times T_1 + T_2} \qquad (5\text{-}5)$$

其中，N 每块板需要投影的次数；T_0 每次投影曝光时间/秒；K 是每块整板需要对位的次数；T_1 是每次成像对位的时间/秒；T_2 其他时间（如装板、卸板等）/秒。

使用步进重复成像技术既可通过缩小比例的图像（一般为 2：1 或 5：1）的方式提高图形转移的分辨率，但不能得到较高的产率。

除产率较低外，在曝光相邻两块板时步进器可能会发生成像距离错误，使局部位置没有成像，这对 PCB 整块板的图形转移十分不利。因此，步进重复成像技术应用于印制板领域必须具有良好的对位精确度，否则由于相邻板成像距离的错误将直接影响到连接、导通和连接盘位置的错误，从而影响到 PCB 的产量与质量。

步进重复成像技术的优点：①底版与印制板不存在接触，可以降低错误率，提高产量，延长底版寿命；②可以提高印制板与底版的对位精度；③可以使用标准光致抗蚀剂；④价格便宜。

该技术方案的缺点：①由于增加了重复时间，步进重复系统的产率低；②最大基准尺寸限制在 5in×6in 的面积内；③曝光相邻小板容易发生成像距离的错误，不利用生产大面积图形的印制板。

总之，LPI 系统适用于生产由于接触成像生产合格率低或重合度要求高的大面积图形的印制板；LDI 系统适用于生产样板、快板、小批量或者来不及制作底版，以及底版相对于印制板来说费用较高的情况下的印制板。步进重复系统适用于对产率要求不高，重复生产小型图形、高分辨率的印制板。

4 种成像系统操作参数的比较列于表 5-7 中。

表 5-7　各种成像技术的特点

技术特点	接触成像	激光投影成像	LDI	步进重复成像
光源	汞孤光灯	激发态激光	氩离子激光	汞孤光灯
成像方式	大面积投影成像	直接接触成像	聚焦点光栅扫描成像	小面积投影成像
分辨能力	≥0.003 in		≥0.002 in	≥0.0003 in
底版类型	1∶1 聚酯薄膜或玻璃	1∶1 聚酯薄膜或玻璃	不需要底片	聚酯薄膜或玻璃
成像大小	大	大	大	小
对位精度	差(>10^{-3} in)	极好(<$4×10^{-5}$ in)	好(>$5×10^{-3}$ in)	很好(<10^{-4} in)
层间重合度	差	很好	好	很好
产量	高	高	低到中等	低到中等
专用抗蚀剂要求	无	无	有	无
能否使阻焊剂曝光	可以	可以	不可以	可以
能否形成导通孔	不可以	可以	不可以	不可以
能否连续化生产	可以	可以	不可以	不可以
主要生产类型	大批量生产普通板	大批量高精度板	小批量样板、普通板、中等密度板	低到中等产量板小型板
板系统价格	20～80 万美元	50～120 万美元	50～150 万美元	40～100 万美元

5.2　LDI 技术

半导体芯片技术的进步、元器件集成化度持续提高等导致元器件 I/O 数不断增加，推动了在 HDI 板的诞生、量产化及优化，这将把 PCB 制造技术及产品性能、结构等提高到一个新阶段。HDI 板的导通孔、连接盘、介质厚度和线宽/间距等尺寸全面减小向细微化发展，对图形转移工艺提出了更高的要求。很明显，利用传统的底片接触式曝光技术来生产 HDI 的在制板是很困难的，尤其是精细线宽/线距和高密度微孔及高层次大面积尺寸的多层板，其生产率(或合格率)低，并且成本高，这催生了 LDI 技术在 PCB 制造领域的应用。

5.2.1　LDI 技术的原理与技术特点

LDI 技术的历史可追溯到光致抗蚀剂干膜出现的 20 世纪 60 年代末期。直到 20 世纪 70 年代初期，AT&T 公司首次发布采用氩离子做激光器，直接在光致抗蚀剂上成像，而不采用光绘底片的方法。

1. LDI 技术的原理

　　LDI 技术是通过计算机软件控制聚焦激光光束和光栅的运动,通过逐行扫描的方式直接在感光膜(如干膜)上感光,实现设计图形的转移。其曝光原理如图 5-3 所示,LDI 系统主要由激光光源、光学源和对位系统组成。

　　通过 CAD/CAM 数据来控制调节器及两个马达(X、Y)便可以"在制板"上直接曝光和制作所期望的图形。提高 LDI 的生产效率可通过三种措施:①LDI 输出的激光是由单一光束改为多束激光光束,形成串、并联结合形式进行激光扫描来提高生产率;②提高光致抗蚀剂的光敏性,由 $8\sim12\mathrm{mJ/cm^2}$ 的激光曝光能量降低为 $5\sim6.5\mathrm{mJ/cm^2}$ 激光曝光能量的光致抗蚀剂,生产效率便可提高一倍;③提高激光扫描功率,如从 2W 或者 4W 提高到 8W。

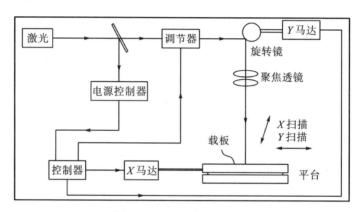

图 5-3　LDI 曝光原理图示

2. LDI 技术的技术特点

1)LDI 技术的优势

　　LDI 工艺流程相比传统成像工艺流程简单很多,可减少工艺流程超过 60%。最主要的是取消了底片制造过程,避免了底片成像制造高密度印制电路板所产生的缺陷,如底片受污染、底片尺寸稳定性差、对位不良及不均匀的曝光质量等,并且这些缺陷将随着印制电路板精细化与复杂化发展而使得生产效率降低。LDI 技术可以很好地克服这些缺点,明显提高 PCB 性能效益比。LDI 技术的优势主要有以下方面:

　　(1)无需使用照相底版,大大简化图形转移工序。

　　(2)明显提高了图形的位置度、层间图形的对准度和导线宽度的精确度。

　　(3)独立 X、Y 轴方向调节以适应板的尺寸变化。

　　(4)具有快速反应能力。

　　(5)节约生产成本和提高投资回报率。

　　(6)对快件板、样板和小批量板较佳,具有生产柔性大。

　　(7)设备配置简化。无需传统生产线的光绘机、冲片机、掩模检查机(AOI)和曝光机。

　　(8)LDI 可在每一片产品上做出唯一的序列号,完美地实现产品可追溯性,提升质量控制水平。

2)LDI 技术的缺点

LDI 系统也存在典型的缺点，主要有：

(1)由于激光成像时逐个像素地曝光，生产产量较低。

(2)需要特殊的高光敏性的抗蚀材料，其生产成本较高。

(3)不能适用于阻焊掩模。

(4)分辨率受到限制(50μm)。

3. 激光直接成像技术与传统照相底版技术的区别

LDI 的工作原理是借助一束聚焦激光在印制板感光膜上扫描运动而实现图形转移的技术，属于非接触式成像技术。传统图形转移工艺是采用聚酯基银盐(或转移为重氮盐)照相底片的图像转移工艺。LDI 是以图形数据为驱动，紫外激光束直接在感光膜上感光，略去了底片的制作及使用。如图 5-4 所示是 LDI 曝光机设备图示。

图 5-4　LDI 曝光机设备图

图 5-5 是传统照相底版技术与 LDI 成像流程对比，底片的制造流程过多，包括底片光绘成像、显影、稳定化、底片检查与修整等，比 LDI 流程多 6 个步骤，造成加工步骤越多，底片带来的尺寸偏差和缺陷几率便越大。与传统的照相底版技术相比，其优点与缺点主要有：

(1)LDI 流程不需要底版，解决了所有由于底版产生的问题；特别适合于生产样板、小批量板或快板等。

(2)不存在底片显影时对其尺寸稳定性的影响。底片载体采用聚酯薄膜材料，在显影过程中要进行浸泡湿处理，底片会吸湿膨胀，使得尺寸变大、变宽。底片烘干温度一般设定在 40℃以下，或是在温度和相对湿度控制的房间内进行尺寸稳定化。另外，底片吸湿程度与底片载体的厚度也有关，较薄底片载体其尺寸变化程度比较厚载体底片大，而LDI 由于不使用底片不存在该问题。

(3)与接触成像技术相比较可以有高精度的线宽、线距以及图像重合度，解决了底片导线边缘直线性。

(4)不必依赖于 X 和 Y 轴补偿底版在尺寸上的变化。

（5）LDI 成像是一个一个像素点分别曝光，故产率较低。

（6）LDI 成像要求特殊敏感的光致抗蚀剂（通常较昂贵，且没有相应的标准，减少了抗蚀剂的使用范围），不能用于阻焊剂的曝光。

（7）LDI 成像的分辩率有限（≥0.002in），而且产量随着要素尺寸的减小而减小。

（8）其他因素。底片复制成重氮盐底片时会带来明显的尺寸误差，线宽误差可达 $30\mu m$ 乃至更大，这与光源情况及接触状态有关。底片的应用、维护及保管也会带来尺寸的变化，而 LDI 不存在该问题。

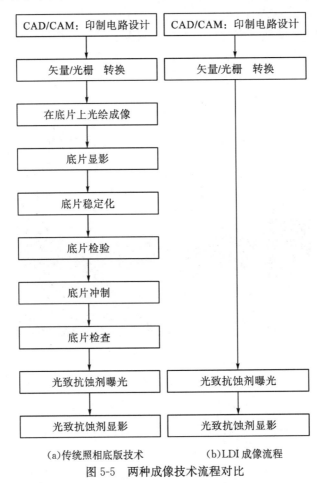

(a)传统照相底版技术　　(b)LDI 成像流程

图 5-5　两种成像技术流程对比

5.2.2　激光直接成像技术的专用光致抗蚀剂材料

LDI 的光致抗蚀剂是用以提高光敏特性及改进加工宽容度为主。光致抗蚀剂的主要性能要求和特征主要包括光敏特性、黄光稳定性、持留时间（post-lamination hold time, PLHT）。

1. 激光直接成像技术专用光致抗蚀剂的光学性能

LDI 光致抗蚀剂要有很低的曝光能量（$5mJ/cm^2$），一般使用丙烯酸单体，单体类型和等级应是在光引发剂下具有高反应性，并且很快形成好的抗蚀的和耐电镀的光交联的抗蚀剂。以丙烯酸基为光致抗蚀剂的光学性能主要取决于以下三方面。

(1)光致抗蚀剂的光敏性与光引发剂(photoinitiator)体系的化学特性、活性和功能以及光致抗蚀剂中的稳定剂和抑制剂的特性和量等直接相关。光引发剂的类型和等级应该是在激光照射波长范围内具有很强的吸收能力,并且引发丙烯酸单体在光致抗蚀剂中进行迅速地聚合,达到光密度最佳化程度。丙烯酸单体类型和等级应该是在光引发剂下具有较高的反应性,并且很快形成好的抗蚀和耐电镀光交联的抗蚀剂,最后还应该具有可剥离性能。在光致抗蚀剂中稳定剂和抑制剂用来稳定或者抑制其他材料发生不必要的化学反应的一类物质,可加入光致抗蚀剂的组成中或存于其他原料的混合物中。

(2)LDI 光致抗蚀剂的黄光稳定性。光致抗蚀剂的光敏性取决于它的一系列组成与等级,所以光致抗蚀剂对黄光安全性也会受到这些组成的影响。光致抗蚀剂中光引发剂的吸收波长应是最佳化的,光引发剂仅从 LDI 光绘机曝光中吸收期望的射线。加入少量的有机染料或色素成分,便于改善光致抗蚀剂管理和加工。有机染料和色素成分应远离光致抗蚀剂吸收波长范围。LDI 光致抗蚀剂对安全光具有稳定性,新一代光致抗蚀剂(LDX)不仅改善黄色安全光的稳定性,而且不损失或很少损失其光敏性。

(3)LDI 光致抗蚀剂的持留时间。新一代三种 LDX 光致抗蚀剂均具有明显好的持留时间宽容度,其中一种(LDX-2)可持留 3 天时间,也很少或不妨碍蚀刻性能。

2. LDI 光致抗蚀剂的分类

从化学本质上看,LDI 光致抗蚀剂与常规光敏抗蚀剂的差异在于引发光反应的光源不同,但都是通过感光性树脂在吸收光量子后引发化学反应,使高分子内部或高分子之间的化学结构发生变化,从而导致感光性高分子的物性发生变化,因此与分类方式也具有相似性。例如,根据光致抗蚀剂的性能不同可分为光致抗蚀剂(光刻胶)、光固化染料(光固化抗蚀油墨)、光固化阻焊油墨、光固化耐电镀油墨、干膜抗蚀剂(也称"抗蚀干膜")、"光固化表面涂敷保护剂"等电子工业用的各种抗蚀剂。

另外,从加工工艺的角度,LDI 光致抗蚀剂可分为正性胶和负性胶两类;从光化学反应机理角度,它们又可分为光交联型、光分解型和光聚合型三大类;而从外部形态,它们还可以分为液体光致抗蚀剂、干膜抗蚀剂和电沉积(ED)光致抗蚀剂三种类型。

液体光致抗蚀剂能制作出分辨率很高的电路图形,而干膜抗蚀剂却具有操作工艺简单,能适用于电镀厚层等特点,而使用丝网印料(光固化印料)比用上述两种抗蚀剂更经济,在大量生产时,成本更低、环境保护方面更具有突出的优势,现在得到了广泛的应用。可以预见,光致抗蚀剂将随科学技术的发展,出现更多、性能更为优良的光致抗蚀剂。

1)干膜光致抗蚀剂

把感光液预先涂在聚酯片基上,干燥后制成感光层,再覆盖一层聚乙烯薄膜,这种具有三层结构的感光抗蚀材料称为干膜抗蚀剂,简称干膜。它是 20 世纪 60 年代后期由美国杜邦公司首先开发出来的,称为"Riston"(里斯通)干膜。由于干膜可以制成适合各种用途的厚度,所以使用很方便。另外,刻蚀的线条最细可达 0.3mm 以下,可制出非常精细的图形,所以广泛用于图形转移的电镀、阻焊与表面防护等方面。在提高印制电路板质量和精密度等方面,是其他抗蚀剂所难以比拟的,因此受到了世界各国的重视。为适应印制电路向更精细化的方向发展,各国也都在相继研制干膜抗蚀剂。

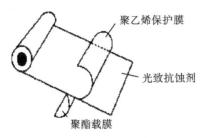

图 5-6 干膜的结构示意图

聚乙烯保护膜

光致抗蚀剂

聚酯载膜

A. 抗蚀干膜的结构

抗蚀干膜是由聚酯载膜、光敏抗蚀胶膜和聚乙烯保护膜三层构成，抗蚀剂层夹在聚乙烯遮盖膜和聚酯支撑膜之间，其结构如图 5-6 所示。在使用时，揭下遮盖膜后层压在覆铜板上，继而曝光再剥去聚酯膜使已感光的抗蚀剂层显影。

载膜是光敏抗蚀剂胶膜的载体，使抗蚀干膜保持良好的尺寸稳定性，还可保护抗蚀膜不被磨损，其厚约 0.024mm。光敏抗蚀剂胶膜由具有光敏性抗蚀树脂组成，其厚度因用途不同而不同。如 0.019mm 厚的主要用于多层印制电路的内层电路图形的蚀刻；而 0.074mm 厚的可用于电路图形的电镀，能电镀出"无突沿"的精细电路线条。聚乙烯薄膜是覆盖在抗蚀胶层另一面的保护层，使它们在运输、储存和使用时，其表面不受灰尘、污物杂质的污染，不被磨伤，同时也可防止层与层之间互相黏连。

B. 抗蚀干膜的种类

根据制造的原料、显影及去膜方式的不同，可分为溶剂型、水溶型和干显影（或剥离）型三大类。

(1)溶剂型。这类抗蚀干膜是最早研制出来的，具有生产技术和使用技术比较成熟、工艺稳定，对酸、碱抗蚀能力强的特点，是早期印制电路生产中广泛使用的一种。它们主要是由甲基丙烯酸甲酯的聚合物或共聚物组成并以氯化橡胶、氯化聚乙烯、氯化聚丙烯、纤维素的衍生物等组分作为黏合剂。用三氯乙烷或三氯乙烯、二氯甲烷，醋酸丁酯等有机溶剂作为显影剂和去膜剂，故存在毒性大、污染环境和易燃等不安全因素，现已逐渐被淘汰。

(2)水溶型。为了克服溶剂型干膜的缺点，在 20 世纪 70 年代研制开发出了这种类型的新型干膜。在这类抗蚀剂的黏合剂中引入了亲水基、能溶于碱水溶液中，因而可以用碱性水溶液作为显影剂和去膜剂。它具有毒性小、成本低、安全等优点，目前被广泛用于印制电路的生产中。

(3)干显影型。这类抗蚀干膜在感光前后，对金属基体的黏附性发生很大的变化，可利用它们的这一特点，不经显影，直接把不需要的部分从印制板铜箔的表面上撕去（剥离）掉，留下所需的部分。

C. 光敏抗蚀干膜的组成

抗蚀干膜中的光敏抗蚀胶层的基本成分与抗蚀印料的大同小异，一般是由感光性齐聚物（或共聚物）、黏合剂、光引发剂、增塑剂、稳定剂、着色剂、溶剂等成分组成。

感光性齐聚物或共聚物多为丙烯酸及其酯类、丙烯腈、甲基丙烯酸甲酯、甲基丙烯酸缩水甘油酯、季戊四醇三丙稀酸酯等或由它们制成的齐聚物。在引发剂的存在下，经紫外光照射后它们会进一步发生聚合，形成三维聚合物，不溶于显影液中。因此，这类感光性物质是一种负性光敏抗蚀剂。

黏合剂是光敏抗蚀膜层中的成膜剂，能使其中的各种组分有效地互相黏结在一起。虽然一般不具有感光性能，但对膜层的化学、物理和机械性质有重要的影响。例如，可以影响膜层在成膜显影、去膜、抗蚀、耐酸碱、耐热性等方面的作用。

在溶剂性干膜中主要使用甲基丙烯酸酯类的聚合物及其共聚物、氯化橡胶、氯化聚乙稀、氯化聚丙烯等氯化聚烯烃类、纤维素的衍生物等作为黏合剂，它们只能用三氯乙烯、醋酸丁酯等有机溶剂进行显影和去膜。

在水溶性抗蚀干膜中，多使用分子中含有亲水基（如羧基、羟基或氰基）等极性基团的聚合物作为黏结剂。若其中含羧基的单体的质量为 10%～30% 时，则黏合剂可以溶于稀碱水溶液中，制成可用碱水溶液显影和去膜的抗蚀干膜，这类黏合剂国外有用甲基丙烯酸甲酯与甲基丙烯酸—羟乙基酯的共聚物。国内则常用苯乙烯—顺丁烯二酸酐的聚合物。

黏合剂中的亲水性基团不仅能提高干膜对基底金属的黏附性，而且像苯乙烯基团等还能增强干膜的抗蚀性能。

若在黏合剂分子中存在光敏基团，则它们能在紫外光照射下，自身发生聚合交联或与其他单体聚合使交联度增大，使干膜在固化以后具有良好的耐热性。这类干膜可用于要求耐热的阻焊干膜。例如含有苯乙烯基团的黏合剂，就可以制成半水溶性或全水溶性的抗蚀干膜。

增塑剂可以增加干膜的均匀性和柔韧性，降低贴膜温度，常用的有三乙二醇双醋酸酯（三缩二乙二醇二醋酸酯）。

光引发剂能在紫外线的作用下，将吸收的光能转移给活性单体或活性预聚体（齐聚物），使它们产生自由基聚合，常用的光引发剂有无机盐（如过硫酸盐类）及有机化合物（如安息香醚类、烷基蒽醌类、二苯甲酮类等）。它们的光敏性有较大的差别，按光敏性的大小，顺序如下：

烷基蒽醌＞二苯甲酮＞二苯甲酮—胺＞安息香二甲醚＞安息香乙醚。

虽然干膜中有黏合剂，可以提高它对金属基体的黏附性，但由于干膜固化后其与金属界面之间产生的应力导致黏附性下降，出现起皮、开裂等弊病。为了消除产生的应力，在干膜层中还加入适量的增黏剂，它们与金属表面形成配位键而提高膜对金属的黏附力。增黏剂主要有苯并咪唑、苯并三氮唑、吲唑及其衍生物等。

阻聚剂（稳定剂）能降低干膜抗蚀剂的光敏膜层在制造、运输、储存、贴膜和曝光过程中的聚合（暗反应），增强干膜的热稳定性，保证干膜的分辨力和显影性能不下降。常用的热阻聚剂有对苯二酚、对甲氧基酚及 $2,2'$-亚甲基-双（4-乙基-6-叔丁基苯酚）等。

为了防止干膜在曝光时因衍射造成电路图形模糊使分辨力下降的现象，往往在干膜抗蚀剂层中加入适量的颜料（如孔雀绿、苏丹兰和乙基紫等）使干膜着色。它们能显出绿、兰或紫等舒适醒目的颜色，便于观察、修版和检验，不致引起视力疲劳。

为了生产、操作安全的需要，往往在干膜中还加入适量的芳香族的卤化物作为阻燃剂。干膜中常用的溶剂有丙酮、乙醇、醋酸乙酯、醋酸丁酯等。

为了鉴别干膜是否曝光和对位的准确性，在干膜中加入适量的光致变色剂，根据干膜颜色的变化进行检验，对提高产品的质量有很大的作用，这种干膜也称为"变色干膜"。

D. 干膜抗蚀剂的性能

抗蚀干膜的性能、质量对稳定印制电路板的生产工艺、提高质量和生产效率具有非常重要的作用。为满足印制电路板不断向多层高密度精细化方向发展的需要，首先要求抗蚀干膜在外观上应具有均匀一致的颜色和厚度，聚脂基片厚度应尽量薄，并且高度透明，厚度均匀一致，无颗粒、色条、气泡、划痕等缺陷。

(1)厚度。光敏抗蚀胶层的厚度一般为 $30\sim35\mu m$，视用途不同厚度也不同，较厚的感光层约 $50\mu m$ 以上的主要用于电镀，可以保证电镀层不会出现蘑菇状突沿。薄的多用于制作高精细度的导线图形，而膜厚为 $50\mu m$ 的主要用于孔的掩蔽。

(2)光学特性。抗蚀干膜的分辨率较半导体器件制造工艺用的液体抗蚀剂(光刻胶)的分辨率低得多，半导体器件用的光刻胶的分辨率可达 500 对线/mm 以上，最好的可达 1000 对线/mm，即线宽可小于 $1\mu m$，甚至 $0.5\mu m$ 以下。而印制电路用的抗蚀干膜的分辨率一般为 5 对线/mm，即宽约为 0.1mm。现在已制造出线宽更细的印制电路，其线宽约为 0.02mm，抗蚀干膜的理论极限分辨率约为 0.0125mm。为了达到这一极限，各国都在加紧研究，力争有所突破。若需制造出小于 0.01mm 线宽的电路图形，则需在抗蚀方面做新的努力，采用其他的抗蚀剂，如液体抗蚀剂。

(3)抗蚀干膜的分辨率，主要取决于以下几方面，包括聚酯基片的厚度、光敏抗蚀层厚度、光敏齐聚物的平均分子量、光谱特性范围及稳定性等。在紫外光照射的能量及距离固定的情况下，使感光性齐聚物发生聚合所需的时间越短，由热产生的变形程度也越小，对提高质量和生产效率有利。但感光速度太快，则其稳定性也必然较差，不仅操作不方便，而且其曝光量也不易控制，易出现废品。一般在使用 5kW 高压汞灯为紫外光源时，曝光时间在 $5\sim20s$ 较为合适。

(4)化学性质。干膜抗蚀剂里的关键功能材料是感光性齐聚物，它在紫外光的作用下发生聚合，未聚合的齐聚物中含有羧基和酯基，所以它们都能在碱溶液中溶解，形成相应的盐。因此，它对碱是不稳定的，可用碱性溶液进行显影和去膜。而在酸性溶液中能较长时间稳定地存在。抗蚀干膜的感光胶膜已曝光和未曝光的部分在显影液(一般为稀碱溶液)中，溶解度和溶解速度应具有很大的差别，亦即曝光前的齐聚物和曝光后的高聚物的分子量的差别应足够大。通常，聚合物的分子量越大，在溶剂中其溶解度和溶解速度的差别也越大，一般要求未曝光部分应在 $1\sim2min$ 内全部溶解，而曝光部分至少在 5min 以后才有溶胀现象产生。

为了保证未曝光部分能在规定的时间内同时全部溶解，不留残胶，这就要求感光胶中的齐聚物的分子量应尽量均匀，才能保证它们具有非常接近的溶解速度，接近于"黑"、"白"分明，保证电路图形的高质量。

(5)储存性能。抗蚀干膜在储存、运输和使用中，应注意使它一直处于低温密封的条件下。高温和长时间的光照能引发抗蚀膜的聚合、变软、流动、溶剂挥发等，造成厚度不均匀、产生条纹和发脆等不良后果而失去使用性。一般存放在冰箱中最为理想，这样可以延长其使用寿命。干膜存放条件有：①温度 $20\sim24℃$；②湿度 $50\%\sim60\%$；③光线要求荧光；④存放时间$\leqslant6$ 个月。图 5-7 为干膜存放条件示意图。

E. 干膜的优点及其特性要求

干膜光致抗蚀剂具有操作简便、抗蚀剂厚度均匀、可以进行遮蔽和能形成精密图像的优点。对干膜光致抗蚀剂的特性要求主要有：①分辨率，在 1mm 的距离内干膜抗蚀剂所能形成的线条数；②耐腐蚀性，耐蚀刻性和耐电镀性曝光后的干膜应能耐蚀刻液的蚀刻与耐电镀液；③去膜性能，曝光后的干膜可在强碱溶液中去除；④显影性，显影性与

图 5-7　干膜存放示意图

耐显影性指曝光后的结果好坏，未曝光部分应无残胶；⑤感光性，包括感光速度、曝光时间宽容度和深镀曝光性；⑥光谱特性，规定干膜光谱吸收区域是 310～440nm，安全光区是大于等于 460nm。

2) 液态光致抗蚀剂

这类光敏抗蚀剂主要是由天然的水溶性蛋白质及合成树脂等高分子与光固化剂及其他添加剂组成的液体光敏抗蚀剂。它们具有组分简单、使用方便的特点。

A. 重铬酸盐系水溶性光敏抗蚀性

这类抗蚀剂中所使用的成膜剂是水溶性高分子，最早是天然的水溶液蛋白胶，如骨胶、鱼胶、蛋白清等，之后又发展为聚乙烯醇合成树脂。这些高分子化合物的特点是可溶于水、分子中含有大量的羟基、酰胺基、聚酰胺基与羰基。它们都可以在紫外光的作用下与三价铬离子形成不溶于水的配位化合物。利用它们在受光照射前后对水的溶解性的差别，可制成水溶性液体抗蚀剂。

(1) 骨胶感光胶。这是由动物的骨和皮熬制出来的蛋白质，包括骨胶、鱼胶及蛋白清。它们与铬酸铵组成了印制电路中使用最早的一种光致抗蚀剂，其组成如表 5-8 所示。

制法是先将骨胶在温水中泡胀后，再用水溶加热熬煮 2～3h，使它充分水解，加热时间越长，水解后的分子越小；再用 150 目尼龙纱布过滤，另将重铬酸铵加水溶解并过滤，将骨胶水溶解缓慢倒入，搅拌均匀，氨水调节 pH；最后加入其他添加剂，十二烷基磺酸钠的作用是有利于上胶和显影。这种胶的缺点是需要用热水保温，以免胶冷却变稠，不利于上胶。

(2) 蛋白感光胶。也有用蛋白清制成同类蛋白感光胶，其配方如表 5-9 所示。

表 5-8　骨胶感光胶配方

配方	1	2	3	4
骨胶/g	250～300	250	160	200～300
重铬酸胺/g	25～30	35～40	45	15～25
氨水/g			30	2～3
2.5%十二烷基		2～3		

续表

配方	1	2	3	4
磺酸钠/mL			10	
硫酸钡/g			5	
柠檬酸/g			700	
水(加至)/mL	1000	1000	1000	1000

表 5-9　蛋白感光胶的组成

配方	1	2
鲜蛋清/mL	200	120
重铬酸铵/g	5	20~25
水(加至)/mL	1000	1000

制法是取蛋的蛋清,将其充分溶于水中,再加入重铬酸铵的水溶液。若用蛋白片时,应事先将它用冷水浸泡数小时,待全部充分溶解后,再加入重铬酸铵,过滤后即可使用。

(3)聚乙烯醇感光胶。用聚乙烯醇(PVA)的水溶液配制感光胶的配方如表 5-10 所示。

表 5-10　聚乙烯醇感光胶配方

配方	1	2	3	4	5
聚乙烯醇(聚合度 700~1000)/g	100~120	70~80		120	
聚乙烯醇(聚合度 1000~1700)/g			70~80		75~80
重铬酸铵/g	10	5~10	5~10	20	10~15
蛋白片/g					30~50
十二烷基磺酸钠(2.5%)/mL			适量	2~3	
醋酸/mL		2~3			
去离子水/L	加至1升	加至1升	加至1升	1升	1升

制法是将聚乙烯醇加入水中充分浸泡,再缓慢升温至全部溶解后,继续加热 3~4h,除去液面浓稠的胶膜,过滤、冷却至 40℃后,再加入重铬酸铵及其他添加剂的水溶液。

这种胶克服了天然蛋白或骨胶使用时需保温和易发霉的缺点,但在使用这种抗蚀剂时,最令人烦恼的是显影后易产生"余胶"的问题。可采用如下方法解决这个问题:在配制胶时,加入适量的柠檬酸、二甲亚砜及十二烷基磺酸钠等进行增溶,以消除余胶,其配方如表 5-11 所示。

表 5-11　改善后的聚乙烯醇抗蚀剂配方

配方		1	2
聚乙烯醇	$n=1750$	80	
	$n=2500$		70
柠檬酸/g		0.15	0.2
二甲亚砜/mL		8~10	10~12

续表

配方	1	2
十二烷基磺酸钠/mL(5%)	1	1.3
重铬酸铵/g	12	10
水加至/mL	1000	1000

配制方法是在聚乙烯醇熬煮 4h 以后再陆续加入其他各种成分，最后加水至所需量。

显影时，在显影用的水中加入柠檬酸水溶液，使其浓度达 5g/L，温度在 50～70℃也能消除余胶。

重铬酸盐光敏抗蚀剂具有价廉、易制备、使用方便的优点，但却存在暗反应严重、不稳定、不易贮存的缺点。而且用蛋白胶及骨胶制成的抗蚀剂，尚需保温，同时有易发霉变臭的缺点，更重要的是它们都存在着铬污染的危害，所以现在已基本被淘汰。

B. 重氮化合物水溶性光敏抗蚀剂

这种抗蚀剂是目前使用量最大的一种，所使用的重氮化合物为双重氮树脂、无机盐等，成膜剂为聚乙烯醇、明胶等水溶性高分子化合物。其配方如表 5-12 所示。

表 5-12 化合物水溶性光敏抗蚀剂配方

组分	含量
聚乙烯醇(12−88 或 14−88)/g	10
50%聚醋酸乙烯酯乳胶/g	40
重氮树脂/g	1.5
水/g	60

其中加入聚醋酸乙烯酯乳胶是为了提高光敏抗蚀剂的黏度和固化含量，改善涂胶性能和膜厚以及提高胶与网的黏结能力。

将上述各组分充分混合均匀，可用直接法涂胶制备丝网印制版。

C. 丝网制版用新型液体感光胶

随着印制电路程板的发展，国内外各厂、所及高校都不断地开发研制出分辨率更高、性能更好的新型丝网制版用的感光胶，如对一吡啶乙烯基苯甲醛缩合聚乙烯醇体系胶，其结构如图 5-8 所示。

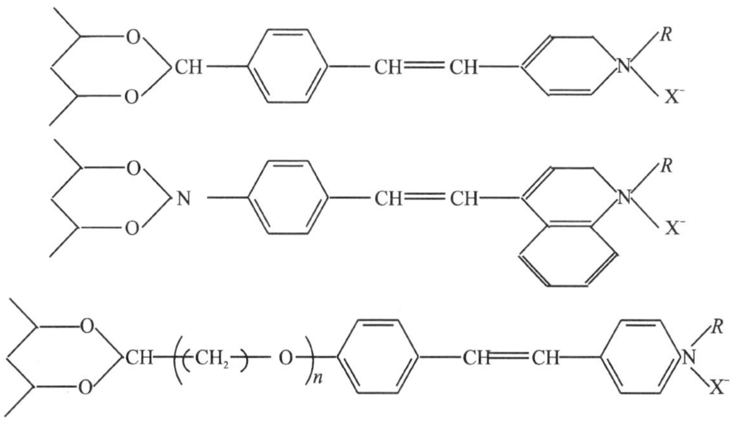

图 5-8 吡啶乙烯基苯甲醛缩合聚乙烯醇体系胶结构示意图

这类感光胶的感光度很高,其中羟基只要仅含 $1\%\sim5\%$ 时,无须加入引发剂与增感剂,即可达到比一般常用感光胶高出一个数量级的水平,也可用于制备 PS 版。

D. 液态光致抗蚀剂优点及性能

液态光致抗蚀剂具有:①较高的细线条分辨率(解像度达 $40\mu m$,干燥后厚度比干膜光致抗蚀剂层薄)和对基板的致密结合性,能做比干膜更为精细的线条;②板边不产生碎膜现象(同手动贴膜机相比),同时能降低起翘、电镀渗镀等质量问题,大大提高产品质量;③可以制作小焊盘或没有焊盘的高密度线路产品;④成本低廉,使用方便。液态光致抗蚀剂的感光度在 $15mJ/cm^2$ 以下,并且能够充分有效地承受激光曝光平台系统,还可以解析出 $125\mu m$ 的线条。

3)电沉积光致抗蚀剂

A. 电沉积光致抗蚀剂的形成机理

电沉积(ED)光致抗蚀剂法是将光致抗蚀剂中的官能基经过亲水化以后分散到水中形成乳浊液,通电后,乳浊液便向与官能基极性相反的极移动。此过程和电镀的过程相同,在板面形成一层树脂层。电沉积光致抗蚀剂的种类根据官能团可分为两类。主要有官能团是羧基(—COOH)和官能团是氨基(—NH₂)两类,在电沉积过程中铜板作为正极的称为阴离子型电沉积光致抗蚀剂,铜板作为负极的称为阳离子型电沉积光致抗蚀剂。如图 5-9 所示是阴离子型电沉积过程图示,其反应原理如式(5-6)~式(5-11)所示。

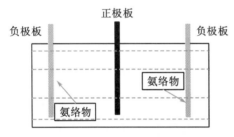

图 5-9　阴离子型电解沉积过程图示

正极板上的反应为

$$Cu \longrightarrow Cu^{2+}(铜的溶解) \tag{5-6}$$

$$H_2O \longrightarrow H^+ + O_2(水的电气分解) \tag{5-7}$$

$$I—COO—HNR_3 \longrightarrow I—COOH + HNR_3^+(析出光致抗蚀层) \tag{5-8}$$

$$—COOH \longrightarrow —COO—Cu—OOC—(高分子化) \tag{5-9}$$

负极板上的反应为

$$HNR_3^+ \longrightarrow NR_3^+ + H_2O(氨络合物) \tag{5-10}$$

$$H_2O \longrightarrow H^+ + OH^-(水的电气分解) \tag{5-11}$$

通过电解沉积过程形成保护膜层是电沉积光致抗蚀剂法的主要特长。

B. 电沉积光致抗蚀剂的特性

(1)优良结合力。干膜法光致抗蚀层和铜板之间是靠物理性力量黏合在一起的,而电沉积光致抗蚀剂层和铜表面是通过化学性的力量黏合在一起,能保证在精细化时在细线上有足够强劲的黏合力。

(2)电沉积光致抗蚀剂层能够很好地迎合铜表面的凹凸,可弥补铜箔表面的粗糙度对品质的影响,提高在显影、蚀刻时的可靠性。

(3)具有光刻性,经过紫外线的曝光使树脂的结构发生变化,改变其对显影液的溶解性。

4）LDI 光致抗蚀剂的选择法

（1）根据用途选择光致抗蚀剂，例如要获得尺寸精度高的微细图形，必须选用高反差的抗蚀剂。正性抗蚀剂和聚乙烯醇肉桂酸系抗蚀剂，如 AZ-1350、OFPR 和 OSR 等。

（2）要求尽可能地减少针孔，从提高图像重现性方面考虑，选用黏性强、耐蚀性好的环化橡胶系抗蚀剂较合适。

（3）光致抗蚀剂必须与基板具有良好的结合力。由于各种光致抗蚀剂与基片材料的黏附力不一样，因此可以根据基片材料的性质来选择。

（4）根据曝光方法不同来选择光致抗蚀剂。接触曝光：使用的抗蚀剂都有足够的分辨率，所以选择抗蚀剂时应着眼于抗蚀剂的耐蚀性和针孔两方面；投影曝光：最好采用反差高的正性抗蚀剂。接近式曝光，为了在片子上得到掩模的高精度图形，最好使用高反差正性抗蚀剂。

另外，选择的光致抗蚀剂的最佳感光波段需要与激光光源相匹配，目前在实际中适用的激光光源种类有氩气激光光源、UV 激光光源、激光投影光源、热激光光源等。

5.2.3　激光直接成像技术工艺流程

液态光致抗蚀剂与的干膜光致抗蚀剂 LDI 成像工艺基本相同，区别在于光致抗蚀剂的形成及激光光绘成像的差别，目的是为了提高生产效率。

1. 液态光致抗蚀剂的 LDI 工艺流程包括如下部分。

（1）湿膜涂覆。采用辊涂、网印或者喷涂等方法在板面上涂覆一层 $8\sim12\mu m$ 甚至 $5\mu m$ 厚度的光致抗蚀剂。湿膜液态光致抗蚀剂层比干膜抗蚀层要薄一倍以上，这可以提高 LDI 或者 UV 激光光绘的曝光速度。

（2）热激光直接成像体系。热激光直接成像（thermal direct imaging，TDI）是采用红外（IR）激光光源与相匹配的液态光致抗蚀剂进行成像的技术。此技术是利用一种热的正性液态感光抗蚀剂来进行 TDI，具有更宽的加工宽容度和很高的清晰度及 $5\mu m$ 的分辨率。如图 5-10 所示是正、负性光致抗蚀剂的感光过程。正性光致抗蚀剂遇到合适的波长，即光能量很小也会引起感光的发生。

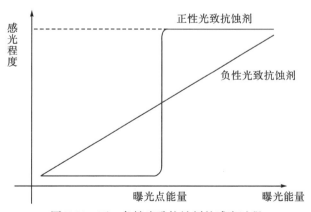

图 5-10　正、负性光致抗蚀剂的感光过程

2. 干膜抗蚀剂的 LDI 工艺

干膜光致抗蚀剂的激光直接成像工艺是"在制板"铜表面制备、贴压干膜光致抗蚀剂、激光直接扫描曝光、显影和蚀刻等过程。所采用的基板表面铜箔需清洁干燥，以便于贴压干膜式光致抗蚀剂；贴压干膜时是按照常规的贴膜机上进行贴压干膜式光致抗蚀剂；干膜光致抗蚀剂采用的是 UV 激光直接成像设备，其相应的峰值波长应在 360～380nm。

5.3 图形电镀加成技术

5.3.1 图形电镀半加成技术的原理

图形电镀半加成技术的原理是利用图形电镀增加精细线路的厚度，而未电镀加厚非线路区域在差分蚀刻过程则全部快速蚀刻，剩下的部分保留下来形成线路。

5.3.2 图形电镀半加成技术的工艺流程

图形电镀半加成技术的原理是利用图形电镀增加精细线路的厚度，而未电镀加厚非线路区域在差分蚀刻过程则全部快速蚀刻，剩下的部分保留下来形成线路。如图 5-11 所示，通过控制图形电镀的时间，半加成法制作精细线路的厚度约为 $30\mu m$。

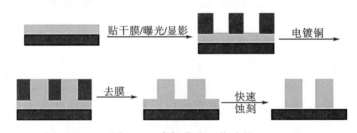

图 5-11 半加成法工艺过程

5.3.3 图形电镀半加成法制作精细线路效果

实例：某工厂采用图形电镀半加成法制作厚度 $20\mu m$、线宽 $50\mu m$ 的精细线路。

选用铜箔厚度为 $2\mu m$ 的覆铜箔层压板，进行除油、微蚀表面处理，铜箔热压贴覆干膜后放置 15min，用线宽和线距均为 $50\mu m$ 的照相底版覆盖干膜表面，在曝光能量为 $250mJ/cm^2$ 平行曝光机完成曝光过程，放置 15min 后显影。显影后的铜箔在 $1.6A/dm^2$ 的条件下图形电镀 50min，去除余下的干膜后用微蚀溶液（$H_2SO_4 - H_2O_2$ 微蚀液）蚀刻完成精细线路的制作。

图 5-12 为图像电镀铜后、蚀刻前线路的截面图，直接在铜箔表面镀铜最终形成铜精细线路，线路铜厚度达到 $21.53\mu m$。图 5-13 是蚀刻液蚀刻后线路截面图。

如图 5-14 所示是 $50\mu m$ 精细线路金相显微结果图，电镀式半加成法制作的精细线路质量良好，即使当线宽和线距减少到 $30\mu m$ 时，效果同样很好，图 5-15 是 $30\mu m$ 精细线路 SEM 照片。因此，电镀半加成技术可适用于多层印制电路、挠性印制电路等精细线路的制作。

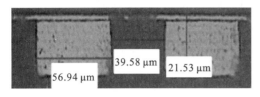

图 5-12　电镀后线路的截面示意图

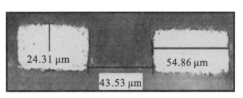

图 5-13　蚀刻液蚀刻后线路截面示意图

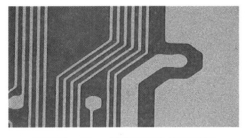

图 5-14　50μm 精细线路金相显微照

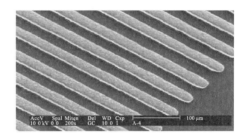

图 5-15　30μm 精细线路 SEM 照片

5.3.4　丝印与电镀结合技术

丝印与电镀结合技术是一项新技术。此新技术工艺是先在印制板上丝网印刷一层催化剂再进行化学镀，工艺流程如图 5-16 所示。其效果一般表面附着力强，外观美观。此技术国外已有研发出样品，国内还未有相关报道。

图 5-16　丝印与电镀结合技术工艺

5.3.5　硝酸蚀刻技术

目前，印制电路板中蚀刻液的种类有酸性氯化铜、碱性氯化铜、硫酸/双氧水、三氯化铁、硫酸/铬酸和过硫酸铵。PCB 板蚀刻以使用酸性，碱性氯化铜蚀刻液为主，但由于酸性，碱性氯化铜蚀刻液的蚀刻因子只有 3 左右，当线路很细时，其侧蚀很大，难以适应精细线路的制作。硝酸蚀刻液是一类以硝酸为主，硫酸及添加剂为辅的化学混合液。加入硫酸在硝酸蚀刻液中对精细线路制作的覆盖层腐蚀及侧蚀减小有很大帮助。

1. 硝酸蚀刻液的制备概况

铜箔在硝酸型酸性蚀刻液中静态蚀刻的蚀刻速率随温度升高而增加，制备硝酸蚀刻液时最适宜温度是 45~55℃。在组分配比中一般 Cu^{2+} 质量浓度为 $(140\pm10)g/dm^3$，硝酸浓度为 $(2.5\pm0.5)mol/L$。溶液中 2% 的抑烟剂不仅可以抑制硝酸发烟，而且可以使蚀刻速率提高。在硝酸蚀刻过程中，铜与硝酸发生的离子反应式如下所示：

$$3Cu + 8H^+ + 2NO_3^- \rightleftharpoons 3Cu^{2+} + 2NO + 4H_2O \tag{5-12}$$

2. 硝酸蚀刻液的动力学过程

在硝酸蚀刻过程中，硝酸与抗蚀剂之间的凹槽内的铜箔发生化学反应产生 NO 气体，如图 5-17 所示。在凹槽内，NO 气体向上运动，而喷淋蚀刻液要向下运动。根据流体力学原理，流体总是选择摩擦力最小的表面运动，流体与凹槽壁的摩擦力大于凹槽壁摩擦力，大于气体与壁面摩擦力，故气体将沿着凹槽壁面运动。在一定程度上，气体隔绝了蚀刻液与铜壁面的接触，降低了精细线路的侧蚀，增加了线路的蚀刻因子。

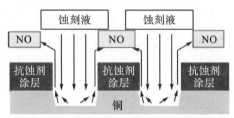

图 5-17　喷淋蚀刻流体力学原理分析

同时，在凹槽内，气体向上运动，流体向下运动，两种气体产生对流，会对蚀刻液不断地搅拌，提高了凹槽内新旧蚀刻液的更新速率，从而进一步提高了硝酸蚀刻液的蚀刻速率。

3. 硝酸蚀刻液蚀刻精细线路效果分析

在一定实验条件及配方下，分别使用静态蚀刻法蚀刻 $100\mu m$ 精细线路及使用喷淋蚀刻 $50\mu m$ 精细线效果如图 5-18 和图 5-19 所示。

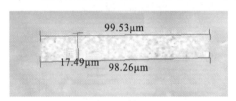

图 5-18　硝酸蚀刻液静态蚀刻 $100\mu m$
精细线路金相剖面图

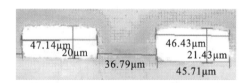

图 5-19　硝酸蚀刻液喷淋蚀刻 $50\mu m$
精细线路金相剖面图

图 5-18 中硝酸蚀刻液静态蚀刻的精细线路蚀刻因子是 33.2，远超过了酸性和碱性氯化铜蚀刻液的蚀刻因子。图 5-19 中，其精细线路趋近于剖面近于矩形，蚀刻出来精细线路效果好。图 5-20 及图 5-21 是精细线路表面状态图。从图中可见精细线路表面状态比较平整，没有很大凹凸不平。

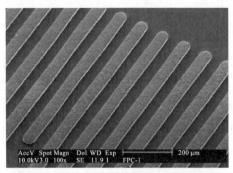

图 5-20　$50/50\mu m$ 精细线路 SEM 表征图

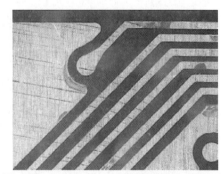

图 5-21　$100\mu m/100\mu m$ 精细线路表面金相图

4. 硝酸蚀刻液的废液处理设计

在硝酸蚀刻废液中，由于存在硫酸根离子，蚀刻后的铜离子也在废液中，这相当于在废液中存在硫酸铜溶液。铜离子在 50℃ 的饱和浓度为 $41.56g \cdot dm^{-3}$，而酸性氯化铜在 42℃ 可以达到 $120g \cdot dm^{-3}$。然而在 20℃ 时，硝酸蚀刻液中铜离子浓度降低为 $23.02g \cdot dm^{-3}$。通过不同温度溶解度的差异，可以很容易提取硫酸铜晶体。

利用含重金属溶液的选择性分离技术，对含铜废水中的铜进行选择性分离，使蚀刻废液得以再生循环利用的同时，获得高纯度的金属铜板。蚀刻铜一定时间后的蚀刻液，其特征为高比重、高浊度、低氧化还原电位。再生就是利用化学、电化学将其转变为合适比重、透明和高氧化还原电位的酸性溶液。对低含铜废水，则是把其中的铜选择性分离，电解制成铜板，从而达到减少污染、回收资源的目的。如图 5-22 所示是 NO 的回收利用的原理图。

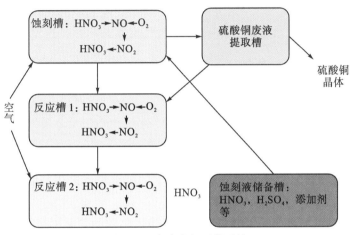

图 5-22 废液废气回收系统

NO 气体回收系统是一个密闭系统，NO 被通入的空气氧化成 NO_2 气体，NO_2 气体在硝酸蚀刻液溶剂水的作用下，重新生成 HNO_3，为了让 NO，NO_2 完全转化成 HNO_3，使旧蚀刻液进入反应槽 1，反应槽 2 中反应完全，然后转移到蚀刻液储存槽中混合形成新的蚀刻液。硫酸铜废液提取硫酸铜晶体后，由于槽内还有未发生化学反应的气体，所以要送往反应槽 1，反应槽 2 中反应完全。由于硝酸根离子得到了重复利用，蚀刻溶液中的硝酸根离子浓度不变，在较长的一段时间内不需要加入硝酸而能维持蚀刻液稳定的蚀刻速率。

5.4 激光直接成型技术

5.4.1 激光直接成型技术原理及工艺

1. 激光直接成型技术原理

激光直接成型(laser direct structuring，LDS)技术是由德国 LPKF 公司开发的专利技术，最初为生产手机制造商制作高质量的天线电路。由于 LDS 技术能够为生产提供灵活性和自由的几何三维设计解决方案，因此该技术已经超越传统天线制造技术，被运用于柔性电路板天线和金属片天线等在物理上和经济上受到的局限的产品制造上。使用三维激光系统可将天线设计的 CAD 数据传输至模型天线承载器上，或者直接传输至设备结构上，采用后续的喷漆工艺还可以对天线表面进行装饰，从而实现天线电路板制造从部件注塑到激光成型，再到金属化的全部生产过程都集中于一个企业之内，实现产品设计、制造、运用的无缝对接，极大降低新产品开发与制造的成本，因此，LDS 技术有可能成为手机等天线制造商选用的标准生产技术，LDS 技术的应用前景越来越广阔。

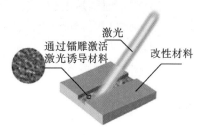

图 5-23　LDS 技术图形写入示意图

LDS 技术的本质是一种激光写入＋化学镀/电镀技术，该技术利用计算机控制激光束的运动轨迹，按照设计导电图形要求，将激光投照到由特殊材料制作的三维塑料器件上，利用激光的能量与基板的相互作用，几秒钟的时间内就可在三维塑料器件活化出电路图案。这种在成型的塑料支架上，利用激光镭射技术直接在支架上活化并形成金属图形，这给产品电路的三维立体设计与制造提供了极大灵活性。

LDS 技术的核心在于使用可被激光活化的特殊材料。可以进行激光活化的热塑性塑料中通常含有一种特殊的有机金属复合物形态添加物，或者被有机材料包涂的金属微粒添加物。这种添加物在聚焦激光束的照射下可以发生物理化学反应、复合物被打开并从有机配价体中释放出金属原子，从而形成金属活性中心，这些金属粒子可作为金属化阶段铜层形成的核子。除了活化之外，激光还使表面微细的粗化，激光只融化了高聚物基体，不会融化其中的填充物，这样就形成了微细的凹坑和豁口，以便在金属化中使铜牢固地附着在上面。

电镀。此为 LDS 制程中的镀覆步骤，在仅用作电极的金属化塑胶表面进行电镀 5～8μm 的金属电路，如铜、镍等，使塑料成为一个具备导电线路的 MID 元件。

2. 激光直接成型技术制造工艺

LDS 技术制作电子线路的基本工艺过程是利用计算机软件控制激光镭射机的光束运动轨迹，将 PCB 基板表面部分材料活化(如有机金属化合物分解、锡抗蚀刻阻剂烧除等)，然后利用化学镀技术金属化激光束的轨迹，最后用电镀加厚即可在塑胶表面形成金属电子线路，完成天线或印制电路板制造。

受制于特殊材料，目前 LDS 技术制造电路板成熟的制程主要有 TONTOP-LDS 制程和 LPKF-LDS 制程，本章节主要介绍 LPKF-LDS 制程，该制程包括如下 4 个主要步骤。

1)射出成型(injection molding)

该步骤是获得电子线路存在的基体部分。可采用注射成型方法，即塑料模具表面喷涂一层特殊(可活化)的热塑性塑料，形成可活化基板；也可采用专用材料注塑方法制造，即经过干燥和预热的塑料颗粒在高压下注入模具中，经过冷却后，这个坚硬的部件就成为了模具的复制品——电子线路基板。

2)激光活化(laser activation)

该步骤的主要目的是为制作电路形成金属化活性中心，是图形转移的关键工序之一。

其方法是，通过激光束提供能量，使第一步工序获得基板中的特殊化学剂添加剂发生光化学反应或烧蚀作用，从而在基板表面的激光束运动轨迹上行成金属核——金属活化中心。另外，激光束与基板作用同时也粗糙化了基板表面，有利于增强金属化过程中形成的导电层——铜层在塑料表面的附着力。可以进行激光活化的热塑性塑料中含有一种特殊的有机金属复合物形态的添加物，这种添加物在聚焦激光束的照射下可以发生物理化学反应而被活化。在此掺有杂质的塑料中加工出的裂痕里，复合物被打开并从有机配价体中释放出金属原子。这些金属粒子作为还原铜的核子。除了活化之外，激光还使表面微细的粗化，激光只融化了高聚物基体，不会融化其中的填充物。这样就形成了微细的凹坑和豁口，以便在金属化中使铜牢固的附着在上面。

在基板进行表面活化之前，通过设计人员的编程在激光控制系统中输入相应的活化线路需要的 CAD 数据，被活化的注塑成型的热塑性元件被固定在一个激光系统中，这一过程通常被称为"孵化"，这是制造最佳成型部件的关键一环，其目的是根据电子线路的布局，选择一种最佳的激光工作模式。电路走线痕迹可采用功率为 16W 的二极管泵浦的掺钕钒酸钇激光器(Nd：YVO$_4$，波长为 1064nm，20～100kHz 的脉冲重复频率)实现活化。该激光器的声光 Q 开关，确保其能够提供高度稳定的脉冲(脉冲到脉冲之间的稳定性优于 1.5%)，这对于实现部件的均匀活化至关重要。例如，激光系统采用 4.0m/s 扫描速度活化，可获得直径为 65μm 烧蚀电路走线痕迹和焊盘。

激光接触到注塑成型元件表面时，激光刻蚀作用会在元件上形成一个非常小的通道(深度 10μm)或是一个非常小的山脊，激光束作用形成表面活化中心的效果与材料的性能、激光器操作参数相关。元件所用材料的类型不同，激光参数设置(主要是功率设置)就应该不同。针对特定的刻蚀材料，第一遍镀层蚀刻效果可作为是否需要调整或优化激光参数的一个参考指标。根据目前所能提供的 LDS 模塑等级的宽度，激光功率的设置范围是 2.0～7.0W，频率的设置范围是 40～100kHz，刻蚀速度的设置范围是 2.0～4.0m/s。对于上述三个参数，每种材料的制造商都有一个推荐设置值，但是如果用推荐参数不能获得最佳的刻蚀表面，就应该对这些参数进行适当的调整。

3)导电成形层(conductive layer forming)

该工序的目的是获得导电图形，其工艺手段是化学镀技术、电镀技术，其工艺原理、技术要点与常规化学镀、图形电镀一致。将激光照射过的制品放入化学镀液中，制品中被激光辐照过的位置将暴露出金属原子，在化学镀时，能镀上金属铜，没有被激光辐照的位置，由于没有活性种，化学镀时没有变化，从而在基体表面形成激光轨迹活化出的电子线路。如果对铜层厚度有要求，则可以用电镀法对其进行加厚。化学镀获得的导电层一般较薄，可作为天线使用，但运用于电子产品需要电镀加厚，如果对涂覆层有其他方面的要求，可根据器件的特殊要求在铜层上镀镍、金等。

作为一个应用实例，在 Select Connect Technologies 公司获得专利的金属化过程中，第一步是化学镀铜，暴露着金属微粒的粗糙表面，创建一个负电势，实现铜层的沉积。由于铜的抗氧化性能相对较差，镀件可选择化学镀镍，也可以选择沉积金层。金层可提供更为卓越的抗氧化性能，同时还能为表面贴装元件提供理想的安装面。对于这些金属镀层，典型的镀层厚度为：铜为 100～600 微英寸(1in＝25.4mm)、镍为 50～100 微英寸、金为 3～8 微英寸。

根据实际应用需求，如承载更大的电流，铜和镍的镀层可以更厚些。但是金层的厚度只能限制在 8 微英寸以内，因为镀金层的过程并不是一个自催化过程。如果需要较厚的金镀层，那么化学镀金层是一种可行的选择方案。

4)组装(assembling)

许多可以用激光进行活化的塑料都具有高度的热变形稳定性，如 PA6/6TLCP 和交联 PBT 等，它们都可以进行回流焊接，从而完全与标准的 SMT 工艺匹配。可以利用模板印刷进行焊锡涂覆。然而，这只有在表面在同一平面上才是可行的。如果需要在不同的高度上或在腔内进行涂覆，则采用分步注锡的方法是比较理想。贴装 SMD 元件也是一样的，如果所有的元件都在同一平面上，则可以利用标准的自动贴片设备完成自动贴装。

如果元件拾取头有 Z 轴调节功能，凸起的表面也可以进行自动贴装。在斜面上和无规则表面上进行自动贴配很复杂，往往需要进行手工贴配。另外，利用 LPKF-LDS 方法生产的 MID 部件的 SMD 元件的组装也可以采用芯片接触法(如邦定的方法)进行，通常采用粗的铝线或粗/细的金线(如直径 $25\mu m$)进行绑定连接。

3. 激光直接成型技术的特点与优势

1)LDS 技术与传统 PCB 制造技术相比较具有的特点与优势：

(1)采用激光加工手段直接在塑壳上进行 3D 电子线路雕刻，不需要照相制版、贴膜、曝光显影等工序，不再使用较贵的干膜/湿膜等耗材、昂贵的曝光机、不再产生蚀刻废水，印制电路板的制程获得简化，工艺流程管理与控制变得容易。

(2)从电路设计到线路制作实现无缝对接，产品设计的修正、升级换代简单，设计的自由度大，可依客户需求进行个性化设计与制造。

(3)属于非接触成像技术，不需要底版，不仅可消除底版对产品品质的影响，且图形具有可修复性，有开路缺口的线路只需要重新激光活化后再金属化即可。

(4)产品体积再缩小，符合手机等电子产品薄型、便携化等发展趋势。

(5)活化激光可兼顾微孔加工，并与 SMT 制程相兼容，可实现集约化制造，打样成本低廉，可提升产量、降低成本。

(6)LDS 技术部件具备完全的三维功能，任意激光入射三维面均可实现高精度布线，可制作三维电子线路。

(7)线路的粗糙度、线宽线距受到激光光斑大小、扫描速度、特殊添加剂的种类与粒度的限制。LDS 技术在制作 $500\mu m$ 以上的粗线路时粗糙度不明显，在制作 $125\mu m$ 以下线路时由于填料的颗粒度以及激光束的反射影响，就会出现明显的边缘粗糙度过大的问题。目前，应用 LDS 技术制作 $150\mu m$ 的线宽/线距的工艺已经成熟。

2)激光直接成型技术目前存在的问题

作为一种受到人们关注的印制电路板制造新技术，目前存在的问题主要集中在以下几个方面：

(1)受填料的颗粒大小的影响和激光束的反射影响，目前可以应用 0.125 mm/0.125 mm 的线路，更细的线路有短路的风险，需进行改良，如降低填料和其他构成工件材料的颗粒度、提高激光的精度、降低激光的散射等。

（2）线路的粗糙度较高，不符合电子线路向高频、高速方向发展的技术需要，图 5-24 是使用 LDS 制程与传统制程制作的 $150\mu m$ 电子线路照片。

（3）在 LDS 技术中，由于图形是化学镀形成。众所周知，化学镀层的延展性差，这种化学镀应用在高刚性的注塑塑料上可以满足需求。在 CTE 较大的 PCB 材料上应用则存在一定的质量风险，需要二次开发。

（4）其他风险。如高分子材料内部添加金属有机物后产品的耐 CFA 性问题，抗剥离强度问题、需要专用材料而产生的供应商选择问题等。

LDS制作线路　　　　　　　传统PCB线路

图 5-24　LDS 制程制作的线路与传统 PCB 制程制作的线路比较

5.4.2　激光直接成型技术专用材料的特性

1. 激光直接成型技术专用材料的基本要求

LDS 技术的关键点在于具有催化作用的金属有机物添加到高分子材料里，使其具有激光活化性能。这种金属有机物添加工艺最先是 LPKF 提出并申请有专利。目前三菱化学、泛友科技等也可以提供金属有机物，利用这种金属有机物制作成的材料目前有聚碳酸酯、ABS 塑料、聚丙烯、尼龙等多种。

作为应用与印制电路制作的基体高分子材料，需要满足许多条件，如可模塑性、可镀性、阻燃性、可金属化性、低成本等，其中最重要的是金属在基体材料上的可镀性。对于 LDS 技术而言，由于活化阶段为高能激光束，基体材料还需要具有较好的冷热温度变化的适应性、较高的热变形温及对金属良好的附着力。目前，热塑性的耐高温塑料和工程塑料是现在比较流行的 LDS 技术途径选用基体材料，如 PA、PPS 等，但在这两类材料中，人们更倾向于工程塑料，这是因为耐高温塑料比较贵。

2. 激光直接成型技术专用材料的种类与特性

根据其用途，LDS 技术专用材料可以分为以下两大类。

1）用于 LDS 的塑胶原料

在 LDS 技术中，材料性能必须与激光工艺参数相匹配。因为不同的材料中添加的金属有机复合物是不同的，这也是材料制造商的核心机密。目前常用材料有 LPKF 公司的 PP，PBT 和 PA6/6T。PBT 塑料电性能优良，因而 PBT 塑料应用得很广，而 PA6/6T 能耐 260℃ 的回流焊高温，因此在需用回流焊装联的领域应用得很广。其他公司也开发了一些用于 LDS 的激光塑胶原料，如表 5-13 所示。

表 5-13　用于 LDS 的激光塑胶原料

德国朗盛(LANXESS)集团公司	PBT 型号：Pocan Dp7102000000 PET/PBT 型号：Pocan Dp7140LDS000000
德国巴斯夫(BASF)公司	PA6/6T 型号：T 4381 PBT 型号：4300
宝理塑料(POLYPLASTICS)株式会社	LCP 型号：8201
德固赛(EVONK)有限公司	PBT 型号：VESTODUR RS1633
DSM 公司	PC/ABS 型号：Xantar LDS 3710
RTP 公司	PA6/6 型号：299x113399H PC 型号：399X113385B ABS 型号：699X113386B PC/ABS 型号：2599X113384C LCP 型号：3499-3X113393A, 3499-3X113393C PPA 型号：4099X117359D

　　LDS 材料是一种内含有机金属复合物的改性塑胶，激光照射后，使有机金属复合物释放出金属粒子。用于 LDS 塑胶原料中的有机金属复合物应满足以下条件：

　　(1)有机金属化合物能在基体中均匀分布。

　　(2)在可见光下稳定，激光辐照后能分解出金属原子。

　　(3)不导电。

　　(4)能耐高温、无毒或低毒、无逸出，无迁移、便宜。

　　大多数情况下，有机金属复合物中的金属离子是二价钯离子或是二价铜离子。目前用得较多的是铜的有机金属化合物，例如，有改性草酸二铜络合物，如改性草酸[(3-乙炔)铜(Ⅰ)]和改性草酸二[(降冰片烯)铜(Ⅰ)]、改性无水甲酸铜等。一般视塑胶原料熔融温度选择改性有机金属复合物种类，改性有机金属复合物热解温度应高于载体母胶原料熔融温度 3~5℃以上。

　　用于 LDS 塑胶原料的制作方法。

　　一般工艺流程，将高聚物和相应的有机金属化合物及填充物混合，经高温熔融再冷却形成所需的改性塑料，再经粉碎后即可得到所需的粒料。

　　作为一个应用实例，湖南许小曙等发明了一种用于 LDS 的激光塑胶原料，其复合组分是：在每 1000g 制成的激光塑胶原料中，添加表面活性剂 1~10g、光吸收剂 0.1~5g、降黏剂 0.5~30g、无机功能填料 5~750g、改性的有机金属复合物 30~50g 和增溶剂 5~200g，其余为载体母胶，复合成分总和均需满足 100%。

　　2)用于 LDS 技术的表面膜材料

　　用于 LDS 的除了添加有机金属复合物的塑胶原料外，LPKF 公司还新开发了一种 LDS 级别的漆，使普通塑料兼容 LDS 技术工艺。它是一种双组分漆，由底漆和固化剂组成，该漆喷涂至器件表面产生与 LDS 塑料相同的特性。

　　作为 LDS 表面膜材料的金属有机复合物需要具备的性质有：

　　(1)有机溶剂或高分子膜层具有良好的相溶性，体系中金属离子含量高，激光活化时可产生足够的活性中心，以形成连续镀层。

　　(2)可形成均一膜层，并与基体有良好的附着力。

（3）分解副产物可完全挥发，保证镀层杂质少、纯度高。

（4）较低的解离温度，以免高温下基板被破坏。

（5）膜层或基板在所用波长处有足够的光吸收，保证有足够的能量以激发热分解反应。

目前，除 LPKF 开发出的专用材料之外，人们基于激光诱导金属沉积原理，研发出多种在非金属材料上制作精细电路的专用材料及使用工艺。例如，陈东升用 PVP/AgNO₃ 胶体，通过激光照射，在 PI 表面得到银粒子，经化学镀可得到铜线；孙克等用 AuCl₃ 乙醇溶液在单晶 Si 上制得薄膜，经脉冲的 Nd：YAG 激光照射，在 Si 上制得 Au线；Heinrich G. Müller 和 A. Gupta 等用激光照射，利用甲酸铜薄膜沉积出了铜线。曾鑫、Gross 等和 Hilmar 等用乙酸钯薄膜，利用激光照射得到了钯线。J. G. Liu 等用 CO_2 激光，从银化合物固体膜中得到了银线，经化学镀可得到铜线。

沉积层导线的电阻可用四探针测量，其与基材的附着力可用在超声波浴中清洗时间的长短来定性检测，也可用胶带法来定性检测，还能参照 GB/T5270－2005 进行测试。

3. 激光直接成型技术专用材料选择

LDS 技术制造印制电路板的过程是从热塑性复合材料注塑成型的元件开始，因此，材料的选用十分重要。激光直接成型材料已经被应用于智能手机天线、笔记本电脑、汽车天线、无线网卡、路由器、导航仪、智能手表等。在手机天线、汽车用电子电路、提款机外壳、医疗级助听器等方面，使用 LDS 技术可将天线直接制作在手机外壳上，不仅避免内部手机金属干扰，更缩小手机体积。

目前，已经有德国朗盛（LANXESS）集团公司、德国巴斯夫（BASF）公司等多家企业可提供该类专用材料，见表 5-13、表 5-14。BASF 公司制造的 PA6/6T（半芬芳聚酰胺），热变形的稳定性很强，适合回流焊（也适合无铅焊锡），具有很好的机械性能；Lanxess 公司制造的热塑性聚酯（PBT，PET 及其混合物），具有很好的机械和电气性能，但其混合物都具有很好的热变形稳定性；Degussa 公司生产的交联 PBT（polybutylene terephathalate），抗游离与防火性能优良，照射交联性使其具有可以抗高温性能（适合所有焊接工艺）；Ticona 公司生产的 LCP（液晶聚合物），具有很好的流动性，并且在热压下具有很好的尺寸稳定性。

表 5-14　我国生成的聚赛龙 LDS 专用系列材料部分性能表

性能		测试标准/ISO	材料种类				
			P1320X	P1312	P2320X	P2315	PA66G30
物理机械性能	颜色	/	白色	黑色	白色	黑色	黑色
	密度/(g/cm²)	ISO01183-1	1.28	1.26	1.24	1.26	1.5
	熔融指数/(g/10min)	ISO 1133	20	12	20	15	—
	拉伸强度/MPa	ISO527	54	58	50	50	110
	伸长率/%	ISO527	50	50	65	70	2
	弯曲强度/MPa	ISO178	80	80	75	78	175
	弯曲模量/MPa	ISO178	2400	2200	2300	2250	8000

续表

性能		测试标准/ISO	材料种类				
			P1320X	P1312	P2320X	P2315	PA66G30
热性能	热变形温度/℃	ISO75-2	120	120	105	108	235
	阻燃性	UL94	HB	HB	HB	HB	—
附着力		ASTM	4B—5B	5B	4B—5B	5B	4B

5.4.3 激光直接成型技术的优势及应用实例

制约 LDS 技术在印制电路板制造领域推广的因素主要有专用材料和专用激光设备两个方面。随着新原料的开发与制备、软件控制的人性化和激光设备的升级，利用 LDS 技术的新产品开发成本将降低，产品质量稳定性及电路的稳定性将会提高，布线更加容易，工艺环境更加友好，这将极大地促进该技术在汽车、传感器和通信行业的应用。在当今电子产品更小、结构更复杂、功能更多、集成度更高的情况下，采用 LDS 技术制造电路的工艺及其制造产品将会得到更大的应用空间与市场份额。

目前，LDS 技术最常见的应用领域是无线天线和载流电路。利用 LDS 技术，可以将手机天线集成到手机内部的一个功能性塑料元件上，从而消除了对单独金属天线的需求。在集成手机天线应用中，LDS 技术的好处发挥得淋漓尽致，既实现了部件整合和产品小型化，又减少了部件组装工作，这对于大批量生产和降低手机成本至关重要。此外，LDS 技术还很容易与快速成型相结合，以配置不同的天线布局。目前，市场中很多手机天线的制造都是利用 LDS 技术制作。

LDS 技术在医疗领域的应用已经获得了成功，被应用于血糖仪、静脉调节器、牙科工具、助听器、温度诊断笔等设备专用的印制电路之中。LDS 技术在医疗应用中的一个绝好的案例是开发出一种用于检测龋齿病变(牙釉质脱钙或受损的区域)的手持式激光笔。该手持式激光笔通过改进现有的桌面仪器重新设计，采用 LDS 技术实现尺寸小型化、质量大幅缩减，同时也使用将产品制造的装配时间从 20s 缩短到了 6s，零件数量从 8 个缩减到了 3 个，生产效率获得提高，总成本缩减 78%。

在汽车领域，LDS 技术正在应用于转向轮毂、制动传感器和定位传感器等领域。作为一种应用实例，对一个采用 LDS 技术制造的旋转制动传感器在高温、高湿度(85℃，相对湿度 85%)环境下的检测表明，在经过 1000 小时的测试后，其 300 个零件都没有任

图 5-25　用 LDS 技术制造的用于医疗器械中的电路板

何缺陷。该应用中所使用 Vectra E840(LCP)材料，这证实了 LDS 技术制造过程的稳定性和可靠性。

5.5 微纳压印技术

5.5.1 微纳压印技术简介

1. 微纳压印技术的基本含义

微纳压印技术是一种新型的通过压印实现微纳米图像复制转移技术，也称微纳米光刻。该技术采用有微纳米级图案的刚性模具将基片上的聚合物薄膜(如聚氯乙烯 PVC、聚苯乙烯 PS、聚甲基丙烯酸甲酯 PMMA、聚碳酸酯 PC、聚甲醛 POM 等)压出与模版图案具有 1：1 比例的图案，再对压印件进行常规的刻蚀、剥离等加工，最终制成微纳米级的结构和器件，是对传统印刷技术的发展。

微纳压印技术的基本原理是聚合物等材料在高温、光照等条件下的流动变形。该技术采用传统的机械模版、印刷微复制原理，代替传统光学光刻技术中所包含光学、化学及光化学反应等机理，可避免传统光学光刻技术中要求特殊曝光光源、高精度聚集系统、极短波长透镜系统等要求，同时也可避免抗蚀剂分辨率受光半波长效应的限制。与极端紫外线光刻、X 射线光刻、电子束刻印等工艺相比，微纳压印技术具有不逊的竞争力和广阔的应用前景。

微纳压印技术起源于美国普林斯顿大学的华裔科学家周郁在 1995 年发明的纳米压印技术(nanoimprint lithography，NIL)。他采用该技术首次在有机玻璃(PMMA)上压印出直径 25nm，节距 120nm 的点阵列，这一研究结果引起微电子工业的极大兴趣，被誉为十大可改变世界的科技之一。随后几年，该研究团队完成光栅、场效应晶体管等微器件的制作，这些微器件的制作成功地将微纳压印技术推向了这一领域的研究热点。纳米压印技术是一种接触式光刻技术，它相比于光学光刻技术，有廉价的特点，纳米压印技术已经被国际半导体技术路线图(ITRS)收录，作为下一代光刻技术(next generation lithography，NGL)的候选者，有望在 2019 年用于 16 nm 的结点制造。

2. 微纳压印技术的特点与分类

1)微纳压印技术的特点

相对于传统的光学光刻技术，微纳压印技术不要求使用昂贵的紫外光源和光刻设备，以图像复制原理上来看，微纳压印技术在制作图案上没有任何限制，可以使用电子束刻蚀及其他技术制作的相关模版来复制任意的图形与微结构。微纳压印技术与光微影技术相比较，具有高分辨率、超低成本和高生产率、环保性和工艺过程简单等特点，表 5-15 为两种工艺的参数比较。另外，微纳米压印技术使用机械模版来代替光微影使用的光刻掩模，避免了光微影技术等微细图像转移技术在应用中遇到的背面散射与干涉等问题，也摆脱了掩模曝光、显影剂污染等因素对转移图像品质的影响。

表 5-15   微纳压印和光微影压印的参数比较

参数	微纳米压印技术	光微影压印技术
能源	无	发光
制版	机械模板	光刻掩模
转印材料	聚合物	光敏聚合物
分辨率	高于 10nm	高于 32nm
传输位数	>二进制	二进制
成本	较便宜	较贵
生产能力	晶圆/min	晶圆/min

2）微纳压印技术的分类

根据微纳米压印技术的工艺特点，可将其分为热压印技术、紫外光压印技术、激光辅助压印技术、软性压印技术 4 大类型。

（1）热微纳压印技术。该技术是以热量为动力，利用热塑性材料的基本性能实现图形转移与复制，包括热压印、冷却定型等基本工序。采用该技术可以在微纳米尺度上实现图像的低成本、高速度复制，仅需一个模版即可批量图形转移。

（2）紫外光微纳压印技术（即 UV 微纳压印技术）。该技术以高分子聚合物的光化学反应为驱动力，利用涂覆在基板上光敏材料的聚合反应成型，从而实现图形的转移与复制。由于涂覆在基板上光敏材料在聚合前具有较好的流动性，旋涂在基板上压印时不仅无需加热，而且其解析度也会更高。

（3）激光辅助微纳压印技术。该技术是以高能准分子激光作为驱动力，通过激光束透过模版直接熔融基板，在基板上形成一层熔融层，该熔融层取代传统光刻胶，然后将模版压入熔融层中固化后脱模，将图形从模版直接转移到基板之上。采用的准分子激光波长要能透过模版而尽量避免能量被吸收。模版常采用 SiO_2 利用激光融化 Si 基板进行压印可以实现低于 10nm 的线宽制作。

（4）软性微纳压印技术。软性压印技术的显著特点是采用柔性橡胶（一般用硅橡胶）制作微纳米模版，通过接触压印，复制微纳米结构图形。由于印版柔软而富有弹性，故可以将它安装在滚筒上，实现轮转压印，同时也可通过挤压模版等手段实现图像的缩小与放大。

软性微纳压印技术根据工艺特点又可为微接触印刷、毛细微模塑、微转移模塑、溶剂辅助微模塑等，它们均可用于制作高质量的微结构和纳米结构。预计软性压印技术将在微电子学、纳米液体和生物技术领域扮演重要角色。图 5-26 为不同软性压印技术特点与应用领域。

微接触印刷术（microcontact printing，μCP）是用弹性模版结合自组装单分子层技术在基板上印刷图形的技术，可直接用于制作微米至纳米级大面积的简单图形，最小分辨率 35nm，在微制造、生物传感器、表面性质研究等方面有很大的应用前景。

毛细微模塑（micromolding in capillaries，MIMIC）是先将具有微纳米级凹凸图像的模版置于基板表面，这时模版图像凹凸处与基板表面形成极细的孔隙（毛细管），当把液体聚合物滴在硅橡胶印版的一段时间后，液体聚合物由于受毛细管作用进入孔隙中，将孔隙中的聚合物固化再将两者分离开来，即可获得精细的纳米凹凸图像。该技术可在光学元件等制造领域获得广泛应用。

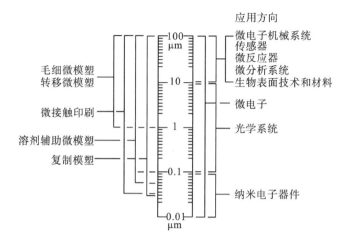

图 5-26　软性微纳压印技术的应用范围

微转移模塑(micro transfer molding，μTM)是将液体预聚物(如 PU、聚氨酯)滴于 PDMS 印章上，再用一个平的 PDMS 块刮去多余的聚合物或者用氮气吹去，然后将充满聚合物的 PDMS 印模紧密地压在基底上，干燥后取下就得到所需的聚合物微结构。

微复制模塑是使用弹性印章(如 PDMS)作为原始印模，将预聚物浇注在印章上，烘焙，待交联固化后剥离就可以得到所需的微结构。此外实验表明微复制模塑法可在几十纳米的精度上复制印模上的图形，而且不会对原始印模产生损坏。

溶剂辅助模塑法的关键是选择一种能溶解聚合物基底却不会使 PDMS 印章膨胀的溶剂(如丙酮作为溶剂，聚苯乙烯作为聚合物基底)。溶剂辅助模塑法就是先用适当的溶剂沾湿 PDMS 模，将印模紧密地压于基底上、溶剂会溶解一层聚合物，这些聚合物与溶剂填充于印模的空隙中，形成与印模图形互补的微结构，待溶剂挥发后取下 PDMS 印模，则在基底上留下所需微结构。

另外，随着微纳压印技术研究的深入、新材料的应用，出现了一些新型和改进的微纳米压印技术，如静电辅助纳米压印技术、气压辅助纳米压印技术、金属薄膜直接压印技术、超声波辅助熔融纳米压印技术、弹性模版压印技术、滚轴式纳米压印技术等，并在不断提高压印品的质量和效率，降低成本。

3. 微纳压印技术的应用优势

作为图像转移新技术，微纳压印具有如下优势：

(1)图像解析度不受曝光光源等限制，可获得纳米级的高分辨率，在小于 10nm 的微结构制作中占有重要地位。

(2)吸收了印刷术的优点，一块模版即可大量复制图像，图像转移与制作低成本、生产效率高，适用于大批量工业生产。

(3)聚合物表面得到的图形和结构由模版决定，使用软性模版，可实现异形基板图像转移与制作，可压印并制作出三维电路。

(4)模版制作的精细度、尺寸等直接决定图像大小。使用大面积模版可实现大尺寸电路等制作。

(5)应用弹性模版，可实现图像的缩小与放大。即使用一块模版就可制作从纳米到微米级不同要求的微细结构。

(6)工艺过程的环境友好度更高。微纳压印技术，无须使用传统光学光刻技术中使用的蚀刻液、显影液等，因而可降低对环境的污染。

4. 微纳压印技术的研究现状与挑战

随着微纳压印光刻研究的日益深入及应用领域的不断扩大，通过各国科学家的努力研究取得了不少成果。1999年，美国德州大学等在热压印技术的基础上通过改进提出了步进闪烁压印光刻(step and flash imprint lithography，SFIL)，该技术采用石英模具，通过紫外光曝光实现抗蚀剂图形化，无需加热，解决了热微纳压印加热降温需要耗费大量时间的问题；韩国先进技术研究院科技人员通过对紫外压印和软压印两种技术的改进，提出了采用紫外曝光结合PDMS软模压印结合的方法来压印纳米图案，该方法简单、需要的压力小、制作成本低而且适合大面积压印，克服了硬模压印所导致的一系列缺点；2010年，坦佩雷科技大学光电子研究中心的Tapio Niemi等对软压印技术进行了改进，通过在PDMS软模上面加盖一块非常平整的玻璃板后，有效地防止压印时的横向变形，从而提高压印图形的精度；2011年，北京信息科技大学的严乐等为了提高硅基材料对抗蚀剂的亲和性，采用氧离子对硅基材料进行轰击，使抗蚀剂在硅基片上的涂铺效果更好，有效改善了模版压印过后抗蚀剂缺失的现象。

微纳压印技术经过二十多年的飞速发展，已经被应用于用各种高分子有机材料制造微米至纳米尺寸的器件，可达到最小分辨率5nm的水平。其应用领域包括小于$0.1\mu m$线宽的高密度集成电路的制作、超高密度磁存储器件的制作、微光学器件(如纳米光栅、特殊金属光栅、微透镜、二元光学器件等)的制作、场效应管的制作、微流体及微生化分析系统制作、纳米光盘和纳米读写头制作。微纳压印技术还可以广泛用于生物领域，如获得转移蛋白图案为细胞定向生长提供衬底等。作为一个应用实例，可采用线宽550 nm沟槽和线条均匀组成的石英印章压印培养皿材料PS和PETG，然后在图案化的培养皿材料PS上生长SD大鼠成骨细胞和C6神经细胞、在图案化的PETG衬底上培养血管平滑肌细胞等。

当然，微纳压印技术由于压印工艺的特点，在几年后的发展具有许多关键的问题需要解决，如模版的制造、模版的使用寿命、压印精度和多层结构对准套印。另外，由于微纳压印技术相对于目前成熟的印制电子制作工艺来说仍然缺乏竞争能力，降低其应用成本是人们努力方向之一。

5.5.2　微纳压印技术的工艺

1. 微纳米压印技术关键问题

从典型的微纳米级压印过程可以看到，微纳米压印的关键技术包括模版制造、压印过程控制(包括模版处理、压印、脱模过程)及高精度的图形转移，涉及材料包括模版材料、基板材料、纳米光刻胶或能被压印的功能材料等。

1）模版及其材料

微纳压印技术中使用的模版按照材料透光性可分为透光模版和不透光模版，也可按照材料硬度可分为硬模版和软模版。硬模微纳米压印的精度取决于具有微纳米级凹凸图像的模版（印版）精度。传统制版方法是采用光微影技术，借助于感光掩模将纳米级图像光刻于感光层上，通过显影和刻蚀形成凹凸模版。微纳米压印模版制作工艺是采用电子束直写、电铸、化学气相沉积等方法实现，并对压印模版进行防黏连处理，避免模版在压印过程中与衬底聚合物的黏连，实现顺利脱模。

微纳压印模版必须具有适当的硬度、耐用度、热稳定性，以适用于不同温度、压强的压制工艺，并可长时间多次使用，因此印模材料应该具有易于刻蚀、耐腐蚀性、自组装或易于成型等特性。目前硬模版主要采用硅类材料，包括 Si、SiO_2、氮化硅、石英、金刚石、氧化锡铟、铬、镍、蓝宝石等具有高杨氏模量的材料。硅片和石英片由于具有微纳米压印过程中所需要的硬度和耐用度，应用较为广泛。使用这些材料制作的模版可分别用于热压印和常温压印。软模版材料主要使用聚二甲基硅氧烷、光敏树脂和 PMMA 等，它们主要用于制作常温压印模版。

微纳压印模版制作技术难点在于三维模版制作、大面积模版和高分辨率模版制作、模版缺陷检查、模版变形和修复等。目前，制约微纳压印技术广泛使用的原因就是高分辨率的模版价格昂贵、模版材料可选择性小，制备时间比较长等。

2）脱模材料

模版脱模时有两种可能：一种是模版完全脱离，光刻胶图形完整保留；另一种是模版和光刻胶黏在一起，脱模过程中光刻胶可能脱落，造成压印图形变形或剥离。因此对具有脱模方便和一定硬度的脱模胶的研究较为重要。

3）光刻胶

模版处理好后需要把模版压印在基板上的光刻胶中，由于压印是一个机械过程，因此光刻胶的选择要求胶的杨氏模量（硬度）小于模版的硬度，光刻胶的力学特性对微纳米压印图形的质量具有重要影响，需要根据聚合物（光刻胶）各种特性尤其是不同温度下力学特性，选择微纳米压印工艺中合理控制的各种工艺参数。

4）高质量图形复制的实现

高质量的印模版的制备与精度紧密相关。在模版制作图形的产生主要采用光刻技术，对于大面积图形，可以采用现有半导体工艺中的紫外光刻技术；对于小图形，采用电子束光刻技术。电子束光刻的精度可以达到小于 10nm。图形产生后，需要进行金属沉积、剥离、反应离子刻蚀等一系列工艺，最终把图形转移到基板上。微纳米压印技术复制图形过程中面临几种挑战：压印工具与基板需要接触，这是半导体制造的禁忌，目前无法解决；高精度套刻对准技术是纳米级模版光刻技术的关键，目前针对此项问题的研究也较为紧迫。

2. 微纳压印技术工艺流程

微纳压印技术工艺过程主要包含：模版制作、图形复制、图形转移与制作等四个基本步骤，即在一块基片上（通常为硅片）涂上一层聚合物，再用已刻有目标图形的模版在一定的温度和压力下压印涂层，而实现图形复制，然后脱模即可形成微纳米级图案，最后在刻蚀形成目标电路或器件。模具的制备方法多种多样，如使用紫外曝光、刻蚀、传统微机械加工等。不同技术途径其工艺流程具有一定的差异。表 5-16 列举了几种不同微纳压印技术的参数。

表 5-16　几种不同微纳压印技术的参数比较

方式	热压印	紫外光压印	软性压印
模版材料	硬性	硬性，透明	软性
模版成本	高	高	低
光阻	热塑性高分子	低黏度高分子	低黏度液体
成型机制	高温、高压	室温、紫外	分子自组装
压印力	高	中	低
单次压印面积	大	中	大
对位精度要求	中	高	低
产出率	高	中	低
优点	成型速度快 成型及模版材料选择多	成型速度路快 光阻黏滞力低，易成型，室温常压成型	模版成本低，光阻黏滞力低易成型(UV)，成型及模版材料选择多，室温常压成型(UV)
缺点	模版加工和转印技术困难，模版成本高，需高温高压，微结构转印难度高	模版加工和转印技术难度大，成型及模版材料受限，模版成本高，UV 照射均匀性差	成型速度慢，成型及模版材料受限(UV)，UV 照射均匀性差(UV)，模版成本高，微结构转印难度高，高温高压成型

1)热微纳压印技术

热微纳压印技术是在微纳米尺度上低成本、高速度地复制结构图像的一种方法，仅需一个模版，就可将完全相同微细结构图案按需复制到基板表面。工艺过程的 4 个基本步骤为压印模版制作、压印过程、图形转移、图像制作。热压印的工作流程如图 5-27(a)所示。

(1)压印模版制作。通常采用电子束刻蚀或者反应离子束刻蚀技术在模版材料上制作高精度的图案，即可获得压印模版。为获得长时间确保模版精度的模版，一般使用 SiC、Si_3N_4、SiO_2 等机械性能好、热膨胀系数低的材料来制作模版。

(2)压印与图形转移过程。需要先在基板上涂布一层热可塑性树脂(聚合物)，当基板温度升高至聚合物 T_g 温度以上、树脂变得柔软而富于可塑性时，将模版压印在基板的树脂膜上，树脂被挤压并完全填满模版与基板间的所有缝隙，然后降低温度冷却致树脂 T_g 温度以下，此时被挤压成型的树脂膜就固化定型，取出模版即可完成压印与图形转移。压印后被压的凹下去的那部分聚合薄膜还会留有很少一部分，为了使其不覆盖在基底表面，须除去该残留层，一般的方法是使用各向异性反应离子束刻蚀。热压印聚合物有聚甲基丙烯酸甲酯(PMMA)、聚碳酸酯(PC)、聚氯乙烯(PVC)、聚苯乙烯(PS)、聚甲醛(POM)等，但它们的玻璃化温度 T_g 较高，而热压印必须加热到聚合物的 T_g 以上才能进行，使工艺周期延长。

(3)图像制作。消除压印区残留的树脂膜后，采用刻蚀技术或剥离技术，将纳米凹凸图像转印到承印物上实现图形转移。刻蚀技术以聚合物为掩模，对其下层进行选择性刻蚀，从而得到图形。剥离工艺一般先采用镀金工艺在聚合物表面形成一层金层，然后用有机溶剂进行溶解，有聚合物的地方被溶解，于是连同上面的金层一起剥离，这样就在基板上形成了金纳米图形。

由于微纳热压印技术需要将被压印聚合物加热到玻璃化温度之上，加热和降温的过程会耗费大量时间，不利于批量生产。针对这一情况，清华大学提出一种改进方法，利用频率 27kHz 超声波来直接加热聚合物至玻璃化温度，该方法可将加热降温的过程缩短至几秒钟，有利于降低功耗、成本和提高产量。另外，从改变受压聚合物的性能角度出发，通过使用改性的光刻胶在常温下加压制也可获得压印图案。

2）紫外光微纳压印技术

紫外光微纳压印技术的工艺流程与热压印技术类似，即都须先制作具有微纳米级图形的模版，不同的地方在于：紫外光微纳压印技术使用的模版材料是可以透过紫外线的石英、图形转移的推动力是光化学反应。在压印与图形转移过程中，需要先在基板上涂一层低黏度、对紫外光敏感的液态高分子光刻胶，使用较小的压印力将模版压在光刻胶之上，待光刻胶填满模版空隙后，在模版背面使用紫外光进行照射诱导光化学反应的发生，从而产生光刻胶的可固化。最后经过脱模、刻蚀去除基板上面残留光刻胶等工序，即可获得微纳图像，工艺流程如图 5-27(b)所示。

紫外微纳米压印技术图形转移层介质需满足以下工艺要求：与模版之间的黏附力小，易于脱模；具有良好的流动性，能快速充满模板的微细结构；具有良好的热稳定性，低热膨胀系数；透明，紫外固化速度快，变形收缩率小；具有较好的抗刻蚀性能。工艺流程如图 5-27(c)所示。

作为一个应用实例，日本 Waseda 大学与 Toppan Printing 等公司合作发明了一项能够高效率地制造三维电路的纳米压印技术。该工艺过程是采用紫外光固化型树脂涂覆于硅板上，再用透明的石英晶体制成的压印模在树脂上压出凹凸图形，用紫外光照射透过石英体使树脂固化，然后移去压印模。压印出图形后，再电镀铜嵌入凹槽产生三维线路，获得三维电路图形的最小线宽为 73 nm。

与微纳热压印技术相比较，紫外光微纳米压印技术的优点有：①紫外固化可在室温下进行，省去加热和冷却时间；②室温环境下消除了基底和模版的热膨胀而导致的参数改变和图形变形；③光刻胶在紫外固化具有较低黏度，有利于填充模版的凸凹部分，同时降低压制的压力、减少压印时间，提高图像转移的质量生产效率。

但是紫外光微纳压印技术所使用的设备相对比较昂贵，对环境的要求非常高，没有加热的过程，可导致光刻胶中的气泡难以排出，从而导致微细结构的缺陷问题。

3）激光辅助微纳压印技术

激光辅助微纳压印技术的工艺流程与热微纳压印技术的工艺流程相似，但该工艺又吸收了紫外光微纳压印技术的优点，应用激光的高能量融化基板表层取代传统光刻胶从而实现压制、图形转移工艺的合并，进一步简化工艺流程。激光辅助压印的工作流程如图 27(c)所示。

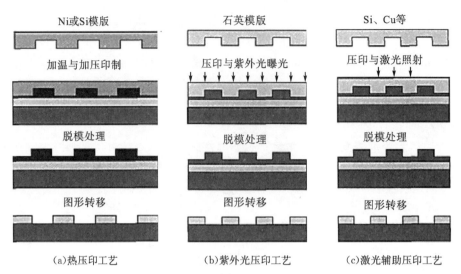

图 5-27　硬模版微纳压印技术压制工艺流程示意图

4)软性微纳压印技术

软性微纳压印技术最突出的特点就是采用柔性橡胶制作微纳压印模版(印章)，并通过接触压印的方法复制微纳米结构图形。相对于硬性模版，软性模版主要有两个优点：①软模版具有一定的弹性，能很好地解决模版和基底之间的平面度和平行度误差问题；②软模具易于脱模，不易与抗蚀剂黏连。

对于不同种类的软性压印技术(如微接触印刷、毛细微模塑等)，它们的工艺是相同的，但在压制过程、图形转移与微图形制作等阶段都具有自己的特色，其工艺过程如图 5-28、图 5-29 所示。

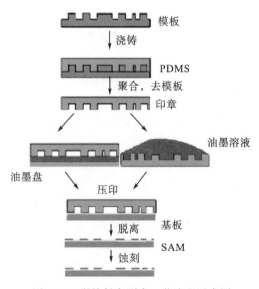

图 5-28　微接触印刷术工艺流程示意图

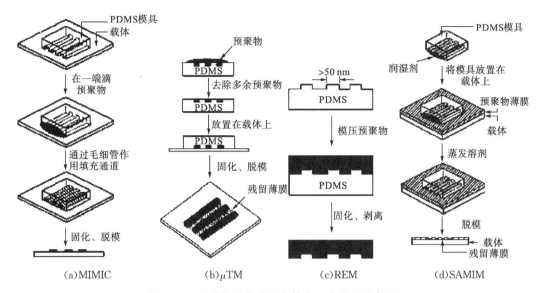

图 5-29　几种软性微纳压印技术工艺流程示意图

柔性模版的制作工艺过程为：首先利用特定的光或电子束对带有电子抗蚀剂（如聚甲基丙烯酸甲酯）的基板曝光，并刻蚀出相应的纳米凹凸图形，然后再在其上滴入聚二甲基硅氧烷（polydimethylsiloxane，PDMS）溶液，待其表面流动平滑后进行加热，使硅胶膜发生交联固化。随之进行降温，回到室温后用专用工具把成型图像的硅胶膜剥离下来，即得到完整的硅胶模版。

微接触印刷工艺：将软性模版——印章（如聚二甲基硅氧烷与特种"墨水"的垫片接触或浸在其溶液中，特种"墨水"通常采用含有硫醇的试剂。然后将浸过特种"墨水"的印章压到镀金衬底上，衬底可以为硅、玻璃、聚合物等，硫醇与金发生反应，形成自组装单分子层（self-assembled monolayer，SAM）。印刷后的图形制作目前有两种工艺。一种是采用湿法刻蚀，如在氰化物溶液中，氰化物的离子促使未被 SAM 层覆盖的金的溶解，而由于 SAM 能有效地阻挡氰化物的离子，被 SAM 覆盖的金被保留，从而将单分子层的图案转移到金上；另一种是在金膜上通过自组装单层的硫醇分子来链接某些有机分子，实现自组装，如可以用此方法加工生物传感器的表面。另外，使用前一种方法，还可以进一步以金为掩模，对未被金覆盖的地方进行刻蚀，再次实现图案转移。

毛细微模塑。将 PDMS 印模放置基底上并与之紧密接触，PDMS 图案的凹处与基板表面形成一个中空的通道网络，将低黏度的液态预聚合物置于网络通道的一端，在毛细作用下预聚物会自发地逐渐充满整 PDMS 图案的凹处，干燥后取下 PDMS 就得到了所需的聚合物微结构（图 5-29(a)）。

微转移模塑。首次将预聚体浇铸到 PDMS 模板上，然后磨平表面以去除多余的预聚体，接着将 PDMS 模板及其上的预聚体反置放到支撑板上，固化后，移去 PDMS 模板，便在支撑板上得到了最终的聚合物结构，如图 5-29(b)所示。

复制模塑。将预聚体浇铸到 PDMS 模板中，经紫外光或加热的方式固化后剥离 PDMS，便得到了该聚合物的图案结构，如图 5-29(c)所示，这些图案结构与 PDMS 上的结构相反，而正好与原来母板上的图案结构保持一致。

溶剂辅助微模塑。先将 PDMS 模板有图案的结构在特定的液体中浸湿，这种特定液体可以溶解后面用到的聚合物，然后将其放置到预先覆盖有聚合物薄膜的支撑板上，接着蒸发溶剂，最后移去 PDMS 模板，便在支撑板上得到了聚合物的结构图案，如图 5-29 (d)所示。

软性微纳软刻蚀技术的最大特点就是无须在洁净间进行，成本低廉，这使得该工艺可供生物学家、材料学家、物理学家和化学学家应用此项技术在一般的实验室中进行研究。软刻蚀技术不但工艺简单，而且还有其他许多优点，例如可以用来图案化不是很平整的表面，可以产生特定化学功能基团的结构，还可以制备各种三维结构。

5.5.3　微纳压印技术在 PCB 领域中的应用前景

印制电路制造技术如何适应电子产品小型化、智能化、便携化等发展趋势对印制板线路提出的密度更高、节距更小、制造成本更低等要求，已经成为行业关注的热点。微纳压印技术是一种可实现高精度图形复制的新工艺技术，能适应新一代印制电路板要求电子电路高密度化、线路形状更细、绝缘介质更薄、电气性能更好等的发展，在未来高密度印制电路制造领域将会获得应用。

微纳压印技术应用于 PCB 制造(特别是 HDI 板制造)的技术方案目前已经形成，技术路线包括 6 个主要步骤。

第一步，材料准备等前期准备工作，与常规 PCB 制造技术相同。

第二步，编辑图形数据形成模版制作文件，并输入控制系统中。

第三步，制作图形压印模版。模版制作是用电铸或激光方法构成图形。

第四步，图形压制。用压印模对介质膜片进行压印出图形，形成电子电路图形。

第五步，电子线路制作。采用化学镀或电镀方法实现电子线路金属化与增厚(可电镀镍、金等增加硬度等)，可实现批量化单层板的复制生产。

第六步，后期工序，如化学镍金、质量检测、外形加工等。对于多层板制造，还需要进行常规的层压等工序，这些工序涉及的技术与常规印制电路板制造技术相同。

目前，微纳压印技术在微型传感器件、集成电路等领域已经获得应用，但在印制电路板制造领域还处于研发阶段，其原因在于微纳压印技术的制造成本还无法与现有技术路线竞争，因此，其文献报道与工业应用并不多，其中龚永林在 2006 年《印制电路信息》第 11 期上介绍了相关的工艺流程，他将这种技术称为"压印图形技术"，具体包含以下内容。

第一步，制作图形压印模版。凹凸的压印模是按照通常的印制电路设计数据加工成。

第二步，压印图形工艺步骤。将压模版与基板接触并加温加压，形成图形。这种成型是在层压时形成 $x-y$ 向线路与 z 轴向互连孔，是在同时产生的。可压印的 PCB 基材有热塑性与热固性塑料树脂，包括环氧、液晶聚合物(LCP)、聚醚砜、改性的 PI、聚四氟乙烯、生陶瓷等。在树脂中可以有短纤维填料，不应有长的玻璃纤维，避免长纤维阻碍盲孔形成。对基材的基本要求是在热压下能成型，也在考虑选择可光成像绝缘介质。另外，材料还要结合解决薄的绝缘介质(至 $25\mu m$)及控制层压后厚度，并且材料有好的流动性和填充性达到希望的厚度。工艺流程如图 5-30 所示。

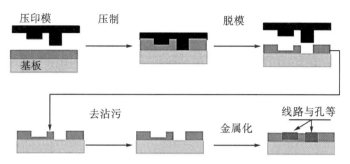

图 5-30 压印图形工艺与金属工艺流程示意图

第三步，压制图形的金属化。在压出线路和孔形后，按常规的金属化工艺处理表面。如 5-18 所示，在金属化沉铜后再全板电镀铜，再用抗蚀剂保护局部导体及蚀刻去除不需要的铜导体。这种抗蚀剂可以是光敏型或非光敏型材料，可在蚀刻后去除或不可除的。图 5-31 是在印制板绝缘介质内 $x-y$ 方向线路剖面，电镀的导线铜厚度 $18\mu m$ 以上。由于压印模形状结构，导通孔上不设置连接盘，有利于密度增加。

第四步，电子线路制作。金属化与蚀刻是采用常规的工艺，全板经化学镀铜和电镀铜后，由印刷法在沟槽和盲孔填平抗蚀剂(图 5-32)，再进行蚀刻去除板面多余的铜层。也有用代替电镀的方法是采用导电膏填入沟槽和盲孔，可以不再电镀和蚀刻，由导电膏形成导线和导通孔，更减少了工序与成本。

图 5-31 是在印制板绝缘介质内 $x-y$
方向线路剖面

图 5-32 压印图形填充抗蚀剂

大多数高密度电路是用图形电镀铜工艺，压印图形是采用全板电镀铜，这有利于镀层均匀性。由于压印模几何形状控制线路图形形状，因此板子图形一致性高，铜线条误差很小，而且绝缘介质厚度也由压印模控制，这些有利于线路阻抗控制，阻抗误差小。

与传统工艺相比，压印图形技术的批量化生产质量一致稳定，可以用于任何多层板积层加工，也是采用现存的印制板制造设备，采用标准材料和工艺。它需要的是少量投资而不是要新的生产设备，在现有工程基础上稍作改进与培训就能制造高性能印制板。

压印图形技术具体有以下优势：

(1)适应 PCB 产业面临高密度化巨大压力，能够制作更细的线路($50\mu m$、$30\mu m$、$10\mu m$ 甚至更小)，线宽控制更严，绝缘介质更薄(到 $25\mu m$)，电气性能更好。

(2)与现行高密度加工方法相比，新加入的是压印模与层压工艺，金属化电镀和蚀刻都是常规工艺。整个工艺过程省去了照相制版与感光图形、激光钻孔，可节约成本。

(3)制造高品质与高密度印制板的加工难度降低，小型规模制造商也能生产。印制电路板高密度化有两项重要的加工技术，一个是图形转移，另一个是激光钻微导通孔。

对于目前 PCB 高密度化加工能力临近极限状况下，压印图形技术有可能称为 PCB 技术的新方向。目前，应用压印图形的 PCB 设计规格达到 $25\mu m$ 线宽与间距，$100\mu m$ 连接盘上 $50\mu m$ 孔，它们已被小量/中量生产，而且使用的是现有生产设备和工艺条件。新技术将经过进一步的实践和完善，以应用于大批量生产。

习　　题

1. 图形转移技术的定义及分类。

2. 图形转移技术的使用基本材料有哪些，它们有何技术要求？如何选择丝网印刷技术中的丝网种类与性能参数。

3. 简述图形电镀的工艺过程及关键技术要点。

4. 光致抗蚀剂的作用及分类。

5. 简述光致抗蚀剂图形转移技术工艺流程。干膜工艺流程与湿膜工艺流程有何不同。

6. 简述印制电路板制作领域常用成像技术的种类及优缺点。

7. 简述激光直接成像技术、激光直接成型技术的工艺特点与应用优势。

8. 与传统印制电路板制作技术相比，图形电镀加成技术与硝酸蚀刻体系有何特点与应用优势。

9. 简述微纳压印技术的基本原理与应用优势。

10. 简述微纳压印技术的种类及相关工艺流程，您认为该技术大规模应用到 PCB 领域还有哪些方面需要继续创新？

第 6 章 基于系统封装的集成元器件 印制电路技术

无线通信、汽车电子和其他消费类电子产品在多功能、小型化、便携式、高速度、低功耗和高可靠性要求的发展下，微电子封装技术面临着严峻的挑战，集成电路技术的工艺节点不断接近物理极限，多年来遵循传统摩尔定律(Moore's law)的特征尺寸等比例缩小原则已很难指示半导体技术和电子产品的发展趋势，而系统级封装(system in package，SIP)技术作为在系统层面上延续摩尔定律的技术路线，得到了越来越多的关注和应用。本章将主要介绍基于 SIP 的集成元器件印制板及其制造技术，包括埋嵌电阻技术、埋嵌电容技术、埋嵌电感技术及埋嵌芯片技术。

6.1 集成元器件印制电路的定义、分类及特点

国际半导体技术蓝图指出，"SIP 是采用任意组合，将多个具有不同功能的有源电子器件、可选择性的无源元件以及诸如微机电系统、光学器件等组合在同一封装体系中，成为可以提供多种功能的单个标准封装件，形成一个系统或者子系统"。言外之意，SIP 使用微组装和互连技术，能够把各种集成电路器件(如 CMOS 电路、GaAs 电路、SiGe 电路或者光电子器件、MEMS 器件)及各类无源元件(如电阻、电容、电感、滤波器、耦合器等)集成到一个封装体内，因而可以有效而又最便宜地使用各种工艺组合，实现整机系统的功能。SIP 制造技术涉及窄节距的倒装芯片技术、窄节距的组装、无源元件的集成、基板的设计和制作、新型介质材料的应用等多方面。目前实现 SIP 工艺技术主要有两大类，包括低温共烧陶瓷(low temperature co-fired ceramic，LTCC)工艺和埋嵌元器件多层印制电路板(printed circuit board，PCB)工艺。

LTCC 工艺是近年来兴起的一种令人瞩目的整合组件技术，由于 LTCC 能够提供优良的元件精度、可以实现高密度的多层布线和无源元件的基片集成，并能够将多种集成电路和元器件以芯片的形式集成在一个封装里，特别适合高速、射频、微波等系统的高性能集成，提高性能和功能密度，实现高集成度和小型化。具有电气功能的元器件埋嵌或积层到多层印制电路板内部的集成元器件印制板(integrated component board)技术是实现 SIP 的另一种重要技术。由于将大部分的半导体、电阻、电容等元器件埋嵌于印制板内部，可以使导通孔大量减少，连接导线减少和缩短，减少了大量连接焊盘，改善了电气性能。由于电子元器件的焊接点减少，埋嵌元器件受到了基材的保护，使组件的可靠性得到了极大的提高。

集成元器件印制板技术是通过将一个或多个(或多类)IC 裸芯片，电阻、电容及电感等无源元件及其他器件埋嵌到印制电路板内部，从而实现 SIP 技术。

元器件埋嵌印制电路板的概念是自 20 世纪 60 年代提出的。20 世纪 80 年代后期，以

美国为中心，通过在印制板内部形成电阻及电容等无源元件，开始了代替传统片式元件的埋嵌方式的探索。微电机首先应用埋嵌技术，其为了确保信号的匹配性，需要采用大量的终端电阻及旁路电容。此后，伴随着电子线路的高速化，有源元件与无源元件之间回路部分产生的寄生电感问题日益凸现。由于三维元器件配置可有效缩短回路长度，元器件埋嵌技术从 20 世纪 90 年代后半期重新引起人们的关注。实际上，关于有源芯片埋嵌印制板的概念，早在 1968 年就由 Philips 公司以专利的形式提出，但是受到当时的技术限制，无法进行深入开发。20 世纪 90 年代后半期，芬兰工业大学的研究组以 integrated module board 的名称发表了他们的研究成果；在同一时期，柏林工业大学、Fraunhofer IZM 等研究人员开发出 chip in polymer(CIP) 和 flip chip in flex(FCF) 等更先进的埋嵌技术。日本研究人员在限定的手机模块部件及主板中实现埋嵌半导体元件。2006 年，应用于手机单段调谐模块部件且采用埋嵌半导体器件方式的基板实现量产化，至此埋嵌器件技术正式出现。

根据元器件的种类，集成元器件印制电路板可以分为埋嵌有源器件印制电路板和埋嵌无源元件印制电路板。应用 SIP 技术的 PCB，无源元件与有源器件数量的比率可达到 15∶1~20∶1，在电子产品集成度进一步提高的要求下，此比例还将不断上升。集成元器件印制电路板埋嵌有源器件主要是裸芯片，而埋嵌的无源元件主要是电容、电阻与电感等。

与传统 PCB 相比，将大部分的半导体芯片、电阻、电容等元器件埋嵌在印制电路板内部可以使整板需表面组装(surface mount technology，SMT)的面积减少 40% 以上。集成元器件印制电路技术将有源器件和无源元件埋嵌于 PCB 中，使 PCB 形成系统功能性产品，其特点主要表现为以下几个方面：

1)使系统向更高密度化或微小型化发展

由于离散(非埋嵌式)元器件不仅组装的数量很大，而且还占据 PCB 板面的大量空间，因此，SIP 技术使导通孔(无源元件所需的导通孔)大量减少，连接导线减少和缩短，减少板面的连接焊盘(无源元件的焊盘)。这样，不仅可增加 PCB 设计布线自由度，而且可以减少布线量和缩短布线长度，从而提高了 PCB(或 HDI/BUM 板)的高密度化或缩小 PCB 尺寸(或层数)。

2)提高系统功能的可靠性

集成元器件印制电路技术将元器件埋嵌到 PCB 内部，元器件埋嵌后与外界环境相隔离，不会受到大气中的水汽、有害气体(如 SO_2、NO 等)的侵蚀而受到损坏，使器件受到了有效的保护。一般来说，无源元件的焊接点约占 PCB 全部焊点的 25%，将元器件埋嵌到印制板内部，具有最短的导线(或导通孔)连接，将减少电信号连接的故障率，同时大量减少 PCB 板面的焊接点，提高了系统功能的可靠性。

3)改善 PCB 组装件的信号传输性能

将元器件埋嵌到印制板内部使其受到有效的保护，不会受外部工作环境影响而损坏或改变元器件的功能值，从而保证了埋嵌元器件的电阻值、电容值或电感值处于极为稳定的状态，保证了 PCB 组件中的信号传输有更好的一致性和完整性。

离散无源元件所需要的焊盘、导线和自身的引线焊接后所形成的回路将不可避免地产生寄生效应，即杂散电容和寄生电感通过减小连接线、焊盘和导通孔的连接距离可最大程度地消除寄生效应的产生。同时，这种寄生效应将随着频率或脉冲方波前沿时间的提高而更为严重。消除这部分引起的寄生效应，无疑将提高 PCB 组装件的电气性能（即信号传输失真大大减小），使传输信号有更好的完整性。

4）节省成本

将元器件埋嵌到 PCB 或 HDI/BUM 板中，可以明显节省产品或 PCB 组装件的成本。在 EP（埋嵌无源元件）－RF 的模型研究中，等效于低温共烧陶瓷基板（LTCC）的 PCB 基板（分别埋嵌相同的无源元件），其结果是：元件成本可节省 10%，基板成本可节省 30%，而组装（焊接）成本可节省 40%。同时，由于陶瓷基板的组装过程和烧结过程管理困难，而 PCB（HDI/BUM）基板的埋嵌无源元件可采用 PCB 生产工艺来完成，因而具有高生产率。

虽然集成元器件印制电路技术的优势明显，但目前仍存在如下两大主要问题：

（1）目前在 PCB 中还无法埋嵌无源元件功能值很大的，需要开发功能值大的埋嵌无源元件材料。

（2）埋嵌无源元件的功能值误差控制较难，特别是丝网漏印的平面型埋嵌无源元件材料的功能值误差控制更困难。目前虽然可以采用激光技术来修整控制埋嵌无源元件的功能值误差，但并不是所有埋嵌无源元件都可以采用激光来修整的。

6.2　集成元器件印制电路板埋嵌电阻的工艺技术

埋嵌电阻集成印制板是通过加成法或者减成法而实现电阻元件的内容埋嵌，图 6-1 是蚀刻减成法和印刷加成法制作电阻层的过程。根据埋嵌的电阻材料的不同，埋嵌电阻印制板的技术可分为薄膜型电阻技术、厚膜（网印）型电阻技术、喷墨型电阻技术、电镀型电阻技术、烧结型电阻技术等类型。

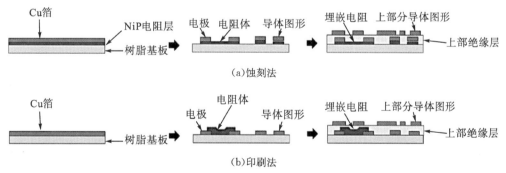

图 6-1　蚀刻法制作金属电阻层的过程

6.2.1　埋嵌电阻用材料分类及性能

电阻的类型可分为现有的金属薄膜电阻和丝网印刷电阻。电阻器都是采用高电阻率的材料来制成的，能制造成各种形状（带状、膜状、网状、层状或棒状等）和不同的电阻值，并能控制电阻值变化及其误差范围。这些高的或较高的电阻率材料可以是金属导体（如 Ni/P 合金等）或非金属材料（碳膜、碳棒、石墨等），也可以是金属颗粒、非金属填料（如硅微粉、玻璃粉）和黏结剂或分散剂等调制而成的复合物。

目前，在 PCB 领域开发的埋嵌电阻方法主要通过溅射、电镀、化学镀或印刷等，将电阻薄膜材料沉积在铜电极之间形成电阻器。再通过叠层技术将形成的电子元器件埋嵌 PCB 内部，从而形成 PCB 埋嵌电阻技术。常用埋嵌电阻材料及其性质如表 6-1 所示。

表 6-1　为常用埋嵌电阻材料及其电阻性质。

公司及机构	材料种类	制作方法	阻值范围 /($\Omega/\square$)
Intarsia 波音公司 NTT GE 大阪大学	Ta_2N	溅射	$10\sim100$ 20 $25\sim125$
Metech		聚合物厚膜工艺	绝缘～导电
Acheson Colloids Ashai Chemical W R Grace DOW Corning Raychem Corporation Ormet Corporaion	导电高分子 复合物		
Ohmega Ply	Ni-P 合金	电镀	$25\sim500$
Singapore Ins. Microelectronics LSI Logics	TaSi	DC 溅射	$10\sim40$ $8\sim20$
阿肯色大学	CrSi	溅射	
戈尔公司	TiW	溅射	$2.4\sim3.2$
Shipley	铜箔上掺杂 Pt	PECVD	高达 1000
德国宇航公司	NiCr	溅射	$35\sim100$
GOULD Electronics	NiCr NiCrAlSi		$25\sim100$
佐治亚理工学院	Ni-W-P		$10\sim500$
MacDermid	NiP	电镀	$25\sim100$
杜邦	LaB_6	丝网印刷和箔转印	高达 10 K

1. 单金属材料

金属中含有大量的自由电子，密度约为 $10^{22}/cm^3$，且自由电子的运动速率大，因此，金属的电阻率与其晶体结构关系不大，主要决定于金属的种类。金属是所有材料中导电性能最好的，其电阻率可以是从铜的 $1.7\mu\Omega\cdot cm$、铝的 $2.7\mu\Omega\cdot cm$ 到钛 Ti 的 $43\mu\Omega\cdot cm$，锰 Mn 的 $140\mu\Omega\cdot cm$ 和 β-钽的 $180\mu\Omega\cdot cm$ 的范围。因此，要制作数十欧姆的方块电阻，金属薄膜的厚度只能有几十纳米，而该薄膜厚度下，待沉积电阻的 PCB 树脂基板表面形貌会严重影响埋嵌电阻的阻值稳定性及环境可靠性。另外，单金属中自由电子浓度随温度变化大。在高温下，自由活动的电子会被晶格禁锢，金属的电阻率随之变大。金属的电阻温度系数 TCR 最高可以达到数千 ppm/℃。这些因素使得单金属难于作为 PCB 埋嵌电阻器的电阻材料。

在众多单金属中，β-钽(Ta)是一个特例。钽具有高电阻率($180\mu\Omega\cdot cm$)、良好环境稳定性、低的电阻温度系数(temperature coefficient of resistance，TCR)($-100\sim+100$ ppm/℃)。钽是一种活性金属，在溅射的过程中，钽很容易与其他气体发生化学反应，在空气中也容易与氧气反应生成一层致密的氧化钽薄层。不过 β-钽很难与气体反应，在空气中具有高稳定性。β-钽在溅射过程中容易产生孔隙，这些孔隙的尺寸为几个纳米大小。由于这些孔隙的存在，β-钽薄膜的电阻率比其块状要高数十倍。与此同时，β-钽薄膜的电阻温度系数 TCR 也大大地降低了，接近于 0 ppm/℃。唯一不足的是，这种含孔隙的 β-钽薄膜由于表面积大，很容易被空气氧化而使得电阻性能降低。

2. 金属复合材料

与单金属材料相比，金属复合材料的电阻率更高，电阻温度系数 TCR 更低(通常低于 500 ppm/℃)。不过，大部分金属复合材料的电阻率仍在单金属的范围内，只有少数的合金材料，如 NiCr、TaN_x、TiN_xO_y 和 Ni-P 合金，其电阻率较大，通常在 $100\mu\Omega\cdot cm$ 以上，具有应用于埋嵌电阻材料的潜力。

1)NiCr 金属复合材料

NiCr 是由 TICER Technologies 公司作为 PCB 埋嵌电阻材料率先研发及应用的。$Ni_{0.8}Cr_{0.2}$ 的电阻率约为 $100\mu\Omega\cdot cm$，电阻温度系数 TCR 在 $-55\sim+100$ ppm/℃。对于 $50\Omega/\square$ 的方块电阻，NiCr 合金薄膜的厚度可以做到 200 nm。在该厚度下，20 个方块电阻即可实现千欧姆级电阻的埋嵌。但是，NiCr 金属薄膜材料也存在一些缺陷，如阻值不稳定、易吸湿等问题。为此，在埋嵌 NiCr 合金之前，通常需要采取一些防潮措施，如在 250℃下热处理 5 h 除湿，使用吸水性小的 PCB 绝缘树脂层压保护埋嵌的 NiCr 电阻等。

2)TaN_x 和 TaO_x 金属复合材料

单金属 α-钽 Ta 的电阻率为 $13\sim20\mu\Omega\cdot cm$，电阻温度系数 TCR 为 $500\sim1800$ ppm/℃。在氮气中溅射时，α-钽 Ta 能够与氮气发生化学反应生成 TaN_x。TaN_x 的电阻率随着氮气含量增加而升高，最高可达到 $250\mu\Omega\cdot cm$。在氮气含量增加的过程中，TaN_x 电阻温度系数由几百 ppm/℃降低到了 -75ppm/℃。如图 6-2 为 TaN_x 的电阻率和 TCR 随着氮气的浓度的变化曲线图。

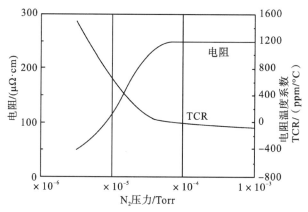

图 6-2　TaN_x 的电阻率和 TCR 随着氮气浓度变化曲线图

与 NiCr 合金材料相比，TaN_x 具有更好的热稳定性能。在空气中 250℃高温下热处理 5h，TaN_x 的电阻只增加 $0.5\%\sim2\%$。TaN_x 制作埋嵌电阻的技术流程和 NiCr 相似，

但是 TaN_x 的蚀刻比 NiCr 难得多，需要在强氧化性的硝酸、氢氟酸或者 CF_4 的等离子等环境中才能被腐蚀。这些强氧化性的蚀刻剂对 PCB 铜箔、图形抗蚀剂以及树脂绝缘材料损伤非常大，因而限制了 TaN_x 在 PCB 埋嵌电阻技术中的广泛应用。

在氧气的环境下溅射时，α 钽 Ta 能够与氧气发生化学反应生成 TaO_x。TaO_x 具有更高的电阻率。根据氧含量不同，TaO_x 可实现 $27\sim25400\Omega/\square$ 的方块电阻，相应的电阻温度系数为 $-3\sim1280\ ppm/℃$。然而，TaO_x 不如 TaN_x 稳定，经过 300℃、2 h 的热处理之后，其电阻可增加 21％以上。

3）TiN_xO_y 金属复合材料

Ti 在氮气和氧气环境下溅射可生成 TiN_xO_y。溅射时待溅基材的温度只需要 150℃，该温度低于市场上大部分 PCB 树脂基板材料的 T_g，因而可以直接在 PCB 树脂基板上溅射 TiN_xO_y 薄膜制作 PCB 埋嵌电阻。根据氮气分压的不同，溅射时可获得 $30\sim5000\Omega/\square$ 的 TiN_xO_y 薄膜，相应的 TCR 为 $-100\sim+100ppm/℃$，图 6-3 为 TiN_xO_y 电阻率随氮气的压力变化曲线图。从图可以看出，当 TiN_xO_y 电阻率为 $2000\mu\Omega\cdot cm$ 时，其电阻温度系数为 0。

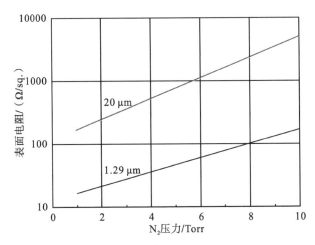

图 6-3　TiN_xO_y 电阻率随氮气压力变化曲线图

TiN_xO_y 具有良好的热稳定性。在 685℃下热处理 1h，TiN_xO_y 薄膜的阻值只增加了 5％。TiN_xO_y 制作埋嵌电阻的技术流程和 NiCr 相似。与之不同的是，TiN_xO_y 制作电阻器过程中使用的蚀刻剂是过氧化氢（一次蚀刻）和氨水（二次蚀刻）。该蚀刻体系比较温和，与 PCB 电路板铜线路的蚀刻技术、PCB 电路基板材料有很好的兼容性。

4）Ni-P 金属复合材料

Ni-P 合金具有良好电、热稳定性能，可以通过化学沉积或电沉积的方法获得。在 Ni-P 金属薄膜中，P 的含量是影响其电阻率的一个重要因素。当 P 的含量为 14 wt％时，Ni-P 合金的电阻率可达到 $170\mu\Omega\cdot cm$，TCR 约为 100 ppm/℃。对于埋嵌电阻 Ni-P 金属薄膜的制作方法，现在主要有 Ohmega-Ply 公司的电沉积法和 MacDermid 公司的化学沉积法。

Ohmega-Ply 电沉积 Ni-P 埋嵌电阻材料是市场上少有的商业化的产品。该产品是通过电镀的方式在铜箔的表面沉积 Ni-P 薄膜，然后与绝缘介质半固化片层压制作而成，是一种类似于 NiCr 埋嵌电阻覆铜板结构的材料。Ohmega-Ply 埋嵌电阻覆铜板的方块电阻可为 $10\Omega/\square$、$25\Omega/\square$、$50\Omega/\square$、$100\Omega/\square$ 和 $250\Omega/\square$，电阻温度系数 TCR 小于50 ppm/℃。另外，该材料还具有良好的热可靠性，在 110℃、10000 h 的热处理下，电阻值只增加了 2％，并且在 40 GHz 高频下依然能够保持很好的阻值稳定性。

图 6-4　Ohmega-Ply 公司研发的挠性埋嵌电阻材料 Ohmega Flex

除了能够在 PCB 刚性树脂基板上制作 Ni-P 埋嵌电阻，Ohmega-Ply 公司还实现了在挠性基板上埋嵌 Ni-P 金属薄膜电阻器的技术，图 6-4 是该公司研发的挠性埋嵌电阻材料 OhmegaFlex。

MacDermid 公司制作的 Ni-P 薄膜可埋嵌 $25\sim100\Omega/\square$ 的方块电阻。方块电阻值与化学沉积的时间有关，时间越长，电阻值越小。MacDermid 制作的电阻器阻值容差通常在 10％左右，难以满足一级电阻 5％ 的阻值误差要求。不过，MacDermid 公司正在致力于将阻值误差降低至 5％ 以内。与电沉积的 Ni-P 一样，MacDermid 公司化学沉积的 Ni-P 也有很好的热及湿度稳定性。薄膜在温度 85℃、湿度 85％放置 1000h 以及 $-35\sim+125$℃循环 500 次的条件下，其电阻值的变化不到 2％。不过，由于化学法 Ni-P 的方块电阻最高只能实现 $100\Omega/\square$，其制作的埋嵌电阻器阻值覆盖范围较小，难以实现大阻值器件的埋嵌。

3. 导电－树脂复合材料

导电－树脂复合材料由于其成本低、易操作、电阻范围广、固化温度低等优点，成为了重要的 PCB 埋嵌电阻材料。通常，导电－树脂电阻的埋嵌是通过丝网或钢网印刷的方式将电阻油墨印刷到 PCB 埋嵌电阻器的位置，然后在 $150\sim200$℃的温度下进行固化而得到的。除了可以在 PCB 刚性基板上制作电阻，该材料还容易在挠性基板上埋嵌电阻器。虽然大部分导电－树脂复合材料的玻璃化温度 T_g 小于 200℃，但是该材料玻璃化之前仍有良好的阻值热稳定性，其电阻温度系数 TCR 只有 300 ppm/℃左右。另外，由于高温阻焊剂不能润湿树脂高分子，因而高温焊接对导电－树脂复合材料埋嵌电阻的阻值影响很小。

导电－树脂埋嵌电阻存在很多难以解决的问题。通过印刷的方法将电阻器印刷到 PCB 基板上时，由于电阻油墨与铜电极之间结合力差，埋嵌电阻在热处理后，其电阻误差一般大于10％。另外，在使用过程中，金属颗粒与高分子树脂之间的界面还会发生变化，从而使得埋嵌电阻阻值增加。界面的变化包括金属颗粒氧化、铜电极氧化、电阻器与电极分层、高分子树脂老化、金属颗粒电迁移等。在树脂内加入少量抗氧化剂或铜电极润湿剂，可以在一定程度上解决这些问题，但是无法根除。

成功应用导电－树脂复合材料的公司是 Motorola Inc。他们以炭黑为导电填料、环氧树脂为粘接剂配制了一种埋嵌电阻导电－树脂复合油墨。该油墨制作的埋嵌电阻器存在阻值偏差大、热稳定性差等问题。不过，Motorola 公司通过在铜电极与炭黑油墨的界面上嵌入一种材料，从而使得埋嵌电阻阻值误差及热处理后的阻值误差在 10％ 以内，并且该材料经过 220℃的回流焊 5 次后，依然保持良好的电阻稳定性。对于嵌入的这种材料成分及材料嵌入的工艺，Motorola 公司没有对外公开。

4. 陶瓷材料

六硼化镧(LaB_6)是一种表现金属性质的陶瓷材料。杜邦公司成功地开发了 LaB_6 制作 PCB 埋嵌电阻的技术。LaB_6 的厚度在 $10\sim12\mu m$ 时，其方块电阻为 10 kΩ 左右。因此，LaB_6 容易实现数千欧到数百千欧阻值的电阻器埋嵌。LaB_6 具有良好的热稳定性，其电阻温度系数在 $-200\sim+200$ ppm/℃。LaB_6 作为埋嵌电阻材料在陶瓷基板上已经得到广泛应用，制作技术非常成熟。但是，由于印制电路板制作与陶瓷制作在技术和设备上有很大的差异，所以短时间内 LaB_6 材料还很难在 PCB 电阻器的埋嵌中得到广泛应用。

5. 喷墨打印材料

PCB 树脂基板的玻璃化温度一般都在 200℃ 以下，因此，喷墨打印油墨的固化温度不能超过 250℃，大部分的金属、陶瓷、半导体材料的烧结温度都远远超过该温度。因此，PCB 埋嵌电阻打印油墨中需要高分子树脂作为导电填料的黏结剂，将导电颗粒黏接到 PCB 树脂基板上。除了这些成分，油墨中往往还要加入少量的抗氧化剂防止导电颗粒氧化，润湿剂提高油墨的润湿能力，溶剂调节油墨的黏度等。

市场上尚无成熟的埋嵌电阻喷墨打印油墨产品，只有 DuPont 和 Parelec 公司对埋嵌电阻喷墨打印油墨做过简单研究。DuPont 制作的油墨是使用炭黑颗粒作为导电填料。该油墨打印获得的电阻阻值误差在 1% 以内，不需要激光修饰。Parelec 公司是使用两种不同尺寸的金属颗粒作为埋嵌电阻油墨的导电填料，其中金属为银、钯、锡及铟其中的一种或两种。喷墨打印埋嵌电阻油墨的研究现在基本属于空白，国内外文献也很少报道。但是，由于打印油墨具有制作埋嵌电阻的工艺过程简单、电阻阻值覆盖范围广、价格低廉等优点，必将成为未来 PCB 中埋嵌电阻器的重要技术。

6.2.2 埋嵌电阻中方阻的定义

目前，在 PCB 电阻埋嵌技术中，根据实现电阻埋嵌方法不同，埋嵌电阻材料可以是数十到数百纳米厚的金属/合金薄膜，也可以是数微米厚的导电填料－树脂油墨、半导体、陶瓷等，使用这些新材料的优势在于可以与现有的 PCB 制造工艺有机融合。由这些材料形成的薄膜电阻的区域如图 6-5，其阻值可以通过下式计算：

$$R = \frac{\rho L}{Wt} \tag{6-1}$$

其中，R 是埋嵌电阻阻值，单位：Ω；ρ 为材料的电阻率，单位：Ω·cm；L 为两电极的距离，单位：cm；W 为电阻的宽度，单位：cm；t 为电阻的厚度，单位：cm。

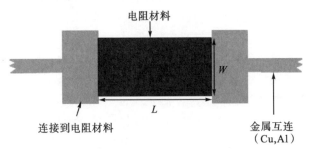

图 6-5　埋嵌电阻阻值计算方程的参数示意图

现有工艺形成的埋嵌电阻多为薄膜结构，通常使用方块电阻来表示埋嵌电阻器阻值。方块电阻是指薄膜在长度和宽度相同的情况下薄膜电阻所表现的阻值大小，如 25Ω/□、50Ω/□、100Ω/□、250Ω/□、500Ω/□、1000Ω/□等。埋嵌电阻阻值只需要使用方块电阻的数量来计量。式(6-2)为埋嵌电阻及方块电阻阻值的计算式：

$$R = N \times R_\square = N \times \frac{\rho}{t} \tag{6-2}$$

其中，$R_\square$ 为方块电阻值，单位：Ω/□；N 为电阻方块数量，其值为薄膜电阻长度 L 与宽度 W 的比值。

从式(6-2)中可以看出，方块电阻的大小不仅取决于埋嵌电阻薄膜的厚度，还取决于埋嵌电阻所用材料。

6.2.3　丝网印刷方法制作埋嵌电阻的工艺技术

丝网印刷是在微细的网孔与模板的阻挡下，通过胶刮一定的压力，将电阻型油墨压向承印的基材表面进行印刷，从而形成均匀的油墨层的工艺技术。印刷时在丝网印版一端上倒入油墨，用刮刀在丝网印版上的油墨部位施加一定压力，同时朝丝网印版另一端移动。油墨在移动中被刮板从图文部分的网孔中挤压到承印物上。由于油墨的黏性作用使印迹固着在一定范围之内，印刷过程中刮板始终与丝网印版和承印物呈线接触，接触线随刮板移动而移动。丝网印版与承印物之间保持一定的间隙，印刷时的丝网印版通过自身的张力而产生对刮板的反作用力，这个反作用力称为回弹力。由于回弹力的作用，使丝网印版与承印物只呈移动式线接触，而丝网印版其他部分与承印物为脱离状态。油墨与丝网发生断裂运动，保证了印刷尺寸精度和避免弄脏承印物。当刮刀刮过整个板面抬起后，同时丝网印版也抬起，并将油墨轻刮回初始位置，完成一次印刷的过程；然后循环重复此过程进行丝网印刷。丝网印刷法在 PCB 内部埋嵌电阻技术，能够与 PCB 传统制作工艺相结合，而不需要投入新的设备。丝网印刷工艺发展相对成熟，设备操作自动化程度及可控性高。丝网印刷机如图 6-6 所示。

丝网印刷工艺所使用的油墨是金属粉末或金属化合物粉末（银、铜、碳等）与树脂（如环氧树脂）形成的电阻性油墨，其中最常用的是碳浆电阻油墨。摩托罗拉公司采用碳粉与环氧树脂为基础配制出电阻油墨，而杜邦公司则采用 PI 为基础分别加入不同导电材料（如碳粉、金属氧化物粉等）形成电阻性油墨。

碳浆电阻油墨是以碳粉（或石墨粉）与树脂（如环氧树脂等）为基础的电阻性油墨，根据碳粉等与树脂的不同比例可以配制成各种电阻值的电阻性油墨。油墨中除了用于导电的碳粉（或石墨粉）外，还有黏结剂、填充剂、溶剂等。碳浆电阻的导电机理主要是靠薄膜碳浆中的碳粉颗粒进行导电。但是，碳浆电阻会受到碳浆中碳粉颗粒的含量、碳浆中碳粉颗粒的大小、所加电压等多个因素的影响。示例配方如下所示：

图 6-6　丝网印刷机

石墨(0.8~1.5)％、(5~20)％；

碳黑(0.8~1.5)％、(5~20)％；

酚醛树脂(68~75)％、(50~60)％；

苯并胍胺树脂(8~16)％、(6~8)％；

滑石粉(适量)；

醋酸乙酯等(适量)。

1)黏合剂功能

黏合剂是电阻油墨中的载体，许多树脂都适合应用，如环氧树脂、酚醛树脂、脲醛树脂、三聚氰胺树脂等，选择的标准是：制出的油墨有固定阻值的稳定性和经过物理及化学试验其变化值小于10％。

2)填充剂的功能

填充剂种类繁多，均采用无机填充剂，因价格便宜，颗粒细，最细度可达5000目，完全能满足油墨制成厚膜层的机械及电性能的要求。以滑石粉最普遍，还可选用二氧化硅、二氧化钛、玻璃粉等。

3)溶剂的功能

溶剂的功能是能将导电相等均匀分散并在固化时能完全挥发，常见的有甲醇、乙醇、醋酸乙酯等，本配方为醋酸乙酯，有时为了达到除方阻以外的某些电性能，还要加些具有特殊功能的添加剂。

丝网印刷制作埋嵌电阻PCB的工艺与常规PCB制作过程基本上是相同的，但也有其自己的特点，丝网印刷法制作埋嵌电阻的工艺流程如图6-7所示，制作的埋嵌电阻实物图如图6-8所示。

网印内埋电阻，既不同于网印线路图形、阻焊层和字符，又不同于一般装饰性的网纹版网印。它既要保证图形的真实性，又必须保证始终如一的厚度。影响丝网印刷工艺的因素有很多，主要有丝网网版的制作、挡墨图形的精度、丝网印刷过程的参数等。理想的网印效果是：将网版图型槽内的油墨能均匀地漏印到承印物的表面，如果不把网印设备、工艺调整好是不可能制出合格的内埋电阻的。

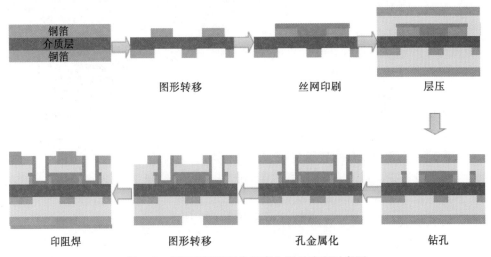

图6-7 丝网印刷法制作埋嵌电阻的流程示意图

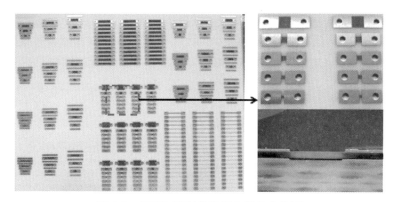

图 6-8　丝网印刷制作埋嵌电阻的实物图

1) 网印设备

(1) 网印机的选择。自动或半自动，附有视觉定位系统装置（或一般的定位系统）。

(2) 网印机水平的调整。网印机的水平调整是保证版面达到均匀一致厚度的必要条件。使用水平仪，使网印机 4 个边的水平与网版平行达到一致。

(3) 定位系统的选择。双面板的内埋电阻，可选用同双面板制造工序统一的定位方式，这在前工序制作底片时一同完成。若是在多层板埋嵌内埋电阻，最好选用有视觉定位或激光定位的方法为宜。

(4) 胶刮的选择。优先选用三重胶刮，亦可用 65° 和 70° 胶刮。

2) 网印工艺的控制

(1) 网距。网距是指网版和承印物之间的距离，与胶刮的压力、胶刮与承印物的角度有关。在通常情况下距离太大，印出的图形尺寸变化较大；距离太小，能使图形产生阴影或毛刺。相对而言，它同网版的面积也有关。网距不能硬性规定，按 PCB 工厂的标准板计算，网距应控制在 1.0～2.0mm 为宜。若尺寸减小，网距可考虑适当减小，但最小不可减小到 0.5mm。

(2) 刮印角度。在网印时胶刮同承印物的角度，在通常情况下角度越小，透墨量越大；角度越大，透墨量越小。这需要调整到适量的最佳程度为止，最好应控制在 25～45° 为宜。

(3) 胶刮的压力。压力小图形不实，压力大有阴墨现象，应控制在 15 N/cm^2 左右，但这也同网版尺寸有关。

(4) 胶刮的运行速度。应控制在 25m/min 左右。速度太快，下墨少，图形不实；速度太慢，图形周围有阴影或有阴墨现象。

(5) 回墨。回墨的目的是使前次漏印出油墨的图形处，再次填满油墨以利下次刮印，就可获得饱满和忠于原版的图形。因此，无论手工或机印都应回墨。

(6) 添墨。在网印时，网版上待印的墨受胶刮的推刮，使油墨受到搅动，而溶剂随时间的推移而挥发，墨的黏度逐步增加。这时所印电阻图形就会受到影响，变得不实或厚度有变化。因此，及时添墨保持原黏度才能保证网印的质量。

一般来说添墨的方法有两种方法：①按刮印的次数为基准计算，一般以刮 20～30 刀添墨一次；②在回墨板前侧加一封闭漏斗，在每次回墨时漏斗打开一次进行添墨，这样可使油墨的黏度保持不变。

(7)固化。固化是影响网印内埋电阻的一个重要工序,丝网印刷制作的电阻都有一定的厚度,$20 \sim 25 \mu m$,导电油墨的内外都需要完全固化,才能保证电阻在后期的检测和使用过程中保持稳定,所以要选择理想的固化工艺条件。①烘箱热固化:$150 ℃ \sim 165 ℃$,$40 \sim 60min$ 有热风循环,面板间距 $30mm$ 以上;②远红外烘道固化:在 $150 \sim 165 ℃$ 下固化 $8 \sim 16min$,使用的烘道应将烘道至少分成四个区域,即中温区+高温区+中温区+风冷区。在订购设备时就将几个区域分别控制,以便实现"中温区+高温区+中温区+风冷区"这样一条温度曲线;③高红外辐射固化:高红外辐射固化是一门新型的固化技术,它不仅节省能源,且速度快,固化质量好,不存在黏连或浅层固化。高能辐射离子能快速穿透膜层,到达承印物表面,其固化时间约 $80 \sim 130s$,而功率只有 $8kW$,占地面积约 $1.1m \times 3.1m$,是目前最理想的固化设备。

油墨固化后的厚度计算的参考公式如下:

$$R_s = (F_t + 70 \% T) \times S \tag{6-3}$$

$$R_s = (F_t + 85 \% T) \times S \tag{6-4}$$

式中,F_t 表示网厚;T 表示干膜厚度;S 表示固体含量;R_s 表示固化后的电阻厚度。

式(6-3)适于间接制版,$70 \% T$ 是表示干膜约有 15% 的厚度浸入丝网,有 15% 厚度在显影水洗中消耗掉。式(6-4)适于感光胶或干膜制版,此时的丝网全部被感光胶覆盖,其干膜有 15% 的厚度在显影水洗中消耗掉。

在网印时,油墨 100% 进入并充满图形凹槽内,在现实中是不可能的,因此有的还要乘以变化的系数。更主要的是,还要把网印操作中的几个变量因素都考虑进去,才可能算出固化后的电阻厚度,所以式(6-3)、式(6-4)仅供参考。

6.2.4 喷墨打印方法制作埋嵌电阻的工艺技术

自 20 世纪 80 年代后期出现了办公用喷墨打印机以来,在 1990 年便有人就预见到该技术会在 PCB 生产中得到应用,并且将可能成为 PCB 生产的主流技术。但是,由于打印设备的限制以及油墨类型、性能和控制等存在的问题,在 PCB 工业中,喷墨打印技术的推广应用仍然十分有限。自 2005 年以来,数字喷墨打印技术不断进步,特别是专用的"超级喷墨"(super inkjet)技术的出现,喷射用的打印头和专用油墨(特别是纳米级油墨的出现)的明显改进和市场化,为喷墨打印技术在 PCB 领域中的推广应用奠定了坚实的基础和保证。

数字喷墨打印技术(digital printing inkjet technology)就是使用喷墨打印机通过将墨滴喷射到打印介质上来形成文字或图像。喷墨打印技术的优势主要有:①不要求照相底版定位,可直接由 CAD 数据或存储数字产生的数据来驱动喷墨系统进行喷墨,不用掩模式网印;②采用非接触式喷墨技术,图像清晰完整、尺寸准确;③灵活性高,可形成各种各样的图形;④对环境友好,加工时不会产生化学性废水。

喷墨打印技术主要有两种类型:①采用直接或间接耦合压电材料来产生喷射小滴;②采用加热电阻元件引起油墨蒸气泡来产生压力,并以即时(瞬时)速度使油墨从喷射小管中喷出。以耦合压电材料引起油墨体积变化而形成喷墨打印的原理如图 6-9 所示。

环形压电发射器 PZT(piezoelectric tromsducer)包覆于具有小孔(orifice)的玻璃(大多采

用石英玻璃)管上,它适宜于传输湿式(液体)材料,可用来传输牛顿黏度约为 20 厘泊(centipoise,CP)左右的任何液体。用来喷射任何配制好的液体或金属盒内的金属熔液,也可喷射分散在水中的各种各样的溶剂、水溶液、熔化的焊料与聚脂、有机金属和纳米金属颗粒的溶液(油墨)。这种设备可在室温至 340℃ 的温度范围

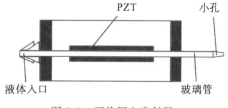

图 6-9　环状压电发射器

内进行操作。喷墨打印机喷出的液体小滴(drop-on-demands,DOD)尺寸接近玻璃管小孔的直径。

使用喷墨打印技术,实现多针头同时打印,每个针头打印不同电阻率的油墨,就可一次性完成所有电阻的埋嵌,其工作原理如图 6-10 所示。使用喷墨打印技术制作埋嵌电阻的过程及实物图如图 6-11 所示。

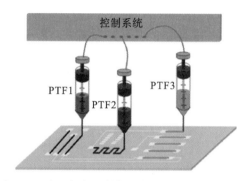

图 6-10　喷墨打印法制作埋嵌电阻器的工作原理图

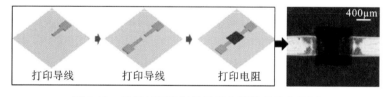

图 6-11　喷墨打印法制作埋嵌电阻流程及实物图

6.2.5　蚀刻方法制作埋嵌电阻的工艺技术

蚀刻方法制作埋嵌电阻是针对金属或者金属复合埋嵌电阻材料而言,通过化学蚀刻,留下需要的电阻图形的方法。以 NiCr 复合材料为例,TICER Technologies 公司使用溅射的方法将 NiCr 合金薄膜沉积到铜箔上面,然后在 250℃ 下处理 5 h,使得 NiCr 的电阻性能稳定,最后将半固化片树脂、沉积有 NiCr 铜箔的层压制作成覆铜板,其制作流程及结构示意图如图 6-12 所示。

将夹置有 NiCr 合金薄膜的覆铜板制作成 PCB 埋嵌电阻器,需要进行两次蚀刻。第一次蚀刻采用酸性蚀刻液将铜箔和 NiCr 电阻层去除,形成铜导电图形,第二次蚀刻采用碱性蚀刻液去除铜箔,从而在铜电极之间留下 NiCr 薄膜,形成埋嵌电阻器,具体制作流程是:开料→内层前处理→一次贴膜→曝光、显影→一次蚀刻(铜)→蚀刻(电阻材料)→

去膜→黑化→二次贴膜(选择性贴膜)→二次爆光、显影→去黑化→二次蚀刻(铜)→二次去膜→检测→常规工艺过程。埋嵌电阻制作流程示意图如图 6-13 所示。

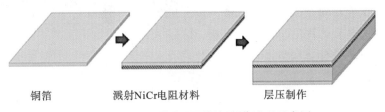

铜箔　　　　　　溅射NiCr电阻材料　　　　　　层压制作

图 6-12　NiCr 埋嵌电阻覆铜板制作流程示意图

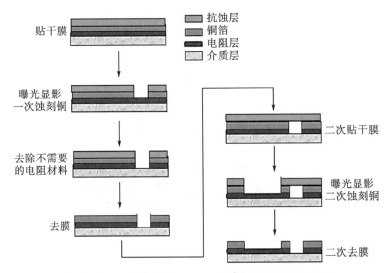

图 6-13　蚀刻法制作 NiCr 埋嵌电阻的流程示意图

　　第一次蚀刻铜的目的是为了蚀刻掉不需要的电阻材料，同时留下有用的铜导线，主要使用酸性蚀刻液。

　　蚀刻 NiCr 层的原理是 $Ni + CuSO_4 \longrightarrow NiSO_4 + Cu$，NiCr 层一般比较薄，但上面有铜层保护，一般不会造成侧蚀，但要注意不要出现 NiCr 层残留导致线路间微短，可适当增加在 $CuSO_4$ 溶液中的浸泡时间。

　　二次碱性蚀刻的目的是去除电阻层上面的铜层。蚀刻液对电阻层的蚀刻受电阻表面在蚀刻液中暴露时间、蚀刻液维护和控制等因素影响，因此要控制蚀刻中的 pH、蚀刻温度、Cu^{2+} 含量、喷淋方式等因素，以免发生过刻蚀，导致电阻层腐蚀而变薄。

　　美国 Ohmega-ply 公司开发的埋嵌电阻用 Ni-P 电阻材料也是用蚀刻法进行制作埋嵌电阻。使用蚀刻法制作埋嵌电阻的主要优点是精度高、均匀性好、对加工温度高低的依赖性低、噪音污染低、可以制备微小电阻及高可靠性的电阻，但是也有不足之处，就是电阻材料的价格较高，加工工艺复杂。由于此种材料的价格较高，所以此技术的制作成本相对很高，主要应用于一些对安全可靠性考虑为重，成本考虑较小的领域，如航天科技、军事国防等领域。

6.2.6 电镀与化学镀方法制作埋嵌电阻的工艺技术

电镀/化学镀法制作埋嵌电阻的方法是,利用常规 PCB 工艺在薄的覆铜箔基板上,通过图形转移工艺在形成内层线路的同时,蚀刻出对应电阻位置的窗口(窗口中用于电镀沉积电阻性金属,窗口两端形成铜电极);然后采用孔金属化工艺活化窗口并形成极薄的化学铜,或者通过直接电镀技术(如碳膜法、钯膜法或有机导电膜法)电镀上电阻性镀覆层,最后去除抗蚀膜。其工艺流程是:前处理→贴膜→曝光、显影、蚀刻→退膜→清洁→贴抗镀膜→曝光、显影→孔化与电镀→去膜。化学镀法制作埋嵌电阻的流程如图 6-14 所示。

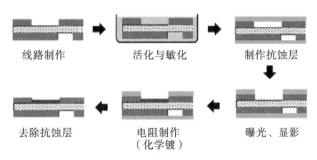

图 6-14 化学镀法制作埋嵌电阻的工艺示意图

MacDermid 公司是通过化学沉积的方法将 Ni-P 金属薄膜直接沉积到 PCB 树脂基板的铜电极之间,从而完成 PCB 埋嵌电阻的制作。相比之下,MacDermid 公司使用的是加成的方法,制作过程更加环保。Ni-P 薄膜的化学沉积需要经历活化敏化、埋嵌电阻图形转移、Ni-P 薄膜沉积及图形抗蚀层去除 4 个过程,具体如图 6-15 所示。

此方法的优点是材料成本低、温度依赖性低、噪声水平低,沉积层的电阻可以由沉积时间来控制,但是缺点是镀层的厚度不好控制、设备投资大,并且电阻范围比较窄。

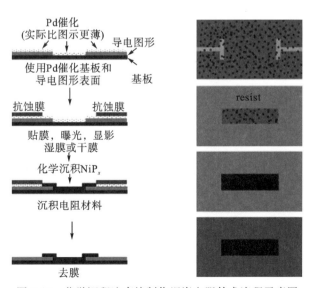

图 6-15 化学沉积法直接制作埋嵌电阻技术流程示意图

6.2.7　溅射方法制作埋嵌电阻的工艺技术

　　溅射法制作埋嵌电阻的工艺与电镀制作埋嵌电阻的工艺相似，在完成内层线路的同时蚀刻出溅射沉积电阻材料的窗口，然后进行掩模(将溅射电路材料的窗口露出来)，于真空溅射装置内溅射沉积电阻材料。电阻层厚度可通过溅射参数(时间)来控制，电阻层的尺寸和形状由溅射"窗口"来控制。

　　溅射法制作埋嵌电阻技术适宜制作较小尺寸的PCB，特别适用于小尺寸的陶瓷基板，但成本高，且需要很大的真空溅射装置。

6.2.8　低温烧结方法制作埋嵌电阻的工艺技术

　　采用烧结来形成嵌入电阻技术，早在低温共烧陶瓷(LTCC)中进行了应用和量产化，采用这种低温烧结方法(≤900℃)也可在铜箔上完成嵌入平面电阻PCB。其工艺流程是铜箔表面处理→丝网印刷→电阻性油墨→低温烧结→芯板层压→图形转移→层压。制作过程如图6-16所示。

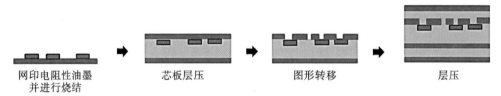

网印电阻性油墨　　　　芯板层压　　　　　　图形转移　　　　　　层压
并进行烧结

图6-16　烧结法制作埋嵌电阻的过程示意图

　　电阻性油墨由低温金属氧化物制成，通过丝网印刷到经过粗化的铜箔表面上，然后烘干，放置在N_2的惰性气氛中，在≤900℃下进行低温烧结，将电阻材料熔融粘附于铜箔表面。烧结完成后，将附有电阻材料的铜箔与黏结材料(半固化片)及另一张铜箔进行层压，制作成埋电阻覆铜箔芯板材料，然后按照常规多层板工艺进行后续工序。

　　各种埋嵌电阻制作技术的比较如表6-2所示。

表6-2　各种埋嵌电阻技术的对比

性能	Ohmega-ply 电阻	网印电阻	电镀电阻	烧结法电阻
加工性	简便	复杂	复杂	复杂
电阻稳定性	好	差	中	好
电阻值偏差	小	大	中	中
电阻温度系数	小	大	小	小
成本	高	低	高	高
加工周期	短	中	长	长

6.3　集成元器件印制电路板埋嵌电容工艺技术

　　随着数字信号系统日趋复杂，电路板上的零组件越来越多，所占用的板面面积随之增多。如何在PCB板面放置越来越多的零组件成为所有电子产品设计者首要考虑的问题，而内埋式电容 PCB 的发展很好地解决了此类问题，它不仅节省了板面用地、同时还大量减少了板面 SMT 焊点数目，从而提高整个 PCB 板件的可靠性，而相对普通电容，还具有能够消除离散电容、减少信号干扰、降低电路辐射等优点。正是因为具有以上这些优点，使得内埋电容技术得到了很好的发展。

6.3.1　埋嵌电容的材料分类及性能

所谓的电容材料(capacitive materials)，实质上就是指各种各样的绝缘(介电或介质)材料。这些材料在电场作用下会呈现出不同程度的"偶极性"。偶极性(矩)(极性粒子或极性分子)越多，则电容值就越大，反之就越小。因此，在介质层有"偶极性"粒子或分子数量多的绝缘材料，才能用来作电容材料，或者说绝缘材料中的偶极矩越多，其介电常数 ε_r 就越大，反之则越小。因此，电容材料是指介电常数 $\varepsilon_r \geqslant 10$ 的绝缘材料，某些陶瓷材料的介电常数 ε_r 可达到 1000 以上，如钛酸钡、锆酸铅等。通过陶瓷粉料与树脂的不同配比所形成的介电层，便可得到不同介电常数或电容密度的电容材料。

在"信号传输线"中进行信号高速传输时，要求介质(电)层的介电常数 ε_r 越小越好，才能接受到更完整(不失真或很小失真)的传输信号。因为在信号传输时会产生工作电压波动或变化而引起绝缘材料(介电层)中偶极粒子(或分子或分子团)的极性波动(微观振动)，从而造成"偶极矩"成分越多的绝缘材料，对于高速或高频信号传输就越不利，要采用"偶极性"成分少的绝缘材料(ε_r 小)来作为介电层。电容材料是不宜用来作高速数字信号和高频信号传输的介电材料的，所以在 PCB 中只有电容值要求的部位，才布设埋嵌电容材料。

在一定电场下，根据绝缘材料的"偶极性"成分含量多少可以分为微电性介电材料、顺电性介电材料、铁电性介电材料等。

1)微电性介电材料

这种介电材料的介电常数 ε_r 大多数处在 2~4(@1MHz 下)左右。PCB 所使用的各种覆铜箔板内的介质(绝缘)层材料，特别是各种的树脂(如环氧树脂、酚醛树脂、PI 树脂、BT 树脂、PPO(PPE)树脂、聚四氟乙烯(PTFE)树脂等)热固性树脂和新开发(指应用于 PCB 中)的热塑性树脂(与环境友好的)与增强材料(玻璃布、芳纶不织布等)所组成的介电材料。

这一类的介电材料，由于介电常数很小，在电场的作用下，其"偶极性"成分的有序排列含(数)量很少，或能产生"偶极矩"数量太少，因而不能起到有效的电容功能作用，所以不能作为电容材料使用，在 PCB 中仅作为传输信号的绝缘介电材料作用。

2)顺电性介电材料

把某些介电常数大的物质颗粒(如硅酸盐类的陶瓷材料)均匀掺入和分散到各类树脂或聚酯厚膜中去，其介电常数 ε_r 可达到 100 左右，以此作为电容材料，如用于 SMT 的片状钽电容器(五氧化二钽)等。这一类材料所形成的埋嵌平面电容器，其电容值是处于低到中等值的电容量。

3)铁电性介电材料

一般来说它是钙钛矿结构的铁电材料(或称压电性陶瓷材料)，同理，也是把这些介电常数 ε_r 很大的铁电陶瓷粉粒均匀地掺入和分散于各类树脂或聚酯厚膜(或油墨等)中去，这类形成的电容材料的介电常数 ε_r 可达到 1000 左右。常用的铁电性陶瓷材料有钛酸钡和锆酸铅等形成的电容材料。

6.3.2　埋嵌电容的形成与功能

图 6-17　电容器结构示意图

电容器是由绝缘(介质)材料把上、下两块平行金属薄板隔离开来而组成的，如果金属薄板面积为 A；电容介质厚度为 t，如图 6-17 所示，其电容值 C 的计算由下式确定：

$$C = \varepsilon_0 \times \varepsilon_r \times A/t \tag{6-5}$$

式中，ε_0 为真空的介质(电)常数；ε_r 为绝缘介质材料的介质(电)常数(相对于真空而言)。

从式(6-2)可知，由于 ε_0 是常数，则电容值 C 将与绝缘介质材料的介电常数 ε_r 和平行金属板面积 A 成正比，而与绝缘介质材料的厚度 t 成反比的关系。增大面积 A 可提高 C 值，但其最大面积也只能是 PCB 面积大小，这对于高密度化和微小型化是不利的。而减小介质层厚度 t 可以增加电容 C，目前介质厚度 t 已减小到 $20\sim100\mu m$，如果介质厚度再减薄下去，将会遇到电压击穿电容器问题。因此，提高埋嵌平面电容器的电容量主要依靠提高介质层材料的介电常数 ε_r。

绝缘材料的介电常数 ε_r 值的大小决定于绝缘材料中偶极矩有序排列的数量。偶极矩有序排列数量少就意味着 ε_r 小，相反地，绝缘材料中偶极矩的有序排列数量多就意味着 ε_r 大。一般来说，绝缘材料的偶极矩的正、负极，只有在一定的电场强度下有序排列起来，才能获得大的 ε_r 值，而在没有电场作用下，绝缘材料中的偶极矩排列是杂乱无章的。因此，要提高绝缘介质层中的 ε_r，可以加入某些物质，这些物质在一定电场作用下具有大量的有序排列的偶极矩就能达到目的。

在高速数字信号和高频信号传输时，要求绝缘介质层的 ε_r 要小，以减小不必要的电荷容存(即有序排列的偶极矩数量要尽量少)，提高特性阻抗值和时间延迟。但在要求"滤波"作用的电容器的绝缘介质层中，则希望能容存更大量的电荷(即在电场作用下有序排列的偶极矩数量要尽量多)，以提高埋嵌电容器的电容量(C 值)，或者在一定电容值下减小电容器的面积或增加电容器的厚度。因此，在 PCB 的设计和制造中，电容材料是单独或分别地埋嵌到 PCB 相应位置处，而且还要根据所需电容值的大小埋嵌，否则会影响 PCB 的特性阻抗值。电容值 C 将随着平行金属板(铜或铝等)面积增大而增加，如果电容值 C 仍不足够，可以相应地再加入两张薄"芯"电容覆箔板材，但应相应串联起来使用。减薄电容性介质层厚度 t 可以提高电容值 C，但当电容性介质层厚度薄到一定程度后，会引起绝缘不良或电压击穿电容器问题。因此，一般的电容器的介质厚度为 $50\mu m$ 左右(与介质材料特性有关)，所以埋嵌电容材料应通过 DC(直流电)500 V/15 s 的试验合格后，才能保证其可靠性。

在印制板中埋嵌平面电容主要是连接在导线与导线之间、导线与电源层之间、电源层之间和电源层与接地层之间等处，用来消除或减小电磁的耦合效应、消除和减少额外的电磁干扰、容存或提供瞬间能量，以达到良好的特性阻抗匹配、保证有源元件负载电流稳定的作用，对电源起稳压作用。

电容是由等效电路模型中的电感成分和电导成分组成的，在电感成分或者电阻成分的等效电路上表示为电极或者引出线，如图 6-18 所示。

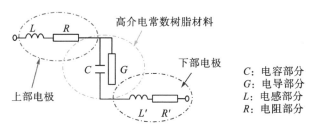

图 6-18　平板电容等效电路模型

埋嵌电容 PCB 的优势主要表现在以下三个方面：

1.　消除或减小电磁耦合效应作用

（1）消除或减小电磁耦合效应。相邻导线中有一方或多方有信号传输时，导线之间将会出现电磁感应和电磁干扰（EMI）。采用旁路滤波电容技术，在电路各连接处嵌入单个的电容器，消除和减小电磁耦合所带来的串扰和噪音。这些电容量小，但数量多。在接地层和电源层之间嵌入公用电容器，其电容量较大，面积大，以保证电源层输出稳定的电压。当信号传输线中的电流变化时，旁路电容可以提供瞬间所需的充、放电作用，从而阻止或减小 dI/dt（电流随时间）的变化，使信号趋于稳定、完整而不失真。

（2）消除和减小额外的电磁干扰。额外的电磁干扰是指外来信号的干扰和本身某些回路电磁感应所产生的电磁干扰。常用解决方法是在相邻导线之间加入滤波电容器，以消除或减轻这种额外的电磁干扰。

（3）容存或提供瞬间能量，达到良好的特性阻抗匹配。当信号传输过程发生暂态波动时，如果传输信号线不完整、特性阻抗匹配不良等，将引起信号传输的能量波动。当信号传输能量突然增大时，通过并联的电容器而吸收存储起来；当信号传输能量突然减小时，通过并联的电容器存储的能量而输出能量，保证信号传输能量的稳定性。

2.　保证有源元件负载电流稳定的作用

在信号传输线或有源元件"端接"合适的并联电容器到电源层，可以提供信号传输线所需要的能量或补充有源元件负载所需要的电流能量，协助其快速达到稳定状态。这将有利于脉冲波信号的上升时间的缩短与稳定，保证信号传输过程中的稳定性。

3.　对电源起稳压作用

嵌入电容器大多安装在电源供应附近，它们可以消除高频信号传输过程中产生的高频杂信和谐波，保证电压（或电流）的稳定输出。

埋嵌电容技术，即将具有电容效应的原器件电容器埋嵌或积层到印制板内部。埋嵌平面电容技术也像埋嵌平面电阻技术一样，也可分为蚀刻薄"芯"覆铜箔基材技术、网印聚酯厚膜平面电容 PTF（polymer thick film）技术、喷墨打印平面电容技术、电镀或溅射平面电容技术等。

6.3.3　蚀刻方法制作埋嵌电容的工艺技术

最早的内埋电容器，是由美国一家 PCB 制作公司 Zycon，在高多层板中的内层接地层和电源层之外，加入厚度为 0.050~0.10 mm 的极薄内层板，利用其大面积的平行金属铜面，制作成为内埋式的电容器（buried capacitors）。目前在内埋电容材料开发上，Sanmina、Vantico、3M、Gould Electronic、Oak-Mitsui 等公司均有开发出相关的材料。

埋嵌电容材料一般要满足以下三个条件：高介电常数、低介质损耗和兼容 PCB 加工过程。目前市场上大规模供应的生产商中 Sanmina 和 3M 公司主要为环氧树脂基高介电常数覆铜板，而 Dupont 公司则主要是聚酰亚胺基高介电常数覆铜板。由于需要得到较高的介电常数（D_k），常在树脂中加入钙钛矿粉末，钙钛矿的构造在电场作用下会发生形变，导致有高介电常数的特性。但是加入钙钛矿后会有电容分层，不稳定的电子性能等问题。而钛酸钡是一种铁电物质材料，在结晶相时，其介电常数高达 15000，当粒子尺寸在 140 nm 时，它的介电常数达到最高值，所以常用钛酸钡的纳米粒子作为填充物。在环氧树脂基体中的钛酸钡粒子一般是单峰或双峰的。在电路板中埋嵌纯钛酸钡陶瓷材料，其加工温度在 1000℃ 以上，而 PCB 制造过程一般最高温度只有 250℃。为了克服这个难题，通常采用陶瓷和聚合体的合成物作为介质材料，这些合成物结合了聚合物的低温加工过程以及陶瓷的高介电常数的特点。陶瓷材料成分的增多，合成物的介电常数也在增大。对于环氧树脂-钛酸钡纳米混合物来说，当钛酸钡成分比例超过 50%~60% 时，电容值会减小，这是由于超过理论最大堆积密度出现了空隙。单球形粒子的理论最大填充密度约为 74%，但是由于陶瓷粒子的凝聚，还没达到 74% 时电容值就开始降低，由于高填充会导致金属电极附着力差，通常情况下，单峰钛酸钡粒子的比例会小于 50%。这限制了纳米复合材料的最大介电常数，目前，商业可用介电常数大约在 30 左右。常用埋嵌电容材料的性能如表 6-3 所示。

表 6-3　常用埋嵌电容材料的性能

供应商	Sanmina	DuPont	3M	Mitsui
典型产品	BC-2000	HK04J25	C-ply 14	BC12TM
介质层组成	环氧树脂 无填料 玻纤布增强	聚酰亚胺树脂 无填料 无增强	环氧树脂 $BaTiO_3$ 填料 无增强	环氧树脂 $BaTiO_3$ 填料 聚酰亚胺薄膜增强
1MHz 下电容密度 pF/mm²	0.8	1.3	9.9*	7.0
1MHz 下介电常数	3.4	3.5	16*	10
1MHz 下介电常数	0.008	0.004	0.03	0.019
平均介质层厚度	50μm	25μm	14μm	12.5μm

注：表中带"*"的表示是在 1kHz 下。

平面电容薄"芯"覆金属箔板材与多层板所用的双面覆铜箔基板制造工艺相似，其结构由两层双面铜箔和电容材料构成的介质层组成，与普通覆铜箔层压板相比，电容材料的介质层非常薄，且铜箔粗糙的一面向外，铜箔光滑面朝向介质层，目的是获得均匀厚度的电容性介电材料，以获得均匀的电容密度，介电层厚度误差要求控制在 ±10% 左右，如图 6-19 所示。

（a）常规板　　　　　　　　　（b）埋嵌电容芯板

图 6-19　常规覆铜板与埋嵌电容芯板材料结构

由于电容材料本质上类似一张超薄的覆铜箔基板，因此蚀刻法制作埋嵌电容印制板的工艺流程与常规多层板的制作工艺基本相同，其主要工艺流程是：开料→内层图形转移→压合→钻孔→孔金属化→外层图形转移→阻焊→表面处理→成型→检测。蚀刻法制作埋嵌电容印制板的工艺示意图如图 6-20 所示。

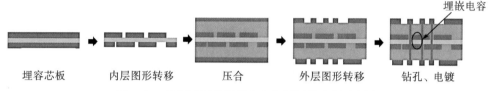

埋容芯板　　　内层图形转移　　　压合　　　外层图形转移　　　钻孔、电镀

图 6-20　蚀刻法制作埋嵌电容印制板的流程示意图

虽然蚀刻法制作埋嵌电容印制板的工艺流程与常规多层板相同，但由于埋容芯板材料具有超薄的介质层，且有些埋容材料中没有玻璃纤维布增强，质地柔软，易变形或者破损，因此制作过程中某些工序应给予特殊的关注。

1. 内层图形转移

由于埋容芯板材料的介质层厚度极薄，抵抗外界冲击的能力较环氧玻璃布覆铜板低很多。在内层图形转移过程中因超薄芯板极薄又软，可能因传动线滚轮的摩擦造成板边撕裂，芯板整体变形甚至卡在传送滚轮内，或因药水喷压过大造成介质层的破损，所以必须在整个图形转移过程中选择适当的保护措施并极为严格的控制工艺参数。

前处理时不采用自动机器投放板方式，而采用手工放板可避免因自动放板机吸力过大，造成超薄芯板的折损。应减小微蚀线各段喷压，控制在并适当降低传送速度，以防止超薄芯板在运送过程中出现卡板现象。同时，超薄芯板在各生产环节之间运送的过程中需要轻拿轻放，并使用专用水平放置盘存放。为防止加工过程中出现卡板现象，超薄芯板在进入 DES 线之前，必须加导引板，如图 6-21 所示。

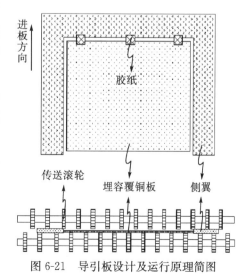

图 6-21　导引板设计及运行原理简图

2. 压合

由于超薄芯板在蚀刻过程完成后，芯板表面其他的去除铜层的部分介质层便暴露出来，在双面无铜覆盖的区域，超薄的介质层更容易受外力的冲击或摩擦造成破损或引起整个芯板的变形，造成内层芯板的报废。因此在层压之前，保证介质层的完好十分重要。

与图形转移一样，在棕化处理时，应加导引板加以牵引，手工收放板。在层压时，因超薄芯板介质层厚度极薄，且有些埋容材料没有如玻璃纤维布之类的刚性支撑物存在，容易使超薄芯板无铜层覆盖区域的介质层在树脂固化收缩的过程中发生变形皱缩的现象，严重影响埋容层的尺寸涨缩，造成层间错位的缺陷。应对内层图形设计进行调整，以减小层压过程中介质层皱缩的问题，修改方式主要是通过在双面无铜覆盖的图形区域单面或双面添加与电路图形相绝缘的铜面，增加板面整体的铜面覆盖率，减小绝缘层在层压过程中所受应力。

3. 钻孔以及孔金属化

在钻孔过程中选择使用密胺树脂板作为垫板及盖板，可以尽可能减少钻污的产生及钻咀的磨损。因超薄芯板介质层极薄，钻孔过程相当于穿透两层相连的铜箔层，因此需要合理地控制钻孔参数，以减少钻咀对超薄芯板铜箔的拉扯，避免形成较大的钉头或孔粗。在 PCB 中，为提升电路密度，孔的设计主要为小孔径孔，而钻咀直径越小，参数的变化对孔型及孔壁质量的影响就越大，所以小钻咀的参数设定尤为重要。

超薄芯板在层压以后，其超薄的介质层已经压合进多层板内部，在后续的加工过程中不必再考虑超薄芯板的破损问题。但因超薄芯板介质层包含的树脂组成区别于环氧玻璃布覆铜板，因此，需要对除胶、化学镀铜效果及电镀后孔壁铜厚、附着力等进行观测，以确保孔金属化过程的顺利进行。

6.3.4　丝网印刷方法制作埋嵌电容的工艺技术

丝网印刷法制作埋嵌电容印制板技术是采用丝网印刷将陶瓷电容性材料(油墨)漏印到预定的电容位置上，然后通过烘烤或烧结将油墨固化，形成埋嵌电容器的工艺技术，其生产流程如下：

铜箔表面处理→丝网印刷陶瓷电容性油墨烘干(或烧结)网印导电胶烘干(或烧结)层压图形转移形成埋嵌电容。

丝网印刷法制作埋嵌电容印制板的流程示意图如图 6-22 所示。

在双面处理过的铜箔的光滑面(粗糙度小)上网印上陶瓷电容性浆料，烘干后于 N_2 气氛中，在温度≤900℃下烧结，固化后形成电容介质层；然后在电容介质层上再次网印导电胶，烘干后于 N_2 气氛下烧结成电容器的一端电极，倒置过来层压，然后经图形转移和蚀刻形成电容器的另一端电极，以及相应的图形。

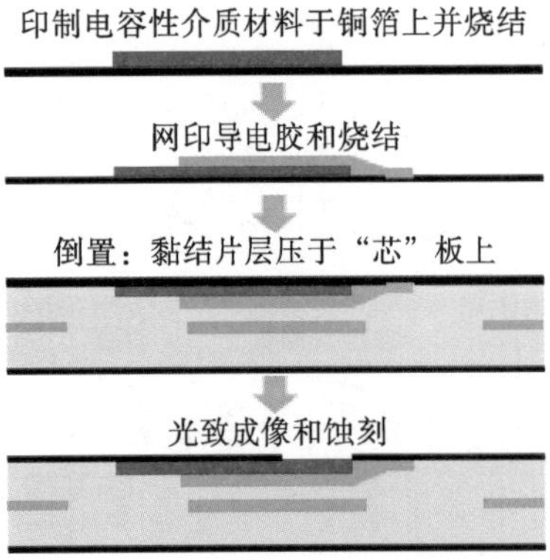

印制电容性介质材料于铜箔上并烧结

网印导电胶和烧结

倒置：黏结片层压于"芯"板上

光致成像和蚀刻

图 6-22　丝网印刷法制作埋嵌电容
印制板的流程示意图

这种方法大多用来制造旁路电容器或单独(用)电容器,其介质层厚度较薄,在 $10\mu m$ 左右。但工艺复杂、成本高、公差控制难,没有得到普遍推广应用。

6.3.5　喷墨打印方法制作埋嵌电容的工艺技术

喷墨打印制作埋嵌电容技术的原理、所使用的设备及工艺与喷墨打印电阻技术基本相同,只需要把电阻性材料改成电容性油墨。电容性油墨是将介电陶瓷材料加入绝缘油墨中制成的,通常使用陶瓷材料为 $BaTiO_3$。因工艺与喷墨打印电阻相同,本节不再赘述。

喷墨打印制作埋嵌电容的方法及实物图如图 6-23 所示。

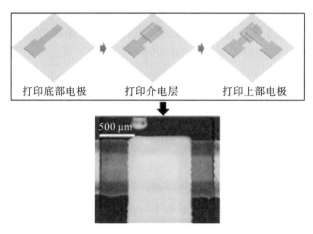

图 6-23　喷墨打印制作埋嵌电容的方法及实物图

6.3.6　电镀(溅射)方法制作埋嵌电容的工艺技术

利用电镀铜(或化学镀)和物理气相沉积(physical vapor deposition,PVD)或化学气相沉积(chemical vapor deposition,CVD)方法,在 PCB 芯板和其他材料上表面形成薄膜电极($0.01\sim1\ \mu m$),然后网印或喷墨、或旋涂电容性油墨,经烘干和固化处理,最后进行溅射等方法来形成顶部的另一个电极,如图 6-24 所示。这种埋嵌电容器适用于低功率(或低电压)的领域。

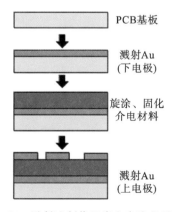

图 6-24　溅射法制作埋嵌电容流程示意图

6.4　集成元器件印制电路板埋嵌电感工艺技术

在电子产品中，电感是高频、微波频段信号传输及处理的重要部件之一。传统的电感器件一般分为 POL 模块与隔离模块两种，这两种模块共同特点是磁芯暴露在外面，占据了大量的模块面积。针对这个问题，许多电子开发商都试图缩小电感器件的体积以实现模块小型化，但效果不是很理想。由于电感器件的缩小有局限性，且大部分电感器件都需要手工贴装，极大地影响了封装效率。为了寻求良好的解决方案，部分研究机构提出将电感的磁芯分布埋嵌 PCB 的内部，同时设计金属孔、布线环绕磁芯形成内埋的电感器件，这样电感器件可以完全不占用表面空间，缩小整个模块的体积，同时也解决了手工贴装电感的繁琐，大幅提升了封装效率。因此，印制电路板埋嵌电感技术逐渐成为当下的研究热点。

6.4.1　埋嵌电感的构造

电感器(inductor)是能够把电能转化为磁能而存储起来的元件。电感器的结构类似于变压器，但只有一个绕组。如今电感被大量应用于电路板设计中，通直流阻交流，利用导电线圈储存交变磁场能量。电感在电路中的主要作用是提供感性阻抗，与其他元器件配合完成相应的匹配、滤波、振荡等电路功能。电路板电源部分的电感是由漆包线环绕在圆形磁芯上构成的。

目前，PCB 电感的埋嵌是通过将 PCB 的铜层蚀刻成多匝环形、四边或者多边的导线，从而实现电感线圈的绕制，如图 6-25(a)～(c)所示。为了节约印制电路板埋嵌面积，使用铜导线和金属化孔在 PCB 的相邻层或者间隔层螺旋绕制线圈，如图 6-25(d)所示。受埋嵌面积的限制，大多数电感器埋仅能绕制数圈，其电感值很小，获得高感值感嵌电感仍然面临诸多难题。

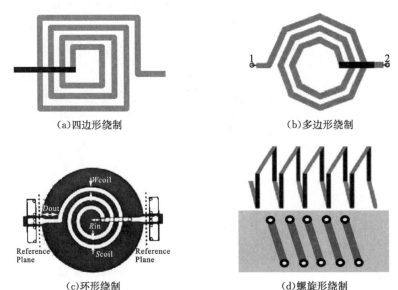

(a)四边形绕制　　　　　　　　　　　　　(b)多边形绕制

(c)环形绕制　　　　　　　　　　　　　(d)螺旋形绕制

图 6-25　常用的埋嵌电感线圈绕制结构示意图

电感器的感值是除了与线圈的匝数、面积有关外，还与线圈中心有无磁芯绕制以及绕制的磁芯材料相对磁导率有关，如下式：

$$L = \frac{\mu_0 \mu_r N^2 w_M t_M}{l_M} \tag{6-6}$$

其中，μ_0 为绝对磁导率；μ_r 为线圈中心绕制材料的相对磁导率，无磁芯绕制，μ_r 为 1；N 为绕制圈数；W_M，t_M 和 l_M 分别为线圈中心绕制材料的宽度、厚度及长度。

由于电感涉及磁芯、线圈等组件，在材料性能、工艺上都与成熟的 PCB 技术具有较大的差异，因此实施难度也最大。目前，埋嵌电阻印制电路板的制作技术主要有喷墨或网印厚膜技术、通孔与磁芯相结合形成电感技术。

6.4.2　喷墨打印方法制作埋嵌电感的工艺技术

喷墨打印方法制作埋嵌电感印制板的制造过程示意图如图 6-26 所示，实物图如图 6-27 所示。

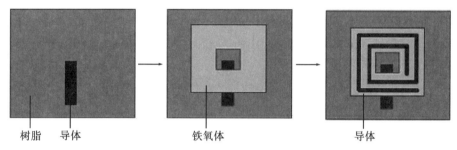

图 6-26　喷墨打印方法制作埋嵌电感印制板的制造过程示意图

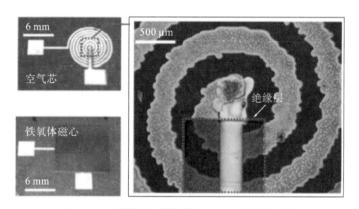

图 6-27　喷墨打印制作埋嵌电感印制板实物图

喷墨打印方法制作埋嵌电感的具体方法是：①在陶瓷"芯"（基）板上（在计算机和控制）喷墨打印上导电油墨，经烘干并烧结（在 N_2 气中）形成中心电极；②在中心电极的一连接端四周喷墨打印上高电感材料介质层，主要是铁磁性的 Ni-Zn 铁氧体和 Mn-Mg 铁氧体等形成的油墨（应留出电感器接头），然后烘干并烧结（在 N_2 气中）形成高电感性介质层；③在高电感性介质层上再控制打印上导电油墨，然后经烘干并烧结（在 N_2 气中）形成线圈。

以上三步骤也可以分别先喷印烘干后，一起进行烧结（在 N_2 气中），虽然可以简化步骤，但电感器性能和尺寸较难控制。同理用网印膜电感器技术也可以达到上述目的，但电感值误差较大。

6.4.3 通孔与磁芯相结合制作埋嵌电感的工艺技术

通孔与磁芯相结合制作埋嵌电感技术的思路是通过电感的磁芯部分埋嵌 PCB 的内部，通流的绕线更改为镀厚铜的过孔来实现，这样电感就可以完全放入 PCB 的内部，使得表层面积得以大幅度减少，同时也可使得整个模块的高度得以降低。通孔与磁芯相结合制作埋嵌电感印制板的工艺流程如图 6-28 所示。

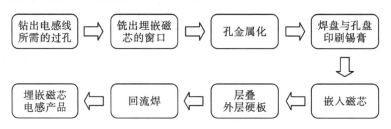

图 6-28 通孔与磁芯相结合制作埋嵌电感印制板的工艺流程示意图

将其主要技术步骤分解如下：

(1)将印制板在磁芯埋嵌位置预先铣出一个窗口，窗口分为上下两部分，下部分作为待贴装的 PCB，上部分作为待贴装的器件，如图 6-29 所示。

(2)通过丝网印刷在下半部分的 PCB 焊盘上印上锡膏，如图 6-30 所示。

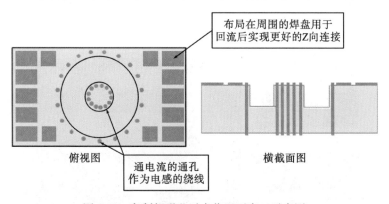

图 6-29 印制板磁芯对应位置开窗口示意图

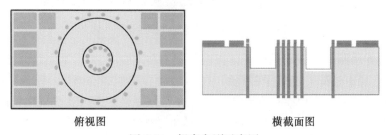

图 6-30 锡膏印刷示意图

(3)通过贴装设备将磁芯放入下半部分预先开好窗口的 PCB 中，如图 6-31 所示。

(4)通过贴装设备将上半部分的 PCB 与下半部分对扣，从而实现磁芯的埋嵌，回流焊后 PCB 上下两部分通过锡膏实现 Z 方向的连接，使 PCB 形成一个整体，同时组成一个完整的电感系统，如图 6-32 所示。

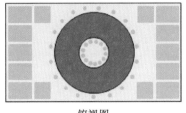
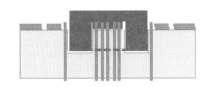

俯视图　　　　　　　　　　　　　　　　横截面图

图 6-31　放置磁芯示意图

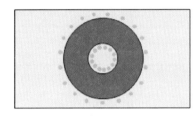
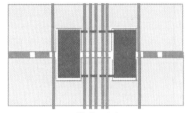

俯视图　　　　　　　　　　　　　　　　横截面图

图 6-32　磁芯埋嵌，PCB 回流焊后成为整体示意图

6.4.4　提高电感值埋嵌磁芯技术

为提高埋嵌电感器的功能值，通过将高磁导率的磁芯材料绕制在线圈中。对于磁芯的绕制方式，最常使用的是在多边形或环形电感器的上层和/或下层，或在螺旋绕制线圈中心埋嵌磁芯的结构，如图 6-33 所示。

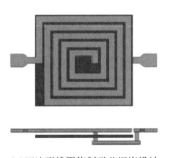
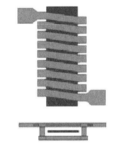

(a)四边形线圈绕制磁芯埋嵌设计　　　　　　(b)螺旋形线圈绕制磁芯埋嵌设计

图 6-33　不同埋嵌电感器的磁芯埋嵌方法示意图

在电感线圈上层或/和下层埋嵌磁芯的制作方法相对简单，然而，由于线圈没有直接绕制，因而磁芯对电感器感值的提高非常有限。对于螺旋形电感器，线圈可以完全将磁芯绕制在中心，其功能值应按照式(6-7)计算，因而该磁芯埋嵌结构可以较大地提高电感器的功能值。但是，由于螺旋形电感器制作工艺复杂，如果要将磁芯埋嵌于线圈中心，其制作难度将非常大。正因如此，螺旋线圈绕制磁芯制作高感值电感器正成为埋嵌电感技术研究的热门，螺旋形电感器将在 PCB 埋嵌技术中得到广泛的应用。

除了考虑磁芯埋嵌结构的设计，磁芯材料的选择也很重要。当磁芯的相对磁导率 μ_r 越高，埋嵌电感获得的感值就越高。不过，每种磁芯材料都有其相应的最高工作频率，超过这个频率，该材料的磁导率就会下降。因此，在选用磁芯材料时还应注意电路的使用频率。另外，磁损耗、材料的电阻率等也是选择埋嵌电感磁芯需要考虑的重要因素，如表 6-4 是埋嵌电感常用的磁芯材料及其性能参数。

表 6-4　埋嵌电感常用的磁芯材料及其性能参数

材料名称	相对磁导率 μ_r	最高工作频率/GHz	电阻率/$(\mu\Omega \cdot cm)$
CoZrTa	600~780	~1.5	~100
CoZrNb	~850	~0.7	~120
FeCoN	1200	1.5	50
CoFeHfO	140~170	~2.4	~1600
FeAlO	500~700	~1.5	50~2000
CoFeSiO	~200	~2.9	~2200
CoFeAlO	~300	~2.0	200~300

6.5　集成元器件印制电路板埋嵌芯片工艺技术

近几年来，随着电子信息技术的发展，人们对电子产品如电子消费品、计算机、通信设备和生物医学仪器等的多功能化、微小型化的要求越来越高，而作为电信号传输载体的印制电路板也快速地向着高度集成化和微小型化方向发展。在高频信号和高速数字信号传输的 PCB 中，由于产品不断追求微小型化和高性能化，因此，不仅越来越多地采用埋嵌无源元件(如电阻、电容、电感等)，而且还在大力开发埋嵌有源器件，希望有一个解决这个问题的技术平台，即把数字技术、模拟技术、RF(radio frequency)技术、光技术和传感器等集成起来，形成一个简单的系统。把无源元件和有源元件一起埋嵌到 PCB 内部是使系统封装技术具有更大集成度发展的基本技术和方法，并成为新一代的技术与产品，使印制电路板发展形成更高端的系统板(system in board，SIB)。把芯片系统(system-on-chip，SOC)和系统封装的两个系统的设计和制造结合起来，既达到不断缩小产品尺寸，又可使产品增加功能性、更高可靠性和更好的性能，从而降低制造成本和明显提高市场的竞争力。

有源器件是指电子元器件工作时，其内部有电源存在，不需要能量的来源而实行它特定的功能。从物理结构、电路功能和工程参数上，有源器件可以分为分立器件和集成电路两大类，主要包括电子管、晶体管、集成电路等。而芯片(chip)作为集成电路的载体，是电子产品实现功能不可或缺的必须部件之一。目前，在 PCB 领域内，埋嵌有源器件主要是指埋嵌芯片技术。

埋嵌有源元件比起埋嵌无源元件要困难得多，因为有源元件的内部组成与结构比起无源元件来要复杂得多。以芯片为例，芯片是以单晶硅晶片(晶圆，wafer)为材料，通过光刻工艺加工形成集成电路，然后测试封装而成，再将其焊接安装到 PCB 表面。因此，与薄膜无源元件相比，芯片的厚度要厚得多，而且其在 PCB 内部的互连结点要多得多，同时，这些互连结点的导线"精细度"要求也高得多，大多数是"微米级"、甚至是"纳米级"的连接。要将原本放置于 PCB 表面的芯片埋嵌到 PCB 内部，首先要将其平面化、薄型化，然后再将其埋嵌到 PCB 高密度的连接层内部。埋嵌这些平坦薄型化的芯片到 PCB 内部的方法有很多，一般按照埋嵌顺序的先后进行分类，可分为三类：①优先埋嵌芯片(chip-first)的方法；②中程埋嵌芯片(chip-middle)的方法；③后程嵌芯片(chip-last)的方法。

6.5.1　优先埋嵌芯片工艺

优先埋嵌芯片工艺制作埋嵌芯片印制电路板的流程是，首先将芯片埋嵌到各种基板内，然后在芯片和基板上构建多层互连。

优先埋嵌芯片工艺最早可以追溯到 1975 年，当时的技术是采用多个半导体芯片面朝上安装在铝基板上，使用压模夹具使其透过铝基板，形成局部埋嵌芯片的印制板。20 世纪 90 年代早期，美国通用电气公司(General Electric，GE)、英特尔公司(Intel)、Fraunhofer 和其他公司又将 Chip-First 工艺类型进行了进一步发展。

1. 先将芯片模塑后再进行积层连接(GE 公司)

GE 公司先将半导体芯片四周模塑起来，然后使用聚酰亚胺薄膜在芯片顶部进行构建多层互连，其中导通孔采用激光加工制作。这种塑封 HDI 模式的基本结构如图 6-34 所示。

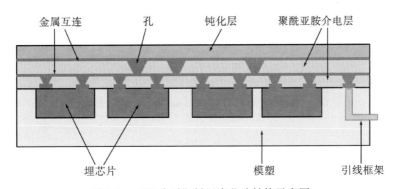

图 6-34　GE 公司塑封埋嵌芯片结构示意图

在这种塑封有源元件中最主要的问题是半导体芯片和模塑材料之间的热膨胀系数 (CTE)不匹配而引起的热应力问题。为了减少热应力，应在其周围要采取散热措施。 Lockheed Martin 公司也将芯片和电容埋嵌塑封基板，为了减少热应力，在芯片周围采用了柔性材料。

2. 在 BT 或 FR-4 基板上开窗后埋嵌有源元件后积层连接

Intel 公司和 Helsinki 大学开发了一种埋嵌有源器件技术，采用有机芯板，如双马来酰胺−三嗪树脂(bismaleimide triazine，BT)、FR-4 基材等用来取代 GE 公司和 Lockheed Martin 公司的模塑基板，如图 6-35 所示。

Intel 公司是先在 BT 基芯材内部形成开窗结构，然后把微处理器芯片放入空槽内而制成。Helsinki 大学、Imbera Electronics 公司也是采用开窗而埋嵌 IC 芯片的，不过所用芯材是 FR-4 基材，然后在其芯材的两面再积层形成埋嵌印制板。Virginia Polytech 公司也利用相似的方法，在陶瓷基板中埋嵌电源芯片(MOSFET，金属氧化物半导体场效应晶体管)。关于预先形成开窗结构的技术将在 6.5.4 中作详细介绍。

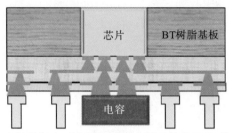

图 6-35　有机芯板上开窗优先埋嵌有源元件的 PCB 结构示意图

3. 把芯片粘贴在树脂基板后再完成积层连接

Fraunhofer IZM 和 TU Berlin 共同介绍了名为"聚酯芯片(chip in polymer，CIP)"的结构，如图 6-36 所示。将裸芯片通过贴片(die bonding)安装在基板上，然后经过层压而埋嵌在介质中，最后完成积层连接。另外，可通过沉积电阻金属薄膜将电阻埋嵌印制板内部。

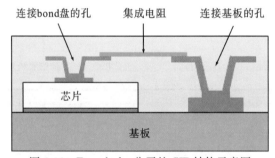

图 6-36　Fraunhofer 公司的 CIP 结构示意图

4. 把有源元件安放在挠性基材上来完成积层连接

目前，不采用刚性基(芯)材而采用挠性材料埋嵌有源元件的方法也得到了发展。在由 EC(European Commission)资助的 SHIFT(smart high-integration flex technologies flexible laminate)项目中，IMEC、TuBerlin、Fraunhofer IZM 等八家研究机构开发了一种挠性埋嵌有源器件结构，这种结构不采用芯板，半导体芯片是放在旋涂(spin-coating)并磨平的挠性 PI 薄膜上，然后通过涂覆(或覆盖)PI 积层，将芯片埋嵌积层板内，再进行激光成孔并进行金属化。

总体来讲，优先埋嵌芯片的方法主经历以下过程：①要选择可以埋嵌的基材，如有机基(芯)材、模塑材料、硅晶圆等；②开挖"空穴"或粘贴(结)材料；③嵌入或安装薄型化的芯片；④进行"积层"连接或安装连(焊)接。

6.5.2　中程埋嵌芯片工艺

中程埋嵌芯片工艺是指在 PCB 积层工艺过程中埋嵌芯片的方法，其中最典型的方法是由 Shinko 公司开发的。Shinko 公司采用类似 SMT 工艺，将芯片面朝下放置于积层的 PCB 层上，然后在后续积层过程中完全埋嵌，如图 6-37 所示。

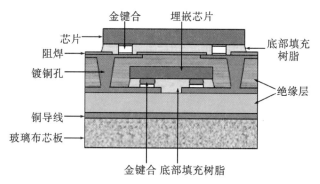

图 6-37　中间埋嵌芯片印制板的结构示意图

另一种中程埋嵌芯片制作埋嵌芯片印制板的工艺是复合基材层压埋嵌元件方法，即开发一种含芯片的层压芯板，如图 6-38 所示。在这种工艺中，首先单独制作含芯片或者无源元件的多层层压芯板，然后将其一起层压。Matsusshita 公司采用常规层压方法把无源元件压入具有陶瓷粉末的热固树脂内并形成由导电膏(胶)、导电填料、固化剂及树脂充填的内导通孔的复合层，然后与完成有源元件复合层"层压"连接形成具有埋嵌有源元件和无源元件的"复合"基的印制板。Nokia 采用类似 Chip-First 工艺在层压的有机芯板上开挖"空穴"，然后埋嵌芯片(有源元件或无源元件)，再通过"积层"连接或者"层压"PCB 连接而形成埋嵌芯片印制板。Nokia 的期望是通过 PCB 上的导电层达到屏蔽埋嵌的 RF 芯片的目的。SMIT 公司采用液晶聚脂芯板并开挖"空穴"，然后把芯片埋嵌到液晶聚脂芯板的开窗结构内再积层连接或者层压连接形成埋嵌元件印制板。

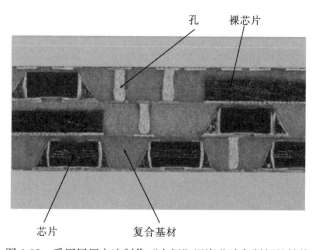

图 6-38　采用层压方法制作"中间"埋嵌芯片印制板的结构

优先埋嵌和中程埋嵌芯片工艺具有利于小型化、改善 PCB 电气性能、增加 PCB 功能性等优点，但同时也存在一些不足。

(1)不同芯片的一系列埋嵌工艺和相关的积层连接加工是非常耗时的，必然带来低的生产效率和高成本，特别是采用高压力的积层连接埋嵌芯片的层压工艺，容易引起埋嵌IC 芯片破裂。

(2)在通常的埋嵌封装结构中，有故障的 IC 芯片是很难返工(修)的，因此必须要求高可靠性的芯片。

(3)热控制与管理问题，在连接的埋嵌 IC 芯片和基板材料界面之间的加压加热的工艺过程中，由于存在着热匹配而带来的热应力问题，容易发生连接处的连接故障。

6.5.3 后程埋嵌芯片工艺

为了解决优先埋嵌芯片和中程埋嵌芯片两种工艺存在的缺点，佐治亚理工学院(Georgia Institute of Technology)提出了后程埋嵌 IC 元件工艺。

在后程埋嵌芯片工艺中，芯片是在基板完成所有积层连接工艺以后才被埋嵌入印制板的，图 6-39 为后程埋嵌芯片的结构示意图。制作工艺是首先在高弹性模量(high plastic modulus)和导热性的薄型积层芯板上形成开窗结构，然后放入所要埋嵌的有源芯片，当然也可以同时埋嵌无源元件。积层芯板中的空穴结构要与所埋嵌的芯片的独特形状契合，然后把芯片直接埋嵌到芯板上的空穴内并用平整互连技术(low-profile interconnect technology)连接到积层处，接着用绝缘介质材料充填。在某些高散热需求的产品中，还可以在芯片显露的一面(背面)放置冷却用的散热片或屏蔽层。

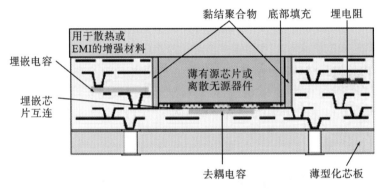

图 6-39　后程埋嵌芯片的结构示意图

从加工过程、生产率、返工(修)性和热管理等观点了来看，采用后程埋嵌芯片(有源元件和无源元件)技术比优先埋嵌芯片和后程埋嵌芯片方法存在一些优点。

(1)可简化工艺、提高生产率。由于后程埋嵌有源元件技术的基板积层、开窗和埋芯片等全部加工可以同时并行进行，因此既简化了工艺过程，又提高了生产效率。此外，后程埋嵌有源元件技术中，当芯片被埋嵌到积层基板的开窗结构以后，后续没有更复杂的加工过程，明显减少了对芯片的损害。

(2)可返工(修)性。在后程埋嵌有源元件技术中，芯片最后才被埋嵌入印制板内部，选择合适的充填与封装的材料，在互连焊接时可返工，因此有故障或损坏的芯片可以被置换。

(3)有利于热管理。在后程埋嵌有源元件的技术中，由于埋嵌芯片的背面是显露于大(空)气或粘贴有高导热材料层——散热片，所以采用冷却措施能较容易地解决热管理的问题。

但是在后程埋嵌有源元件的技术中，在工艺和材料方面仍存在挑战，如开窗结构形成、在开窗结构中安装芯片、具有耐疲劳而又可返工(修)的超薄互连结构、薄基(芯)材和介质材料等。这些问题和挑战都必须加以解决，才能推动后程埋嵌有源元件技术的应用与发展。

典型的后程埋嵌芯片法制作埋嵌芯片印制板的方法如图 6-40 所示，具体步骤为：

(1)如图 6-40(a)所示，使用 BT 覆铜箔基板作为基材，通过图形转移形成连接盘，如图 6-40(b)所示。

(2)在基材上形成阻焊层，如图 6-40(c)所示。使用光致介质材料通过光刻技术(包括旋涂液态 Probelec 材料、干燥、曝光、封框胶固化、显影和最终固化)形成焊盘，露出导通孔。整阻焊层的厚度为 $25\mu m$，介质层厚度是通过液体介质材料(油墨)的黏度、旋涂速度与次数等来控制。

(3)孔金属化，如图 6-40(d)所示。导通孔的金属化是采用化学镀和电镀铜的半加成法来完成的，典型的镀铜厚度为 $10\mu m$。

(4)再通过介质材料积层，于是形成了开窗结构层，见图 6-40(e)。其工艺与阻焊层的形成方法相似。开窗结构和导通孔的露出(开口)是由光致(敏)介质材料通过光刻技术来形成的，开窗结构的深度(介质层厚度)为 $50\mu m$。

(5)开窗结构周围的孔再进行金属化，如图 6-40(f)。根据所要求的开窗结构深度，重复图 6-40(e)和图 6-40(f)的过程，形成图 6-40(g)和图 6-40(h)。

(6)形成第二开窗结构层，由于是第二次的光致(敏)介质材料通过光刻技术积层，容易引起阶梯形的宽度尺寸误差，一般会达到 $50\mu m$ 以上，如图 6-40(g)所示。

(7)最后埋嵌芯片，如图 6-40(i)所示。

典型的后程埋嵌芯片法制作埋嵌芯片印制板实物图如图 6-41 所示.

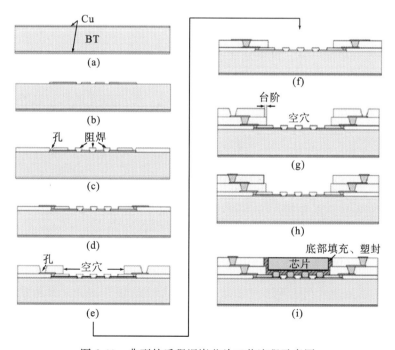

图 6-40　典型的后程埋嵌芯片工艺流程示意图

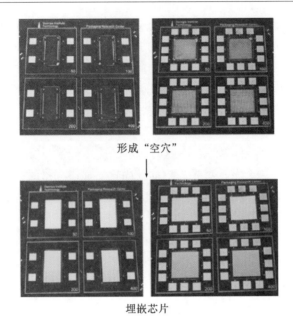

形成"空穴"

↓

埋嵌芯片

图 6-41   典型的"最后"埋嵌芯片法制作埋嵌芯片印制板实物图

6.5.4   开窗技术

无论是优先埋嵌芯片技术、中程埋嵌芯片技术还是后程埋嵌芯片技术,都可能用到在基材上开窗结构埋嵌芯片的工艺,在基板或 PCB 中必须加工可埋嵌(放置)各种平面而薄型元件的开窗结构,因此,开窗工艺和品质将影响埋嵌芯片印制板的质量和可靠性。目前,用于埋嵌有源元件开窗结构形成的加工技术主要有 4 种。

1. 光刻(致)法开窗

光致(敏)法形成微导通孔可采用液态和干膜两大类光敏介质材料。液态光敏介质材料是采用帘涂法或旋涂法形成湿膜完成的,而干膜是采用层压技术来形成的。将湿膜和干膜经过有微导通孔图形的掩模曝光、显影和固化,形成微导通孔。这种工艺同样可用于埋嵌元件空穴的光致介质材料(湿膜或干膜)的加工,如图 6-42 所示。

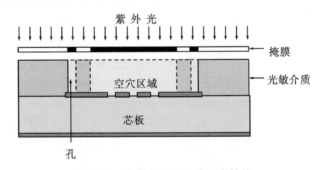

图 6-42   光刻(致)法形成开窗结构

在积层过程中,开窗结构的形成与相邻层间互连用的微导通孔一起依次积层起来。光致法开窗工艺可批量加工完成所有的开窗结构和孔,生产率最高,但只有光敏(致)性介质材料才能用来代替大部分介质材料，可使用激光打孔技术。另外，层间连接用的导通孔层是在形成开窗结构的同时形成的，残留介质（余胶）会影响连接的可靠性，因此图形转移、曝光、显影的一致（均匀）性和清洁度的控制是极其重要的。

2. 等离子体法（plasma etching）开窗

等离子体蚀刻开窗也是一种较好的批量生产技术。将未完工的印制电路板放入等离子体腔内，同时进行蚀刻。等离子体是在相对真空（$10^{-2} \sim 10^{-3}$ Pa）的密封箱体内加入氧气（O_2）、氮气（N_2）、四氟化碳（CF_4）等气体混合物，并在微波磁控管产生（高频和高压）的等离子体场下形成等离子体，蚀刻有机介质材料，从而形成开窗结构和导通孔。等离子体的蚀刻速度（率）是箱体中的温度、压力和混合气体浓度的函数，微导通孔和开窗的位置与大小由金属掩模来确定，而没有金属掩模的有机介质层被等离子体蚀刻，当等离子体蚀刻工艺完成后再将金属掩模蚀刻掉。

在后程埋嵌芯片技术中，使用等离子体蚀刻工艺开窗有两种不同的方法。

（1）在积层工艺中，在每一层芯板上使用等离子体蚀刻同时批量形成开窗结构和层间互连的导通孔。

（2）使用等离子体蚀刻工艺在印制板积层完成后形成开窗结构，蚀刻掉未掩模介质材料，在积层板内形成开窗结构，然后再激光加工形成微导通孔，如图6-43所示。使用此法可在介质层中形成大容积开窗结构和微导通孔/过孔，且成本较低。由于微导通孔很小（特别是直径$\phi \leqslant 30\mu m$），而开窗结构尺寸大得多，采用第一种方法，两者的蚀刻厚（深）度的匹配往往很困难，而采取第二者方法便可得到好的合格率、质量和可靠性。然而，等离子体法开窗也是基于蚀刻工艺，需要仔细控制等离子体蚀刻工艺条件及参数，以减少开窗结构内壁侧蚀问题产生。

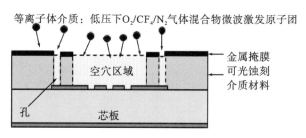

图6-43　使用等离子体蚀刻工艺开窗

3. 激光钻孔法开窗

激光钻（蚀）孔采用聚焦激光光束来形成微导通孔，此法被认为是最有潜力的导通孔形成技术且已进入了大批量生产。目前，可采用准分子激光、YAG紫外（UV）激光和红外CO_2激光等方法加工来形成微导通孔。在HDI板中，绝大多数是采用YAG紫外激光和红外CO_2激光方法来加工各种尺寸（直径$\phi \leqslant 200\mu m$）的导通孔。导通孔的特征尺寸主要由激光的波长、激光光束能量密度、激光类型和所用基材厚度决定。在积层板中使用激光钻孔技术形成开窗结构如图6-44所示。

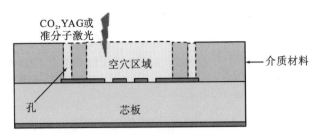

图 6-44　激光钻孔技术形成"空穴"示意图

基于激光加工导通孔的技术经验，采用激光加工埋嵌芯片的开窗结构是可行的。与光致法、等离子体蚀刻法开窗相比，激光加工法形成的开窗结构形状最好，且没有开窗内壁侧蚀的问题。另外，激光加工埋嵌芯片的开窗结构的加工过程简单精确，既不需要光致（敏）法中的照相底版制作，也不需要等离子体法中的金属掩模制作，同时也避免了菲林及掩模对位引起的偏差。此外，激光加工工艺与大部分介质材料（如覆铜箔的基材或没有覆铜箔的基材、有增强材料的介质层或没有增强材料的介质层、干膜或湿膜形成的介质层材料）兼容，都可以进行激光加工。但是，激光钻孔加工工艺也有其缺点，如加工的生产率较低，因为所有介质材料的内部开窗结构只能由一个激光光束进行加工。

4. 介质层压法开窗

与光致法、等离子体蚀刻法和激光钻孔加工法相比，介质层压法形成的开窗结构稍有不同。介质层压法先在干（薄）膜型的介质材料上形成所要求的开窗结构，然后再层压到基板上。此外，此法也可通过激光钻孔加工或机械冲孔方法进行开窗。

采用激光钻孔加工薄膜介质材料法只是切割介质层上空穴的边缘，可把薄膜介质材料叠合起来进行加工，把具有开窗结构的薄膜与基板进行对位再层压。此法既可以获得良好的开窗形状及穴壁，又可以获得高的生产率。采用机械冲孔加工薄膜介质材料的方法，虽然可以达到很高的生产率，但是加工的开窗结构的形状与尺寸（形变等大小）的质量不一致。无论是使用激光钻孔加工法还是机械冲孔法形成空穴，都要仔细管理介质材料以及层压对准度。

介质层压法的示意图如图 6-45 所示。

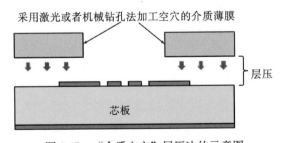

图 6-45　"介质空穴"层压法的示意图

各种开窗加工方法的优点和缺点如表 6-5 所示。

表 6-5 各种开窗加工方法的对比

加工工艺	优点	缺点
光致工艺	成本低 生产率高	材料受限制 各向异性蚀刻形成侧蚀、过蚀刻
等离子体工艺	成本低 生产效率高	各向异性蚀刻形成侧蚀、过蚀刻
激光钻孔工艺	结构完整性好 分辨力高 应用材料广泛	中等生产率 成本较高
介质空穴层压工艺	生产率高	层间对准度差 介质厚度受到限制

总之，将有源器件埋嵌到 PCB 内部是今后电子产品发展的方向，具有一系列的优点（如更高密度化、更优异的电气性能以及更佳的可靠性等），且随着有源器件的平面化、薄型化以及埋嵌与积层技术的发展与成熟，制造成本也会下降，埋嵌有源器件技术将会快速发展。随着数字信号及高频信号传输速度进一步加快，对 PCB 中埋嵌元器件的数目和种类要求也会越来越多，单独埋嵌单一无源元件或有源器件已不能满足今后电子产品发展的需要，今后集成元器件印制电路技术将会由埋嵌单一无源元件同时向埋嵌多个无源元件的方向发展，并开始同时埋嵌有源器件。21 世纪将是功能性印制电路板（系统板）飞速发展的时期，它将大量的无源元件、有源器件都逐步集成到 PCB 中，以缩短元件与 IC、元件与元件的连接距离，增加 PCB 密度，缩小产品体积，以适应今后电子产品微型化、多功能化的发展要求。

6.6 集成元器件印制电路板的问题

随着信号传输频率（速度）和元件密度的提高，集成元件印制板的开发及逐步走向实用化，极大地推动了集成元件印制板的发展。但埋嵌元器件多层印制板进行大规模的生产仍存在一些问题。

(1)工艺稳定性。目前所开发的集成元件多层板制作工艺技术，都并未完全成形，仍存在着影响质量（合格率）的问题。

(2)中间检测与修复手段的缺乏。对于集成在多层板内形成的元件，检测、修复手段目前不健全，只能对此类印制板进行功能性方面的检测。

(3)成本问题。集成元件印制板在覆铜板价格上明显高于普通基板，由于基板材料成本在整个多层板中占的比率很高，这给扩大埋嵌无源元件印制板的应用范围造成了很大的阻碍。同时 SMT 元器件在成本上的下降也使得集成印制板的应用受到威胁。

习 题

1. 系统封装（SIP）的定义是什么？
2. 集成元器件印制电路的定义及特点是什么？
3. 埋嵌电阻用材料分类主要有哪些？

4. 埋嵌电阻的制造工艺有哪些？简要叙述其工艺流程。

5. 埋嵌电容的材料有哪些？性能要求是什么？

6. 埋嵌电容的 PCB 的功能有哪些？

7. 埋嵌电容的制造工艺有哪些？简要叙述其工艺流程。

8. 埋嵌电感的制造工艺有哪些？简要叙述其工艺流程。

9. 埋嵌芯片的制造工艺有哪些？简要叙述其工艺流程。

10. 埋嵌芯片制作工艺中，开窗结构的形成方法主要有哪些？简要叙述其工艺过程。

第7章 集成电路封装基板技术

集成电路(IC)封装是伴随集成电路的发展而前进的。随着宇航、航空、机械、轻工、化工等各个行业的不断发展,整机也向着多功能、小型化方向变化。这样,就要求IC的集成度越来越高,功能越来越复杂。相应地要求集成电路封装密度越来越大,引线数越来越多,而体积越来越小,质量越来越轻,更新换代越来越快,封装结构的合理性和科学性将直接影响集成电路的质量。本章将介绍IC封装基板的基本概念、IC有机封装基板工艺技术、无机封装基板工艺技术以及全球IC封装基板市场现状及发展。

7.1 IC封装基板概述

7.1.1 封装概述

传统的IC封装,是使用导线框架作为IC导通线路与支撑IC的载具,它连接引脚于导线框架的两旁或四周。随着IC封装技术的发展,引脚数增多(超过300个引脚),传统的QFP(四侧引脚扁平封装)封装形式已对其发展有所限制。这样,在20世纪90年代中期一种以BGA(球门阵列封装)、CSP(芯片尺寸封装)为代表的新型IC封装形式问世,随之也产生了一种半导体芯片封装的必要新载体,这就是IC封装基板。目前,IC基板依其封装方式的主流产品包括BGA、CSP及FC(倒装封装)三类基板,后两者是主流。

封装的主要作用:①将裸露的芯片与空气隔绝,防止芯片上的电路腐蚀;②物理机械支撑作用,防止外力对芯片的破坏;③高精细化的芯片与较低精细化的印制电路板之间需要一个较精细化的封装基板作为传递信息中间桥梁。

封装一般可以分为5个封装等级,如图7-1所示。

(1)零级封装(level 0):指还没有进行封装的芯片或晶元(wafer/die)。

(2)一级封装(level 1):指基板(substrate)和芯片(die)的封装。

(3)二级封装(level 2):指一级封装结构封装到印制电路板上。

(4)三级封装(level 3):指组装后的系统级。

(5)四级封装(level 4):系统之间的联接,如电脑之间的联接。

(a)零级封装芯片　　(b)一级封装基板　　(c)二级封装PCB　(d)三级封装系统　　(e)四级封装系统间的连接

图7-1 封装级别的示意图

7.1.2 IC 封装技术

从 20 世纪 70 年代前后，电子封装从无到有，从三极管到芯片部件封装，从插入式封装到表面贴装式封装，从金属封装、陶瓷封装、金属陶瓷封装到塑料封装。而塑料封装成本低、工艺简单，且适于大批量生产，因此其具有极强的生命力，自诞生起发展越来越快，在封装中占的份额也越来越大。

IC 封装工艺制作流程可以分为两大部分：在用塑料封装之前的工序称为前段工序，成形之后的工序称为后段工序。图 7-2 为 IC 封装的基本流程。

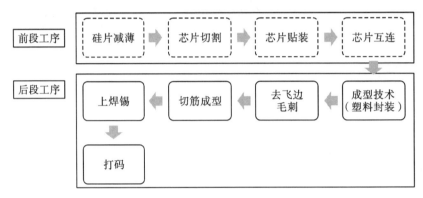

图 7-2   IC 封装的基本流程

1. 硅片减薄

芯片厚度对芯片的分割带来一定的困难，因此芯片线路层制作完成后，需要对硅片背面进行减薄，使其达到需要的厚度，在芯片背面贴装一层带有金属环或是塑料框架的薄膜(蓝膜)以保护芯片线路，再进行后续切割。

硅片背面减薄技术主要有磨削、研磨、化学抛光、干式抛光、电化学腐蚀、湿法腐蚀、等离子增强化学腐蚀、常压等离子腐蚀等。

2. 芯片切割

通过晶圆切割分离为各个芯片的过程，称为芯片切割。采用的设备称为切割机，也可称为划片机。

现在切割机都采用自动的，刀片一般采用脉冲激光或金刚石。切割分为部分切割(不划到底，留有残留厚度)和完全切割划片。完全切割一般切割边缘整齐很少会有裂口；部分切割，采用顶针顶力使芯片间完全分开，故端口或多或少会出现少量微裂纹和凹槽。

通常，减薄工艺和芯片切割通常合在一起形成两种技术：其一，先切割后减薄(dicing before grinding，DBG)。在背面磨削前，将硅片的正面切割出一定深度的切口，然后再进行磨削。其二，减薄切割(dicing by thinning，DBT)。在减薄之前先用机械的或化学的方法切割出一定深度的切口，然后用磨削方法减薄到一定的厚度后，采用常压等离子腐蚀技术去除剩余加工量。这两种技术都可以避免或减少减薄引起的硅片翘曲以及划片引起的边缘损害，增加了芯片的抗碎能力。DBT 还能去除硅片背面研磨损伤，并去除芯片引起的微裂和凹槽。

3. 芯片贴装

芯片贴装(die mount)又称芯片粘贴，是将芯片固定于封装基板或引脚架承载座上的工艺过程。芯片贴装的设备称为贴片机。芯片贴装方式主要可分为 4 种方法：共晶粘贴法、焊接粘贴法、导电胶粘贴法及玻璃胶粘贴法。

1) 共晶粘贴法

共晶反应是指在一定的温度下一定成分的液体同时结晶出两种一定成分的固相的反应。开始发生反应的点叫做共晶点。所生成的两种固相机械地混合在一起，形成有固定化学成分的基本组织，被统称为共晶体。

把芯片置于已经镀了金膜的陶瓷基板的芯片承载座上，在一定的压力下(摩擦或超声)，以氮气作为保护气体，再加热到共晶点温度，当温度高于共晶温度时，金硅合金化成液态的 Au-Si 共融体。冷却后，当共熔体由液相变为以晶粒形式互相结合的机械混合物——金硅共熔体而全部凝固，从而形成了牢固的欧姆接触，即共晶粘贴。

表 7-1　硬质焊料和软质焊料的对比表

焊料类型	硬质焊料	软质焊料
种类	金－硅、金－锡、金－锗焊料	铅－锡、铅－银－铟焊料
优点	塑变应力值高，具有良好的抗疲劳和抗潜变特性	应力问题小
缺点	难缓和热膨胀系数差异所引起的压力破坏	使用时必须在芯片背面先镀上类似制作焊锡凸块时的多层金属薄膜，以利用焊锡的润湿。

2) 焊接粘贴法

焊接粘贴法是一种利用合金反应进行芯片粘贴的工艺方法。其工艺流程是在热氮气气氛下把芯片背面沉积一定厚度的金或者镍，焊盘上淀积金－钯－银或者铜的金属层，用铅－锡合金制作的合金焊料把芯片焊接在焊盘上。合金焊料可分为硬质焊料和软质焊料。硬质焊料和软质焊料优缺点对比如表 7-1 所示。

3) 导电胶粘贴法

导电胶是一种固化或干燥后具有一定导电性能的胶黏剂，它通常以基体树脂(如环氧树脂)和导电填料即导电粒子(如银粉)为主要组成成分，通过基体树脂的黏结作用把导电粒子结合在一起，实现材料的导电连接。导电粒子起导电作用，而基体树脂起黏结作用。高分子树脂与铜引脚的热膨胀系数相近，导电胶法是封装常用的芯片粘结法。导电胶分为膏状导电胶和固体薄膜。

膏状导电胶：把芯片精确置于用针筒或注射器将导电胶(黏结剂)涂覆合适的厚度和轮廓的芯片焊盘上进行固化。

固体薄膜：将其切割成合适的大小放置于芯片和基柱之间，然后再进行热压接合。采用固体薄膜导电胶能自动化大规模生产。

4) 玻璃胶黏结法

玻璃胶与导电胶类似，是把起导电作用的金属粉、低温玻璃粉和有机溶剂混合制成膏状。采用玻璃胶粘贴时，用盖印、丝网印刷、点胶等方法将玻璃胶涂布在基板的芯片座上，将芯片置放在玻璃胶上，将基板加温到玻璃熔融温度以上即可完成粘贴。由于完成粘贴的温度比导电胶高，所以只适用于陶瓷封装中。

表 7-2 为各种芯片黏结法原理、技术要点以及优缺点的比较表。

表 7-2 各种芯片黏结法的比较表

粘贴方法	粘贴方式	技术要点	技术优缺点
共晶粘贴法	金属共晶化合物：扩散	预型片和芯片背面镀膜	高温工艺、CTE 失配严重，芯片易开裂
焊接粘贴法	锡铅焊料合金反应	背面镀金或镍，焊盘淀积金属层	导热好，工艺复杂，焊料易氧化
导电胶粘贴法	环氧树脂(填充银)化学结合	芯片不需预处理黏结后固化处理和热压结合	热稳定性不好，吸潮形成空洞、开裂
玻璃胶粘贴法	绝缘玻璃胶物理结合	上胶加热至玻璃熔融温度	成本低、去除有机成分和溶剂完全

4. 芯片互连

芯片互连是将芯片焊区与电子封装外壳的 I/O 引线或基板上的金属焊区相连接。常见的芯片互连方式有引线结合(wire bonding，WB)、倒装芯片键合(flip chip bonding，FCB)和载带自动键合(tape automate bonding，TAB)。

三种连接技术对于不同的封装形式和集成电路芯片集成度的限制各有不同的应用范围：打线键合适用引线数为 3~257；载带自动键合的适用引脚数为 12~600；倒装芯片键合适用引脚数为 6~16000。故倒装芯片键合适用于高密度组装。

1) Wire bonding 工艺技术

Wire bonding(简称 WB)工艺技术是封装前芯片内部电路与基板或芯片之间采用高纯金属导线把芯片的焊区和微电子封装的 I/O 引线或基板上的金属布线焊区(pad)键合起来的工艺技术。确保芯片与封装基板外部电气互连、输入/输出畅通，是封装流程中重要的一步。打线键合技术可分为超声波键合、热压键合和热超声波键合。

连接线包括：金线、铝线以及铜线。其中金线具有良好的抗腐蚀性、韧性强、电导率大以及导热性良好等优点，故使用广泛；铝线由于加热易氧化，故不宜形成焊球，韧性和耐热性均不及金线，同时，铝线的延展波动大，同一批次产品性能相差较大；铜线成本低，强度高、导电性好及导热性强，但抗腐蚀能力较弱，键合需要的压力大易破坏芯片。综上所述金线是目前最理想的键合线。芯片与封装基板通过键合引线连接后，再用具有特殊保护功能的有机材料精密覆盖时使之与外界隔离，具有较高的稳定性及抗氧化、抗腐蚀性。

目前，评估 WB 是否良好主要通过拉力测试以及延展性测试。以金线为例，选取固定长度金线，将两头固定，以稳定的速度对其进行拉扯，读取其被拉断时延展的长度以及被拉断时所施加的力度。

WB 工艺实现简单、成本低，是目前使用最为广泛的封装形式。图 7-3 为 WB 封装基板实物图，图 7-4(a)是打金线的过程图，图 7-4(b)是封装后的 3d 截面图，图 7-4(c)是引线键合连接结构，图 7-4(d)是封装厚的切面示意图。

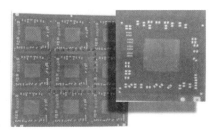
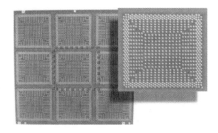

(a)WB 基板顶面　　　　　　　　　　　　　　　　(b)WB 基板背面

图 7-3　WB 封装基板实物图

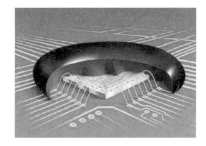

（a)打金线操作图　　　　　　　　　　　　　　　(b)WB 封装的示意图

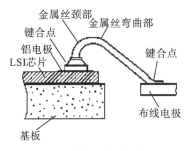
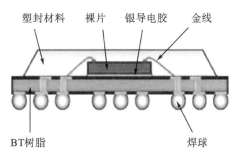

(c)引线键合连接结构　　　　　　　　　　　　(d)WB 封装截面示意图

图 7-4　WB 封装工艺技术图

2)载带自动键合技术

载带即带状载体，是指带状绝缘薄膜上载有由覆铜箔经蚀刻而形成的引线框架，载带一般由 PI 制作，两边设有与电影胶片规格统一的送带孔。载带自动键合技术是指用蜘蛛式引线图像的金属箔丝把芯片焊区与电子封装外壳的 I/O 或基板上的金属布线焊区互连的工艺技术。其制作流程：首先在高聚物上完成元器件引脚的导体图样，然后将晶片按其键合区对应放在上面，最后通过热电极一次性将所有的引线进行批量键合。如图 7-5 所示为 TAB 基板实物图。

TAB 的关键技术是芯片凸点技术。IC 芯片表面均镀有钝化保护层，厚度高于电镀的键合点，因此必须在 IC 芯片的键合点或者 TAB 载带的内引线前段先长成键合凸块才能进行后续键合，通常把 TAB 载带技术分为凸块化载带和凸块化芯片两大类。图 7-6 为金凸块的制作流程图。

图 7-5 TAB基板实物图

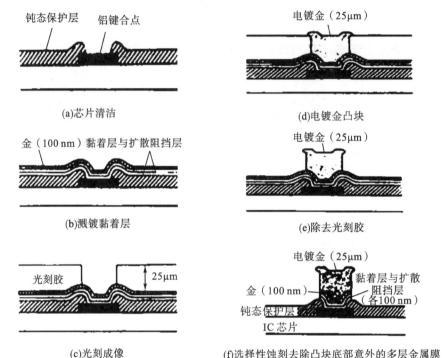

(a)芯片清洁   (d)电镀金凸块

(b)溅镀黏着层   (e)除去光刻胶

(c)光刻成像   (f)选择性蚀刻去除凸块底部意外的多层金属膜

图 7-6 金凸块的制作流程图

TAB技术与WB技术相比的优点：

(1)TAB引线的键合平面低，其结构轻、薄、短、小、高度<1mm。

(2)TAB的电极尺寸、电极和焊区的间距比WB减小。

(3)相应可容纳的I/O引脚更多，安装密度更高。

(4)TAB的引线R、C、L均比WB小，速度更快，高频特性较好。

(5)采用TAB互联可对IC芯片进行电老化、筛选和测试。

(6)TAB采用Cu箔引线，导热、导电好，机械强度高。

(7)TAB焊点键合拉力比WB高3～10倍。

(8)载带的尺寸可实现标准化和自动化，可规模生成，提高效率，降低成本。

3)Flip chip工艺技术

Flip chip(简称FC)是指通过芯片上的焊球直接将元器件朝上互连到基板，也可称为DCA(direct chip attach)。图 7-7 为FC封装基板实物图，图 7-8 为FC封装后切面结构图，图 7-9 为FC倒装片微互联用电极凸点的结构。其凸点的制作方法主要有蒸发/溅射凸点制作法、电镀凸点制作法、置球及模板印刷制作焊料凸点法。

WB 封装的芯片是芯片正面朝上，FC 封装的芯片则为正面朝下，芯片上的焊区直接与基板上的焊区互连，因而 FC 技术的互连线非常短；产生的杂散电容、互连电阻、互连电感均比 WB 小得多，从而更适用于高频、高速的电子产品；芯片安装和互连可同时进行，工艺简单、快速；在 FC 封装中，芯片所占面积小，故芯片的安装密度增大，大大增加了 I/O 数，而且集成性以及互联性得到大大提高。但是，FC 封装安装互连工艺有难度，芯片朝下，焊点检查困难；凸点工艺复杂，成本高；同时，其散热效果较低，有待提高。

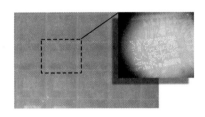

(a)FC 基板顶面　　　　　　　　　　(b)FC 基板背面

图 7-7　FC 封装基板实物图

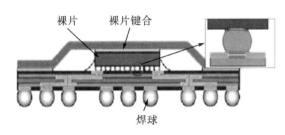

图 7-8　FC 封装切面结构图

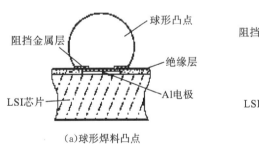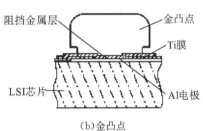

(a)球形焊料凸点　　　　　　　　　　(b)金凸点

图 7-9　FC 倒装片微互联用电极凸点的结构

5. 成型技术

芯片互连完成后，将芯片和引线框架包装起来的技术称为成型技术。成型技术有金属封装、塑料封装、陶瓷封装等，但从成本的角度和其他方面考虑，塑料封装是最为常见的封装方式，它占据 90% 左右的市场。

塑料封装的成型技术包括转移成型技术（transfer molding）、喷射成型技术（inject molding）、预成型技术（pre-molding）等。目前，主要使用的是转移成型技术。转移成型技术使用材料一般为热固化聚合物。热固性塑料成型工艺是将"热流道注塑"和

"压力成型"组合的一种工艺，即传统热流道注塑成型中，熔体腔室中保持一定的温度，在外加压力作用下，熟料进行芯片成型，并在模具型腔体内获得一定性质的芯片外形。

6. 去飞边毛刺

飞边毛刺现象是指塑料封装中塑料树脂出现溢出、贴带毛边、引线毛刺等现象。去毛刺的主要工艺流程为：介质去飞边毛刺→溶剂去飞边毛刺→水去飞边毛刺。

介质去飞边毛刺：是将研磨料(如颗粒状的塑料球)与高压空气一起冲洗模块。此过程中介质会将框架引脚的表面轻微擦磨，有助于焊料和金属框架的黏连。

溶剂去飞边毛刺：通常只适用于很薄的毛刺，溶剂包括 N-甲基吡咯烷酮(NMP)或双甲基呋喃(NMF)。

水去飞边毛刺：是利用高压的水流冲击模块，有时会将研磨料与高压水流一起使用。

7. 切筋成型

切筋成型工艺是指切除框架以外引脚之间的堤坝以及在框架带上连在一起的地方，把引脚弯成一定形状，以适合装配的需要。切筋成型工艺分成两道工序，可同时在机械上完成。先切筋，然后完成上焊锡，再进行成型工序，其好处是可以减小没有上焊锡的截面面积，如切口部分的面积。

8. 打码

打码是在封装模块上的顶面印上去不掉的、字迹清晰的标识，包括制造商的信息、国家、期间代码等。最常用印码方式是油墨码和激光码两种。

油墨打码：用橡胶来刻制打码标识。油墨是高分子化合物，需要进行热固化或使用紫外光固化。油墨打码对表面要求较高，表面有污染油墨则打不上。

激光印码：利用激光在模块表面写标识。激光打码最大的优点是印码不易擦去，工艺简单；缺点是字迹较淡。

9. 上焊锡

封装后对框架外引线进行上焊锡处理，其目的是在框架引脚做保护层和增加其可焊性。目前上焊锡主要有两种方法：电镀和浸锡。

电镀工序流程：

清洗→在电镀槽中进行电镀→冲洗→吹干→烘干(烘箱中)。

浸锡工序流程：

去飞边→去油→去除氧化物→浸助焊剂→热浸锡→清洗→烘干。

浸锡容易引起镀层不均匀，中间厚，边上薄(表面张力作用引起)，电镀中间薄四周尤其是边角厚(电荷聚集效应引起)。电镀液还会造成粒子污染。

7.1.3 一种新型封装技术——埋嵌芯片技术

埋嵌芯片技术是指将芯片嵌入封装基板后，再进行图形电镀使芯片与基板的线路相互连接的一种工艺技术。埋嵌技术按不同的焊盘连接方式以及导通孔连接方式进行分类，如图 7-10 所示。

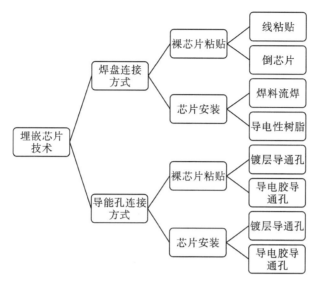

图 7-10　芯片埋嵌技术分类

1. 埋嵌芯片技术的优点

1)使系统具有更高密度化或微小型化

常规的芯片是安装在封装基板的表面的,所有的信号连线都是设计且排设在 PCB 表面焊盘上。而把芯片埋置到封装基板内部而形成的系统封装,将明显缩短和减少连接点、导线、焊盘和导通孔,因而具有更大的集成度、灵活性和适应性。

2)提高系统功能的可靠性

把芯片埋置到封装基板内部与"大气"环境隔离开来,使这些芯片受到最有效的保护;同时,由于这些芯片埋置到印制板内部的位置而具有最短的导线(或导通孔)连接,因而消除和减少"连接"的故障率。

3)改善信号传输的性能

由于芯片隔绝大气环境得到最好的保护,所以信号传输更加稳定;连接线、焊盘和导通孔的减短或减少,保证了信号传输的完整性。

4)可更快进入市场、降低生产成本

芯片与基板同时同地生产,既减少了运输、存储和管理过程,又减少了"反复"检验、复查等步骤。生产周期缩短,则能够更快进入市场,且成本降低,提高了产品市场的竞争力。

2. 有源元件埋置于基板之间的缺点

有源元件埋置于基板之间的缺点有下述几点:

(1)作为传统封装载体的封装基板的制造工程,要进行重大改变,因此现有许多封装基板厂家难以适应这种转变。

(2)对于印制电路板厂来说,由于受生产效益和经济利益制约,不能保证埋置有源元件的制品完全合格。对此，当务之急是建立一套设计、检查测定方法和标准。

(3)在产业结构上需要解决的问题很多，例如需要建立从多个厂家供应芯片的体制等。

3. 埋嵌芯片技术的种类

埋嵌芯片技术可分为：先埋嵌芯片再制作基板、中途埋嵌芯片和最后埋嵌芯片。图 7-11 为埋嵌芯片结构示意图，首先将芯片贴合在半成品的基板上，再通过层压将树脂灌入芯片与基板之间，通过图形电镀将芯片线路与基板线路导通，最后继续制作基板线路。该技术可以极大地降低封装基板和芯片的总厚度，且可靠性更好。埋嵌芯片的技术需要十分成熟的封装基板制作技术，一旦出现报废，芯片也会同时报废。

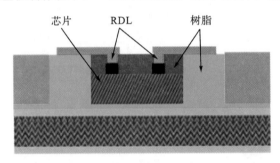

图 7-11　埋嵌芯片结构示意图

7.1.4　IC 封装基板概念、特点及作用

1. IC 封装基板的概念

集成电路封装基板即 IC 封装基板，又称 IC 封装衬底、IC 封装载板，是半导体芯片封装不可缺少的载体，在芯片与传统印制电路板连接中起关键性作用。随着现代技术向"短小轻薄化"以及高效、高密和高性能的方向发展，对封装基板大小、功耗、阻抗、散热、结构、I/O 引脚数、可测性以及成本都有更高的要求。

封装基板是将较小体积的芯片(die)和较大体积的印制电路板连接在一起的中间结构。图 7-12 为芯片、封装基板以及印制电路板的关系示意图。

图 7-12　封装基板连接芯片和 PCB 板截面图

根据线宽线距可对电路板进行如下分类：

(1)传统的印制电路板，也称为"母板"：线宽/线距>50μm/50μm。

(2)低端封装基板：线宽/线距 50～30μm/50～30μm。

(3)中端封装基板：线宽/线距 30～10μm/30～10μm。

(4)高端封装基板：线宽/线距<10μm/10μm。

2. IC 封装基板的特点

与传统的印制电路板相比，封装基板有如下特点：

(1)从结构上讲，封装基板与传统的印制电路板类似。但封装基板的体型更小更薄，线路精度要求更高，其孔径一般在 $40\sim120\mu m$。

(2)几乎不存在电镀通孔制程，均是由电镀盲孔或铜柱进行层间连接。

(3)封装基板的层数一般为 1~8 层，10 层及以上的情况比较少见。

(4)制作流程更复杂，通常需要上百道工序。

3. IC 封装基板的作用

(1)最重要的作用是连接芯片和传统印制电路板。芯片一般引脚细且密，传统 PCB 并不能满足这样的精度要求，故需要较为精密的封装基板作为过渡体连接芯片与 PCB。

(2)对芯片的物理防护作用。承载芯片，为其提供机械支撑保护作用。

(3)封装基板作为芯片的直接接触环境，其散热性和防静电能力直接影响到芯片的性能。

(4)制作形成小型的埋容、埋感或埋阻元器件。

4. 封装基板应具备的条件

封装基板是连接芯片和 PCB 板的重要桥梁，在机械性能、电化学性质、热化学性质以及其他各方面都有一定的要求。表 7-3 是封装基板应该具备的条件。

表 7-3　封装基板应该具备的条件

性质	应具备的条件
机械性质	有足够高的机械强度，除搭载元件器外，也能作为支撑构件使用；加工性，尺寸精度高；容易实现多层化表面光滑，无翘曲、弯曲、微裂纹等
电化学性质	绝缘电阻及绝缘破坏电压高；介电常数低；介电损耗小；在温度高、湿度大的条件下性能稳定，确保可靠性
热化学性质	热导率高；热膨胀系数与相关材料匹配(特别是与 Si 的热膨胀系数要匹配)；耐热性优良
其他性质	化学稳定性好；容易金属化，电路图形与其附着力强无吸湿性；耐油、耐化学药品；α 射线放出量小，所采用的物质无公害、无毒性；在使用温度范围内、晶体结构不变化原材料资源丰富；技术成熟；制造容易；价格低

7.1.5　IC 封装基板的分类

封装基板从线路制作工艺上与印制电路板制作类似可分为减成法、全加成法、半加成法、改良型半加成法。

(1)减成法。这类方法通常先用光化学法或者丝网漏印法或电镀法在覆铜箔板表面，将一定的电路图形转移上去，这些图形都由一定的抗蚀材料组成，然后用化学腐蚀的方法将不必要的部分蚀刻，留下所需要的电路图形，主要用于高密度互联工艺(high density interconnect，HDI)制作。

(2)全加成法。在绝缘有机基材表面选择性沉积导电金属而形成导电图形的方法。全加成法避免了大量蚀刻铜以及由此带来的蚀刻溶液废水。

(3)半加成。在化学镀铜(PTH)制作得到的底铜起导通整板的作用,再在其上通过电镀铜制作线路,最后蚀刻掉底铜,这种将电镀加成与快速蚀刻相结合的方法称半加成法。其价格较低,但化学镀铜药水存在剧毒物甲醛,故生产制造具有一定的风险。

(4)改良型半加成。用磁控溅射(sputter)的方式代替化学镀铜制作底铜。与化学镀铜相比较其可控性更好,结合力更好,且无污染,但成本相对比较昂贵。目前,sputter溅射钛、铜在封装基板的底铜制作得到广泛使用。

根据对外层处理工艺的不同可分为化学镀镍钯金+有机抗氧化膜(OSP)、阻焊膜+ENEPIG、电镍金+阻焊膜、电镍金+棕化、OSP、OSP+电镀镍金等。

从封装形式上讲可分为引线键合(wire bond,WB)封装技术、载带自动键合封装技术、倒装芯片封装技术(flip chip,FC)及埋嵌芯片封装技术。

从材料上可以将封装基板分为有机封装基板和无机封装基板。作为封装用基板,有机树脂基材与陶瓷材料基材相比,具有如下优点:

(1)有机树脂材料制造不像陶瓷材料基材那样要进行高温烧结,从而可节省能源。

(2)它的介电常数(ε_r)要比陶瓷材料的低,这有利于导线信息高速传输。

(3)它的密度比陶瓷材料低,表现出基材轻的优点。

(4)它比陶瓷材料易于机械加工,外形加工较自由,可制作大型基板。

(5)易实现微细图形电路加工。

(6)易于大批量生产,从而可降低封装的制造成本。

7.2　IC有机封装基板工艺技术基本概念

由于封装基板精细程度要求远高于传统印制电路板,故制作工艺就更加精细复杂。单面基板和双面基板制作是封装基板制作中最为简单基础的流程工序,以下通过单双面板制作工艺的介绍了解Coreless技术和HDI技术的封装基板工艺的基本概念。

7.2.1　无芯层板技术制作单双面板

单面基板即只有一层线路层或一层线路层和一层铜柱层的封装基板,如图7-13(a)、(b)所示。双面基板是指具有两层线路的封装基板,如图7-13(c)所示。无芯层板(Coreless)技术是一种无芯层板的封装基板制作技术,采用改良型半加成法制作封装基板。电路制作是通过图形转移和电镀共同作用的结果,通过电镀铜柱实现层间互联。Coreless技术制作单面基板的流程如图7-14所示,双面基板的制作流程如图7-15所示。

(a)只有铜柱的单面基板示意图

(b)线路加铜柱的单面板示意图　　　　　　　　　　(c)双面板示意图

图7-13　Coreless单双面基板的示意图

Coreless 技术制作基板可分为 5 大工序：开料、铜柱制作、层压、磨板、种子层制作、线路制作和外层表面处理。此外，对于特定的层数或基板要求会有保护层制作、中心层制作以及蚀刻工序。

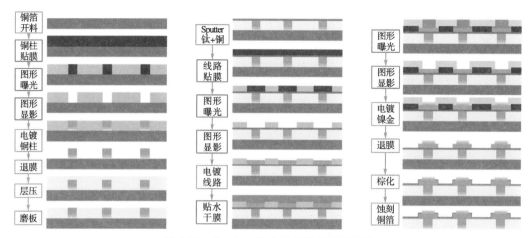

图 7-14　Coreless 技术制作单面板流程图

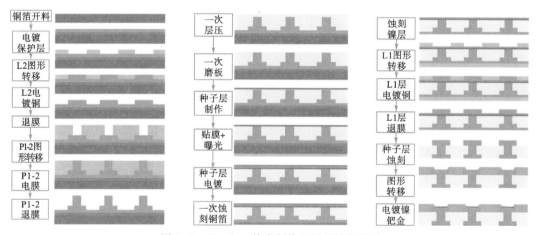

图 7-15　Coreless 技术制作双层基板流程图

1. 开料

开料即基板制作使用的衬底材料。通常情况下，Coreless 的开料分为两种：一种是铜箔开料，即纯的薄铜板，另一种是双面覆薄铜箔(double thin foil，DTF)开料。

铜箔是指纯铜皮。一般基板中使用的 0.2mm 和 0.3mm 厚度的铜箔开料，将铜箔通过磨板处理，使板面有较为均匀的粗糙度，可以提高图形转移时，板面与干膜的结合力。铜箔的作用为：①电镀铜提供底铜；②作为承载体对封装基板起机械支撑作用。

DTF 是 $18\mu m$ 铜箔上加镀一层 $3\mu m$ 的铜层后，与 FR-4 覆铜板层压在一起形成的开料衬底，其结构如图 7-16 所示。使用 DTF 开料的 Coreless 技术一般都存在分板工序，即在 DTF 的两边同时制作，制作到一定阶段采用物理机械作用将基板从 DTF 上分离。分板是从 $3\mu m$ 铜箔和 $18\mu m$ 铜箔之间将基板从开料 DTF 上分离，故 $3\mu m$ 铜箔部分要通过蚀刻流程从基板上蚀刻。

2. 种子层制作

种子层是指采用磁控溅射的方法在基板上形成一层薄钛后，再形成一层薄铜以用于电镀线路的导通层，是一种溅射镀膜的过程。

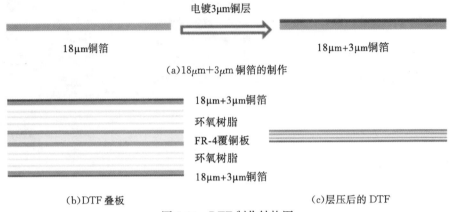

(a)18μm+3μm 铜箔的制作

(b)DTF 叠板　　　　　　　　　　　　　　　　(c)层压后的 DTF

图 7-16　DTF 制作结构图

磁控溅射是一种物理气相沉积现象，是指通过电场和磁场作用使具有一定能量的粒子轰击固体表面，使得固体分子或原子离开固体，从表面射出的现象。溅射镀膜是指利用粒子轰击靶材产生的溅射效应，使得靶材原子或分子从固体表面射出，在基片上沉积形成薄膜的过程。

溅射镀膜的原理是稀薄气体在异常辉光放电产生的等离子体(如 Ar^+)在电场的加速作用下，对阴极铜靶材表面进行轰击，把靶材表面的分子、原子、离子及电子等溅射出来，被溅射出来的粒子带有一定的动能，沿一定的方向射向基体表面，在基体表面形成镀层，图 7-17 是种子铜层溅射工作原理图。

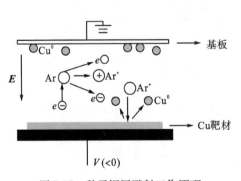

图 7-17　种子铜层溅射工作原理

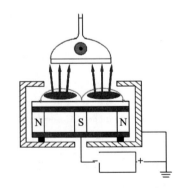

图 7-18　非平衡磁控溅射简图

磁控溅射可分为平衡磁控溅射和非平衡磁控溅射，目前封装基板种子层制作主要采用非平衡磁控溅射。电子在非平衡磁场作用下，增强了氩原子的电离，图 7-18 为非平衡磁控溅射设备简要模型。在种子层制作中，首先溅射一层钛而不是直接溅射铜薄膜层的原因是，钛与基板上的环氧树脂的结合力，钛与铜层的结合力均高于铜层与基板中的环氧树脂的结合力，可降低线路剥离概率。

3. 线路、铜柱层制作

在 Coreless 技术中，线路层制作和铜柱制作流程是相同的。线路、铜柱制作包括：

贴膜→图形曝光→图形显影→电镀→退膜

（注：通常情况下将贴膜、图形曝光和图形显影统称为图形转移）

1）贴膜/丝网印刷/涂布

贴膜是指将干膜采用压延的方法固定在生产基板上的过程。干膜是一种电路板图像转移的固态感光阻剂。一般使用前有 PE 分隔膜及 PET 保护膜两层膜将之夹心保护，操作过程中将 PE 分隔膜剥离，让中间的感光阻剂药膜压贴到板面；经过曝光后再撕掉 PET 保护膜，使显影药水与感光层直接接触，图 7-19 为干膜构造示意图，图 7-20 为贴膜过程图。

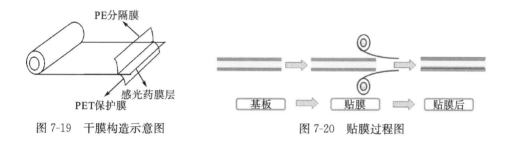

图 7-19　干膜构造示意图　　　　　　　　　图 7-20　贴膜过程图

丝网印刷是指通过刮板的挤压，使液态的光敏抗蚀剂穿过网孔印在基板上的一种印刷工艺。图 7-21 为丝网印刷原理图。丝网印刷一次只能对基板的一面进行加工，在形成均匀的抗蚀层的同时可以对盲孔进行塞孔处理。一般可通过网孔大小、印刷力度、次数等对液态感光剂厚度进行控制，在电镀镍－金时使用的水干膜是一种液态脱落性可溶印料。用环氧树脂类制成的永久性不溶印料，可用作阻抗剂和字符的制作。

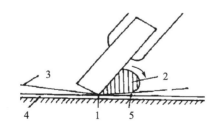

图 7-21　丝网印刷原理图

1. 刮片与丝网布接触点；2. 液态光敏抗蚀剂；3. 丝网布；
4. 带印刷基板；5. 丝网布与基板间距

在封装基板制作中，涂布工艺是指基板垂直的通过滚轮，将一层液态的感光抗蚀材料附着于基板表面上的一种印制工艺。如图 7-22 为涂布工艺原理图。涂布工艺主要通过滚轮的目数、滚轮与基板的压力以及滚轮转速对液态感光材料厚度进行控制。与丝网印刷工艺相比，液态感光材料的均匀性更好，且效率更快，一次性可以完成双面制作。

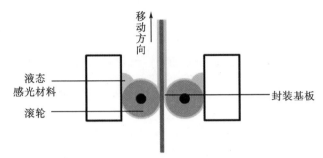

图 7-22　涂布工艺原理图

2）图形曝光

图形曝光利用油墨或者干膜的感光性，采用光源使得板面未被保护区域的油墨或干膜的有机分子由单体变成聚合体。干膜曝光采用的是激光直接成像技术（laser direct imaging，LDI），与传统使用菲林工艺相比其图像解析度高，精细导线可达到 $20\mu m$，效率高，制作流程简单，适合用于具有精细线路的封装基板制作，如图 7-23 所示。LDI 曝光主要是通过程序编辑控制激光器对激光的发射，被编辑的激光通过棱镜传送作用于干膜，最终形成图形，如图 7-24 所示。

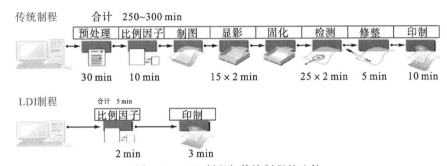

图 7-23　LDI 制程与传统制程的比较

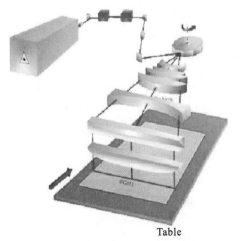

图 7-24　LDI 曝光光路原理图

液态感光材料曝光采用的是直接成像技术（direct imaging，DI），DI 曝光与 LDI 曝光的主要有两大区别：第一，光源不同，DI 曝光主要采用紫外光，LDI 曝光主要采用激光；第二，曝光方向不同，DI 曝光是沿着基板面 Y 方向进行曝光，LDI 曝光是沿着基板面 X 方向进行曝光。DI 曝光与 LDI 曝光的曝光过程是一致的。

3）图形显影

根据干膜/油墨抗酸不抗碱的特性，未曝光的干膜/油墨与 Na_2CO_3（浓度范围：$0.7\% \sim 1.1\%$）等弱碱性的溶液发生反应，被药水冲洗掉，而已曝光部分显影完毕后仍留在铜面上。一般通过显影时间以及显影液浓度来控制显影效果，时间过长或浓度较大可能产生曝光区也被部分去除，时间过短或浓度较小会产生未曝光区干膜或湿膜去除不尽。图 7-25 为图形转移的流程，主要为贴膜、曝光和显影。

| (a)贴膜 | (b)曝光 | (c)显影 |

图 7-25　图形转移的流程

4) 电镀

电镀铜是利用电化学原理在阴极板上电沉积一层具有功能性的铜层。在封装基板或整个印制电路板行业，电镀都是极其重要的工序。电镀线路或铜柱工序的流程主要是：

酸性除油→水洗→微蚀→水洗→浸酸→电镀铜柱或线路→水洗

酸性除油。其作用主要有三点：①去除基板上的有机污渍；②酸性条件下可以去除基板表面的氧化铜；③活化基板表面。

微蚀。有选择性地对铜面进行咬蚀，得到均匀粗糙的表面，保证镀层结合力。

水洗。清洗除油和微蚀后的基板，防止药水之间的污染；电镀后，清洗基板上的药水残留物。

浸酸。在与电镀液酸度相当的酸度下进行浸泡，减轻前处理清洗不净对电镀溶液的污染，保证基板进入电镀液中不会改变镀液的酸度。

电镀铜柱或线路：电镀铜的溶液中主要是硫酸铜（$CuSO_4$）和硫酸（H_2SO_4），在直流电压的作用下电镀，图 7-26 为电镀原理图，图 7-27 为电镀基板生产示意图。在阴极和阳极上分别发生反应如下：

$$阴极：Cu^{2+}+2e\longrightarrow Cu$$
$$阳极：Cu-2e\longrightarrow Cu^{2+}$$

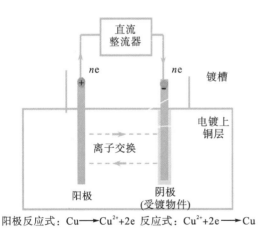

阳极反应式：$Cu\longrightarrow Cu^{2+}+2e$　反应式：$Cu^{2+}+2e\longrightarrow Cu$

图 7-26　电镀原理图

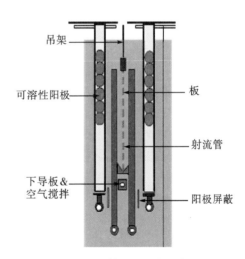

图 7-27　电镀基板生产示意图

为了增加电镀铜面的光亮度、平整性以及均匀性会在电镀液中加入有机物，如光亮剂、抑制剂以及整平剂等。

单面板的制作铜柱层采用的是电镀金－镍－铜，其目的是在蚀刻铜箔时金面不会被蚀刻，可保护铜柱不被蚀刻。目前，不只是后处理涉及蚀刻制程，其他制程均可采取这种思路。

5）退膜

退膜原理是利用强碱（NaOH 或 KOH 等）与保护铜面的聚合体油墨（干膜）产生反应，OH⁻ 将氢键切断使剥脱表面油墨（干膜），留下需要的电镀铜柱层或线路层。

综上所述，线路或铜柱的制作流程是一样的，区别就在于各个小工序的参数不同。铜柱厚度一般是线路厚度的 3～6 倍，故需要的电镀时间也相应变长，选择干膜的厚度更厚，显影时间也会更长。

4. 层压

层压是通过半固化片（prepreg，PP）在高温高压的作用下，使芯板、半固化片及铜箔黏合在一起。PP 是一种环氧树脂，在一定温度下会具有一定的半固化流动性，能够填充在铜柱或线路之间。PP 作为介质层对铜柱和线路起保护作用。一般情况下，基板制作的 PP 片中有纵横排列的玻纤，玻纤有一定的强度，增加整个基板的强度。图 7-28 为含有玻纤的介质层切片图。

纵向分布的玻纤　　横向分布的玻纤　　环氧树脂

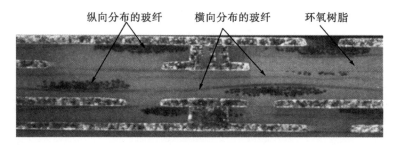

图 7-28　含有玻纤的介质层切片图

1）棕化

棕化是有机添加剂在硫酸和双氧水的环境下，与铜表面反应生成一种由共价键连接的有机金属保护膜。

棕化反应工程式：

$$Cu + H_2O_2 + H_2SO_4 + 2[R,R']_n \longrightarrow Cu[R,R']_n^{2+} + SO_4^{2-} + 2H_2O$$

首先，棕化可以粗化铜面，增加与 PP 接触的表面积，进而提高 PP 与铜面的结合力，防止分层；其次，增加了铜面与流动环氧树脂的浸润性，可提高层压的均匀性，减少层压空洞；最后，棕化是铜面钝化，阻挡环氧树脂攻击铜面产生水汽出现爆板现象。

2）叠板

将半成品、半固化片、辅助物料按规定的配本结构进行预叠。叠层结构如图所示，特殊离型膜具有缓冲作用，促进 PP 均匀地分布在板上，同时，避免半固化片上黏异物。图 7-29 为一般叠层结构的几种方式。

3）层压

层压是指在一定高温高压下，环氧树脂变为半固化态填充到电镀线路和铜柱之间，即通过压合设备使半固化片与产品紧密结合成为一个整体，对线路和铜柱起保护作用。

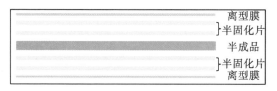

（a）双向压制技术叠层结构

（b）软压叠层结构

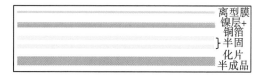

（c）硬压叠层结构

图 7-29 一般的叠层结构

图 7-30 是在一定的温度下，整个层压制程 PP 的变化情况。预温过程，是树脂从难以流动的黏弹状逐渐转变成流体状，再转变成凝胶状的变化过程；在这个过程中，树脂于高温下进行熔融和流动，并同时完成对玻璃纤维的进一步浸润．树脂的流动性是按指数上升，随着分子链的不断增长，随即产生交联作用，树脂内部逐步建立起自身的内聚强度，又使树脂黏度不断增大，它的流动性又沿指数规律下降，最后达到不再流动的胶凝状，直至固化为止。

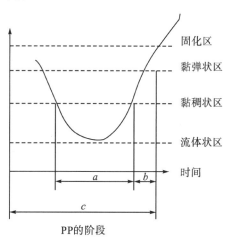

图 7-30 在随时间的变化 PP 片的状态情况

5. 磨板

磨板是只在 Coreless 工艺技术中存在的流程，通过研磨暴露出铜柱以达到层与层之间连接的目的。磨板的主要工序流程如下：

钻孔→除胶渣→磨板→微蚀→抛光→除胶渣

1）CO_2 钻孔

CO_2 激光钻孔是基板吸收高能量的 CO_2 红外线激光能量，采用热加工的聚光透镜在指定位置烧蚀加工材料而形成孔。如图 7-31 为 CO_2 激光钻孔机光路原理图。

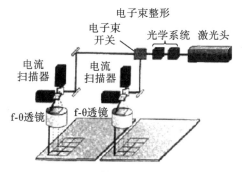

图 7-31 CO_2 激光钻孔机光路原理图

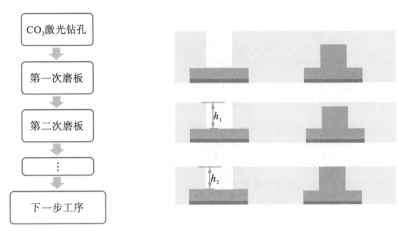

图 7-32　Coreless 技术中激光钻孔的运用

在 HDI 工艺技术中，激光钻孔主要在介质层上形成盲孔。在 Coreless 工艺技术中，激光钻孔是用于测试磨板后介质层厚度，如图 7-32 所示，其中 h_1，h_2 为测试值，S 为介质层要求厚度。第一次磨板后，通过测试孔深度来确定介质层厚度 h_i；若 $h_1 > S$，进行第二次磨板，比较 h_2 与 S 的大小；若 $h_1 \approx S$，进入下一步工序。

2)除胶渣

除胶渣即除去激光钻孔残留在孔中的介质层残渣，同时对介质层表面进行粗化，增加种子层与介质层之间的结合力。除胶渣主要有 4 种方法：浓硫酸法、重铬酸法、碱性高锰酸钾法以及电浆法。其中前三种属于湿法工艺，而电浆法属于干法工艺。

浓硫酸法是由于使用浓度为 96%～98%硫酸，经过 7s 冲洗放热处理时间，为保持固定的粗糙度需要不停地添加新鲜的浓硫酸，操作危险性高，且咬噬表面光滑无方向性，表面粗糙度不易控制，故不常用；重铬酸法是咬蚀速度快，但咬蚀也无方向性，表面粗糙度不可控，而六价铬为第二类致癌危险物质，且污水处理较难，已逐渐被淘汰；碱性高锰酸钾法是利用高锰酸盐的强氧化性，在高温及强碱的条件下，与基材表面进行氧化反应，使溶胀软化的基材裂解，咬蚀的方向可控，能获得均匀粗糙的表面。同时，锰离子可进行氧化再生，使槽液稳定，故得到广泛使用。电浆法(plasma)是在真空条件，高频电流下，氧气、四氟化碳、氮气等气体电离为高能粒子，对基层进行攻击达到除去胶渣的作用，也称等离子清洗。图 7-33 为高锰酸盐法除胶渣前后对比图。

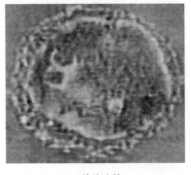

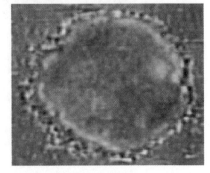

(a)除胶渣前　　　　　　　　　　　　　　　　　　(b)除胶渣后

图 7-33　除胶渣前后对比图

3）磨板

磨板是使用磨刷将基板上高于铜柱的 PP 磨掉，使介质层（PP 厚度）与铜柱等高。

目前，磨刷主要包括不织布磨刷和陶瓷磨刷。如图 7-34 为陶瓷磨刷的示意图，陶瓷块之间的缝隙用来排泄研磨过程中产生的泥浆，橡胶层为陶瓷块粘贴固定的载体，海绵层起缓冲作用。

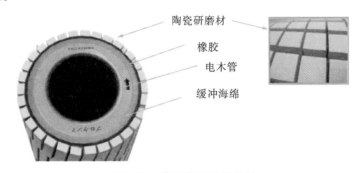

陶瓷研磨材
橡胶
电木管
缓冲海绵

图 7-34　陶瓷磨刷的示意图

4）抛光

抛光是指使用更细的磨板刷或抛光粉对磨板后的基板表面进行打磨，以保证磨板后板面更加平整。

6. 外层表面处理

基板表面存在于 PCB 和 Die 的电路之间提供电气连接的连接点，如焊盘或接触式链接的连接点。裸露本身的可焊性很好，但暴露在空气中容易被氧化，故外层表面处理对基板外层铜起抗氧化保护作用。

1）电镀镍金

使用电镀的方法在外层线路上镀一层镍和一层金。金强度高，耐摩擦，耐高温不易氧化是一种极好的抗氧化保护层。但是直接在铜表面电镀金时，会在铜与金界面进行扩散，且扩散层随时间的推移而增宽并形成疏松态。在镀金之前镀一层金属镍，由于镍不会与金或铜发生扩散，从而阻止了铜与金的相互扩散现象。其流程工序与电镀铜的流程类似，如下：

酸性除油→水洗→微蚀→水洗→浸酸 1→电镀镍层→水洗→浸酸 2→电镀金层→水洗

浸酸 1 中的酸与电镀镍中使用的酸一致，浸酸 2 中的酸为 HCl。

目前，电镀镍主要存在两种镍源，第一种是氨基磺酸镍，电镀获得的镍面表面细致光亮度高、内应力低、硬度高且优越的延展性；第二种是硫酸镍，也称哑镍，电镀形成的镍面无光泽度、存在一定的内应力、成本相对较低。在电镀镍中，pH 对电镀镍有很大的影响，故电镀镍中存在一种缓冲剂——硼酸，其作用是作为酸碱缓冲剂，平衡镀液中点 pH 确保电镀液中 pH 的稳定。

现在的电镀金有两类：电镀软金（纯金，表面较暗）和电镀硬金（表面平滑坚硬，耐磨，含有钴等其他元素，表面看起来较光亮）。软金主要用于芯片封装时打金线；硬金主要用在非焊接处的电气互连（如金手指），由于其硬度高、抗腐蚀能力强作为保护表面（如 SD 卡表面金属层）。

2)化学镀镍钯金(ENEPIG)

ENEPIG 出现于 20 世纪 90 年代末,能够解决很多封装基板的可靠性问题。其具有稳定性好,可以长期储存;在焊接过程,化学钯层会溶于焊料中,暴露出的镍层可与锡生成镍锡合金,可抵抗回流焊。通过对 ENEPIG 表面处理焊区和电镀镍金表面处理焊区的 Wire Bonding 能力、可焊性、抗老化能力进行试验比较,验证了本书中 ENEPIG 控制技术具有优于电镀镍金的引线键合可靠性和锡焊可靠性。Ware Banding 后金线结合力强。同时,在化学置换金的沉积反应中,化学镀的钯层可以保护镍层,防止其被金的置换反应腐蚀。其流程如下:

酸性脱脂→微蚀→酸洗→活化→化学沉镍→化学沉钯→化学沉金

酸性脱脂:对表面所附着的有机成分及氧化物的去除,酸性成分将表面氧化物除去、使表面活性化。

微蚀。由过硫酸钠及硫酸所组成的微蚀液,其原理是 $Cu + Na_2S_2O_8 \Longrightarrow CuSO_4 + Na_2SO_4$;其作用:第一,去除铜面氧化层;第二,减少阻焊油墨前处理磨刷造成的划痕深度;第三,获得粗糙的表面,增加与镍层的结合力。

酸洗。采用与活化酸度相当的酸液,以维持活化槽中的酸度,除去铜表面所存的薄氧化膜(氧化铜),提升与 Ni 之间的结合力。

活化。铜面不能直接与镍产生化学沉积反应,故在铜面置换一层钯(Pd),钯可以作为化学镍反应的催化剂。其反应方程式如下:

阳极反应:$Cu \longrightarrow Cu^{2+} + 2e^-$

阴极反应:$Pd^{2+} + 2e^- \longrightarrow Pd$

总反应方程:$Cu + Pd^{2+} \longrightarrow Cu^{2+} + Pd$

化学沉镍。活化后的铜面上镀一层 Ni/P 合金,作为阻断金与铜之间的迁移或扩散屏障层。其反应方程式如下:

主反应:$Ni^{2+} + H_2PO_2^- + H_2O \longrightarrow Ni + H_2PO_3^- + 2H^+$

副反应 1:$H_2O + H_2PO_2^- \longrightarrow H_2 \uparrow + H_2PO_3^-$

副反应 2:$2H_2PO_2^- \longrightarrow P + H_2PO_3^- + OH^- + H_2 \uparrow$

化学镀镍。只能在温度 90℃ 左右下进行,只有在高温下次磷酸钠的还原剂的作用才能体现出来;pH 最佳值为 4.6 或稍高,降低时沉镍速度很慢。

化学沉钯。化学沉钯层是形成钯层作为保护镍层,防止镍被金置换过度腐蚀,钯在防止出现腐蚀现象的同时,为浸金作好充分准备。在沉钯的过程中,同时存在 Ni 与 Pd 的置换。

化学沉金。在金属活动顺序表中,金作为最不活泼的金属,抗氧化腐蚀能力强。在沉金的过程中,同时存在 Au 与 Ni 的置换。

3)棕化

表面处理的棕化过程与层压的棕化过程是一致的,棕化与铜表面反应生成一种由共价键连接的有机金属保护膜。保护膜可以抵抗外界环境对铜面的破坏。

4)有机阻焊性保护膜(OSP)

在裸露的铜层表面涂布一层含有氮杂环的有机透明薄膜称有机阻焊性保护膜(organic solder ability preservation)。图 7-35 为 OSP 在铜面上成膜示意图,其目的是防止表面铜在焊接前氧化。

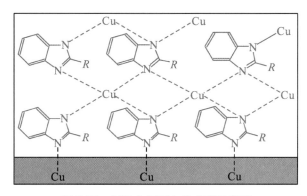

图 7-35　OSP 在铜面上的成膜示意图

7. 其他

1）保护层制作

在偶数层次制作前，对开料板进行电镀铜－镍－铜。蚀刻铜箔时，不会被蚀刻的镍层可保护线路层的铜不被蚀刻，同时蚀刻镍的药水也不会蚀刻铜；电镀的铜层为 L2 的线路制作提供了底铜。

2）中心层（layer center，LC）制作

LC 制作在奇数层次制作前，先通过图形转移，再电镀一层金－镍－铜。与保护层一样，在蚀刻铜箔时，对图形铜柱层起保护作用。

3）蚀刻

蚀刻采用化学腐蚀的方法去除无用的金属箔（层）部分。目前，在封装基板制作中到主要包括蚀刻铜、镍以及钛。单面板最后蚀刻一般都是在封装芯片前进行，可以在运输途中保护单面板。铜的蚀刻包括酸性蚀刻和碱性蚀刻。酸性蚀刻的反应机理如下：

首先，氯化铜溶液溶解铜生成氯化亚铜，反应为

$$Cu + CuCl_2 \longrightarrow 2CuCl$$

氯化亚铜在次氯酸钠以及盐酸的作用下有转化为氯化铜：

$$6CuCl + NaClO_3 + 6HCl \longrightarrow 6CuCl_2 + NaCl + 3H_2O$$

碱性蚀刻的反应机理如下：

首先，在氯化铜溶液中加入氨水，发生络合反应：

$$CuCl_2 + 4NH_3 \longrightarrow Cu(NH_3)_4Cl_2$$

在蚀刻过程中，基板上面的铜被 $[Cu(NH_3)_4]^{2+}$ 络离子氧化，其蚀刻反应为

$$[Cu(NH_3)_4]^{2+} + Cu \longrightarrow 2Cu(NH_3)_2Cl$$

生成的 $[Cu(NH_3)_2]^+$ 不具有蚀刻能力。在过量的氨水和氯离子存在的情况下，它能很快地被空气中的氧所氧化，生成具有蚀刻能力的 $[Cu(NH_3)_4]^{2+}$ 络离子，其再生反应如下：

$$2Cu(NH_3)_2Cl + 2NH_4Cl + 2NH_3 + 1/2O_2 \longrightarrow 2Cu(NH_3)_4Cl_2 + H_2O$$

在基板生产中，酸性蚀刻能够选择性地只蚀刻铜，而碱性蚀刻会在蚀刻铜的同时蚀刻部分的镍。

7.2.2　HDI 技术制作双面板

HDI 技术一般不会制作单面封装基板，也不会有奇数层数封装基板的制作。一般情况下，现有的 HDI 技术都是制作偶数层数的封装基板。HDI 技术最早是用于制作 PCB 板，后来经过改良后用于制作精密程度更高的封装基板。目前，HDI 技术制作封装基板可分为三种制作流程，包括沿袭传统的印制电路板的制作工艺即减成法制作线路工艺，以及通过技术改良的两种以半加成法制作线路的工艺，如图 7-36 所示。一般根据对精细程度要求采取相对应的制作工艺。

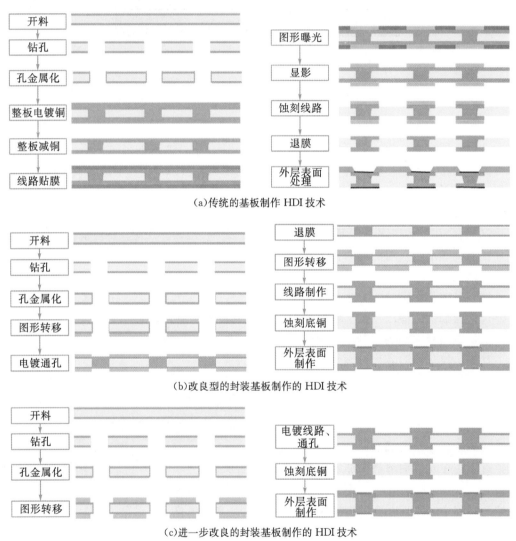

(a)传统的基板制作 HDI 技术

(b)改良型的封装基板制作的 HDI 技术

(c)进一步改良的封装基板制作的 HDI 技术

图 7-36　HDI 技术制作双层基板

其中图 7-36(a)为传统的基板制作 HDI 技术，与 HDI 技术制作 PCB 板的方式几乎一致；图 7-36(b)是改良型的封装基板制作的 HDI 技术，一般用于中端封装基板制作。与传统制作方法相比有两点不同：①填孔前，采用干膜将板面封住使电镀填孔时不会有面铜的电镀，可减少蚀刻铜的厚度；②线路制作采用半加成法，不会像蚀刻法一样获得不均匀性的线路。图 7-36(c)为改良后的封装基板制作的 HDI 技术，一般是用于高端封装基板制作的 HDI 技术，其结合了第一种和第二种制作方法一次性完成电镀通孔和线路制作。

对比 Coreless 技术和 HDI 技术的流程工序，主要在开料、导通孔制作、减成法制作线路以及层压叠片方式有所不同。

1. 开料

即制作的起始材料，在 HDI 技术中用于开料的一般是双面覆铜板（即 FR-4），FR-4 是由环氧树脂胶板两面压合铜箔，如图 7-37 所示。

环氧树脂────────────────────────────铜箔

图 7-37　FR-4 的结构图

2. 导通孔制作

导通孔与铜柱均是为了实现层间线路的导通。HDI 导通孔制作流程主要工序如下：

钻孔→孔清洗→孔金属化→电镀盲孔

1）钻孔

一般采用机械钻孔或者激光钻孔的方式获得一定孔径和深度的孔；目前，机械钻孔主要用于钻通孔或定位孔，激光钻孔主要用于钻盲孔。激光钻孔可分为 CO_2 激光钻孔和紫外激光钻孔。CO_2 激光钻孔是指带有高能量的红外激光，被板材吸收后出现熔融而汽化形成孔。但孔壁会有烧黑的炭化残渣，需要经过后制程孔的清洗清除。紫外激光钻孔是利用光子能量（photon energy），破坏长键状高分子有机物的化学键，形成更小的微粒，在外力作用下使板材快速被移除而形成孔。除激光钻孔和机械钻孔以外，还有等离子蚀刻钻孔技术，先图形转移后，对铜层进行蚀刻，采用高能粒子对暴露的基材进行攻击，获得层间导通孔。但是，等离子蚀刻钻孔成本较高并没有获得广泛使用。

2）孔清洗

除与 Coreless 技术一样去除激光钻孔或机械钻孔以外的胶渣以外，还可以对介质层表面进行粗化处理，使化学铜能更紧密地附着于其上。孔清洗的制作流程：

膨化→除胶→中和

膨化。溶胀环氧树脂，使其软化，膨松并渗入树脂聚合后的交联处，从而降低其键的结合能量，为高锰酸钾去钻污做准备。常用水溶性的醚类有机物作为去钻污的溶胀剂，降低高分子聚合物的内聚能和关联键能，提高表面分子的活性，并使一部分小分子的环氧树脂溶胀、溶解，同时溶胀剂中的活性剂可降低表面张力，为高锰酸盐去除胶创造条件，使环氧钻污易被腐蚀下来。

除胶。利用高锰酸盐的强氧化性，在高温及强碱的条件下，与树脂发生化学反应，使溶胀软化的环氧树脂钻污氧化裂解。主要是利用高锰酸盐的氧化作用咬蚀环氧树脂的键结区域。

中和。除去残存在板面及孔壁死角处的 MnO_2 和高锰酸盐。锰离子是重金属离子，它的存在会引起"钯中毒"，使钯离子或原子失去活性，从而导致孔金属化的失败，所以化学沉铜前必须去除锰元素的存在。

其原理如下反应：

$$10NH_2OH + 12H^+ + 4MnO_4^- \longrightarrow 5N_2O + 4Mn^{2+} + 21H_2O$$

$$2NH_2OH + 4H^+ + 2MnO_2 \longrightarrow N_2O + 5H_2O + 2Mn^{2+}$$

孔清洗除了以上清洗方法以外，还可以用超声波或等离子进行清洗。

3)孔金属化

目前，半加成法孔金属化一般采用化学沉铜(PTH)，它是一种自身的催化氧化还原反应。其作用是在不导电的环氧树脂孔壁表面产生一层导电金属铜；化学沉铜的成本较低，但化学沉铜的厚度是有限的，一般在 $2\mu m$ 以内。化学沉铜的流程如下：

除油→微蚀→预浸→活化→加速→化学沉铜

除油。清洁孔壁和整个铜箔表面，调整环氧树脂及玻璃界面活性，在基材上生成一层具有强吸附性的有机膜。在钻孔及去钻污渣后，孔壁表面带负电，经过除油/整孔剂处理后，通过吸附一层相反电荷(正电荷)的表面活性剂，使孔壁调整为带正电荷。这一步骤使整孔性高分子吸附于孔壁表面从而使孔壁表面显正电性。

微蚀。除去铜表面的有机薄膜；微观粗化铜表面。

预浸。活化缸中的槽液成本昂贵且容易水解，预浸就是为了防止板子带杂质污物进入昂贵的钯槽；并防止板面太多的水带入钯槽而导致胶体钯局部水解。

活化。表面显负电性的钯胶团由于整孔性高分子的作用附着在孔壁，经后续加速，最终使 Pd 沉于孔壁。原理如下反应：

$$Pd^{2+} + 2Sn^{2+} = (PdSn_2)^{6+}$$

$$(PdSn_2)^{6+} = Pd + Sn^{4+} + Sn^{2+}$$

$$Pd + nSn^{2+} + 3nCl^- = Pd(SnCl_3)_n^{n-}$$

加速。剥去 Pd 外层的 Sn^{4+} 外壳，露出 Pd 金属。加速处理要控制得当，加速不足使 Pd 未能完全外露，激发反应的活性不足，会影响后续沉铜的质量；加速过度又使槽液在溶解锡时把底部 Pd 粒从孔壁板面上速化掉，其这些表面失去活性颗粒。

化学沉铜。化学镀铜过程可以在任何非导电性基材上发生，其实质是二价铜离子被甲醛等还原剂在催化剂(Pd)的作用下还原生成金属单质铜的过程。化学沉铜的原理如下：

络合铜离子(Cu^{2+}-L)得到电子还原成金属铜，即

$$Cu^{2+}\text{-}L + 2e = Cu + L$$

在化学电镀铜时，电子是由还原剂甲醛所提供：

$$2HCHO + 4OH^- \longrightarrow 2HCOO^- + 2H_2O + 2e + H_2 \uparrow$$

结合以上两个反应式可获得化学沉铜的总反应式。

$$Cu^{2+} + 2HCHO + 4OH^- \longrightarrow Cu + 2HCOO^- + 2H_2O + H_2 \uparrow$$

3. 减成法制作线路流程

整板电镀铜→整板减铜→图形制作→蚀刻

整板电镀铜。化学镀铜的厚度一般为 $2\sim3\mu m$，包括电镀填孔以及加厚面铜厚度。由于填孔和板面加厚是同时进行的，所以电镀后板面不会是完全平整的，如图 7-28 所示。在 PCB 制作中，孔可能不会填充完全，采用树脂将空隙填满，但一般封装基板的制作需要填充完全。

图 7-38　整板电镀铜的切片图

整板减铜。由于整板电镀铜的厚度可能出现板面铜层过厚，为了将铜层控制在预期的范围内会对铜层进行蚀刻铜的处理。此流程使用酸性药水和碱性药水去除多余的铜。

图形制作。与半加成法制作单层基板此步骤相同，包括贴干膜、曝光、预烘。

显影。这种减成法制作线路，需要制作线路部分的干膜显影后被留下来，这种曝光形式称为负片式曝光，而半加成需要制作线路部分的干膜显影掉，这种曝光形式称为正片式曝光。

蚀刻。蚀刻采用化学腐蚀的方法去除图形转移后暴露在图形以外的无用铜层部分。

蚀刻获得线路与图形获得线路相比，图形电镀线路是仅对电路图形部分由电镀法制取，图形形状决定于电镀阻挡层的分辨率、阻挡层侧壁的状态等。与蚀刻法相比，由这种方法制取的线条形状平直且稳定，该方法适合制作精细图形。但是，对于不同的电路图形设计及面积的变动等需要逐个对应，同一板面上镀层厚度的一致性也较差。

4. 层压

层压：在 HDI 的层压中，与 coreless 技术的层压的差异主要在叠层时多加了一层铜箔，如图 7-39 所示。

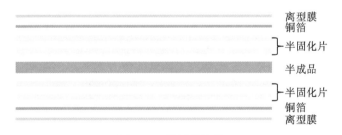

离型膜
铜箔
半固化片
半成品
半固化片
铜箔
离型膜

图 7-39　叠层的结构

蚀刻原理、退膜以及外层表面处理过程与 coreless 技术一致，但通过半加成法获得的线路精细程度均优于减成法蚀刻获得的线路。

7.3　基于 HDI 工艺的有机封装基板制造技术

7.3.1　基于 HDI 工艺的封装基板制造技术基本概念及分类

HDI 是使用微埋孔技术的一种线路分布密度较高的印制电路板制作方式。HDI 是在制作是以双面板制作工艺为基础，将多个双面板进行叠加后层压形成芯层（core），再进行外层电路的制作，图 7-40 是 HDI 的基本结构截面图。在封装基板中一般芯板都是一个双面板。

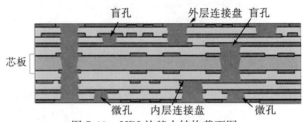

图 7-40　HDI 的基本结构截面图

Core：芯层，HDI 中用来做内芯的普通层。

Microvia：微孔，孔直径≤0.15mm 的盲孔或者埋孔。

Target Pad：微孔底部对应 Pad。

Capture Pad：微孔顶部对应 Pad。

Buried Via：埋孔，没有延伸到基板表面的导通孔

常见的印制电路板包括：一阶工艺、多阶工艺和全层互联，如图 7-41 所示。

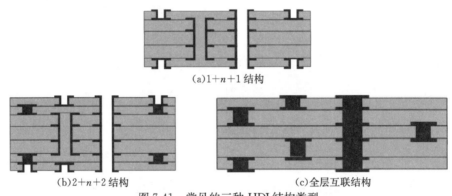

(a)1+n+1 结构

(b)2+n+2 结构　　　　　　　　　　(c)全层互联结构

图 7-41　常见的三种 HDI 结构类型

一阶工艺：1+n+1(包含 1 次积层形成的高密度互联积层的印制线路板)。

多阶工艺：i+n+i(i≥2)(包含 2 次及以上积层形成的高密度互联层的印制线路板)。位于不同层次的微盲孔可以是错层式的，也可以是堆叠式的。在一些要求较高的设计中则经常见到电镀填孔堆叠式微盲孔结构。

全层互连：印制线路板的所有层均为高密度互联层，各层的导体可以通过堆叠式的电镀填盲孔结构自由连接。这为手机及移动设备上采用的高度复杂的大引脚数器件，如 CPU、GPU 等提供了可靠的互联解决方案。

目前，一阶工艺和多阶工艺多用于 PCB 的制作中，而全层互联工艺可以达到更高的互联，从而降低了层数，故多用于封装基板的制作中。图 7-41 为常见的三种 HDI 结构类型。

基于 HDI 工艺的封装基板制作技术有 4 大特点：

(1)使用减成法制作线路，即蚀刻得到线路，其线宽线距最多可做到 50μm 左右。

(2)是一种有芯层(core)的制作方法。

(3)成本低，制作流程简单。

(4)一般制作双数层的基板，奇数层的基板制作较为艰难。

7.3.2　HDI 工艺制造封装基板技术的流程

可以大致将 HDI 的流程分为两个部分：一是芯层（core）的制作，二是外层线路制作。以 4 层板为例介绍 HDI 的制作工艺。

1. 芯层的制作

对于全层互连工艺，一般只有一个双面板作为芯层，故芯层的制作与双面板的制作，除无外层表面处理流程以外，其他均相同。其制作也有三种工艺流程，如图 7-42 所示，为线路及填孔共同完成制作的芯板制作过程。

芯板在整个基板制作过程中，除了具有电气互连的作用，还起着支撑作用。

图 7-42　芯层制作流程

2. 外层线路制作

在芯板的基础上，通过层压、钻孔、电镀、线路制作、外层表面处理等制作流程得到四层封装基板。图 7-43 所示为外层制作的几种工艺流程。

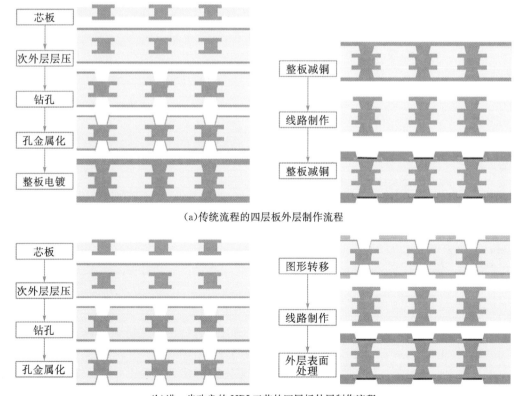

（a）传统流程的四层板外层制作流程

（b）进一步改良的 HDI 工艺的四层板外层制作流程

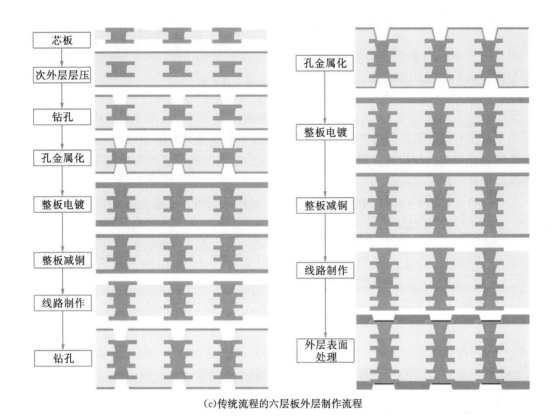

(c)传统流程的六层板外层制作流程

(d)进一步改良的 HDI 工艺的六层板外层制作流程

图 7-43   外层线路制作工艺的几种制作流程

7.4　无核铜柱工艺制造有机封装基板技术

7.4.1　无核铜柱工艺制造封装基板技术的基本概念

无核铜柱工艺制造技术(即 Coreless 技术)是指没有芯层的制作流程,从起始层开始一层一层制作而成。起始层是指最开始制作的层别,大多数是从中间层起始向两边制作,也有从底层开始的。起始层从铜柱开始的制作工艺称为铜柱起始,起始层从线路开始的制作工艺称为线路起始。图 7-44 为 Coreless 技术封装基板的切片图。

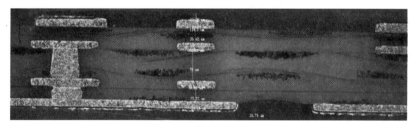

图 7-44　Coreless 技术封装基板的切片图

Coreless 技术制作工艺可分为奇数层板制作和偶数层板制作,亦可分为分板流程和无分板流程的制作,还可分为铜柱起始制作和线路起始制作。

所谓无核铜柱制作技术(Coreless 技术)是指没有芯层,且制作技术较为新颖。其特点是:

(1)首先,没有芯层制作,基板更加轻薄化。

(2)可以实现奇数或双数任意层数制作。

(3)改良型半加成法制作线路,线路的精细程度高于蚀刻法,电传输路径减小,交流阻抗进一步减小。

(4)不仅可以实现任意图形电镀,也可以实现信号的直接传输,因为所有的线路层都可以作为信号层,这样可以提高布线的自由度,实现高密度配线。

(5)分板工艺,大大缩短制造时间并节约了成本。

然而,Coreless 技术同时存在一些问题。

(1)没有芯板作为支撑,容易出现翘曲变形。

(2)铜柱和线路都是通过图形转移得到,所以电镀铜的均匀性是一个重大的问题。

(3)采取磁控溅射结合力得到提高,但依然容易出现线路剥离等缺陷。

(4)制作线宽/线距小于 $20\mu m$ 的基板依然比较困难。

7.4.2　无核铜柱制造封装基板技术的流程

以下介绍几种比较常见的流程制作偶数层(4 层为例)线路起始、奇数层(5 层为例)铜柱起始,如图 7-45 和图 7-46 所示。

比较以铜箔开料的奇数板和偶数板制作工艺流程,奇数层制作开料后进行的是 LC 层制作,偶数层制作开料后首先进行的是保护层制作。保护层与 LC 层相同的作用是防止在蚀刻铜箔时而引起的线路或铜柱的蚀刻。保护层在基板制作完成后只有第二次电镀的铜层还在基板内,第一次电镀的铜和镍都被蚀刻。LC 层最后会被全部保留在基板上。

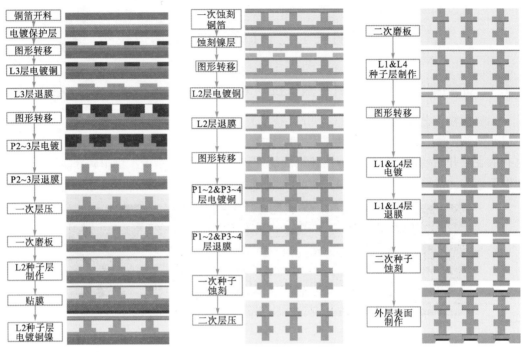

图 7-45　偶数层(四层板为例)线路起始制作

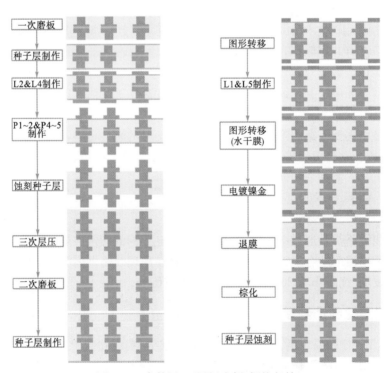

图 7-46　奇数层(五层板为例)铜柱起始

以 DTF 开料的流程,由于成品板数是下料板数的两倍,而其对铜箔的使用减少,其成本可减低 10%。其流程制作工艺与以铜箔开料的工艺流程基本一致。双面板分板工艺和 4 层板的分板工艺,如图 7-47 和图 7-48 所示。

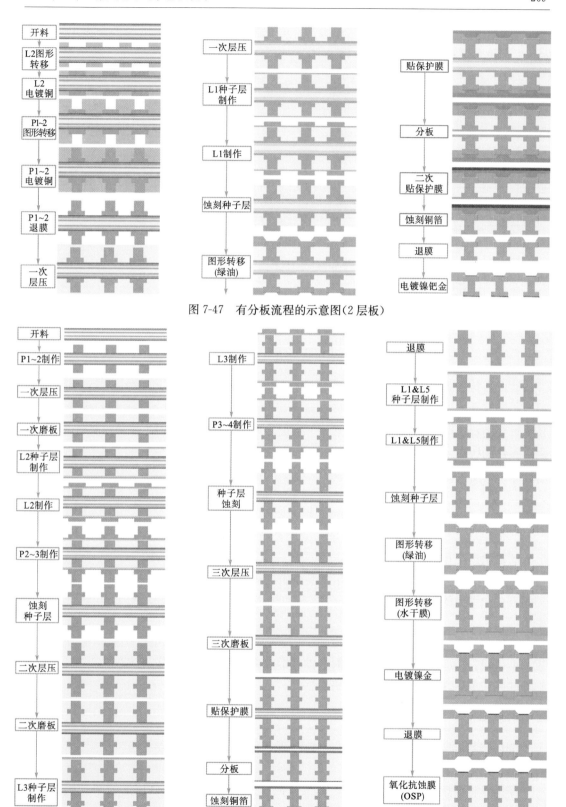

图 7-47　有分板流程的示意图（2 层板）

图 7-48　有分板示意图（4 层板）

HDI 工艺技术和 Coreless 工艺技术是目前封装基板制作中最为常见的制作工艺。从制作工艺技术流程上二者的差异，如表 7-4 所示。

表 7-4 HDI 技术和 Coreless 技术制作流程差异对照表

项目	HDI 工艺技术	Coreless 工艺技术
开料	一般均为 FR-4 开料，故无分板流程	一般包含铜箔开料和双面覆薄铜板(DTF)开料，存在分板流程
线路层制作	可以采用减成法、半加成法制作线路	改良型半加成法制作线路，改良型半加成法是采用磁控溅射法对介质层表面进行金属化
层间导通	开孔方式主要包括激光钻孔和机械钻孔；主要有通孔和盲孔用于导通。目前为了提高互联密度，主要使用盲孔作为导通层；需化学沉铜对孔金属化，采取电镀填孔；层压之后，制作导通孔	通过图形转移获得铜柱图形，采取至下而上的电镀方式填充铜柱，电镀的实心铜柱作为导通层；采取溅控溅射法对介质层表面金属化；先制作铜柱，再层压
层压及磨板	线路制作后，双面进行 EP 和铜箔的压合；EP 填充线路之间的空间，形成介质层；层压后介质层的厚度固定，无磨板流程	层压介质层，不进行铜箔的压合；环氧树脂需要填充在线路与铜柱之间；介质层的厚度可以通过磨板调整

7.5 有机封装基板材料

有机封装基板用基材在整个封装印制电路板上主要担负着导电、绝缘和支撑三大方面的功能。其中导电，主要是以基板材料所含有的铜箔和电镀铜层来实现；绝缘，主要是由所含的有机树脂来实现的；支撑，对搭载芯片，组装上端子、凸块等提供强度保证，是由所含的树脂、补强材料或填充料来实现的。

7.5.1 铜箔

1. 铜箔的基本概念

铜箔生产是在 1937 年由美国新泽西州的 Anaconda 公司炼铜厂最早开始的。1955年，美国 Yates 公司开始专门生产印制电路用的电解铜箔。经过 40 多年的发展，目前这类铜箔在全世界的年产量已达到约 14 万吨。日本是世界上目前最大的 PCB 基材用铜箔生产国。

铜箔是目前封装基板制作中不可缺少的主要材料之一。随着电子工业迅速发展，以短、小、轻、薄、化方向发展，对铜箔也有了更高更新的要求，主要表现为低粗化、薄、物理性能和可靠性高及表面外观无缺陷。

2. 铜箔的种类

按封装基板所用铜箔的生产工艺可以分为压延铜箔和电解铜箔。

1)压延铜箔

铜箔是将铜熔炼加工制成铜板，再将铜板经过多次重复辊扎制成的原箔。根据要求对原箔进行粗化处理、耐热处理、防氧化处理、涂膜处理等一系列表面处理后进行干燥、剪切。

一般制造过程是：原铜材→熔融/铸造→铜锭加热→回火韧化→刨削去垢→在重冷轧机中冷轧→连续回火韧化及去垢→逐片焊合→最后轧薄→处理→回火韧化→切边→收卷成毛箔产品。

由于压延铜箔加工工艺的限制，其宽度很难满足刚性覆铜板的要求，但压延铜箔属于片状结晶组织结构，因此在强度韧性方面要优于电解铜箔，所以压延铜箔大多用于挠性印制电路板。此外，由于压延铜箔的致密度较高，表面比较平滑，利于制成印制电路板后的信号快速传送，因此在高频高速传送、精细线路的印制电路板上也使用一些压延铜箔。

近年，国外还推出一些压延铜箔的新品种：加入微量 Nb、Ti、Ni、Zn、Mn、Ta、S 等元素的合金压延铜箔(以提高、改善挠性、弯曲性、导电性等)，超纯压延铜箔(纯度在 99.9999%)，高韧性压延铜箔，具有低温结晶特性的压延铜箔等。表 7-5 是压延铜箔和电解铜箔物理特性的对比情况。

表 7-5　压延铜箔与电解铜箔特性对比

特性项目	压延铜箔		电解铜箔(一般型)
	无氧铜箔	韧性铜箔	
铜箔厚度/μm	18；35	18；35	12；18；35；70
抗张强度/Pa	$(23\sim25)\times10^3$	$(22\sim27)\times10^3$	$(28\sim38)\times10^3$
延伸率/%	$6\sim27$	$6\sim22$	$10\sim20$
硬度/韦氏	105	105	95
MIT 耐折性/次	纵 155/横 106	纵 124/横 101	纵 93/横 97
弹性模量/Pa	11.8×10^{10}	11.8×10^{10}	6.0×10^{10}
质量电阻系数/$(\Omega\cdot g/m^2)$	0.1532	0.1532	0.1594
表面粗糙度 R_a	0.1	0.2	1.5

2)电解铜箔

电解铜箔是将铜先经溶解制成硫酸铜电解液，再在专用电解设备中将硫酸铜电解液在直流电作用下电沉积而制成原箔，制成原箔的内部组织结构为垂直针状结晶构造，其生产成本相对较低。

主要有三道工序：溶液生箔、表面处理和产品分切。

电解铜箔毛箔产品质量的好坏及稳定性，主要取决于添加剂的配方和添加方法。其中对毛箔所要进行的耐热层钝化处理，可按不同的处理方式分为：镀黄铜处理(TC 处理)、呈灰色的镀锌处理(TS 处理或称 TW 处理)、处理面呈红色的镀镍和镀锌处理(GT 处理)、压制后处理面呈黄色的镀镍和镀锌处理(GY 处理)等种类。

电解铜箔不同于压延铜箔，电解原箔两面结晶形态不同，贴近阴极辊的一面比较光滑，成为光面。另一面呈现凸凹形状的结晶组织结构，比较粗糙，成为毛面。由于电解铜箔属于柱状结晶组织结构，强度韧性等性能要逊于压延铜箔。电解铜箔现多用于刚性覆铜箔层压板。表 7-6 为日本三井金属株式会社各类铜箔性能对比。

表 7-6 日本三井金属株式会社各类铜箔性能对比

类型	提供最小的铜箔厚度/μm	特性(18μm 铜箔为例)			
		常温抗涨强度	延伸性/%		粗画面(M面)表面粗造度 $R_d/\mu m$
			常温	180℃以下	
一般电解铜箔	12	380	8	8	5.0
	18	400	10	25	5.0
低轮廓(低粗糙度)铜箔	9	500	7	45	3.8
压延铜箔	18	390	1	11	0.6
超薄铜箔	5	450	6	3	4.0

7.5.2 半固化片

半固化片又称 PP 片,是封装基板制作中绝缘介质层以及支撑作用的部分。目前,有只含有树脂的半固化片以及由树脂和增强材料组合的半固化片。只含有树脂的半固化片主要用于封装基板外层保护作用,与液态阻焊层的作用相似;而最常用的树脂与增强材料的组合式的半固化片则作为介质层起到绝缘以及支撑作用。

树脂主要有聚酰亚胺树脂(PI)、双马来酰亚胺三嗪树脂(BT)、聚苯醚树脂(PPE)及高性能环氧树脂(EP)。增强材料又分为玻璃纤维布、纸基、复合材料等几种类型,而制作多层印制板所使用的半固化片(黏结片)大多是采用玻纤布做增强材料。在基板中的半固化片的切面示意图,如图 7-49 所示。

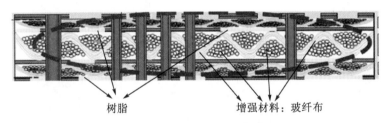

树脂   增强材料:玻纤布

图 7-49 半固化切面示意图

7.5.3 有机树脂

目前在有机封装基板制造所用基材中,高玻璃化温度(高 T_g)、低热膨胀系数(低 α)、低介电常数(低 ε)性树脂的基板材料占有十分重要地位,也是今后重点发展的一类基材。封装基板的这类基板材料所用树脂,主要有聚酰亚胺树脂(PI)、双马来酰亚胺三嗪树脂(BT)、聚苯醚树脂(PPE)及高性能环氧树脂(EP)。

1. 聚酰亚胺树脂(PI)

聚酰亚胺树脂,英文名为 polyimide resin,分子式是 $C_{35}H_{28}N_2O_7$。分子主键中含有酰亚胺环状结构的环链高聚物。PI 作为封装基板的重要基材,既具备耐热性(T_g 达到 200~230℃)、同时具备低介电常数性(改良 PI 型基材已达到 3.3~3.6)的高性能树脂。改性的方法可通过多种渠道实现,如引入醚键结构、引入含氟的取代基、热塑性低 ε 性高分子树脂的改性等，但从保持基板材料的高耐热性、降低制造成本方面考虑，以增加 BMI 类 PI 树脂中烷基比例的改进路线是可行而有效的。聚酰亚胺树脂的介电常数与烷基在整个树脂中所占比例成反比关系。烷基含量越高，基板材料的 ε 就越低。表 7-7 为改性的 PI 树脂结构与未改性 PI 树脂结构对比。图 7-50 为介电常数与烷基在树脂中所占比例的关系。

表 7-7 两种 PI 树脂单体结构的对比

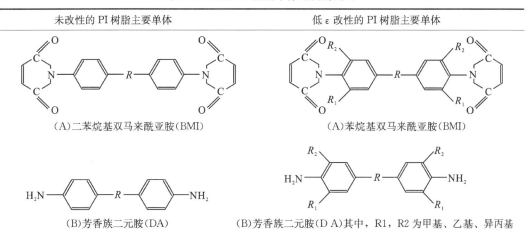

未改性的 PI 树脂主要单体	低 ε 改性的 PI 树脂主要单体
（A）二苯烷基双马来酰亚胺（BMI）	（A）苯烷基双马来酰亚胺（BMI）
（B）芳香族二元胺（DA）	（B）芳香族二元胺（D A）其中，R1，R2 为甲基、乙基、异丙基

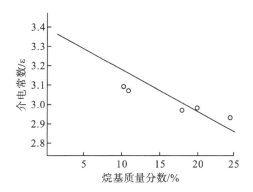

图 7-50 介电常数与烷基在树脂中所占比例的关系

2. 双马来酰亚胺三嗪树脂（BT）

BT 树脂以双马来酰亚胺（BMI）和三嗪（CE）为主要成分，并加入环氧树脂、聚苯醚树脂（PPE）或烯丙基化合物等作为改性组分，所形成的热固性树脂被称为 BT 树脂，具有耐热性高、绝缘性好、介电常数低等特性。

在充分利用 BT 树脂的原有特性基础上，通过改性进一步提高其性能，以满足特定领域对高性能树脂基体的要求，国内外对其进行的改性研究主要有：环氧树脂对 BT 树脂的改性，环氧树脂与 BT 树脂相容性好、黏度低，可溶于低沸点溶剂，降低固化温度和时间，提高韧性、加工工艺性、耐湿热性，同时还改善了其对玻璃纤维的浸润性，提高了树脂对铜箔的黏结强度，降低了生产成本，但 ε 和 tan δ 提高了，则耐热性下降；二烯丙基双酚 A 对 BT 树脂的改性，通过二烯丙基双酚 A 与 BMI 及 CE 共聚，可制得具有高耐热性、优异的介电性能、优良的耐湿热性和良好的力学性能的改性 BT 树脂；聚苯醚对 BT 树脂的改性，制备介电常数(ε)小、介质损耗因数($\tan\delta$)低、热膨胀系数小的改性 BT 树脂；CE/BMI 分子结构中引入活性基团，活性基团的化学结构成分在整个 PPO 结构中所占比率少，因而可保持树脂的优异特性，同时分子结构改性的 CE/BMI 可以解决共混改性的相容性问题。

3. 聚苯醚树脂(PPE)

聚苯醚(PPE)化学名称为聚 2,6-二甲基-1,4-苯醚，简称 PPE(polypheylene ether)。其结构式为

聚苯醚树脂是一类介电常数、介质损耗角正切值和吸湿性低的高性能树脂基体，其 T_g 高，阻燃性和尺寸稳定性良好，以其突出的特点和改性 BT 树脂并列为高性能覆铜板的理想基体材料。

PPE 树脂分子结构中不含极性基团，故它的介电常数为 2.4～2.5(@1MHz)，树脂的介质损耗因数为 0.007(@1MHz)。PPE 树脂具有高耐热性，热变形温度为 190℃、玻璃化温度为 210℃。它可在高浓度的无机酸、碱以及盐的水溶液中，具有良好的耐水解性。从熔融状态到形成结晶的时间很短，使其真正使用价值大大削弱，所以目前采用的主要为改性后的 PPE 树脂。

改性途径主要有两类：①在 PPE 分子结构上引入活性基团，使其可以固化交联而生成热固性的树脂，这种改性包括 PPO 的环氧基化反应、端基的乙烯基化或烯丙基化反应、主链上甲基的烯丙基化取代反应等；②引入热固性树脂或热固性分子网络，通过共混改性或 IPN 技术，达到相溶共混的热固性 PPE 树脂体系，如采用聚烯烃改性 PPO、EP/PPO 改性体系、聚苯醚－三烯丙基异三聚氰酸酯(TAIC)改性体系等。

4. 高性能环氧树脂(EP)

环氧树脂，泛指在分子结构中含有 2 个或 2 个以上环氧基，以脂肪族、脂环族或芳香族链段为主链的高分子预聚物，呈线性结构，由于环氧基具有较高的化学活性，一般可以使用固化剂与之反应开环、交联，生成体型网状结构，因此环氧树脂是一种热固性树脂。由于环氧树脂生产的固化物的电绝缘性、力学性能、耐湿热、尺寸稳定性均比较优异，同时配方设计灵活性和多样性很强，对生产工艺和施工工艺要求的适用性高，加之成本较低，故一般认为环氧树脂及其固化物的综合性能在热固性树脂中最好。

为了适应电路板的发展，必须对环氧树脂进行改性。比如在分子结构中设计比例更高的高耐热芳香环，以开发高耐热性环氧树脂；或通过减少固化物中的羟基浓度、降低固化物的自由体积、在环氧树脂分子设计时考虑更多非吸水性和更多疏水性的结构等来降低整个体系的吸水率；降低极性基团的数量并且引入占有空间体积较大的基团改善环氧体系的介电性能等。表 7-8 为各种树脂及其基板材料在介电特性及其他物理性能上的对比。

表 7-8　各种树脂及其基板材料在介电特性及其它物理性质上的对比

类型及特性		环氧树脂	PI 树脂	BT 树脂	高性能环氧树脂	热固化 PPE
原树脂	T_g	135	220	195	180	250
	介电常数	3.5~3.8	3.4	3.1	2.9~3.6	2.5
	介质损耗 3 因素(1MHz)	0.003~0.008	—	—	—	0.001
基板材料即覆铜板	T_g-MDA 法	—	—	190	240	210
	T_g-TMA	130	210	—	200	—
	介电常数(1MHz/1GHz)	4.4/3.9	4.3/4.0	4.5/—	3.9/3.5	3.6/3.5
	膨胀系数——z 方向	—	—	58	—	60
	膨胀系数——x，y 方向	12~16	9~13	14	10~14	15
	吸水性/%	0.1	0.35	0.30	0.1	0.05
	剥离强度/(kN/m)	1.58	1.31	1.17	1.31	1.93
	阻燃性 UL-94	V-0	V-0	V-0	V-0	V-0
	相对密度/(g/cm³)	1.73	1.73	—	1.77	2.07

7.5.4　增强材料

增强材料(reinforcing material)对基板材料介电特性的贡献占有十分重要的地位。ε 和 $\tan\delta$ 不但与增强材料本身的厚度和厚度的均匀性相关，还与增强材料的种类有很大关系。增强材料可分为玻璃纤维布和芳香族聚酰胺纤维无纺布。

1. 玻璃纤维布

玻璃纤维布，简称玻璃布，由玻璃纤维纺织而成。封装基板用玻纤布作为基板材料，采用的是电子级(又称 E 型)玻璃布。电子级玻璃布的玻璃成分为铝硼硅酸盐类，具有高绝缘性能，在 1MHz 下，介电常数 6.2~6.6。

PCB 用基板材料所用的玻璃布采用的是平纹布，它比其他织法的玻璃布具有断裂强度大，尺寸稳定性好，不易变形，重量厚度均匀等优点。

玻璃布的原丝有两种制法：一种是再熔拉丝法(又称球法)，另一种为池窑法(又称高温熔融拉丝法、直接拉丝法)。国外一般采用后一种方法，省去了置球生产工序，利于大批量生产和稳定产品质量。将拉丝生产的原丝，经过捻线(退原丝、加捻等)加工，然后再织布。织布后经退浆(高温去除浸润剂)，在进行玻璃布的表面处理。

2. 芳香族聚酰胺纤维无纺布——纸基

芳香族聚酰胺纤维(aromatic polyamide fibre)，是由芳香族二元胺和芳香族二羧酸或芳香族氨基苯甲酸经缩聚反应所得聚合物纺成的特种纤维。利用这种纤维，进行短切加工，加入少量黏结剂，通过造纸工艺技术，将它用抄纸的方法制成芳酰胺纤维无纺布(non-woven aramid fabric)。

采用芳香族聚酰胺纤维无纺布制作封装基材，显示出如下优点：

(1)由于玻璃纤维对 CO_2 激光的红外波长(约为 $9.6\mu m$)的吸收率很低(小于 10%),激光加工时,大部分激光被反射或透射出去,因此 CO_2 红外激光烧除玻璃布十分困难。即使增加了激光能量,烧熔了玻璃纤维,所形成的孔也不能保证孔壁质量。而芳酰胺纤维,具有很高的对红外波长的吸收(吸收率大于 80%),红外光转化为热能,破坏分子间的范德瓦耳斯力(分子键),引起升温、熔化直至燃烧。这样就能形成所需要的微小孔。

(2)芳酰胺纤维具有很低的热膨胀系数(CTE)。基板材料 CTE 与封装器件 CTE 相同或接近,对于高密度互连的可靠性,是极其重要的保证条件。低热膨胀性还带来了基板材料的高尺寸稳定性。

(3)具有高的玻璃化温度。

(4)具有低的介电常数。

(5)有很高的强度和弹性模量。

(6)对普通有机溶剂、盐类溶液等有很好的耐化学药品性。

(7)所制成的基板表面平滑性好。

7.6 无机封装基板工艺技术

7.6.1 无机封装基板的基本概念

1. 陶瓷封装基板的概念及分类

目前,使用的无机封装基板主要是陶瓷封装基板。陶瓷基板是指铜箔在高温下直接键合到氧化铝(Al_2O_3)或氮化铝(AlN)陶瓷基片表面(单面或双面)上的特殊工艺板。图 7-51 为陶瓷基板的实物图。

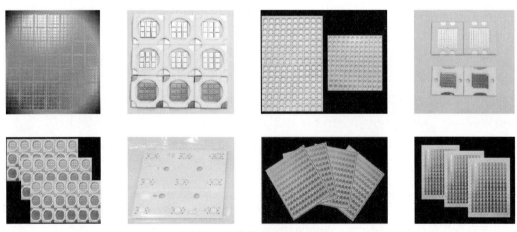

图 7-51 陶瓷基板的实物图

目前陶瓷基板从材料上可分为氧化铝基板、莫来石基板、氮化铝(AlN)基板、碳化硅(SiC)基板、氧化铍(BeO)基板、玻璃系基板及玻璃－陶瓷封装基板。按照制作方法不同可以分为厚膜陶瓷基板、薄膜陶瓷基板和共烧陶瓷基板。共烧陶瓷基板又可分为高温烧结陶瓷基板和低温烧结陶瓷基板。从图 7-52 中可以看出，低温共烧技术结合了高温共烧和厚膜技术的优点，同时又避免了二者的缺点。

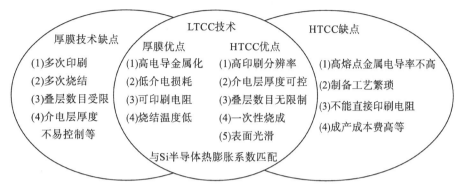

厚膜技术缺点
(1)多次印刷
(2)多次烧结
(3)叠层数目受限
(4)介电层厚度不易控制等

LTCC技术
厚膜优点
(1)高电导金属化
(2)低介电损耗
(3)可印刷电阻
(4)烧结温度低

HTCC优点
(1)高印刷分辨率
(2)介电层厚度可控
(3)叠层数目无限制
(4)一次性烧成
(5)表面光滑

与Si半导体热膨胀系数匹配

HTCC缺点
(1)高熔点金属电导率不高
(2)制备工艺繁琐
(3)不能直接印刷电阻
(4)成产成本费高等

图 7-52　厚膜技术、HTCC 和 LTCC 技术的比较

2. 陶瓷封装基板的优势及不足

与有机材料相比，陶瓷基印制电路板具有以下特点：①优良的热导率和耐热性；②耐化学腐蚀性强；③适用的机械强度；④低的热膨胀系数易与焊接元件相匹配。并且其适合应用于恶劣环境下，这是有机封装基板无法做到的。因此，陶瓷基板已成为大功率电力电子电路结构技术和互连技术的基础材料。表 7-9 为典型的印制电路基板的材料特性。

表 7-9　印制电路板所用基板材料特性

材料	体积电阻率 $(\Omega \cdot cm)(25℃)$	介电常数 /MHz	介电损耗 /MHz	耐热性 /℃	热膨胀率 $(\times 10^{-6}℃^{-1})$	热导率 $(W/(m \cdot K))$
氧化铝	$>10^{14}$	9~10	$(3\sim5)\times10^{-4}$	1500	7.0~7.8	20
莫来石	$>10^{14}$	5	7×10^{-3}	1400	4.4~4.7	70
玻璃陶瓷	$>10^{14}$	4~8	$\approx1\times10^{-3}$	800~900	3~6	30
氧化铍	$>10^{14}$	6~7	1×10^{-4}	1600	6.0~8.0	24
氮化铝	$>10^{14}$	8.9	$(3\sim10)\times10^{-4}$	1800(N_2)	4.4	180
酚醛树脂	$(1\sim2)\times10^{14}$	4.2~4.8	$(30\sim40)\times10^{-3}$	200(30min)	—	—
环氧玻璃	$5\times10^{15\sim16}$	4.6~5.2	$(18\sim24)\times10^{-3}$	140(60min)	18~20	30~60
聚酰胺玻璃	$10^{15\sim16}$	4.4~5.0	$(5\sim12)\times10^{-3}$	300(120s)	14~16	—

3. 电路布线的形成

基板的主要作用是搭载电子元件和部件，特别是要实现相互间的电气连接，因此导体电路布线十分重要。陶瓷基板电路布线的形成方法有薄膜法、厚膜多次印刷法、同时烧成法等。

通常，高密度封装用基板的布线线宽要求在 $100\mu m$ 以下，对此薄膜光刻法最为有利，要求基板表面平滑，化学性能稳定，对光刻工艺过程中所用的各种化学药品(酸、碱及有机溶剂等)要求不变质、不被腐蚀，同时还要求微细图形与基板之间有良好的附着性。

4. 电学性质

对基板电学性质的要求，主要是绝缘电阻要高、介电常数要低、介电损耗要小，而且要求这些性质不随温度的变化而变化。特别是为了满足超高速 LSI 元件的封装，对于元件间信号传输速度提出更高的要求。根据经典公式可知，信号传输速度与基板介电常数的平方根成反比，因此要求基板有更低的介电常数。

5. 热学性质

随着 LSI 的高集成化以及封装密度的提高，放热密度增加很快，要求基板有良好的散热性，因此，越来越希望采用高热导率的基板。耐热性也非常重要，陶瓷基板本身由高温烧成，耐热性优良。此外，在混合集成电路中，电路布线及无源元件多由厚膜形成，在这种情况下，一般是通过丝网印刷在基板上形成电路图形，再经 $850 \sim 950 ℃$ 烧结而成，这比陶瓷基板的最高使用温度要高得多，因此耐热性不存在问题。

从现实情况看，对陶瓷基板的应用分两大类，一类主要要求适用于高速器件，采用介电常数低、易于多层化的基板（如 Al_2O_3 基板、玻璃陶瓷共烧基板等）；另一类主要适用于高散热的要求，采用高热导率的基板（如 AlN 基板、BeO 基板等）。当然，使用量大面广的主要还是 Al_2O_3 陶瓷基板，但近年来随着无线通信产业的迅猛发展，介电常数较低、便于高频信号传输的低温共烧陶瓷（LTCC）多层基板的应用越来越广泛。

7.6.2 无机封装基板的制作

1. 陶瓷材料的制备

先进陶瓷材料的制备过程可分为 4 个步骤：粉体制备、成型、烧结及加工。粉体的制备即原材料制备，其化学组成和相结构、颗粒度、尺寸分布以及形状对陶瓷最终性能都会有一定影响；成型即烧结前的致密，根据物料中液相含量，把成型方法可分为干法和湿法，干法一般包括粉体压制成型和挤压成型，湿法包括浇注成型（流延成型）和喷射成型，近几年中浇注成型运用最为广泛；烧结则为陶瓷材料中最关键的步骤，烧结方法大致可以分为无压（大气压下）和加压烧结，前者适合大规模的产业化生产，后者可分为热压（单向加压）和热等静压（三维气体加压）两种方法，制得的材料性能特别是力学性能较好，但成本较高。

2. 厚膜陶瓷基板制作

一般厚膜是指 $10 \sim 25 \mu m$ 的膜层厚度。厚膜印制陶瓷基板即在烧结成瓷的陶瓷基板上反复交替地印刷厚膜金浆料和介质浆料，然后在低于 1000℃ 的温度下烧结而成。其工艺流程如下：

（1）基板前处理。陶瓷选择（90％～96％ 的氧化铝）→浆料选择（导体浆料、电阻浆料和绝缘浆料）→图像印刷（主要是通过丝网印刷）。

（2）厚膜印后加工。导体印刷→电阻印刷（反复 2～3 次）→水平静置（平摊、干燥）→烧制（约 650～670℃ 的温度进行烧制）。

(3)后期处理。检验调整(助焊检查,调整电阻值,可通过喷砂或激光调整)→包装。

3. 薄膜陶瓷基板制作

一般薄膜是指 $1\mu m$ 左右的膜层厚度,通常采用真空蒸镀、离子镀、溅射镀膜等真空镀膜法进行金属化。由于为气相沉积法,原则上讲无论任何金属都可以成膜,无论对任何基板都可以金属化。陶瓷基板相接触的薄膜金属,一般选用具有充分的反应性,结合力强的ⅣB族金属 Ti、Zr 及ⅥB族金属 Cr、Mo、W 等。上层金属多选用 Cu、Au、Ag等电导率高,不易氧化,而且由热膨胀系数不匹配造成的热应力容易被缓解的延展性金属。当膜厚不够时,可以通过电镀增厚。

其工艺流程如下:

陶瓷选择与制取→叠片热压→脱脂与基片的烧结→溅射镀膜和电镀光刻电路图形→电路烧成。

4. 共烧陶瓷基板制作

共烧陶瓷基目前在陶瓷基印制电路板中运用最为广泛。在烧成前的陶瓷生片上,丝网印刷 Mo、W 等难熔金属的厚膜浆料,一起脱脂烧成,使陶瓷与导体金属烧成为一体结构。其工艺流程如下:

(1)流延。流延包括配料、真空除气和流延三个步骤。

(2)生瓷片上打孔。打孔的方法分为数控钻床钻孔、数控冲床冲孔和激光打孔。其中激光打孔对陶瓷的影响最小,精度及效率也是最高的。

(3)用金属浆料填充通孔。通孔填充的方法一般是丝网印刷和导体生片填孔。丝网印刷是的运用更加广泛。

(4)金属导电带形成。包括丝网印刷与计算机直接描绘。

(5)叠成热压。叠层时,精确定位是制造多层板的关键步骤。

(6)切片和脱胶。

(7)共烧。包括高温共烧技术与低温共烧技术两种。

(8)检验和包装。

5. 各种陶瓷烧结技术的对比

对于厚膜与薄膜来说,可以使用各种不同的导体材料,通过膜厚的控制获得较低的电阻率。但在普通共烧法中,由于陶瓷烧结温度高,导体材料必须选用熔点高的 W、Mo 等难熔金属,从而电阻率较高。表 7-10 为各种陶瓷基板制作技术的导电材料以及表面电阻情况。

表 7-10　各种陶瓷基板制作技术的导电材料以及表面电阻情况

金属化方法	导体材料	表面电阻	线路制作方法
厚膜	Ag/Pd	$<15/m\Omega$	丝网印刷
	Ag/Pt	$<3/m\Omega$	
	Au	$<3/m\Omega$	
	Cu	$<3/m\Omega$	

续表

金属化方法	导体材料	表面电阻	线路制作方法
薄膜	Au	$2.4\mu\Omega \cdot cm$	溅射镀膜+电镀光刻
	Cu	$1.7\mu\Omega \cdot cm$	
	Al	$2.8\mu\Omega \cdot cm$	
共烧法	W, Mo	不大于 10	丝网印刷

7.7　全球 IC 封装基板市场现状及发展

7.7.1　全球 IC 封装基板市场发展现状

1989~1999 年为第一阶段，它是封装基板初期发展的阶段。此阶段以日本抢先占领了世界 IC 封装基板绝大多数市场为特点。日本企业是 IC 基板的开创者，技术实力最强，掌握利润最丰厚的 CPU 基板技术。

2000~2003 年为第二阶段，是封装基板快速发展的阶段。此阶段中，中国台湾和韩国封装基板业开始兴起，与日本逐渐形成"三足鼎立"瓜分世界封装基板绝大多数市场的局面，而国内封装基板刚刚起步。韩国和中国台湾企业则依靠产业链配合，韩国拥有全球 70% 左右的内存产能，三星一直为苹果代工处理器，三星也能够生产部分手机芯片。中国台湾企业则在产业链上更强大，拥有全球 65% 的晶圆代工产能，80% 的手机高级芯片由中国台湾 TSMC 或 UMC 代工，这些代工的利润率远高于传统电子产品的利润率，毛利率在 50% 以上。以联发科的 MT6592 为例，代工由 TSMC 或 UMC 完成，封装由 ASE 和 SPIL 完成，基板由景硕提供，测试由 KYEC 完成，这些厂家都在一个厂区内，效率极高。

2004 年起为 IC 封装基板的第三阶段。此阶段以 FC 封装基板高速发展为鲜明特点，国内逐步有厂商开始占据一定市场份额。大陆企业在产业链没有任何优势，缺乏晶圆代工厂家和封装厂家支持，落后中国台湾数年乃至十几年。即便有海思和展讯这样出货量不低的大陆企业，中国台湾厂家仍然占据供应链的话语权。

中国台湾的封测产业居全球第一，市场占有率为 56%，大陆只有 3%。中国台湾之所以有发达的封测产业，主要原因是其有全球最大的晶圆代工厂。全球 50nm 以下的 IC 代工业务 60% 被台积电占据，智能手机中的所有 IC 几乎都是由台积电和联电代工。全球前 4 大封测企业，中国台湾占据 3 家。全球 IC 载板封装市场，中国台湾企业市场占有率超过 70%。

表 7-11 为主要 IC 基板厂家 2010~2011 年的收入情况。从表可以看出，日本厂家占据 PC 中的 CPU、GPU 和北桥 IC 载板市场，2012 年 NGK 退出，其市场由中国台湾南亚电路板取代。日本厂家占据技术高端，当年 FC-BGA 技术是和 Intel 共同开发的，市场地位非常稳固。IBIDEN 正在新建菲律宾基地，试图降低价格。IBIDEN 和 Shinko 以 ABF 载板为主，对于通信领域的 BT 载板不感兴趣。

韩国厂家中 SEMCO 是最全面的，一方面有 QUALCOMM 的大量订单，另一方面其母公司三星电子也有相当多的 IC 需要采用载板封装，此外还有少量来自英特尔或 AMD 的订单。SIMMTECH 以内存载板封装为主，该公司也是内存 PCB 板大厂。预计内存将会大量采用基板封装，尤其 MCP 内存，2013 年可能全部采用基板封装。

中国台湾厂家中 NANYA 以英特尔为主要客户，景硕以 QUALCOMM 和 BROADCOM 为主要客户，BT 载板占 90%。

表 7-11　2010～2011 年主要 IC 载板厂家收入　　（单位：百万美元）

厂家	2010 年收入	2011 年收入
UNIMICRON	983	910
IBIDEN	1581	1602
NANYA	914	980
KINSUS	556	794
SEMCO	927	1144
SHINKO	1133	1059
SIMMTECH	264	294
DAEDUCK	136	230
NGK	450	220
LG INNOTEK	330	346

IC 基板行业在 2012 年和 2013 年两年收益连续下滑，根源有两方面：一是因为 PC 出货量下降，而 CPU 用载板是 IC 载板的主要类型，是单价（ASP）最高的载板；二是韩国企业为压制日本和中国台湾 IC 载板厂的发展，大幅度降价，尤其是三星旗下的三星电机（SEMCO）大幅度降价近 30%。这导致 2013 年全球 IC 载板行业市场规模下跌 10.3%，至 75.68 亿美元。不过苦尽甘来，预计 2014 年和 2015 年 IC 载板行业将迎来增长。

2014 年增长的动力有几方面。首先，联发科的 8 核芯片 MT6592 采用 FC-CSP 封装，该芯片在 2013 年 10 月推出，预计 2014 年出货量会大增。随着联发科进入 28nm 时代，联发科会全面采用 FC-CSP 封装，接下来中国大陆的展讯也会采用；其次，LTE 4G 网络开始兴建，BASESTATION 芯片需要 IC 载板。其三，可穿戴设备（wearable devices）大量进入市场，这会刺激 SiP 模块封装，也需要 IC 载板；其四，手机追求超薄，就需要芯片具备良好的散热，FC-CSP 封装在散热和厚度方面优势明显，未来手机的主要芯片都会是 FC-CSP 封装或 SiP 模块封装，包括电源管理和存储器；其五，PC 行业在 2014 年复苏。平板电脑在 2014 年高增长不再来，甚至会下滑，消费者意识到平板电脑只能做玩具，完全无法和 PC 比性能，PC 行业将复苏。最后，三星电机（SEMCO）不再杀价竞争，因为苹果处理器 A8 确定会由中国台湾 TSMC 代工，而非三星电子代工。三星电机（SEMCO）即便杀价，也不可能让中国台湾 TSMC 给予其订单。预计 2014 年全球 IC 载板行业市场规模增长 9.8%，2015 年会加速增长，增幅达 11.6%。

7.7.2　全球 IC 封装载板技术发展

电子器件向小型、多功能、高速化发展，对封装基板及布线工程提出越来越高的要求，主要表现在下述几点：①为减小封装体积，减少了封装环节，裸芯片安装最为典型，封装的许多功能要由基板来承担；②多芯片组件（MCM）、芯片上系统（SoC）等的安装，极大地增加了同一块基板的负载，引脚数量增多且引脚尺寸减小；③为减小体积，许多电子元件，如电阻、电容、电感等无源元件，甚至 IC 等有源元件都要埋置于基板之中，要求冷却和散热高效率；④信号的高速化，要求保证布线长度最短和布线长度偏差最小，为降低反射噪声、串音噪声（cross talk noise）以及接地噪声，需要采用多层布线基板，开发特性阻抗匹配的多端子插接板。

高频 PCB 的市场迅速发展，这一发展引起了以下三方面的变化：①信息电子产品与影像、无线传输技术的快速结合，它的发展前景必将对消费类电子产品成长带来巨大促进作用，它需要信号传输的高速化，对特性阻抗（Z_0）更高精度的控制；②以移动电话为典型代表的无线通信市场的高速增长。它向着更高频率的领域渗透，所使用的频率也逐渐由超短波范围（300MHz~1GHz）进入微波范围（1~4GHz）；③半导体 IC 封装基板，由过去陶瓷基板向有机封装基板方向转变。

习　　题

1. 什么是封装？封装的作用是什么？简述封装的基本流程。
2. 什么是封装基板？其作用是什么？
3. Corelesss 封装基板制作技术的基板流程？
4. HDI 封装基板制作技术的基本流程？
5. 比较 Coreless 技术和 HDI 技术的不同点？

第8章　光电印制电路板技术

光电子技术是 21 世纪最尖端的科学技术之一。它是在综合了激光、非线性光学及电子学的基础上发展起来并涵盖了众多学科与技术的一门前沿科学。它的兴起和发展使得原有电子学技术(包括通信技术、计算机技术、测量技术、医学技术)的许多领域得到革新。而聚合物光电子器件由于其特殊的优势,已经成为近年来研究的热门课题。继 IC 载板、HDI 手机板后,光电印制电路板即将成为未来具有成长潜力的 PCB 产品之一。本章将介绍光电印制电路板的基本原理、光波导材料、聚合物光波导层的制作工艺技术及光电印制电路板的检测。

8.1　光电印制电路板的背景

随着 21 世纪电子行业的飞速发展,各种数据通信和互联网技术的业务需求急速增长,数据传输速率越来越快,高速的信息传输和处理对电路带宽和容量的要求也急剧增加。下一代互联网交换机和高端计算机的总数据处理速率预计在 Tbit/s 级,因此,处理器之间的互联需处理 10~40Gbit/s 级的数据传输速率。然而,在传统的电互联网络中,由于高频电信号的负面效应如回声、串扰、时钟偏移、信号失真及电磁干扰,电气互联会产生高传输损失和严重的信号完整性问题。为了克服明显的高速互联瓶颈,光学互联是首选。光子具有较大的带宽和较低的传输损耗,免于串扰和电磁干扰,在同一个光学介质中传输多个波长时,不同的波长可以平行通过。因此业内人士预测,今后传统的铜互联将被高速光互联取代,光子将取代电子在板之间及芯片之间传输数据。

8.1.1　电互联与光互联

传统铜连线的数据传输速率受到其寄生参量(寄生电阻、电感和旁生电容)的影响和限制,如常用的 FR-4 基材中信号的传输速率大约为光速的 70%,这样的速率已经不能满足当今高频高速信号传输的要求。

具体来讲,电互联面临的主要问题有:①散射、反射、衰减以及信号强度随频率波动,均能使高速信号失真,导致带宽受限;②趋肤效应和介电损耗是金属导线传输的固有属性,它们的存在使得线路的传输损耗随着信号频率的升高大幅度升高,进而限制了高频高速信号所能传输的距离;③高频信号的高损耗直接结果是需要高功率的线路驱动,线路发热量大,散热困难。散热问题会限制芯片(如 CPU)的时钟速率,并影响其性能。尽管采用低功耗的差分线能缓解此问题,但同时导致 RC 延迟严重;④随着布线密度增加,线路信号很容易受到来自单板和机框的电磁干扰(electromagnetic interference, EMI),尤其是邻近线路的串扰,这个问题对于背板上的高密度连接器尤其严重。电磁干扰会产生噪音,在设计上需要予以充分考虑约束条件,以满足电磁相容性规范。此外,由于相邻线路之间存在耦合串扰，使得并行线路的性能受到限制。不同信号线之间信号延迟的程度不同，也会导致信号扭曲失真。尽管采取增加导线截面积(导致布线密度降低)、使用更低介电损耗材料(增加成本)、改进技术(减少通孔)等措施能缓解电互联的上述难题，但是很难从根本上改变导线传输的基本性能(趋肤效应)。业界普遍认为，当单通道传输速率在 10G 以上时，电互联的技术实现和成本都将面临严峻的挑战，综合技术难度、性能及成本，需要采用全新的互联方式。

光互联取代电互联，具有明显的优势，能轻易实现并保持良好的信号完整性。光互联的优点包括：①光通道上传输损耗主要由通道的结构决定，信号的频率(速率)对其无明显影响。因此，高速传输时信号的发散失真小、损耗低，能保证很好的信号完整性，带宽高；②光子不带电荷，不存在电子之间的库仑力作用，具有良好的空间相容性。因此，信号通道上无电磁干扰问题，大幅减小信号串扰，实现更高的并行互联密度，减小器件和设备的尺寸；③系统响应速率快，单通道传输速率可达 Tbit/s 量级，且光子的单元存储密度高；④功耗小，散热容易，能实现更简单的物理架构与设计。但是光互联功耗低的优势也仅限于光互联通道与信号源实现高度集成，因为每一条光通道必须通过电路与信号源相连(如微处理器)，如果此连接电路距离太长，那么此电－光－电混合线路实际上并不能降低功耗。

未来光互联技术将会在高性能计算技术、因特网、现代通信领域中无处不在，Primarin 公司对未来计算机芯片有一个大胆的预言：未来的芯片将不再有密布的引脚，只有电源引脚和光纤输入/输出接口，所有的数据交换都将通过光接口来完成。

8.1.2　光互联的种类

光互联通过光信号传输，把光源、互联通道、接收器等组成部分连成一体，彼此间交换信息。因此，按互联组成的层次可以将光互联分为计算机间互联、计算机内部机柜间互联、印制电路板间互联、芯片间互联以及芯片内互联。另外，如果按互联通道之间介质，则可分为：自由空间光互联、介质光互联。介质互联又分为光纤互联和波导光互联。光信号沿指定路径传播，其折射率比周围环境大。

1. 自由空间光互联

自由空间光互联是一种光束在自由空间无导波方式的光互联，分为聚束式和非聚束式，自由空间光互联在光互联技术中最具有吸引力，因而是光互联技术中的研究热点。一般来说，自由空间光互联并不是以简单形式出现，常以互联网络形式出现。所谓光互联网络，实质就是光互联通道的结构形式。

2. 光纤互联

光纤互联是光信号在光纤中传输，光纤的一端准确地固定在光信号源上，另一端固定在光探测器上，从而实现了信号源与目标的光互联。众所周知，光纤应用于长距离的光通信在技术上已日趋成熟。

3. 波导光互联

波导互联是光信号在波导中传输，光波导的一端与光信号源相连，另一端与光控制器相连，波导层紧贴在集成线路表面，不需要额外的三维空间，同时工艺又与现有 PCB 工艺兼容，光对准也容易解决，因此，它是一种很有前途的光互联技术。

8.1.3　印制电路板的七个时代

有资料将印制电路板划分为七个时代，即单面板(第一代)、双面板(第二代)、多层板(第三代)、高密度互联板(第四代)、嵌入式印制电路板(第五代)、光电印制电路板(第六代)、多功能板(第七代)，如图 8-1 所示。可以发现，光电印制电路板是 PCB 历史发展的必然趋势。

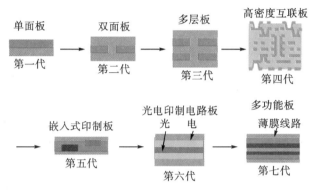

图 8-1　印制电路板的七个时代

8.1.4　光电印制电路板的发展现状

早在 21 世纪初期，松下电工为了适应信息机器的高速化，满足大容量处理的需要，开始投入了对世界上最尖端的光线路用膜材料及其应用工艺的开发工作，并在 2004 年、2005 年两次公布了其研究的初步成果，图 8-2 为松下电工开发的挠性光电印制电路板。

图 8-2　松下电工开发的挠性光电印制电路板

2008 年 1 月 10 日，松下电工宣布世界领先的光电印制板用光传输特性的薄膜获得新的开发进展。其开发的膜材料及相应的板制造工艺所做出的光电印制电路板可达到下列指标：①光线路尺寸规格：芯截面 $40\mu m$(注：膜材料厚度可以为 $30\sim80\mu m$)；②上下覆膜厚度各为 $10\mu m$ 以上；③波导损失 0.1dB/cm 以下；④1m 距离长的光电路损失在 12dB，实现了 10Gbps 的数据传送。松下电工采用独特的树脂技术，开发了可达到千分之一的单位控制折射率的、高透明性和高加工性的环氧树脂系膜材料。这种材料安装可靠性高，即使通过无铅回流焊条件(峰值温度 260℃)处理 3 次，仍能保持低光波导损失的特性：试制的光电印制板光损失劣化为 0.5dB(11%)以下，能够经受元件表面安装热冲击，具有很高的安装可靠性。

中国台湾工研院的研究者研究了集成有两个硅光具座(silicon optical benchs, SiOBs)、四条纤维和一块刚-挠线路板组成的 4Ch×2.5Gbps 挠性光-电互联模块,能够同时进行光电数据传输。刚-挠结合印制板(rigid-flexible PCB)由挠性线路板与 FR-4 双面板组成,SiOB 安装在 FR-4 双面线路板的顶部,SiOB 包括用硅蚀刻方法加工的四个 V-凹槽、金/铂/钛薄膜电极、金-锡焊膜,安装一个 850 nm VCSEL(垂直空腔表面发射激光,vertical cavity surface emitting,VCSEL)阵列作为传输器,一个 PD 阵列作为接收器。高速数据传输互联通过纤维,电传输互联通过挠性 PCB 上的线路,SiOB 作为光电和波导之间的光耦合,从 VCSEL 到光波线路的光耦合采用硅蚀刻的方法形成的 45°端镜和纤维完成,相似的光联接装置作为 PD 阵列,挠性光电互联模块的结构见图 8-3。

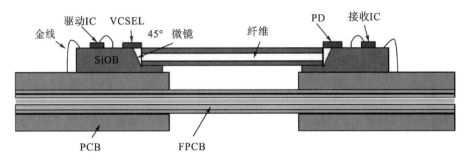

图 8-3 挠性光电互联模块的结构

韩国信息通讯大学(ICU)利用光纤技术为光 PCB 基互联系统开发无队列(alignment-free)被动封装方法,在埋光纤 PCB 上制造芯片-芯片数据链互联系统,如图 8-4 所示。为了实现在 OPCB 和光传输模块之间的光路垂直耦合,采用了 90°弯曲纤维连接装置,使用了定位销/传统金属环孔,被动队列(passive alignment)实现了高精度装配,并设计了光损失小于 2dB 的 8Gb/s/ch 光链,测试了 FBGA 微处理器芯片之间的光数据链;结合光纤技术和 PCB 技术的系统能够实现低成本和高质量光互联系统的商业化。

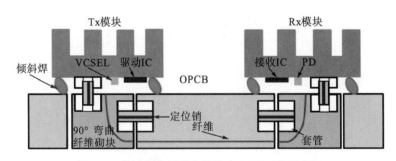

图 8-4 韩国信息通讯大学的光 PCB 互联示意图

英国 UCL(University College London)将与传统 PCB 加工兼容的低成本波导制造工艺应用于光-电 PCB 制造工艺,在 19in PCB 上实现多模波导 10Gb/s。光波导的激光烧蚀见图 8-5。

IBM 通过 12 通道卡-卡光互联成功实现 10Gb/s 数据传输,聚合物波导技术能够降低成本、减少传输损失(<0.05dB/cm),板级光互联能够降低成本和提高可靠性。

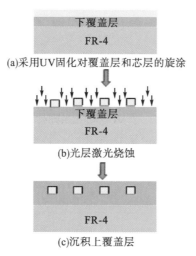

(a)采用UV固化对覆盖层和芯层的旋涂

(b)光层激光烧蚀

(c)沉积上覆盖层

图 8-5　光波导的激光烧蚀

8.2　光电印制电路板的工作原理

8.2.1　光电印制电路板的定义

光电印制电路板(optical-electronic printed circuit board，EOPCB)简单地说，就是将光与电整合，以光作信号传输，以电进行运算的新一代高速运算电路所需的封装基板，在目前发展得非常成熟的印制电路板加上一层导光层，使电路板的使用由现有的电连接技术延伸到光传输领域。中国台湾称为光电基板，也有人称之为电光电路板(EOPCB)。图 8-6 为光电印制电路板的结构示意图，图 8-7 为光电印制板实物图。

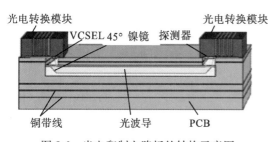

图 8-6　光电印制电路板的结构示意图

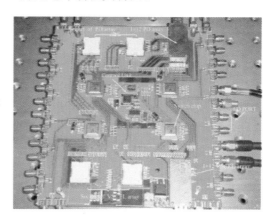

图 8-7　光电印制电路板实物图

光电印制电路板可分为刚性光电印制电路板和挠性光电印制电路板，其所用的导光材料目前有光纤和聚合物波导材料。采用挠性光互联可以弯曲，减少弯曲连接器设计的复杂性，使整体设计紧凑。光电印制电路板的分类如图 8-8 所示，铜互联 FPC 和挠性光电印制电路板的对比如表 8-1 所示。

图 8-8 光电印制电路板的分类

表 8-1 铜互联 FPC 与挠性光电印制电路板的对比

性能	铜互联 FPC	挠性光电印制电路板	提高和改善
速度	800Mbps/Ch	2.5~10 Mbps/Ch	提高 3~10 倍
尺寸	20~30mm	2~3mm	提高可挠曲性
EMS	EMI 串扰	消除 EMI	
功率消耗	大	小	减少能量消耗
力学特点	反复弯曲铜易疲劳	挠曲性更好	提高可挠曲性

8.2.2 光电印制电路板的工作原理

根据 IPC-0040 标准，光电印制电路板的信号传输及光电转换见图 8-9，图 8-10 为集成光波导的 PCB 光互联的原理图，图 8-10 中用高速率的光连接技术取代目前计算机中所采用的铜导线，以光子而不是电子为介质，在电路板、芯片甚至芯片的各个部分之间传输数据，同时还可以传送传统的效率低的电信号。

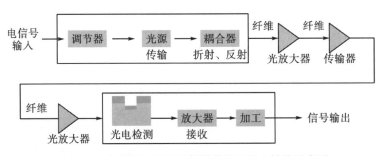

图 8-9 光电印制电路板的信号传输及光电转换示意图

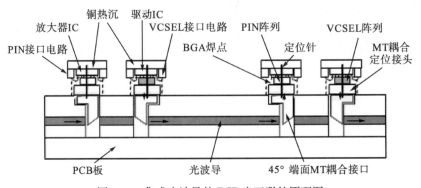

图 8-10 集成光波导的 PCB 光互联的原理图

其工作原理是：大规模集成芯片产生的电信号经过驱动芯片作用垂直空腔表面发射激光(vertical cavity surface emitting laser，VCSEL)发生器，激光束直接或通过透镜传输到有 45°镜面的聚合物波导反射进入波导中，然后通过另一端波导镜面反射传送到光电探测器(photo detector，PD)接收，再经过接收芯片转换成电信号传给大规模集成芯片，这样使得芯片和芯片可以通过光波导高速通信，从而整体提高系统性能，该 PCB 制作和传统 PCB 的制作工艺兼容，只是把聚合物波导层当成 PCB 中的一层进行层压而成。

要制作出 PCB 级的光互联，现阶段主要面临三个方面的挑战。

1)嵌入 PCB 的光互联层的制作

光互联 PCB 的光互联层作为多层印制板的其中一层，也要能够承受传统 PCB 的制作工艺。传统的多层 PCB 是通过层压工艺制作而成的，图 8-11 为层压工艺过程中的压力和温度随时间的变化曲线(以 FR-4 为例)。

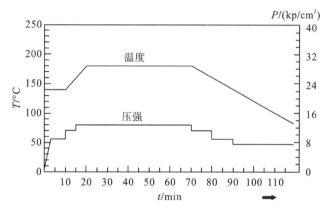

图 8-11　层压工艺过程中的压力和温度随时间的变化曲线

由图可知，制作光互联层的材料必须能够承受 PCB 层压过程中较高的温度(180℃)和压力($150N/cm^2$)。目前，常见的光互联 PCB 的制作方法是聚合物波导法。

2)光发射和接收模块

为了简化设计和制造工艺，与传统 PCB 的制作工艺兼容，需要将 VCSEL 光发射和 PIN 光接收模块同 IC 芯片集成到一起，这就需要解决芯片和 VCSEL、PIN 阵之间的连接和封装的问题。

3)光互联层和光收发模块之间的耦合

在光互联层和光收发器件之间的耦合中，互联层中的光线和光收发模块中的光线成 90°角，这个耦合常常以空气作为介质，容易产生较大的插入损耗。此外，这种耦合还需要和传统的 IC 芯片封装工艺相兼容，以此来减少成本。

EOPCB 将光路系统和电路系统相结合，由印制电路板(含常规电路)、光波导、光耦合元件和光模块(或光器件)组成，其中光波导及光电板的加工、光耦合元件(如镜面)的加工和系统的组装是目前业界关注的重点，也是目前的技术难点所在。

8.2.3　光耦合结构及其对准技术

由于光电路板中通常采用垂直光收发器件(VCSEL 和 PD)，需要一种结构将垂直的入射光和出射光进行 90°转向，使其在水平方向上与光波导耦合。常见的耦合结构如

图 8-12 所示，(a)为 90°圆弧光纤/光波导耦合，(b)为 45°反射镜耦合，(c)为光收发器件直接与光波导耦合。其中(a)的 90°圆弧光纤加工起来困难，不利于集成；而(c)需要在PCB 上钻一大孔用于插入光收发器件，这样也会导致光收发器件本身散热困难，比较理想的耦合结构为(b)方案，其基本思路是在波导的端点制作出一个 45°全反射面，利用全反射面将 PCB 中水平的光线变成垂直的光线耦合到光收发模块中去。这种方法加工简单、镜面的粗糙度容易控制、适用范围广、容易大批量制作，很容易实现光的耦合，且使系统的集成度进一步提高，方便组装。

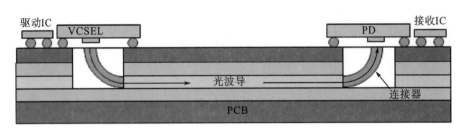

(a)90°圆弧光耦合

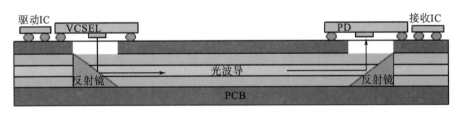

(b)45°反射镜耦合

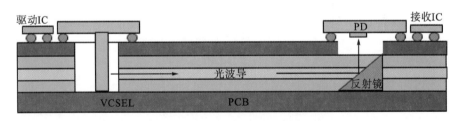

(c)光收发器件直接与光波导耦合

图 8-12　光电印制板中常见的光耦合结构

由于波导埋嵌在电路板之中，要想保证系统的传输效果，发射模块和接收模块对波导光信号的耦合非常的重要，图 8-13 为三种不同的 45°反射镜耦合结构。

第一种是以日本 NTT 为代表的微透镜和微反射镜组合耦合的方式(图 8-13(a))。光波导上面的一个凹腔中充满透明波导物质，填充波导表面抛光后，就在其上形成微透镜阵列。采用扩散的方法，利用固体基底表面曲张，形成微透镜阵列。但由于在波导上制作微透镜对精度要求很高，而在表面曲张的实际操作时微透镜的曲率半径难以保证，所以采用微透镜耦合的方法非常困难。

第二种是以韩国 KAIST 为代表的直接对准方式，即将光发射/接收芯片与波导层直接对准(图 8-13(b))。这种方式采用了改造后带 45°端面的 MT 连接器作为光纤同光发射/

接收模块的耦合器件，MT 连接器是目前常用于光纤阵列的一种耦合方式，它具有体积小、定位精确、插入损耗小等优点。先在 MT 连接器上插入一小段光纤，将光纤一端磨制成 45° 端面，这个 45° 的端面同空气接触正好形成一个全反射面，通过端面的反射实现波导层与 MT 连接器之间的光耦合。MT 连接器的光纤对准误差可以达到 $0.5\mu m$，光损耗主要发生在 45° 全反射面。这种耦合方式的好处在于消除了微透镜阵列带来的光损耗，所需要的耦合精度更大。

　　第三种是日本日立化成工业株式会社在 2008 年制作的基于 45° 反射镜的光耦合结构（图 8-13(c)），该结构简化了日本 NTT 公司的结构，不使用微透镜阵列，直接在波导的端面制作 45° 反射镜。

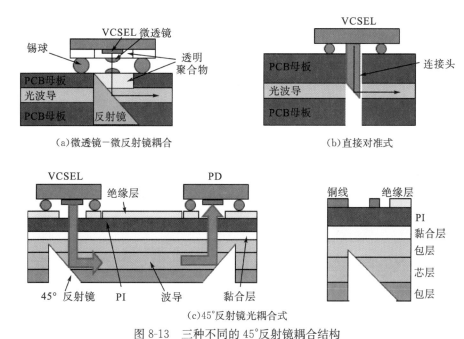

(a)微透镜−微反射镜耦合　　　　　　　　(b)直接对准式

(c)45°反射镜光耦合式

图 8-13　三种不同的 45° 反射镜耦合结构

　　45° 反射镜耦合结构，主要从三个方面影响光电路板的性能：

　　(1)45° 镜面的粗糙度。利用 45° 全反射面将 PCB 中水平的光线反射变成垂直的光线，45° 镜面的粗糙度影响镜面的反射效率，需要进行严格控制。一般要求 45° 斜面的粗糙度控制在 100nm 以下，且镀金镜面比镀铜具有更高反射效率。

　　(2)45° 镜面的角度偏差。要求控制在 ±1 以内，此时所增加的损耗 <1.5dB。

　　(3)45° 镜面的对位公差。即反射镜中心位置与表层光器件焊盘之间的偏差。VCSEL 发射的光源经过介质，在镜面表面反射并传输一定距离后，会产生严重的发散，从而使得光电路板系统的光学损耗增大。因此，为了减少光的发散，需要尽量减小 VCSEL/PD 距离光波导表面的距离。然而，$X-Y$ 方向上的偏差会大幅度增加系统的光学损耗，如 $X-Y$ 方向上偏差 $\pm 10\mu m$，会使系统的损耗增加 4.5dB 以上。因此，如何实现器件与镜面的高精度对准，是需要重点攻克的难点。

　　不同反射镜加工方法及其损耗如表 8-2 所示。

表 8-2　不同反射镜加工方法及其损耗

反射镜加工方法	耦合损耗(1dB)	备注
RIE	0.1(650nm)、0.3(850nm) 0.7(1310nm)	主要用于 Wafer 级光互联耦合
激光烧蚀	0.3	可用于光背板
90°-V 型刀切割	0.1(单模)、0.27(多模)	可用于光背板、Wafer 级光耦合
Gray-scale 光刻	1.5~1.7	可用于光背板
注塑成型	3(±250μm 公差)	可用于光背板
反射镜+微棱镜	1(±50μm 公差)	可用于光背板
末端耦合	6(±50μm)	不用于光背板
反射镜+球型棱镜	8(±50μm)	不用于光背板

8.2.4　光电印制电路板的三个时代

　　世界著名的电子产品市场咨询、调查公司——英国 BPA 公司曾在近期发表了光波导线路产品、技术的发展前景预测报告。根据 BPA 国际顾问公司分析，光电印制电路板可分为三个时代的技术，即分散型光纤连接(discrete fiber interconnects)技术、挠性基板光传接(flex foil interconnects)技术和混杂式光电连接技术。三代光电印制电路板的发展路线如图 8-14 所示。

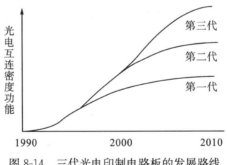

图 8-14　三代光电印制电路板的发展路线

1. 第一代光电印制电路板

　　第一代光电印制电路板是在 PCB 上分散纤维光芯片－芯片互联和板－板互联，发展于 20 世纪 90 年代初期，主要使用分离式光纤及光纤连接器来进行模组与模组之间或模组与元器件间的互换，为目前大型主机所广泛采用。由于构造简便，因此可提供较低廉的点对点光连接。采用单模(discrete)光纤在载板内的光互联，是过去已采用的光纤通信技术的一种衍生。它比较容易

图 8-15　第一代——光纤互联

实现将光通信信号由一点传递到另一点的定向传送。例如，在美国等国家已出现了波分复用(WDM)装置及高终端通路(high end router，HER)等开发成果，就是这种形式的实例，如图 8-15 所示。

2. 第二代光电印制电路板

第二代光电印制电路板基于挠性基板光连接技术，发展于 20 世纪 90 年代中期，利用挠性基板进行光纤分布，同样地，该技术可应用如前所述的连接器进行点对点的光连接。挠性光波导薄板构成光信号网络，是光波导线路产品形式和技术的第二发展阶段的最突出特点。由光纤替代了金属丝线，以挠性材料作为固定的载体，实现挠性光纤的光信号传送。在配线中的特性阻抗高精度的控制方面，它比原有电气配线形式也有了明显的改善。其应用实例如图 8-16 所示。

3. 第三代光电印制电路板

第三代光电印制电路板采用混杂式光电连接技术，根据埋入式材料和结构的特点，大概可以分为 4 种技术：表面型高分子波导、埋入式高分子波导、埋入式光纤技术及埋入式光波导玻璃。与前两种最大的区别是此技术可提供多回路的光波导，而且可以与有源及无源元件进行连接。第三代的光波导线路方式，是以现有印制电路板与光传送线路形成一体化的光电印制电路板。实现这种复合化的优点在于：在印制板上，与初期阶段引入光纤配线形式相比，具有更高的光传送线路的布线密度，同时还实现了光电转换元件等的自动化安装。在 PCB 内的光传送通路使用材料方面的开发动向，采用了低传送损失、高耐热性的高聚物作为光波导线路材料。其应用实例如图 8-17 所示。

图 8-16　第二代——挠性箔光互联

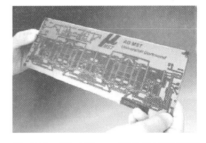

图 8-17　第三代——埋入光波导互联

三代光电印制电路板的特点如表 8-3 所示。

光电印制电路板的关键技术及其应用前景如表 8-4 所示。

表 8-3　三代光电印制电路板的特点

时代	开始时间	特点
第一代	1990 年	在 PCB 上分散纤维光芯片－芯片互联和板－板互联
第二代	1995 年	挠性基板光连接技术
第三代	2000 年后	混杂式光电连接技术

表 8-4　光电印制电路板的关键技术及其应用前景

光电路板形态 光互联方式	关键技术	应用场景
光电路板	高可靠性、低损耗阵列光波导; 低损耗耦合结构; 光电路板层压工艺; 高精度对准技术	单板上芯片/模块级高速互联,≥10Gbps 光背板上的子板、消费类电子、集成 PLC、 高密光口、高速计算机
光背板	高可靠性、低损耗、多层阵列光波导; 光链路设计; 光耦合技术、高密光连接器; 高精度组装技术	板间高速互联,≥10Gbps 高端服务器、路由器、高速计算机系统
柔性光电板 刚性光电板	高可靠性、低损耗阵列光波导; 高密光连接器、光耦合技术; 高精度组装技术	高速互联,≥10Gbps 服务器、手机、消费类电子、框间光互联

8.3　光电印制电路板用光波导材料

8.3.1　光波导材料的结构

　　传统印制电路板的电信号传输的介质是铜导线,而光电印制板中光波导线路的光信号传输介质是外有包覆层的、通过光的不断折射而达到光传送作用的内芯通路,即介质

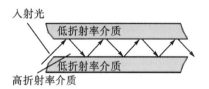

图 8-18　介质光波导的光传输示意图

光波导。介质光波导(简称光波导)是一种能够将光波限制在其内部或其表面附近,引导光波沿确定方向传播的介质几何结构,如图 8-18 所示。光在衬底界面(简称下界面)和包层界面(简称上界面)上不断发生全反射时,光波能够限制在光波导内以锯齿形光路传播。

　　介质光波导包括具有对称性或者直角对称性的平面光波导(平板波导、矩形波导和脊形波导)和具有圆形截面的圆波导(光学纤维,简称光纤)如图 8-19 所示。目前常用的光波导材料横截面为矩形,其芯宽幅为 50~150μm,如图 8-20 所示。

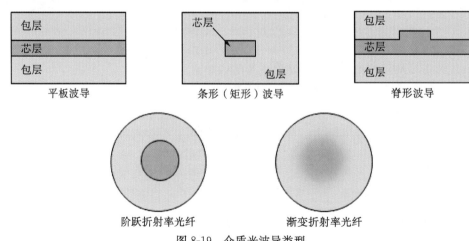

图 8-19　介质光波导类型

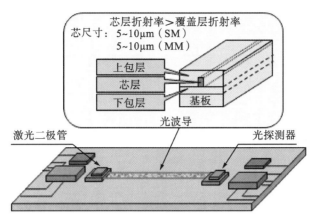

图 8-20　矩形光波导材料的构造

8.3.2　光波导材料的性能要求

光波导线路用材料的主要性能要求为：

1)低光传输损失

低光传输损失性是选择光波导线路用材料的最重要条件。在收发的光波波长约为850nm 下，它的光传输损失应该为 0.1~0.3dB/cm。日本有文献还提出更严格的光波导线路光传输损失的标准：在 PCB 中的光波导线路长为几十厘米的情况下，它的传输损失不能大于 0.1dB/cm。

折射率(index of refraction)是衡量光传送性材料的光学性能好坏的一个重要标准，材料的光传输损失实际上是光在介质中通过的损失，因此，介质材料的折射率越高，它的损失就越小。折射率可从侧面来表征某种材料的光传输损失大小。介质的绝对折射率(n)是光在介质与在真空中传送速度之比，即 $n = v/c$。其中 v 为在某一介质中的传送速度，c 为真空中光的传送速度。

作为一种光波导线路中光传送介质——光波导线路用材料(确切讲是内芯通路材料)，它的折射率与在此介质中光传送速度成正比，与光传输损失成反比。因此，光波导线路用材料的透明性越好，其折射率越高，光波导线路的光传输损失则越小。但在光波导线路材料的实际研发中，要考虑它的制造成本以及其他特性、加工工艺性等问题，因此有的研发机构(如松下电工公司)提出它的折射率应达到的一个范围，即 1.50~1.56 为佳，否则会使成本升高。有的研究报告还提出，光传输损失还与载体材料的外缘表面的粗糙度相关。当表面粗糙度越大时，其传输损失就越大。

2)高的耐热性

在 PCB 的制造过程中，为了保证光波导线路经历多次加压加热及回流焊工艺过程中的热冲击后还能够保持性能稳定，光波导线路用材料必须要有高耐热性。光波导线路用材料在 PCB 工艺加工、元器件安装过程中，要受到热冲击、冷－热温度循环条件的考验，就会引起多种材料的线膨胀率变化；由于受到氧化、热分解的影响而产生材料的变色等问题，也会影响材料的传送特性。光波导线路用材料的耐热性可以用玻璃化温度(T_g)来表征。有研究文献提出，作为光波导线路用材料，它的 T_g(DMA 法)应该达到160℃以上。

3)良好的固化加工性

4)要与 PCB 制造工艺相适应

要满足在基板内构成的光波导线路的表面平滑性达到基板的平整性的要求;要满足光波导线路末端的光互联要求等。

5)低吸湿性的要求

在高–低温反复循环变化下的线路仍能保持高可靠性。

同时,对应用于芯层、覆盖层等材料的性能的要求也是不一致的。应用于光线路材料的性能要求如表 8-5 所示。

表 8-5　应用于光线路材料的性能要求

层	功能	要求	材料
芯层	光波导性能决定于芯层材料特征	高导光能力、低传输损失、高热稳定性、低吸水、低双折射	丙烯酸酯、PMMA、PS、PC、SU-8(环氧)、PI、f-PI、光胶黏剂、溶液–溶胶
覆盖层	覆盖层折射率小于芯层折射率	低双折射	丙烯酸酯、Topas（COC）、BCB、f-PI、溶液–溶胶
基板		高稳定性	FR-4、FR-5、PI、LTCC、SiO₂、玻璃纤维
内缓冲层	与其他材料的热膨胀系数相等	有效的导热性能	导热胶片

8.3.3　主要光波导用聚合物材料

光电印制电路板中光波传输需要一种特殊的材料来完成,这种材料叫光波导材料。表 8-6 列举了常见的集成光学材料。

表 8-6　常见的集成光学材料

材料	芯层折射率@1550nm	芯层/包层材料	芯层/包层折射率差	损耗 dB/cm@1550nm
SiO₂	1.45	Ge：SiO₂/SiO₂	0~0.5%	0.05
Si	3.4~3.5	Si/SiO₂	50%~70%	0.1
InP	3.2	InP、GaAs/空气	~100%	3
LiNbO₃	2.2	Ag(Ti)：LiNbO₃/LiNbO₃	0.5%	0.5
聚合物	1.3~1.7	靠配比改变折射率差	0~35%	0.1

在这些材料中,聚合物光波导材料具有制作工艺简单、成本低、合成容易、折射率可调、低光损和低双折射率等优点,为传统的光学器件提供了良好的集成平台。

从 20 世纪 70 年代开始,聚合物就被用来制作光波导膜层,发展到今天,技术已经十分成熟。当前研究的光通信波段聚合物光波导材料用的主要是低传输损耗聚合物,如聚甲基丙烯酸甲酯(PMMA)及其衍生出来的氟化物和氘化物、环氧树脂、含氟聚芳醚和聚芳硫醚、耐高温的氟代 PI、苯并环丁烯(BCB)、聚硅氧烷、聚硅烷、聚碳酸酯等。这些聚合物具有不同的结构,其折射率、热稳定性和光损耗性能有很大的差别。

1. 聚甲基丙烯酸甲酯及其氟化物和氘化物

聚甲基丙烯酸甲酯(PMMA)是以丙烯酸及其酯类聚合所得到的聚合物,俗称有机玻璃,由于具有较好的溶解性和稳定性,已经被使用作为波导器件的芯层材料。PMMA 在可见光区的透光性能优异,但在近红外波段,由于聚甲基丙烯酸中甲基和亚甲基的C—H键吸收峰耦合使吸收峰较宽,使其具有较高的光传输损耗。氘化和氟化的 PMMA 基材料是在这种传统的光学材料的基础上发展起来的,并在通信波长段已经广泛的发展,氟化与氘化丙烯酸酯单体的结构见图 8-21。其分子结构中的氢原子部分或全部被氘或氟取代,从而减少了在近红外区的通信波段的光传输损耗。

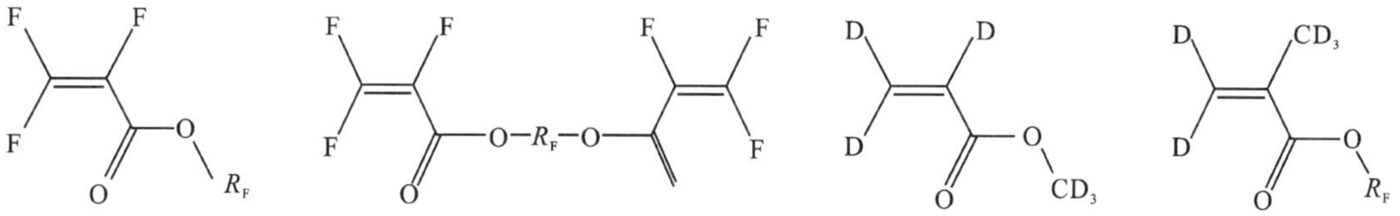

图 8-21 氟化与氘化丙烯酸酯单体的结构

据报道,全氘化 d-PMMA 在 $1.3\mu m$ 波长处,传输损耗小于 $0.1dB/cm$,且其他物理性质与普通 PMMA 相同,具有较低的双折射率和简单的加工工艺等优点。但是,d-PMMA 在 $1.55\mu m$ 处的光损耗大于 $1.5dB/cm$。这是由于氘化聚合物 C—D 键二次伸缩振动吸收峰虽然在 $2.2\mu m$ 附近,但三次伸缩吸收峰却在 $1.55\mu m$ 附近,从而造成了一定的光损耗。含氟 PMMA 在 $1.55\mu m$ 波长处吸收衰减大幅度降低。德国的 Th. Knoche 等合成了 TFPMA(甲基丙烯酸三氟甲酯)和 TeCEA(甲基丙烯酸四氟乙酯)共聚物,这种共聚物在 $1.3\mu m$ 波长处的传输损耗为 $0.1dB/cm$,$1.55\mu m$ 处小于 $0.3dB/cm$。通过改变 TFPMA 与 TeCEA 的比例,共聚物的折射率可以在 $1.448\sim1.519$ 范围内来调节,但是它的 T_g 只有 $86℃$左右,所以使用这种材料制作的光波导器件对加工温度和使用温度都很挑剔。

2. 环氧树脂

环氧树脂是泛指分子中含有两个或两个以上环氧基团的有机化合物,除个别外,它们的相对分子质量都不高。环氧树脂的分子结构是以分子链中含有活泼的环氧基团为其特征,环氧基团可以位于分子链的末端、中间或成环状结构。

感光性环氧树脂作为光电线路板的内芯材料,具有传输损失低、成本较低、易于产业化的优点,在日本主要有 NTT、Hitachi Cable、Fuji Xeror、Nitto Denko 等公司制成这种环氧树脂。

Fraunhofer 研究所采用环氧波导,使用加热模压法(hot embossing)制作的波导层用 UV-固化环氧做芯材,用 COC-箔做基板和覆盖层,在 850nm 时其光损失为 $0.1\sim0.3dB/cm$,热稳定性为 $125℃$(长期耐热)和 $300℃$(短期耐热)。采用平版影印法(photolithography)制作的波导层以 UV-固化环氧为芯层和覆盖层,以 FR-4 作基板,在 850nm 时其光损失为 $0.25\sim0.6dB/cm$,热稳定性为 $200℃$(长期耐热)和 $380℃$(短期耐热)。

3. 含氟聚芳醚和聚芳硫醚

作为低介电常数材料，含氟聚芳醚具有良好的热稳定性和机械性能、低的吸湿率和在近红外区域很高的光透射率，成为优良的光波导材料。FLARE™是一系列以十氟联苯为单体的含氟聚苯醚，其分子中氟的含量很大，形成很高的红外透射率。韩国电子及通信研究所的 Lee Hyung-Jong 等通过引入封端单体合成出交联的聚芳醚，在 $1.55\mu m$ 处的传输光损耗小于 $0.2dB/cm$，双折射仅为 0.007，热分解温度可达 $510℃$（N_2 保护下）。$1.55\mu m$ 波长处的折射率，通过改变分子量可以在 $1.495\sim1.530$ 范围内调节。它比含氟PI 性能优异，是极具价值的材料，如图 8-22 所示。

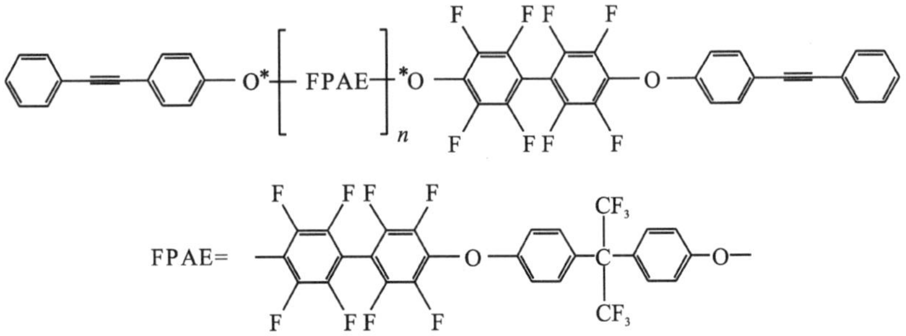

图 8-22　含氟聚芳醚的化学结构

韩国光州科技学院的 Jang-Joo Kim 等合成了一系列可交联的含氟聚芳硫醚（fluorinated poly aryleneether sulfide，FPAESI），通过交联可以使这类材料具有良好的热稳定性，T_g 从 $120℃$ 升到 $170℃$，分解温度（5%失重）为 $425℃$。通过调节改变六氟双酚 A 和三氟双酚 A 的共聚比，$1.55\mu m$ 处的折射率可控制在 $1.52\sim1.53$；双折射为 $0.0044\sim0.0047$，传播中的光损耗小于 $0.42dB/cm$。同时硫原子的引入增加了聚合物薄膜与基底的黏附性。图 8-23 为交联 FPAESI 的分子结构。

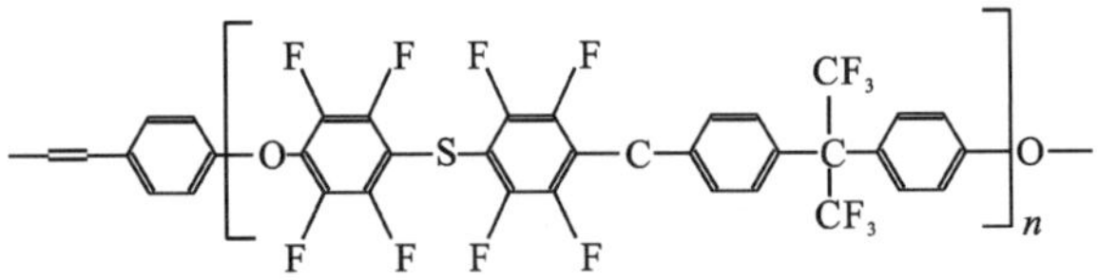

图 8-23　交联 FPAESI 的分子结构

4. 含氟聚酰亚胺（f-PI）

PI 是指主链上含有酰亚胺环（—CO—NH—CO—）的一类聚合物，由于其 T_g 高、介电常数低、膨胀系数低等特点，很早就被应用于宇航、电子行业作为耐高温绝缘材料，但在光波导领域的应用研究则是近几年才开始的。当把氟原子引入 PI 中后，可以降低其在近红外区域的传输损耗，同时阻隔了 PI 的发色中心，减少了它们的电子相互作用，在可见光下黄色的 PI 变成白色，因而更加透明，图 8-24 为含氟 PI 的典型结构。普通的 PI 为不溶的有机物，但含氟 PI 的溶解性一般很好，这为光学器件加工带来方便。同时，材料的吸湿率也随着氟含量的增加而降低。含氟 PI 兼具 PI 的耐高温特性和掺氟后的近红外吸收小的特点，耐热温度可达 $380℃$，近红外的传输损耗约为 $0.3dB/cm$，达到了实用要求，PI 的折射率大小可以通过调整共聚物的含氟量从而调节折射率的大小，所以波导芯层和包层都可以采用含氟 PI。

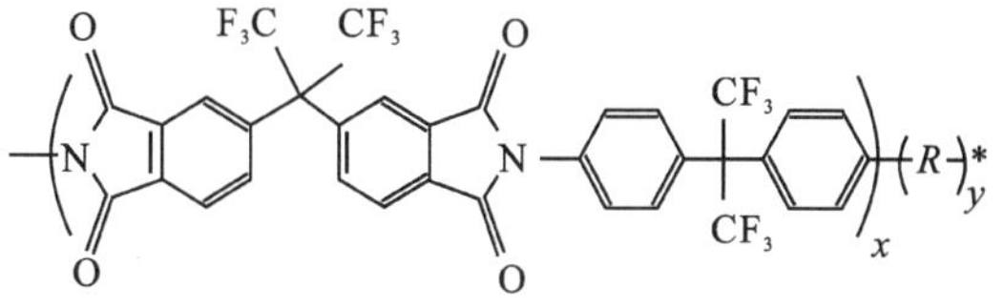

Ultradel9020D

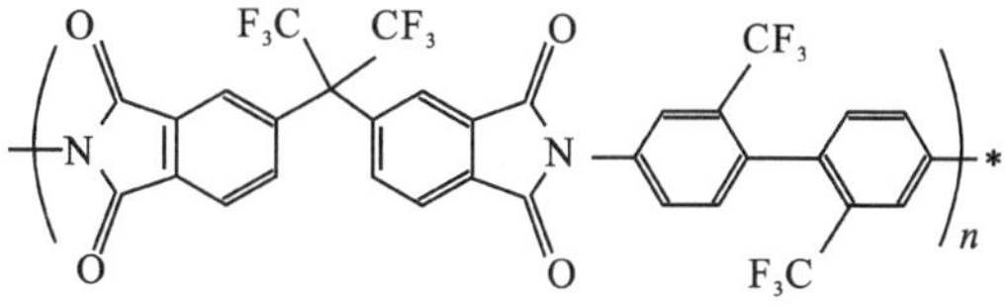

TFDA/TFDB

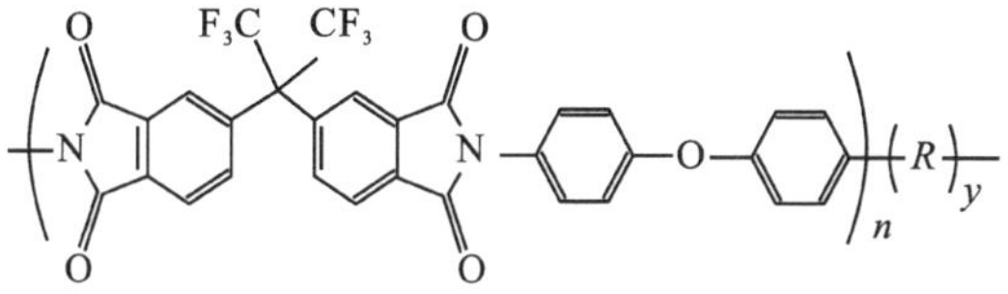

Amoco 4212

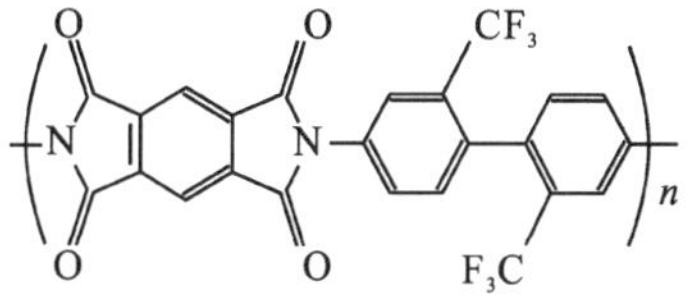

PMDA/TFDB

图 8-24　含氟 PI 的典型结构

5. 聚硅氧烷

聚硅氧烷是一类以重复的 Si—O 键为主链，硅原子上直接连接有机基团的聚合物，其结构通式如图 8-25 所示。

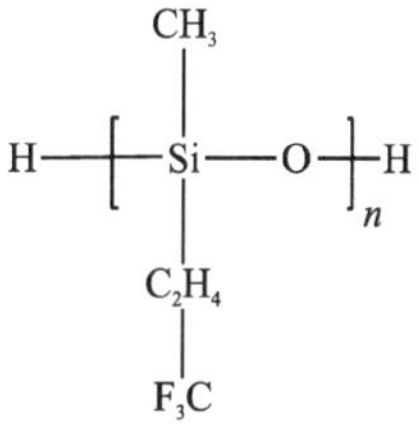

图 8-25　聚硅氧烷的结构通式

聚硅氧烷以 Si—O 键为主链，比普通的(—C—C—)主链聚合物的热稳定性优异，目前多采用氘或氟来取代烷基的氢，以降低在近红外区域的传输损耗。日本 NTT 公司开发研究了一种氘代聚硅氧烷，所做的通道波导在 1.3μm 波长处的传输损耗为 0.17dB/cm；在 1.55μm 时为 0.43dB/cm。折射率可以通过控制氘代苯基的含量来调节。它的热性能与氘代 PMMA 和含氟 PI 的比较表明，150℃时氘代 PMMA 开始失重，450℃完全分解，而含氟 PI 和氘代聚硅氧烷 400℃以下重量没有变化，400℃才开始分解，但氘代聚硅氧烷的失重较少。德国 Frsaunhofer-Gesellschaft 公司开发了商品名为 ORMOCERs 的硅氧烷和全氟基有机单体或改性单体共聚聚合物，其结构如图 8-26 所示。这种共聚物侧基被氟取代后，红外波段传输损耗在 1.3μm 处小于 0.3dB/cm，在 1.55μm 处小于 0.4dB/cm，而且还可以通过含氟量来调节折射率。

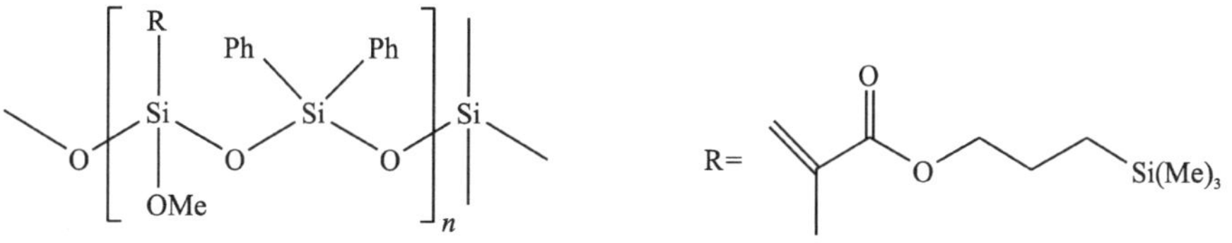

图 8-26　ORMOCERs 结构通式

6. 全氟环丁基芳基醚聚合物

全氟环丁基芳基醚聚合物(PFCB)是由双官能团或三官能度的芳基三氟乙烯基醚与全氟环丁基醚共聚得到的。Sharon Wang 等合成了一种全氟环丁基醚聚合物，具有良好的热稳定性能(T_g 为 38～350℃)，在 1.31μm 处折射率在 1.447～1.546 范围内可调，传输损耗仅为 0.26dB/cm，双折射率为 0.001～0.009，光学性能稳定，溶解性良好。

7. 光刻胶材料

光刻胶(又称光致抗蚀剂)是指通过紫外光、准分子激光、电子束、离子束、X 射线等光源的照射或辐射，其溶解度发生变化的耐蚀刻薄膜材料。由于光刻胶具有光化学敏感性，可利用其进行光化学反应，将光刻胶涂覆半导体、导体和绝缘体上，经曝光、显影后留下的部分对底层起保护作用，然后采用蚀刻剂进行蚀刻就可将所需要的微细图形从掩模版转移到待加工的衬底上，因此光刻胶是微细加工技术中的关键性化工材料。如果直接用光刻胶作为结构材料制作光波导，既能使光波导器件制作工艺大大简化、减少制作步骤，又能降低制作费用。

香港大学 K. K. TUNG 等利用商品化的光刻胶 SU-82000 制备光波导器件，该光刻胶曝光交联后具有较高玻璃化转变温度(T_g>200℃)和高热分解温度，旋涂层膜后，仅通过曝光显影就能得到光波导图案。但是其光损耗比含氟的聚合物高很多(1550nm 波长下光损耗 1.25～1.75dB/cm)。图 8-27 为 SU-8 薄膜不同波长下的折射率。

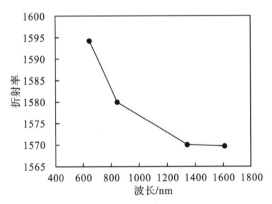

图 8-27　SU-8 薄膜不同波长下的折射率

商品化光波导材料的性能参数如表 8-7 所示。

表 8-7　商品化光波导材料的性能参数

聚合物	商品名	折射率 −550nm	光损失		CTE /($10^{-6} \cdot K^{-1}$)	T_g/℃
			840nm	1300nm		
卤代丙烯酸酯	ZPU12-R1	1.45～1.47	—	—	200～300	—
丙烯酸酯	Truemode[TM]	1.45～1.51	<0.04	<0.4	60	150
丙烯酸酯	GuideLink[TM]	1.50～1.55	0.18	0.20	25～35	—
苯并环丁烯	Cyclotene[TM]	1.50～1.55	0.80	0.80	52	350
苯并环丁烯	ZP1000M	1.52～1.56	—	—	79～90	189～236
混杂材料	ORMOCER[TM]	1.67	0.20	0.26	50～250	—
环氧树脂	SU-8[TM]	1.58	0.20	—	47～57	200
聚碳酸酯	Bayer	—	—	—	—	—

聚合物	商品名	折射率 −550nm	光损失		CTE /(10⁻⁶·K⁻¹)	T_g/℃
			840nm	1300nm		
聚醚醚酮	Amoco	1.59			19	
聚醚酰亚胺	UltemR[TM]	1.7	—		—	—
聚酰亚胺	Pyralin	1.7	—		16~60	300
聚酰亚胺	HD 4010	1.7			35	350
聚酰亚胺	PIMEL[R]1	1.7	—	—	50	—
聚酰亚胺	1~700s	1.7			55~60	—

8.3.4　聚合物光波导材料性能提高方法

伴随着光学通信技术的不断进步，集成光路和光学连结等技术领域对所需结构材料性能提出了更高的要求，而光学性能(耐热性、折射率和光传播损失)作为聚合物光波导材料的重要性能，尤其是传统光波导材料，欲工业化应用，其光学性能必须得提高(以PMMA 为例)。

1.　提高耐热性

(1)增强高分子链间相互作用力。当 MMA 与具有活泼氢的单体共聚时，活泼氢与羰基上的氧原子形成氢键从而提高其耐热性。含有活泼氢的单体，如丙烯酸、甲基丙烯酸、丁烯酸、丙烯酸胺、甲基丙烯酸酰胺等。如用 10%N-苯基甲基丙烯酸酰胺与 MMA 共聚时，其维卡软化点提高到约 154℃；又如用甲基丙烯酸(MAA)改性 PMMA，当 MAA 的含量在 5%左右时，可使其维卡软化点提高 20~30℃，且透光率不降低；再如 MMA 与丙烯酸(AA)的共聚物耐热性大大提高，AA 含量为 5%左右时，共聚物容易制备，软化点温度从 125℃提高到 140℃，且有机高分子折射率明显提高。

(2)引入金属离子。将金属以离子形式引入有机高分子的分子链段中，由于离子键具有较强的相互作用，使分子链的刚性增加，显著提高有机高分子的玻璃化转变温度 T_g，从而提高有机高分子的耐热性能。如甲基丙烯酸金属盐(Sn、Pb、Ba 等)与 MMA 共聚时，可在高分子中引入金属离子，形成二维或是三维结构，可以将玻璃化温度 T_g 提高到250℃以上。

(3)增加链刚性。在 PMMA 主链上引入大体积基团(环状结构或大单体)的刚性侧链，可提高其耐热性。常用的大单体有甲基丙烯酸多环降冰片烯酯(NMA)、甲基丙烯酸环己基酯、甲基丙烯酸双环戊烯酯、甲基丙烯酸苯酯、甲基丙烯酸对氯苯酯、甲基丙烯酸金刚烷酯(ADMA)和甲基丙烯酸异冰片酯(IBMA)。例如，在 PMMA 中引入 20%的NMA，共聚物 T_g 就可以提高到 125℃，性能优良，其可见透光率光弹性系数或双折射等方面都可与 PMMA 相媲美，且吸湿性低于 PMMA，密度比 PMMA 低 10%。

(4)加入交联剂。可用的交联剂有甲基丙烯酸丙烯酯、乙二醇二丙烯酯、丁二醇二丙烯酯等丙烯酯类、二乙烯基苯、二乙烯基醚等二乙烯基类以及甲基丙烯酸封端的聚酯、聚醚、聚醚砜等。如在 MMA 中加入甲基丙烯酸环氧丙酯进行共聚，热固化使引入的环

氧基团进行开环交联，使有机高分子膜层形成三维交联网状结构，不仅使玻璃化温度从
373 K 提高到 398K，而且降低了材料的双折射率。

(5)掺杂刚性分子。纳米 SiO_2 颗粒能够大幅度提高 PMMA 的热稳定性和玻璃化转变
温度 T_g。提高折射率(n)光波导层折射率的误差要小，并且芯层与包层的折射率之差至
少为 8%。折射率越高，意味着光损耗会越小，选择材料的范围会越广。

2. 提高折射率

提高折射率的方法如表 8-8 所示。

表 8-8 提高折射率的方法及举例

序号	方法	举例
1	离子照射	高强度照射的 PMMA 光波导对应高的折射率
2	电场作用	当电场强度在 0~20kV/cm 变化时，折射率有所提高
3	引入双酚 A	引入前 n 为 1.481，当引入量达到 16wt%，n 为 1.495
4	引入金属离子	当介质中具有大极化率和小分子体积的基团时，n 较高
5	引入环状基团	折射率按：支化链< 直链< 环状链的顺序而变大
6	掺杂染料	在 PMMA 中掺杂染料(如分散红)来提高其折射率
7	掺杂纳米颗粒	在 PMMA 中掺杂纳米 TiO_2 颗粒可显著提高折射率

3. 降低传输损失

传统有机高分子光波导材料应用的最大障碍是在近红外波段($1.0~1.7\mu m$)的传播吸
收损耗大，因此降低光传播损失显得尤为重要，是实现其应用价值的关键。

表 8-9 降低光传播损失的方法及举例

序号	方法	举例
1	重原子代替氢	用氘、卤素(如氯、氟)等代替氢
2	控制弯曲半径	控制弯曲半径大于 15mm
3	降低翘曲	采用较薄的光学积层和较少表面涂层
4	增大透明度	薄膜的透明度越高，色泽越浅，波导损耗越小
5	掺杂光引发剂	在 PMMA 中掺杂光引发剂二苯基乙二酮制成光波导，当光引发剂浓度大约为 10%时，通过检测总损失可降到最小值 0.015dB
6	选用高沸点溶剂	用高沸点溶剂(如环己酮)，溶剂沸点越高，挥发性越小，所成薄膜表面粗糙度越小，平整度越好，高沸点溶剂可显著改善薄膜表面平整度，以降低波导的散射损耗

8.4 聚合物光波导的制作工艺

光电印制电路板的结构包括传统的 PCB 层、半固化片和光波导层。与传统印制电路
板加工工艺相比，光电印制电路板只是把聚合物波导层当作 PCB 其中一层进行层压而
已。光波导层使用的是有机聚合物，它是一种非常有应用前景的光电印制电路板材料，
其合成、加工、器件制备方面相对容易、价格低廉，且具有非线性光学系数较大、介电
常数相对较低、容易与半导体器件和光纤集成等优良性能。

聚合物完全不同于已有的具有规则结构的晶体材料，它是一种非晶态的固体，具有一定程度的柔韧性和可塑性。由于聚合物材料与传统无机波导材料的差别，当利用其来制作波导层时，其成型工艺也有其独特之处。同时，聚合物材料因其所具有的许多特殊的性能，在波导制作工艺上与传统的半导体材料也具有一定的差别。此外，不同种类的聚合物光波导材料需要采用不同的成型工艺。当然，在聚合物波导层的制备中也用到了半导体中的一些现有工艺，这也是聚合物能够迅速制备成波导层的基础。

一般而言，光波导层的制作方法应该遵循以下原则：

(1)光波导层的厚度和折射率的误差都要小，而且均匀。

(2)传输损耗小，通常应在 1dB/cm 以下。即光学透明度好，表面凹凸小，光学散射少。

(3)黏附强度大，与衬底附着性好，不存在分层现象。

(4)工艺重复性好，确保能批量生产。

8.4.1　反应离子蚀刻

反应离子蚀刻(reactive ion etch，RIE)技术开始于 20 世纪 80 年代初期，是利用等离子体高能量轰击和化学活性反应来达到蚀刻的一项技术。选择相应的化学气体，利用在等离子体腔中产生的低温等离子体，通过对被蚀刻基片的物理溅射轰击和化学反应双重作用，获得抗蚀剂掩蔽下的精细三维微浮雕结构。使用 RIE 形成光波导的原理见图 8-28。

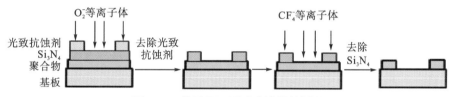

图 8-28　使用 RIE 形成光波导的原理

由于蚀刻过程中，物理溅射轰击和化学反应的双重作用是在特定气相条件的等离子态下进行，因此蚀刻机工艺参数的选择是否得当，对被蚀刻元件的最终质量有直接影响。这些工艺参数主要包括：射频功率的大小、反应腔的腔压、等离子鞘层所形成的自偏压、反应时抽速的快慢、反应气体与辅助气体的混合比等。这些参数之间独立可调而又彼此影响，因而使得蚀刻工艺处理的灵活性和可选择范围相当的大。

蚀刻工艺是对膜层的剥离过程。通常采用的蚀刻工艺有四种：化学蚀刻、离子蚀刻、等离子化学蚀刻和反应离子蚀刻，第一种称为湿法蚀刻，后三种称为干法蚀刻，其特点如表 8-10 所示。

表 8-10　几种蚀刻工艺的特点

项目	化学蚀刻	离子蚀刻	等离子化学蚀刻	反应离子蚀刻
蚀刻机理	化学	物理	化学	物理+化学
蚀刻宽极限/μm	≥2	0.01~1	1	0.5~2
工作气压/Torr	—	$2\times10^{-4}\sim10^{-6}$	1~10	10^{-2}
入射离子能量/eV	—	>100	<10	10~100

项目	化学蚀刻	离子蚀刻	等离子化学蚀刻	反应离子蚀刻
台阶坡度控制	不能	可控	不能	不能
蚀刻选择性	良	较差	较好	还好
蚀刻均匀性	—	±5%	±15%	±8%
形貌	差	清晰	一般	一般
沾污	较强	极微	较弱	较弱
蚀刻材料	有限制	无限制	有限制	有限制
蚀刻装置	简单	较复杂	较复杂	较复杂

蚀刻过程包括活性粒子扩散（或轰击），化学吸附、反应，生成物解吸和生成物扩散（或溅射）脱离固体表面这几个步骤，主要是依赖于活性粒子与固体表面之间的化学反应。由于活性粒子所具有的能量主要损耗于化学反应，物理轰击的能量小，因此对器件的影响小。RIE 是一种广泛使用的模式转换技术，提供了容易控制的蚀刻速度、选择性和无残余的表面。它兼有离子蚀刻和等离子化学蚀刻的优点，分辨率高、蚀刻速度高、针孔密度低。它是一种物理作用与化学作用共存的工艺。这一方法并不改变材料的折射率，而是利用传统的半导体工艺中的等离子体干法蚀刻技术直接在聚合物薄膜上蚀刻出所需的波导。

8.4.2 平版影印

平版影印（photolithography）又称为显影（光）蚀刻，首先是在基板上用旋转涂布的方法涂上一层具备低折射率的下包层，再在其上涂布作为芯层材料的高折射率层，并将其用曝光显影的方式设计出符合需要的波导芯层的尺寸大小，最后再在其上涂布与下包层相同材料的上包层，这样就完成了整个平版影印光波导制程。这种方法与 PCB 的制程相容性高，而且设备也相当成熟，但是要获得能够符合要求尺寸的芯层是这种方法的关键。

根据光致抗蚀剂（photo resist）被曝光部分发生光化学反应种类的不同，可以将光致抗蚀剂大致分为正性光致抗蚀剂和负性光致抗蚀剂两种类型。被曝光部分发生交联反应的抗蚀剂，经过显影后，该曝光部分被保留下来，未曝光部分则被除掉，这种光致抗蚀剂称为负性光致抗蚀剂；而被曝光部分发生分解反应的抗蚀剂，经过显影后，曝光部分被除掉，未曝光部分留下来，这种光致抗蚀剂称为正性光致抗蚀剂。选用光致抗蚀剂与衡量光致抗蚀剂优劣的标准，包括对光源的灵敏度、对图形的分辨率、涂布的均匀性以及对蚀刻工艺的耐腐蚀性等。图 8-29 为聚合物光波导平版影印制造过程。

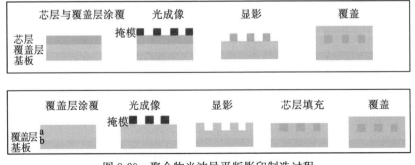

图 8-29　聚合物光波导平版影印制造过程

8.4.3　激光刻蚀技术

将激光照射到材料上，使之熔化然后蒸发掉的工艺称为激光烧蚀（laser ablation）。现在常用的是紫外光准分子激光器，它的优点是脉冲短，能量密度高，材料对紫外光的吸收率高，消融效率高。这种加工为干法加工，可免除使用湿法加工带来的不便和污染。

紫外激光直接作用在材料上并去除材料一般有两种方式：消融（ablation）和刻蚀（etching）。消融过程在空气或者真空中进行，通过激光加热材料而引起材料熔化、汽化，进而造成材料的去除，一般没有化学反应发生，不需要蚀刻剂。刻蚀过程需要针对材料的刻蚀剂，刻蚀剂与材料在 UV 激光 "催化" 下发生化学反应，生成挥发性物质，从而去除待刻蚀材料。

激光刻蚀材料的机制有光热（photothermal）和光化学（photochemical）两种。光热机制是激光能量转化为热能，使材料被加热而汽化或者热分解。光化学机制是无热过程，通过化学分解反应去除材料。

8.4.4　加热模压

加热模压（hot embossing）法首先需要针对所需导光层的图案进行压模的制作，在温度和压力的作用下，将模板上的图形转印在光聚合物材料上，去模后就可获得所需要的光波导凹槽，然后在凹槽中填入光波导材料，最后再在顶端覆盖一层上包层，就完成了导光层的制作。另一种加热模压法首先将波动制作成肋条状，然后与聚合物基材进行热压，再通过恰当的包覆形成光波导层。

加热模压法成本较低，精度高，表面光滑，但是能够获得的光波导长度较短，对材料的热稳定性有较高的要求。为了适应高温的加工过程，应使用高 T_g 的材料，如环烯烃类共聚物树脂材料（COC）或者聚碳酸酯（PC）等，模压工具通过远紫外线光刻技术结合电铸技术制作而成。图 8-30 为两种加热模压制造波导层方法。图 8-31 为集成光波导层的 PCB 板截面图。

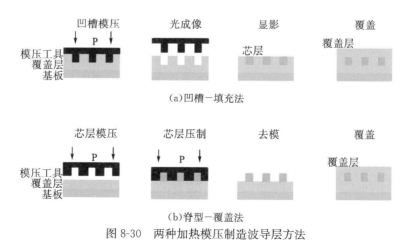

图 8-30　两种加热模压制造波导层方法

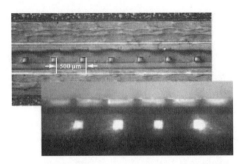

图 8-31　集成光波导层的 PCB 板截面图

8.4.5　激光直接写入

激光直接写入(laser direct writing)技术是采用激光光束，经聚焦透镜聚焦在涂有光刻胶的基片上，实现对光刻胶的选择曝光，其工艺过程如图 8-32 所示。

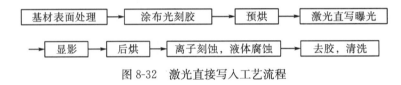

图 8-32　激光直接写入工艺流程

激光直写技术工艺简单，无需掩模，避免了多套掩模之间的对准环节，加工精度高，速度快，无污染，成本低，易于实现柔性化，因此被认为是具有工业化应用前景的柔性布线技术而持续成为国外的研究热点。该工艺的难点是波导侧壁粗糙度的控制和大尺寸波导器件的加工，批量生产时，需要检测工艺的重复性。利用激光直写技术得到高质量光刻胶图形，其关键是各个曝光参数的优化组合，因此在曝光之前必须先将各个曝光参数匹配好。系统曝光参数包括：工件台扫描速度、拼接指数、扫描前距、量化栅距、离焦量和曝光量等。

8.4.6　电子束写入法

电子束写入法(electron beam writing)是利用高能量的电子束直接射入低折射率的覆盖层中，有机光波导材料受到高能量电子束的照射后分子结构产生变化，其折射率增加，从而形成高折射率的芯层部分。这种方法可简化光波导制程，因而是一种很被看好的技术。

8.4.7　光漂白技术

光漂白(photobleaching)技术是利用某些聚合物材料所具有的光敏成分在光照的情况下发生光化学反应，最终在曝光部分和未曝光部分形成折射率差，从而获得所需的光波导。如聚硅烷材料在空气氛围中经紫外光辐照，主链中的 Si—Si 键断裂，同时与空气中氧气的游离基结合，形成硅氧烷化学键，结果可使折射率降低。光漂白方法与传统方法的加工比较见图 8-33。

虽然光漂白过程的化学机制还不是很清楚，但肯定的是在漂白过程中必须有氧气的存在。对聚合物来说，在紫外光的照射下，如果没有氧气存在，聚合物分子几乎不会发生降解。当氧气存在时，聚合物分子在光照的条件下，化学降解过程首先发生在薄膜的表面层，当薄膜结构被破坏后，氧分子进入薄膜的下一层，再破坏下一层的结构，如此逐层深入，聚合物从高聚物分子变成低聚物分子，然后变成类似单体的分子，最后变成小分子。

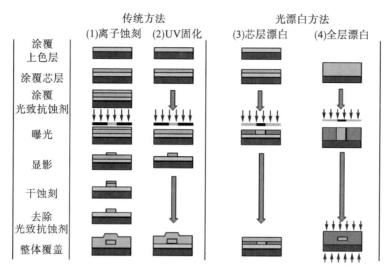

图 8-33　光漂白方法与传统方法的加工比较

　　光漂白法是一种制备有机材料波导器件的较好方法，通过对曝光能量的调节，很容易地控制聚合物薄膜折射率的变化，同时还避免了其他制备方法中因化学及热过程对器件的损伤，而且可同时制备多个低损耗的聚合物条型波导，由于用于制作平面结构聚合物波导的光漂白技术同现有的电子处理技术也是兼容的，因而是一种非常合适的用于集成多层互联光电子器件制备的方法。

　　聚合物光波导材料加工工艺的对比如表 8-11 所示。

表 8-11　聚合物光波导材料加工工艺的对比

分类	波导制作方法	优点	缺点
光刻法	RIE	技术成熟，与传统 IC 工艺兼容	工艺复杂，侧蚀严重，侧壁粗糙度大
	平版影印	工艺简单，技术成熟，与 PCB 工艺兼容	侧蚀需要严重控制，光敏材料
	光漂白	工艺简单	材料要求高，需要掩模板
模板复制	软光刻技术	分辨率高	工艺复杂对模板要求高
	doctor blading	工艺简单，大面积生产，成本低	Mould 粗糙度要求高，所用材料要求对波导材料不湿润
	加热模压	可大面积生产，成本较低	对模板要求高，热压增大损耗，精度低
无掩模直写	激光烧蚀	工艺简单	波导边缘粗糙度大，有烧蚀残留
	电子束直写	工艺简单，材料上直接成型	设备贵，粗糙度难控制，可加工面积有限
	质子束直写	工艺简单，材料上直接成型	设备贵，可加工面积小
	紫外光直写	工艺简单，较为成熟，可实现大尺寸加工	侧蚀需要严格控制，光敏材料
	双光子直写	工艺简单，材料内部直接成型	材料难得，设备贵，波导形貌不易控制
	微细笔直写	工艺简单，大面积生产	波导成型结构受界面效应影响

8.5　光电印制电路板的检测

性能测试是检验光电印制电路板是否满足设计、生产工艺及应用条件的重要过程。制作的聚合物光波导或层压完成后的光电印制电路板是否符合设计要求，都需要通过试验与测试来作出验证。光电路板的实际应用与普通 PCB 板是一致的，因此其可靠性检验标准可参考 PCB 的检验标准，表 8-12 为主要的测试项目。

表 8-12　光电印制电路板的主要性能测试项目

序号	测试性能	内容
1	物理性能	外观检查，外形尺寸测定，波导层膜厚，波导管尺寸图形测定 光波导通路的安装位置测定，翘曲，剥离强度
2	光学性能	折射率，入/出耦合损耗，波导管损耗
3	环境特性	高温放置，低温放置，高温高湿放置，温湿度循环，耐热性， 吸水率试验，耐光性，阻燃性试验
4	化学性能	耐药品性，耐溶剂性
5	机械特性	耐冲击性，弯曲强度
6	其他性能	传输速率，传输带宽，误码率

8.5.1　折射率测试

材料的折射率大小对于光波导是否能够导光是一个很重要的因素。聚合物的一个重要特征就是折射率可控，这一特性不仅保证了聚合物波导可以拥有较小的曲率半径，可以实现大尺寸光路集成，而且可以满足聚合物波导芯层和包(覆盖)层之间的折射率差，保证了光信号可以以全反射的形式在芯层中传输。用作构成波导的芯层聚合物的折射率必须要高于包(覆盖)层材料的折射率，而这一合适的聚合物折射率差依赖于波导的取向和光源的使用波长。

1. 影响聚合物材料折射率的因素

影响聚合物材料折射率的因素主要有以下几个方面。

1)极化率、电子云密度和对波长的依赖性

材料的折射率与电子空穴、材料的极化率、光通信使用波长与材料最大吸收波长之间的差异等因素有关。通常，紧密堆积或大的极化率使材料的折射率增加。

总的来说，芳香族聚合物的折射率要比脂肪族聚合物的折射率高一些，因为芳香族聚合物的堆积密度与电子极化率都比脂肪族聚合物要高一些。如果聚合物中具有 π-π 共轭的生色基团，也一定会提高聚合物的折射率。芳香族聚合物的高温增稠效应由于减少了自由体积，也会导致聚合物的折射率增加。在聚合物中引入氟原子会在三个方面影响聚合物的折射率。首先，它增加了自由体积，伴随着氟原子的取代，折射率降低。因为氟原子具有较大的原子半径，会影响分子链段的有效堆积。其次，电子极化率降低，因为 C—F 键的电子极化率要小于 C—H 键的电子极化率。最后，氟基取代之后，最大吸收波长红移，加大了材料的最大吸收波长与光波使用波长之间的差异，所以也降低了聚合物的折射率。

2）温度的影响

对于聚合物材料与传统的波导材料之间的巨大差别就是聚合物的折射率随温度变化而变化的幅度比传统的波导材料的幅度要大，即 dn/dT，热光效应比较大。聚合物的折射率随温度降低而降低的速率大约为 $10^{-4}℃^{-1}$，比无机材料要大一个数量级。这种大的热光系数和聚合物低的热传导性决定了聚合物可以在较低的热损下实现热光转化。

3）湿度的影响

如果芯层与包层材料之间的湿度性质不一致，对单模波导来说，性质就会受到影响。湿度对折射率的影响主要归因于聚合物中亲水基团的存在，而引起的吸湿与溶胀之间的动态平衡。d-PMMA 的折射率随湿度的升高而升高，但是当温度大于 60℃时，折射率又会随湿度的升高而降低，但是对于一些憎水的聚合物，如有机硅树脂、氟代环氧树脂等，折射率随湿度的变化不大。以不同折射率组成的芯层/覆盖层结构的波导示意图如图 8-34 所示。

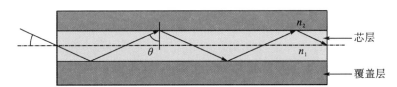

图 8-34 以不同折射率组成的芯层/覆盖层结构的波导示意图

2. 材料的厚度和折射率测试方法

测量折射率的方法很多，如使用 Metricon 2010 棱镜耦合仪，测量折射率的分辨率达到±0.0005，折射率精度达到 0.001，它的测试原理是光在特定的角度下违反全反射定律，根据这些角度可以计算出材料的厚度和折射率，下面介绍椭圆偏振测量和棱镜耦合法测量。

1）椭圆偏振测量

椭圆偏振法是利用一束入射光照射样品表面，通过检测和分析入射光和反射光偏振状态，从而获得其折射率的非接触测量方法。椭圆偏振仪测量的原理如图 8-35 所示。图中，L 为光源，P 为可调起偏器，S 为待测样品，A 为可调检偏器，D 为光电探测器。线偏振光经 P 之后变为长短轴分别与波片的快慢轴重合的椭偏光。该光束经待测薄膜的上下层面反射后被分解成为在入射面内振动和垂直于入射面振动的 P 分量和 S 分量。在膜厚、折射率、入射光光波长以及光束入射角一定的情况下，通过调节 P 及 A 的方位角，最终可以使出射光光强为零。此时，两方位角与膜厚和折射率成特定的函数关系，从而最终确定膜厚和折射率。

图 8-35 椭圆偏振仪测量原理图

根据椭偏方程

$$\frac{r_p}{r_s} = \tan\Phi e^{j\Delta} = f(d,n_f,n_s,n_a,\theta,\lambda)$$

式中，r_p 和 r_s 分别表示待测物对光的平行分量和垂直分量的反射率；Φ 和 Δ 称为椭偏参量。因此，f 是厚度 d、折射率 n_f 及基底折射率 n_s、空气折射率 n_a、入射角 θ 和波长 λ 的函数。若 d、n_s、n_a、θ 和 λ 已知，只要测得样品的 Φ 和 Δ，就可求得波导的折射率。

2）棱镜耦合法测量

棱镜耦合法是通过在被测样品表面放置一块耦合棱镜，将入射光导入被测样品，检测和分析不同入射角的反射光，确定波导膜耦合角，从而求得薄膜厚度和折射率的一种接触测量方法，其工作原理图如图 8-36 所示。

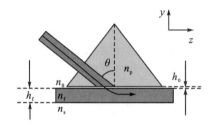

图 8-36　棱镜耦合法测量原理图

选用一个折射率较大的等腰棱镜作标准，光源固定偏振方向。测量时，将棱镜紧贴在晶体抛光面上，测定光束在棱镜底面和样品交界面上的反射率和侧面入射角的关系，由光束在底面发生全内反射时的入射角确定待测样品折射率。

8.5.2　光传输损失测试

1. 光传输损失

光波导的传输损耗是评价介质平板波导的一个重要参数，对传输损耗的精确测量和表征直接影响光波导在通信领域的可用性，光互联中的光损失如图 8-37 所示。作为光波导器件的材料，要求有低的光损耗，尤其是在两个主要的电讯传输窗口 1310nm 和 1550nm 和数信传输窗口 840nm。对于光学聚合物材料来说，引起光损失的主要原因有吸收损耗、散射损耗、辐射损耗等，如图 8-38 所示。所以采用聚合物作为光波导层时，应努力减少由于这些因素产生的光损。

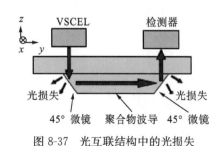

图 8-37　光互联结构中的光损失　　　　图 8-38　引起光传输损失的原因

2. 光损失的测量

传统的测量光波导传输损耗的方法有波导截断法（cut-off method）、末端耦合法（end coupling method）、滑动棱镜法（sliding-prism method）、三棱镜耦合法（three-prism method)。

1)波导截断法

波导截断法也称称为回切法,其损耗测量原理为:使用单模光纤将 850nm 激光光源经由对位平台耦合进入光波导中,在光波导另一端经由多模光纤测量强度值。测量传输损耗的最直接的办法是比较不同长度的波导中传输的光强度。但是,事实上要准备多个不同的长度波导是比较困难的,所以通常采用的是通过切断单个波导的方法来改变波导的长度进行测量。如图 8-39 所示,在利用端面耦合法对波导传输光的强度进行测量后,将波导切断,使其长度缩短,再次用同样的方法测量所传输的光的强度,如果进行多次切断和测量,就可以根据损耗与长度的关系,求出传输损耗。其中,每次测量都必须制作出输入/输出耦合效率重复性良好的端面,在输入端存在漏光的情况下,在光检测器的前面放置一个空间滤波器,以防止漏进来的杂散光线。本方法的优点是利用简单的装置就可以测量到比较高的精度,缺点是它是一种破坏性测量,而且仅适用于能够用劈开解理等方法制作良好端面的波导以及这种方法获取不到模的阶次数对损耗影响的相关信息。

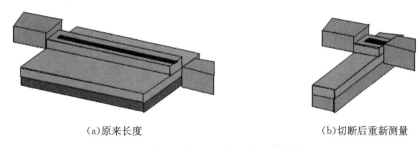

(a)原来长度　　　　　　　　　　　　(b)切断后重新测量

图 8-39　用波导切断法进行光波导传输测量原理

2)滑动棱镜法

棱镜耦合法光损失测量,利用棱镜进行输入/输出耦合可以消除波导切断法的弊端,为了实现传输距离的变化,将输入棱镜固定,使输出棱镜朝输入棱镜方向移动,求出光强与传输距离的对应关系,如图 8-40 所示。

截断法要把待测波导截成几块,属于有损测量,末端耦合法对低损耗的波导测量结果不精确。滑动棱镜法是把棱镜装在一个导轨上滑动,这样测出每点的光强信息求出损耗,需要很复杂的实验技巧,且会对聚合物制成的波导表面造成伤害。三棱镜耦合法需要波导比较长。近年来,又发展起来一些新的测量传输损耗的方法,主要有液体耦合法、包层改变法和调制法。

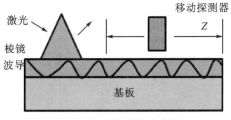

图 8-40　移动棱镜法示意图

A. 液体耦合法

该方法的基本原理如图 8-41 所示，光从棱镜向波导输入耦合，波导沿 Z 方向与水平面成 γ 放置，波导芯层的折射率为 n，波导的另一端插入折射率为 n' 的液体中，$n' > n$。随着入射角度的改变，当在波导内部激励起某一模式的导波光后，导波光沿波矢量 k 的方向在波导内经过全反射向前传播，波矢量与波导间形成 α 的夹角，α 的大小取决于波导芯层的折射率 n 与波导衬底的折射率 n'' 的参数关系以及导波光线的波长。

随着导波光的传输，当光线传输到波导插入液体的部分时，在波导与液体表面接触处，不满足全反射条件的光线会以一定的角度 α'，沿波矢量 k' 方向发生折射，进入到液体中去。根据菲涅尔定律：$n\cos\alpha' = n'\cos\alpha'$。对于波导薄膜中剩余的反射光线，将在后续的传播过程中，以波矢量 k'' 再次进入到液体中。随着多次反射，最终导波光以同样的波矢量 k' 全部耦合到液体中去，实现了 100% 的能量耦合。

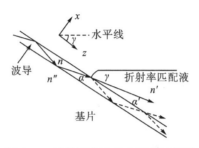

图 8-41　液体耦合法基本原理示意图

B. 包层改变法

该方法是利用将波导插入折射率一定的液体，将液体取代原来的空气作为波导的上包层，光在传播过程中会有部分能量散射到上包层中去，通过波导浸入深度的改变，实现对光波导不同模式传输损耗的测量。一束激光光束经偏振片变为线偏振光后，由棱镜耦合入波导，在波导的末端设有探测器接收输出光。将波导竖直插入盛有液体的试管中，为保证在测量中波导的末端与探测器之间的距离恒定，将该试管与另一盛有同样液体的试管底部相连，利用连通器原理实现波导浸入液体深度的改变。试管移动的高度由步进电机控制，从而逐步增加波导与液体接触的长度 $(1-x)$，而减小导波光在以空气为包层的波导中传输的距离 x。在波导末端探测器接收到的光强由两部分决定：在以空气为包层的波导中传输的光强和以液体为包层的波导中传输的光强，即

$$I = I_0 \exp[-\alpha_f X] A \exp[-\alpha_B (1 - X)]$$

将上式表示为

$$I = A I_0 \exp[-\alpha_B X] \exp[-(\alpha_f - \alpha_B)]$$

其中，A 表示光在由空气到液体界面的损失系数；α_f 表示光在以空气作为包层的波导中的衰减系数；α_B 表示光波在以液体作为包层的波导中的衰减系数。因第一部分是常量，进一步将该式化简为：$I = I_0' \exp[-(\alpha_f - \alpha_B)]$。由此可见，出射光强的大小决定于两传输损耗之差，若假设光在以空气为包层的介质中的传输损耗，α_f 小到可以忽略，进一步考虑光在液体介质中的传输损耗 $\alpha_B = \alpha_f + \Delta\alpha_B$，$\Delta\alpha_B$ 表示液体对导波光的吸收损耗系数，在实验中先获得，最后利用最小二乘法求得 α_f。

C. 调制法

该法利用相位调制原理实现对光波导的无损测量。它以 He-Ne 激光器为光源，只采用一个棱镜作输出耦合器，且在整个测量过程中位置固定，通过它将薄膜表面的导波耦合出来，形成空间光束，进入探测器，测得输出光束的光强。光阑的作用是选择任一模式的导波光进入探测器。在波导的输出端仍利用端面耦合法将剩余的光接收到探测器中。

8.5.3 形貌测试

在波导制备过程中经常需要进行淀积膜的形貌观察，如波导的表面起伏、波导侧壁的粗糙度和波导的断面形状等。扫描电子显微镜(SEM)和原子力显微镜(AFM)是这种形貌观察最常用的工具。SEM 是文献中常用的表征侧壁光滑程度的工具。它利用细聚焦电子束在样品表面扫描时激发出的各种物理信号来调制成像。虽然不能给出表面起伏的数值分析，但用于波导侧壁的形貌观察，却非常直观。AFM 结合了指针轮廓仪和扫描隧道显微镜(STM)，利用针尖在样品表面作光栅扫描，得到表面的三维轮廓图，可以分析出表面起伏的数值。

8.5.4 眼图测试

眼图(eye diagrams)是指利用实验的方法估计和改善(通过调整)传输系统性能时在示波器上观察到的一种图形。观察眼图的方法是：用一个示波器跨接在接收滤波器的输出端，然后调整示波器扫描周期，使示波器水平扫描周期与接收码元的周期同步，这时示波器屏幕上看到的图形像人的眼睛，故称为"眼图"。

从"眼图"上可以观察出码间串扰和噪声的影响，从而估计系统优劣程度。另外，也可以用此图形对接收滤波器的特性加以调整，以减小码间串扰和改善系统的传输性能。眼图是估计数字传输系统性能的一种十分有效的实验方法，是在时域进行的用示波器显示二进制数字信号波形失真效应的测量方法，这种方法已广泛应用于数字通信系统，眼图示例如图 8-42 所示。

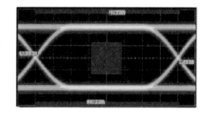

图 8-42 眼图示例

眼图的"眼睛"张开的大小反映着码间串扰的强弱。"眼睛"张的越大，且眼图越端正，表示码间串扰越小；反之表示码间串扰越大。

当存在噪声时，噪声将叠加在信号上，观察到的眼图的线迹会变得模糊不清。若同时存在码间串扰，"眼睛"将张开得更小。与无码间串扰时的眼图相比，原来清晰端正的细线迹，变成了比较模糊的带状线，而且不很端正。噪声越大，线迹越宽，越模糊；码间串扰越大，眼图越不端正。

相关的眼图参数有很多，如眼高、眼宽、眼幅度、眼交叉比、"1"电平、"0"电平、消光比、Q 因子、平均功率等。部分参数如图 8-43 所示。

"1"电平和"0"电平表示选取眼图中间的 20％UI 部分向垂直轴投影作直方图，直方图的中心值分别为"1"电平和"0"电平。眼幅度表示"1"电平减去"0"电平。上下直方图的 3sigma 之差表示眼高，分别如图 8-44、图 8-45 所示。

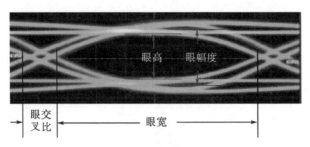

图 8-43　眼图部分参数

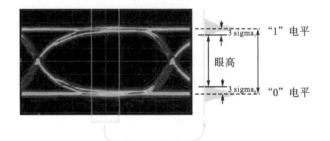

图 8-44　眼图部分参数

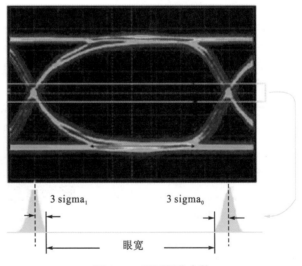

图 8-45　眼图部分参数

　　眼图测量方法有两种，分别是 2002 年以前的传统眼图测量方法和 2002 年之后力科发明的现代眼图测量方法。传统眼图测量方法可以用两个英文关键词来表示：triggered eye 和 single-bit eye，用中文理解是 8 个字："同步触发＋叠加显示"。现代眼图测量方法用另外两个英文关键词来表示：continuous-bit eye 和 single-shot eye，用中文来理解也是 8 个字："同步切割＋叠加显示"。两种方法的差别就四个字：传统的是用触发的方法，现代的是用切割的方法。"同步"是准确测量眼图的关键，传统方法和现代方法同步的方法是不一样的。"叠加显示"就是用模拟余辉的方法不断累积显示。传统的眼图方法就是同步触发一次，然后叠加一次。每触发一次，眼图上增加了一个 UI，每个 UI 的数据是相对于触发点排列的，因此是 single-bit eye，每触发一次，眼图上只增加了一个比特位。

8.5.5　误码性

比特误码率(bit error ratio，BER)是指在某段时间内出现误码的码元与传输码流的总码元数之比，误码的基本含义是：在数字传输系统中，当发送端发送"1"码时，接收端收到的却是"0"码，而当发送端发送"0"码时，接收端收到的却是"1"码，这种收发信码的不一致就称为误码。造成误码的原因是：由于系统噪声、脉冲抖动和光纤色散等，改变了信号的电压，致使信号在传输中遭到破坏，误码特性参数反映了数字信号传输过程中受到损害的程度。

8.5.6　环境测试

环境应力对聚合物光波导具有较大的影响，因为光电印制电路板的制造必须与传统PCB各工序的加工方法兼容，如传统 FR-4 PCB 层压过程的压力和温度，回流焊、波峰焊的热冲击等。光电印制电路板的环境性能主要决定于光电印制电路板用聚合物光波导的性质。

(1)温湿度影响。作为电子产品的关键支撑部件，PCB 在制造、运输、储存及使用过程中不可避免会遇到温湿度的变化及冲击。而对于光电印制板，聚合物光波导材料也容易受到温湿度的影响导致聚合物分子间链段的滑移、分解或断链，影响 PCB 的性能及可靠性，因此需要测试温湿度对光电印制板性能的影响。主要测试项目有高温放置试验、低温放置试验、高温高湿放置试验、恒温恒湿试验、温湿度循环试验等。

(2)耐光性能。为了了解光波导加工完成后是否会因 UV 光的照射而改变其折射率或结构，进而影响光波导的导光效果，所以使用强度 8.75mW/cm^2 的紫外光源照射 5min 和 10min，测量光波导的总损失，观察是否有明显的变化。目前，中国台湾工研院电子所的光电印制电路板经过该耐光性能的测试后，损耗变化相当小，符合未来的加工需要。

(3)吸水。光波导聚合物尤其是热塑性的高分子材料是容易吸水的材料，典型的光聚合物吸水可以 $0.003\% \sim 2\%$，进而导致尺寸变化影响近红外区的光传输。

习　　题

1. 什么叫光电印制电路板？
2. 光电印制电路板光互联有哪些方法？
3. 光耦合结构类型有哪些？
4. 光波导材料结构是什么？
5. 光波导材料的性能有哪些？
6. 光波导层制造原则是什么？
7. 反应离子蚀刻形成光波导的原理是什么？
8. 光漂白技术原理是什么？与传统加工技术相比，有哪些优点？
9. 光电印制电路板使用时，引起光传输损失的原因是什么？

参 考 文 献

[1] 张怀武，何为，林金堵，等. 现代印制电路原理与工艺[M]. 北京：机械工业出版社，2009：11.

[2] 卡德普. 印制电路板——设计、制造、装配与测试[M]. 曹学军，等译. 北京：机械工业出版社，2008：2.

[3] 林金堵. 现代印制电路先进技术[M]. 上海：印制电路信息杂志社，2013：5.

[4] 韩卓江，刘良军. 挠性基板材料简介[J]. 印制电路信息，2013，(10)：8—12.

[5] Joseph F. Flexible Circuit Technology(3ʳᵈ Edi)[M]. Oregon：BR Publishing Inc.，2006.

[6] 莫芸绮. LCD 用 COF 耐性印制板制作工艺研究及 PCB 失效分析[D]. 成都：电子科技大学，2009.

[7] Holden H. The HDI Handbook[M]. Oregon：BR Publishing Inc.，2009.

[8] 龙发明，何为，王守绪，等. 挠性板用高分子厚膜替代孔技术研究[J]. 印制电路信息，2010，(8)：53—56.

[9] 张家亮. 全球挠性印制板的市场及其技术研究[J]. 印制电路信息，2011，(10)：7—15.

[10] 乔书晓，陈力译. 印制电路手册[M]. 北京：科学出版社，2015.

[11] Zhou G，He W，Wang S. Systematical research of plasma desmear based on analysis of uniform design for rigid-flex board[C]. IEEE Meeting，IMPACT，2009：10.

[12] 周美胜，张文龙，丁冬雁，等. 液晶聚合物薄膜在高频电子封装中的应用进展[J]. 材料导报，2012，(2)：15—19.

[13] 张宣东，昊向好，何波，等. 用 roll to roll 生产工艺研制精细线路[J]. 印制电路资讯，2009，(3)：92—94.

[14] 龚永林. 挠性印制板技术最近发展 1～3[J]. 印制电路信息，2006，(6—7)：14—17，11—14.

[15] He W，Hu K，Xu J H，et al. Non linear regression analysis of technological parameters of the plasma desmear process for rigid-flex PCB[J]. Journal of Applied Surface Finishing，2007，36(6)：340—344.

[16] 龙发明，何为，徐玉珊. 移动设备用光电刚挠印制电路板的制作及其可靠性研究[J]. 印制电路信息，2010，(6)：61—64.

[17] He X，He W，Su X，et al. Study on manufacturing process of semi-flex printed circuit board using buried material[C]. International Microsystems，Packaging，Assembly and Circuits Technology Conference，2012.

[18] 郭曦，范和平. LCP 在挠性电路板上的应用研究进展[C]. 第十届中国覆铜板市场技术讨论会论文集，2009，9：22.

[19] Su X，Chen Y，He W，et al. Research on manufacturing process of buried /blind via in HDI rigid-flex board[J]. Applied Mechanics and Materials，2013，(366)：527—531.

[20] 王守绪，胡永栓，苏新虹，等. 嵌入挠性线路印制电路板中埋入挠性基板区尺寸研究[J]. 印制电路信息，2015，(6)：18—21.

[21] 江俊锋，何为，周华，等. 一种对称型刚挠结合板的制作方法[C]. 2014 中日电子电路秋季大会暨秋季国际 PCB 技术/信息论坛，东莞，2014，11：19—20.

[22] 韩讲周. 挠性基板材料的技术开发动态及需求预测[J]. 覆铜板资讯，2009，(4)：10—14.

[23] 龚永林. 刚挠结合印制板类型与制造技术[J]. 印制电路信息，2007，(5)：38—41.

[24] LaDou J. Printed circuit board industry[J]. International Journal of Hygiene and Environmental Health，2006，209(3)：211—219.

[25] 黄勇，胡永栓，朱兴华，等. 挠性板部分埋入制作刚挠结合板[J]. 电子元件与材料，2012，31 (8)：50—55.

[26] Wille M. Basic designs of flex-rigid printed circuitboards, on board technology[J]. Circuit World，2006，(6)：8—13.

[27] De J，Ferreira J A，Bauer P. 3D integration with PCB technology[C]. Applied Power Electronics Conference and Exposition，USA，2006：857—863.

[28] 刘建生，何润宏，刘慧民，等. 半挠性印制电路板的制造方法[P]：中国，CN101365298A. 2009.

[29] Dong Y，He W，Chen Y，et al. Delamination prevention of rigid-flex PCB with plasma treatment on polyimide film[C]. 13th Electronic Circuits World Convention，Berlin：Offenbach，Nuremberg，Germany，2014.

[30] 李庆宝，李童林. 浅谈刚挠结合板的设计制造方式[J]. 印制电路信息，2010，(3)：25—29.

[31] Bagung D. Rigid/flexible circuit board[P]：US，20080093110A1，2008.

[32] Martin L. Evolution of a wiring concept：30 years of flex-rigid circuit board production[J]. Circuitree，2006，(11)：22—24.

[33] 何雪梅，何为，宁敏洁，等. Semi-flex 印制板制作工艺研究[C]. 2012 中日电子电路秋季大会，广东东莞，2012.

[34] 周华，江俊峰，陈苑明，等. 一种对称型刚挠结合板制造方法[P]：中国，2013010704038.2，2013.

[35] 冯立，刘振华，何为，等. 一种保护内层开窗区域的刚挠结合板及其制作方法[P]：中国，201310327113.8，2013.

[36] 何为，董颖涛，陈苑明，等. 一种刚挠结合印制电路板的制备方法[P]：中国，201310534682.X，2013.

[37] 王守绪，何为，周国云，等. 一种刚挠结合印制电路板通孔钻污的清洗方法[P]：中国，ZL201110386278.3，2011.

[38] 何波. 挠性印制电路板的发展机遇与挑战[J]. 印制电路信息，2014，(1)：16—18.

[39] Zhao L，He W，Wang S. Research on the process of buried/blind via in HDI rigid-flex board[C]. 3rd International Microsystems，Packaging，Assembly and Circuits Technology（IMPACT）Conference and 10th EMAP Joint Conference，2008：10.

[40] 冯立，何为，何杰，等. 均匀设计法在优化挠性双面板快压覆盖膜工艺参数中的应用[J]. 印制电路信息，2013，(5)：46—50.

[41] 王慧秀，何为，何波，等. 高密度互连(HDI)印制电路板技术现状及发展前景[J]. 世界科技研究与发展，2006，28(4)：14—18.

[42] Hu Y，He W，Xue W，et al. Adjustment of CO_2-laser parameters during drilling blind vias for HDI PCB[C]. 2012 International Conference on on Computer，Electrical，Electronic，Control and Mechanical Engineering，2012：16—18.

[43] 周刚. 中国 PCB 印制电路板市场分析[C]. 2009 中日电子电路秋季大会论文集，2009：11—19.

[44] 何杰，何为，冯立，等. HDI 板分层原因研究及解决方案[J]. 印制电路信息，2013，(2)：39—42.

[45] Chen S，Hu W，Li Z，et al. Study on registration accuracy for any layer HDI board[C]. 13th Electronic Circuits World Convention，Berlin：Offenbach，Nuremberg，Germany，2014.

[46] 宁敏洁，何为，唐先忠，等. Study on plating filling in blind hole by horizontal plating for HDI PCB [C]. 2012 中日电子电路秋季大会暨秋季国际 PCB 技术/信息论坛，2012.

[47] 刘德林，成立，韩庆福，等. 高密度互连技术及 HDI 板用材料的研究进展[J]. 半导体技术，2007，32(8)：645−649.

[48] 陈世金，罗旭，覃新，等. 一种人任意层 HDI 板制作工艺技术的研究[J]. 印制电路信息，2012，(6)：28−32.

[49] 罗加. 浅谈 HDI 印制板可制造性设计和优化——从 HDI 印制板的结构和原材料的优化谈起[J]. 中国电子商情(基础电子)，2009，12：50−53.

[50] Dane C T，Manos M T，John P. Packaging of MMIC in multilayer LCP substrates[J]. IEEE Microwave and Wireless Components Letters，2006，16(7)：410−412.

[51] 陈世金，徐缓，杨诗伟，等. 任意层高密度互连电路板制作关键技术研究[J]. 电子工艺技术，2013，05：279−283.

[52] 何为，陈苑明，周国云. 一种 RFID 标签天线的制作方法[P]：中国，ZL201010511331.3，2010.

[53] 黄雨新. HDI 印制电路板激光盲孔关键技术与应用[D]. 成都：电子科技大学，2013.

[54] 倪乾峰. 等离子体在多层挠性板中的应用[D]. 成都：电子科技大学，2010.

[55] Yu X，He W，Wang S，et al. Research of etching blind hole and desmear with plasma[C]. IMPACT Conference 2011 International 3D IC Conference，2011.

[56] 黄雨新，何为，胡友作，等. 激光在印制电路板制造中应用的新进展[J]. 印制电路信息，2012，4：13−15.

[57] 颜庙青. 印制电路板激光微孔工艺研究[D]. 武汉：华中科技大学，2007.

[58] Long F，He W，Chen Y，et al. Application of ultraviolet laser in high density interconection micro blind via[C]. 2010 5th International Microsystems Packaging Assembly and Circuits Technology Conference(IMPACT) TPCA，2010，A：S007−1

[59] 李晓蔚，陈际达，徐缓，等. 单纯型优化法在 CO_2 激光钻盲孔工艺参数中的应用研究[C]. 2013 秋季国际 PCB 技术/信息论坛，2013，20：110−115.

[60] Huang Y，He W，Tao Z，et al. CO_2 Laser induced blind-via for direct electroplating[C]. International Conference on Frontiers of Mechanical Engineering，Materials and Energy(ICFMEME 2012)，2012.

[61] Wang S，Feng L，Chen Y，et al. UV laser cutting of glass-epoxy material for opening flexible areas of rigid-flex PCB[J]. Circuit World，2014，40(3)：85−91.

[62] 陈壹华. CO_2 激光成孔技术在 HDI 的应用研究[J]. 应用激光，2007，02：144−147.

[63] 黄志远，陈亨书，操孝明. HDI 印制板制作中涨缩控制及爆板问题的研究[J]. 印制电路信息，2012，(5)：50−53.

[64] 胡友作，何为，薛卫东，等. CO_2 激光钻挠性板盲孔工艺参数的优化[C]. 2012 春季国际 PCB 技术/信息论坛会，2012.

[65] 杨婷，何为，成丽娟，等. HDI 印制电路板中的激光钻孔工艺研究及应用[J]. 印制电路信息，2014，(4)：210−214.

[66] 龙发明. HDI 刚挠结合板埋盲孔工艺研究[D]. 成都：电子科技大学，2011.

[67] 蔡积庆. 全层 IVH 构造"ALIVH"[J]. 印制电路信息，2006，02：56−59.

[68] 黄勇，吴会兰，朱兴华，等. 任意层互连技术应用研究[J]. 印制电路信息，2012，10：52−55.

[69] 李小明，翟玉环，卜宏坤. 印制电路板的可靠性试验与评价[J]. 印制电路信息，2010，7：35−37.

[70] 李冬云，高朋召，葛洪良. 高频印制电路基板用树脂及其改性研究进展[J]. 工程塑料应用，2011，39(10)：103−106.

[71] 祝大同. 高散热性覆铜板的性能、技术与应用(上)—特殊性能 CCL 的发展综述之一[J]. 印制电路信息，2008，5：13−19.

[72] 何为，陈苑明，王守绪，等. 一种印制电路复合基板材料和绝缘基板及其制备方法[P]：中国，ZL201210090837.0，2012.

[73] 陈际达，刘又畅，李晓蔚，等. 覆铜板生产设备创新与改进[C]. 2013 秋季国际 PCB 技术/信息论坛，2013.

[74] 林金堵，曾曙. 信号传输高频化和高速数字化对 PCB 的挑战(2)——对 CCL 的要求[J]. 印制电路信息，2009，3：11−14.

[75] 何为，李瑛，陈苑明，等. 一种高低频混压印制电路板的制备方法[P]：中国，ZL201210268515.0，2012.

[76] 陆彦辉，何为，周国云，等. 高频高速印制板材料导热性能的研究进展[J]. 印制电路信息，2011，(12)：15−19.

[77] 林金堵. 信号传输高频化和高速数字化对 PCB 的挑战(1)——对导线表面微粗糙度的要求[J]. 印制电路信息，2008，10：15−18.

[78] 祝大同. 高导热性 PCB 基板材料的新发展(二)[J]. 覆铜板资讯，2012，4：18−22.

[79] 祝大同. 高导热性树脂开发与应用的新进展(1)——对散热基板材料制造新技术的综述[J]. 印制电路信息，2012，10：11−16.

[80] Chen Y, Gao X, Wang J, et al. Properties and application of polyimide-based composites by blending surface functionalized boron nitride nanoplates[J]. Journal of Applied Polymer Science, 2015, 132：41889.

[81] 祝大同. 高导热性树脂开发与应用的新进展(2)——对高导热性基板材料制造技术的综述[J]. 印制电路信息，2012，11：15−20.

[82] Yung K C, Liem H. Enhanced thermal conductivity of boron nitride epoxy-matrix composite through multi-modal particle size mixing[J]. Journal of Applied Polymer Science, 2007, 106(6)：3587−3591.

[83] 李瑛，陈苑明，何为，等. 高频混压多层板散热性能的局限与改善[J]. 印制电路信息，2012，2：49−52.

[84] Gang K, Shi H, Liu X, et al. Preparation and performance of poly (phenylene oxide) resin modified with a polymaleimide ofbis (3-ethyl-4-maleimidophenyl) methane type [J]. Polymeric Materials Science and Engineering, 2008, 24(8)：147−150.

[85] 林金堵. 新型 LDI 使 HDI/BUM 板实现低成本规模化生产[J]. 印制电路信息，2007，(10)：29−32.

[86] 黄雨新，何为，胡有作，等. 酸性 $CuCl_2$ 蚀刻均与性与蚀刻速率研究[J]. 印制电路信息，2012，(2)：38−41.

[87] 单英敏，曹瑞军，高颖等. 水溶性负性光致抗蚀剂的研制[J]. 影像科学与光化学，2008，26(2)：116−124.

[88] 徐丽. 酸性蚀刻液中的氯离子含量测定方法[J]. 广东化工，2010，37(11)：150−150.

[89] 史书汉，涂清兰. LDS 技术在印制电路板行业应用前景分析[J]. 印制电路信息，2014，(1)：23−25.

[90] 林清华，李文静，周金运. PCB 激光投影成像扫描技术分析[J]. 量子电子学报，2007，24(3)：357−360.

[91] 王守绪，胡永栓，何雪梅，等. UV 激光控深铣技术在刚挠结合印制电路板中的应用研究[J]. 印制电路信息，2015，(6)：22−24.

[92] 罗小阳，周虎，唐甲林，等. PCB 用干膜的市场，生产和技术发展综述[J]. 印制电路信息，2014，(3)：9−12.

[93] 欧阳琴. 大面积 PCB 投影扫描式激光曝光机的研制[D]. 广州：广东工业大学，2011.

[94] 洪中山，吴汉明. 多重图形技术的研究进展[J]. 微纳电子技术，2013，10：10－12.

[95] 黄志远，张建军，梁四连，等. 高精密度平行光曝光机图形转移技术[J]. 印制电路信息，2012，(3)：34－36.

[96] 林秀鑫，陈海腾. 干膜掩孔破裂影响因子试验分析[J]. 印制电路信息，2015，23(2)：55－57.

[97] 张永平，程越，卢吴越，等. 光刻图形转移技术[J]. 上海师范大学学报(自然科学版)，2014，43(2)：132－136.

[98] Nie X，Wang H，Zou J. Inkjet printing of silver citrate conductive ink on PET substrate[J]. Applied Surface Science，2012，261：554－560.

[99] Ebbens S，Hutt D A，Liu C. Investigation of ink-jet printing of self-assembled monolayers for copper circuit patterning[C]. Electronics Packaging Technology Conference，2006：46－52.

[100] 孙洪文. 微纳压印关键技术研究[D]. 上海：上海交通大学，2007.

[101] 陈强. 微纳米压印技术及应用[J]. 中国印刷与包装研究，2011，(6)：1－8.

[102] 黄立球，张利华. 图形转移制程中贴膜的干膜结合力分析与改善[J]. 印制电路信息，2013，(4)：121－125.

[103] 赵锋. 浅谈印制板图形转移制作工艺[J]. 舰船电子工程，2015，35(2)：158－162.

[104] 彭静，徐智谋，吴小峰，等. 纳米压印技术制备表面光子晶体 LED 的研究[J]. 物理学报，2013，62(3)：361－366.

[105] 邢飞，廖进昆，杨晓军，等. 纳米压印技术的研究进展[J]. 激光杂志，2013，34(3)：1－3.

[106] 屈怀泊，杨瑞霞，姚素英，等. 基于热压印的微米级图形转移精度的研究[J]. 河北工业大学学报，2011，40(1)：9－12.

[107] 张范琦，项铁铭，王龙龙. 基于 LDS 工艺的多频段手机天线设计[J]. 杭州电子科技大学学报，2015，35(2)：13－15.

[108] Chen Y，He W，Zhou G，et al. Compaction uniformity and environmental adaptability for RFID antenna[J]. International Conference on Anticounterfeiting，Security，and Identification，2010.

[109] 张国龙，马迪. 国内激光直接成像(LDD)技术发展和市场状况[J]. 印制电路信息，2011(8)：24－27.

[110] 胡友作，何为，薛卫东，等. 冷热冲击下 BGA 焊接失效的分析研究[J]. 电子元件与材料，2012，31(5)：63－65.

[111] Mo Y，He W，Wang S，et al. Failure analysis on the BGA solder[C]. 2009 IEEE Circuits and Systems International Conference on Testing and Diagnosis，2009.

[112] Wang Y，He W，Mo Y，et al. Failure analysis on the chip capacitor[C]. 2009 IEEE Circuits and Systems International Conference on Testing and Diagnosis，2009.

[113] 蔡坚，王水弟，贾松良. 系统级封装(SiP)集成技术的发展与挑战[J]. 中国集成电路，2006，9：20－22.

[114] Hu Y，He W，Xue W，et al. Reliability of BGA under thermal testing[C]. IMPACT Conference 2012，2012，10：24－26.

[115] He W，Cui H，Mo Y Q，et al. Producing fine pitch substrate of COF by semi-additive process and pulse-reverse plating of Cu[J]. Transactions of the Institute of Metal Finishing，2009，87(1)：33－37.

[116] 罗道军，贺光辉，周雅冰. 电子组装工艺——可靠性技术与案列研究[M]. 北京：电子工业出版社，2015：9.

[117] 韩庆福，成立，严雪萍，等. 系统级封装(SIP)技术及其应用前景[J]. 半导体技术，2007，32(5)：374－377.

[118] 苏雁. 集成元件印制板技术[J]. 电子工艺技术，2006，27(3)：156−158.

[119] 周国云. 用于 PCB 埋嵌电阻的 Ni-P 金属薄膜及喷墨打印油墨材料研究[D]. 成都：电子科技大学，2014.

[120] 白亚旭. 碳浆印刷法及化学镀 Ni-P 法制作埋嵌电阻工艺方法的初步研究[D]. 成都：电子科技大学，2011.

[121] 周国云，何为，王守绪. 印制板中炭黑类埋置电阻喷墨打印油墨的制作及性能研究[J]. 印制电路信息，2014，(3)：13−16.

[122] Yang X, He W, Wang S, et al. Preparation of high-performance conductive ink with silver nanoparticles and nanoplates for fabricating conductive films[J]. Materials and Manufacturing Processes, 2013, 28：1−4.

[123] 杨小健，何为，王守绪. 石墨\炭黑\改性树脂导电复合材料的电学性能研究[J]. 化工新型材料，2012，40(2)：91−94.

[124] 林金堵. 喷墨打印技术在 PCB 中的应用(上)[J]. 印制电路信息，2008，(7)：9−13.

[125] 杨小健，何为，王守绪. 用喷墨打印法直接形成铜导电线路图形[J]. 印制电路信息，2009，(11)：28−31.

[126] 林金堵. 喷墨打印技术在 PCB 中的应用前景[J]. 印制电路信息，2008，(4)：8−13.

[127] 杨小健，何为，王守绪. 石墨/环氧树脂导电油墨复合材料的制备及性能研究[J]. 材料导报，2011，(25)：20−23.

[128] 杨小健，何为，王守绪. 导电油墨复合材料的制备及性能研究[J]. 科学技术与工程，2011，(11)：3703−3708.

[129] 周峰，王守绪，何为，等. Copper-doped phenolic resin conductive ink[C]. 2012 中日电子电路秋季大会暨秋季国际 PCB 技术/信息论坛，2012.

[130] 曹洪银，唐耀，王守绪，等. 自还原体系银导电墨水的制备与低温印制导电图形的研究[C]. 2013 春季国际 PCB 技术/信息论坛，2013.

[131] Kang B J, Lee C K, Oh J H. All-inkjet-printed electrical components and circuit fabrication on a plastic substrate[J]. Microelectronic Engineering, 2012, 97：251−254.

[132] 白亚旭，袁正希，何为，等. 溅射制作埋嵌电阻的 TaN 薄膜电阻率的控制[J]. 印制电路信息，2010，(12)：55−58.

[133] 金轶，何为，苏新虹，等. 多层印制电路板网印内埋电阻技术研究[J]. 电子元件与材料，2011，30(12)：38−41.

[134] 张霞，唐道福. 浅谈埋电容 PCB 的制作工艺[J]. 印制电路信息，2009，(S1)：471−477.

[135] 王立全，邓丹，刘东，等. 有机基板中埋入无源元件概述[J]. 电子工艺技术，2012，33(5)：253−257.

[136] Jin Y, Chen Z, Su X, et al. Embedded capacitor technology and its application[C]. 12th Electronic Circuits World Convention, 2011.

[137] 何为，金轶，王守绪，等. 一种具有内嵌电容的印制电路板及其制造方法[P]：中国，ZL201210038317.5，2012.

[138] 范海霞，王守绪，何为. 双面蚀刻薄介质埋容芯板材料可行性研究[J]. 印制电路信息，2013，(5)：76−79.

[139] 王守绪，范海霞，何为. 一种制备埋嵌型印制电路板金相切片样品的方法[P]：中国，201310687710.1，2013.

[140] 金轶. 集成印制电路板埋嵌超薄芯板电容及碳浆电阻技术与工艺研究[D]. 成都：电子科技大学，2012.

[141] 陈健, 黄良荣. 一种在组装过程中的电感磁芯埋入 PCB 技术[J]. 印制电路信息, 2010, (S1): 215-218.

[142] 曾志军, 郭权, 任尧儒. 埋磁芯 PCB 产品研究开发[J]. 印制电路信息, 2011, 4: 35-39.

[143] 黄江波, 胡贤金, 王一雄. 电感器件埋入 PCB 板的设计原理及加工过程解析[J]. 印制电路信息, 2014, (7): 46-49.

[144] Zhou G Y, He W, Wang S X, et al. Fabrication of a novel porous Ni-P thin-film using electroless-plating: application to embedded thin-film resistor[J]. Materials Letters, 2013, 108: 75-78.

[145] Zhou G Y, Chen C Y, Lin Z Y, et al. Effects of Mn^{2+} on the electrical resistance of electrolessly plated Ni-P thin-film and its application as embedded resistor[J]. Journal of Materials Science: Materials in Electronics, 2014, 25: 1341-1347.

[146] Zhou G Y, Chen C Y, Li L Y, et al. Effect of $MnSO_4$ on the deposition of electroless nickel phosphorus and its mechanism[J]. Electrochimica Acta, 2014, 127C: 276-282.

[147] Zhou G Y, Chen C Y, Li L Y, et al. Effects of $MnSO_4$ on microstructure and electrical resistance properties of electroless Ni-P thin-films and its application in embedded resistor inside PCB[J]. Circuit World, 2014, 40(2): 45-52.

[148] 金铁, 何为, 陈正清, 等. 提高网印电阻阻值精确度的研究[C]. 2011 中日电子电路秋季大会暨秋季国际 PCB 技术/信息论坛, 2011.

[149] 林金堵, 吴梅珠. 在 PCB 中埋置有源元件[J]. 印制电路信息, 2010, (1): 23-31.

[150] Lee B W, Sundaram V, Wiedenman B, et al. Chip-last embedded active for system-on-package (SOP)[C]. Electronic Components and Technology Conference, 2007: 292-298.

[151] 毛忠宇, 潘计划, 袁正红. IC 封装基础与工程设计实例[M]. 北京: 电子工业出版社, 2014.

[152] 刘绪磊, 周德俭, 李永利. 基于挠性基板的高密度 IC 封装技术[J]. 电子与封装, 2009, (3): 1-14.

[153] 张文杰, 朱朋莉, 赵涛, 等. 倒装芯片封装技术概论[J]. 集成技术, 2013, (3): 84-91.

[154] 蔡积庆. 埋嵌元件印制板技术的最新动向[J]. 印制电路信息, 2007, 3: 25-31.

[155] 蔡积庆. 埋嵌元件 PCB 的技术[J]. 印制电路信息, 2013, (6): 47-53.

[156] 何为, 周国云, 王守绪, 等. 一种埋嵌式电阻材料的制备方法[P]: 中国, ZL201110233366. X, 2011.

[157] 何为, 周国云, 王守绪. 一种印制电路板用埋嵌式电阻的制备方法[P]: 中国, 201110233673. 8, 2011.

[158] Chen Y, Wang S, He X, et al. Copper coin-embedded printed circuit board for heat dissipation: manufacture[J]. Thermal Simulation and Reliability. Circuit World, 2015, 41(2): 55-60.

[159] 周国云, 何为, 冀仙林, 等. 一种印制电路板埋嵌电阻喷墨打印油墨的制作方法[P]: 中国, ZL201310704139. X, 2013.

[160] 周国云, 杨婷, 徐晓兰, 等. 一种印制电路板埋嵌磁芯电感的制作方法[P]: 中国, 发明专利, 201510375350. 0, 2015.

[161] Brauer G, Szyszka B, Vergohl M, et al. Magnetron sputtering-milestones of 30 years[J]. Vacuum, 2010: 1-6.

[162] Sun L, Liu Y, Liu Y. Factors governing heat affected zone during wire bonding[J]. Trans. Nonferrous Met. Soc. China, 2009, (19): s490-s494.

[163] Appelt B K, Tseng A, Uegaki S, et al. Thin packaging-what is next[C]. CPMT Symposium Japan, 2012 2nd IEEE, 2012: 1-4.

[164] Nishitani Y. Invited talk: Coreless packaging technology for high performance application[C]. Electronic Components and Technology Conference(ECTC), 2012.

[165] Kim J, Lee S, Lee J, et al. Warpage issues and assembly challenges using coreless package substrate[C]. IPC APEX EXPO Proceedings, San Diego, 2012.

[166] Hung Y, Huang Y, Cheng R, et al. Process feasibility of a novel dielectric materialin a chip embedded, coreless and asymmetrically built-up structure [C]. Microsystems, Packaging, Assembly and Circuits Technology Conference, 2013：275—278.

[167] Appelt B K, Su B, Huang A S F, et al. A new cost-effective coreless substrate technology[C]. CPMT Symposium Japan, 2010.

[168] Savic J, Nagar M, Xie W, et al. Mixed pitch BGA (mpBGA) packaging development for high bandwidth-high speed networking devices[C]. Electronic Components and Technology Conference, 2012.

[169] Chen Y, He W, Chen X, et al. Platinguniformity of bottom-up copper pillars and patterns for IC substrates with additive-assisted electrodeposition[J]. ElectrochimicaActa., 2014, 120：293—301.

[170] 陈苑明，何为，黄志远，等. 电镀式半加成法制作精细线路的研究[J]. 电镀与精饰，2012，(7)：5—13.

[171] 李民善，吕红刚，董浩彬. 高频半固化片混压工艺研究与开发[C]. 2011中国电子制造与封装技术年会论文集，2011：288—297.

[172] 田民波. 高密度封装基板[M]. 北京：清华大学出版社，2003.

[173] Kang S M, Yoon S G, Suh S J, et al. Control of electrical resistivity of TaN thin films by reactive sputtering for embedded passive resistors[J]. Thin Solid Films, 2008, 516(11)：3568—3571.

[174] 王立全，邓丹，刘东，等. 有机基板中埋嵌无源元件概述[J]. 电子工艺技术，2012，33(5)：253—257.

[175] 陈健，黄良荣. 一种在组装过程中的电感磁芯埋嵌 PCB 技术[J]. 印制电路信息，2010(S1)：215—218.

[176] 黄江波，胡贤金，王一雄. 电感器件埋嵌 PCB 板的设计原理及加工过程解析[J]. 印制电路信息，2014(7)：46—49.

[177] 林金堵，吴梅珠. 在 PCB 中埋嵌有源元件[J]. 印制电路信息，2010，(1)：23—31.

[178] 赵京松. 压延铜箔的现状及其发展趋势[J]. 上海有色金属，2012，(33)：96—99.

[179] 向红兵，胡祖明，陈蕾. 芳香族聚酰胺纤维改性技术进展[J]. 高分子通报，2008，(9)：47—54.

[180] 王守绪，何为，周国云. 环氧树脂型或聚酰亚胺基板型印制电路基板的表面粗化方法[P]：中国，ZL201110074376.3，2011.

[181] 张毅，何为，王翀，等. 硫醇对去除镍粉表面吸附无机阴离子的研究[J]. 广州化工，2016，(3)：64—66.

[182] 陈虹，寇开昌，李子寓，等. 双马来酰亚胺——三嗪树脂改性研究进展[J]. 工程塑料应用，2014，(3)：118—121.

[183] 洪墩华，苏新虹，王守绪，等. 全印制电路用导电聚苯胺的合成与性能研究[J]. 印制电路信息(增刊)，2009，(10)：462—466.

[184] 高家诚，伍沙，王勇. 纸基摩擦材料的研究现状[J]. 功能材料，2009，(3)：353—359.

[185] 彭锦荣，谭英伟，严玉蓉，等. 芳香族聚酰胺纤维功能化改性[J]. 合成材料老化与应用，2007，(37)：40—43.

[186] 龚永林. 2014 年印制电路新技术综观[J]. 印制电路信息，2015，(1)：8—14.

[187] 杨宏强. 全球 PCB 产业和顶尖 PCB 企业现状分析(2010)[J]. 印制电路信息，2011，(1)：17—34.

[188] 蔡春华. 封装基板技术介绍与我国封装基板产业分析[J]. 印制电路信息，2007，8：12—15.

[189] Cai D. Optical and mechanical aspects on polysiloxane based electrical optical circuits board[D]. Dortmund：Technical University of Dortmund, 2008.

[190] 祝大同. 光—电线路板的研究进展(上、中、下)[J]. 印制电路信息. 2006,(2):4—10.

[191] 金曦. 光电路板技术研究进展及其应用[J]. 印制电路信息,2009,z1:489—498.

[192] 张家亮. 光电印制电路板的发展评述(1)—(5)[J]. 印制电路信息,2007,(1):8—12.

[193] Bamiedakis N, Hashim A, Penty R V, et al. Polymer waveguide-based backplanes for board-level optical interconnects[C]. Transparent Optical Networks(ICTON), 2012.

[194] 张家亮. 全球光电印制电路板的发展动态[J]. 印制电路信息,2007,(7):15—21.

[195] 林金堵. 有关印制光—电路板的某些基础知识[J]. 印制电路信息,2007,(7):6—10.

[196] Shibata T, Takahashi A. Flexibleopto-electronic circuit board for in-device interconnection[C]. Electronic Components and Technology Conference, 2008:261—266.

[197] Yu Z, Luo F, Bin L, et al. Reconfigurable mesh-based inter-chip optical interconnection network for distributed-memory multiprocessor system[J]. Optik, 2009, 05:27.

[198] Yu Z, Luo F, Di X, et al. Highly reliable optical interconnection network on printed circuit board for distributed computer systems[J]. Optics & Laser Technology, 2010,(42):1332—1336.

[199] 纪成光,吕红刚. 光电印制板(OEPCB)制作工艺浅析[J]. 印制电路信息,2013,(7):63—70.

[200] 陈伟,范和平. 光电印制电路板用聚合物光波导研究进展[J]. 印制电路信息,2009,(10):478—488.

[201] 张瑾. 基于EOPCB光互连板的光耦合研究[D]. 武汉:华中科技大学,2008.

[202] 夏雅军. 传热学[M]. 北京:中国电力出版社,2000:203—224.

[203] Cho S H. Heat dissipation effect of Al plate embedded substrate innetwork system[J]. Microelectronics Reliability, 2008, 48(10):1696—1702.

[204] 王勖成. 有限单元法基本理论和数值方法[M]. 北京:清华大学出版社,1997:13—17.

[205] 李克,傅仁利,鞠生宏,等. 双热流计稳态法材料导热性能测试装置与分析[J]. 南京航空航天大学学报,2008,40(6):5—6.

[206] Chao F, Liang G Z. Effects of coupling agent on the preparation and dielectric properties of novel polymer-ceramic composites for embedded passive applications[J]. Journal of Materials Science, 2009, 20(6):560—564.

[207] Kolodziej A, Anita U. Application of MFS for determination of effective thermal conductivity of unidirectional composites with linearly temperature dependent conductivity of constituents[J]. Engineering Analysis with Boundary Elements, 2012, 36(3):293—302.

[208] 叶修梓. SolidWorks Simulation 高级教程[M]. 北京:机械工业出版社,2007:327—335.

[209] Zhou W Y. Thermal and dielectric properties of the AlN particles reinforced linear low-density polyethylene composites[J]. Thermo Chimica Acta, 2011, 512(1—2):183—188.

[210] 张金星. 基于光波导互连的EOPCB的研究[D]. 武汉:华中科技大学,2011.

[211] 费旭. 聚合物光波导材料的合成、表征及应用[D]. 吉林:吉林大学,2008.

[212] 高宇,廖进昆,杨亚培,等. 有机聚合物薄膜光波导传输损耗的测量方法[J]. 激光与红外,2009,9:844—846.

[213] 陈青松,廖进昆. 有机聚合物光波导传输损耗测量方法的改进[J]. 红外,2008,(11):17—20.

[214] 汪进进. 信号完整性分析基础系列之——关于眼图测量. 中国电子网. http://www. 21ic. com/app/test/201003/55281_2. htm. 2010.03.17.

[215] Zong L, Luo F, Yu Z. A new optical interconnection module for highcoupling efficiency on EOPCB[C]. Photonics and Optoelectronics Meetings(POEM), 2008.

[216] Tao Q, Luo F G, Yuan J, et al. Performance analysis of 45 coupled structure of optical waveguide based on electro-optical printed circuit board[J]. Optik., 2011,(122):76—80.

[217] Kopetz S, Cai D, Rabe E, et al. PDMS-based optical waveguide layer for integration in electrical-optical circuit boards[J]. International Journal of Electronics and Communications, 2007: 163—167.

[218] Hwang S H, Cho M H, Kang S K, et al. Passively assembled optical interconnection system based on an optical printed-circuit board[J]. Photonics Technology Letters, 2006, (5): 652—654.

[219] 胡永栓, 周珺成, 陆彦辉, 等. 有限元分析层压工艺对挠性板平整性影响[J]. 印制电路信息, 2012, (12): 57—59.

[220] 李玉山, 李丽平. 信号完整性分析[M]. 北京: 电子工业出版社, 2010: 2—9.

[221] 朱兴华, 陈苑明, 何为. 印制电路板对信号完整性的影响综述[J]. 印制电路信息, 2012, (1): 21—23.

[222] Lee Y W. Application of correlation analysis to the detection of periodic signals in noise[J]. Proceedings of the IRE. , 2012, 38(10): 1165—1171.

[223] Broughton A. Discrete Fourier Analysis And Wavelets: Applications To Signal And Image Processing[M]. New York: John Wiley & Sons, 2008: 72.

[224] 胡为东. 高速信号测试常见问题分析[J]. 国外电子测量技术, 2009, 28(2): 12—16.

[225] 朱兴华. 印制电路板传输线制作工艺对信号完整性的影响与仿真[D]. 成都: 电子科技大学, 2012.

[226] 房丽丽. ANSYS 信号完整性分析与仿真实例[M]. 北京: 中国水利水电出版社, 2013: 27—30.

[227] 闫照文. 信号完整性仿真分析方法[M]. 北京: 中国水利水电出版社, 2011: 6—9.

[228] 于岩, 王守绪, 苏新虹, 陈苑明, 等. Thermal stress simulation of HDI PCB based on finite element analysis of COSMOSWORKS[C]. 2012 中日电子电路秋季大会暨秋季国际 PCB 技术/信息论坛, 2012.

[229] 朱兴华, 何为. 矢量网络分析仪在高速 PCB 材料评估中的应用[J]. 印制电路信息, 2012, (6): 64—66.

[230] 郝丽翠. 高速互连设计中的信号完整性分析[D]. 成都: 四川大学, 2010: 46—49.

[231] 何彭, 何为, 苏新红, 等. 基于 HFSS 研究 PCB 传输线的信号完整性分析[C]. 2014 中日电子电路秋季大会暨秋季国际 PCB 技术/信息论坛, 2014, 11: 19—20.

[232] 周珺成, 何为, 陈苑明, 等. 有限元分析导热层厚度对印制电路散热性能影响[C]. 2012 春季国际 PCB 技术/信息论坛会, 2012.

[233] 张帆. 基于信号完整性分析的高速 PCB 仿真与设计[D]. 郑州: 解放军信息工程大学, 2006.

[234] Ji L, Wang C, Wang S, et al. Multiphysics coupling simulation of RDE for PCB manufacturing [J]. Circuit World, 2015, 41(1): 20—28.

[235] 冀林仙, 王翀, 王守绪, 等. 数字模拟在应用电化学课程教学中的应用[J]. 化学教育, 2015, 36(14): 16—20.

[236] Okubo T, Sudo T, Hosoi T. Reducing signal transmission loss by low surface roughness[C]. Design Con. , 2014.

[237] 熊佳. 无铅化对基板材料性能的要求[C]. 2007 春季国际 PCB 技术/信息论坛, 2007: 19—22.

[238] Chen S, Xu H, Deng H, et al. An analysis of the formation mechanism of voids inside the filled blind via by copper electroplating for HDI board[C]. 13th Electronic Circuits World Convention, Berlin: Offenbach, Nuremberg, Germany, 2014.

[239] Chen Y, Lin J, Qiu T, et al. Characterization and application of aggregated porous copper oxide flakes for cupric source of copper electrodeposition[J]. Materials Letter, 2015, 15: 458—461.

[240] 王守绪, 余小飞, 何为, 等. 一种印制电路二阶盲孔的加工方法[P]: 中国, 201110310998.1, 2011.

[241] 何为, 黄雨新, 胡友作, 等. 一种印制电路板盲孔的金属化方法[P]: 中国, ZL 201210303802.0, 2012.

[242] 何为，宁敏洁，陈苑明，等. 一种印制电路板通孔和盲孔共镀金属化方法[P]：中国，ZL20121 0364298.6，2012.

[243] 周珺成，何为，周国云，等. PCB盲孔镀铜填空添加剂研究进展[J]. 印制电路信息，2012，7：35－39.

[244] 周国云，何为，王守绪，等. 一种印制电路板通孔电镀铜方法[P]：中国，201210303864.1，2012.

[245] 周国云，何为，王守绪，等. 一种印制电路板通孔镀铜装置[P]：中国，201210303805.4，2012.

[246] 王守绪，陈国琴，何为，等. 一种流动电解液印制电路板通孔镀铜装置[P]：中国，201410710003.4，2014.

[247] Ji L，Wang S X，Wang C，et al. Improved uniformity of conformal through-hole copper electrodeposition by revision of plating cell configuration [J]. Journal of The Electrochemical Society，2015，162(12)：D575－D583.

[248] 王翀，朱凯，程骄，等. 一种PCB生产电镀填充盲孔的流程和方法[P]：中国，201410853 5989，2014.

[249] Ji L X，Wang C，Wang S X，et al. An electrochemical model for prediction of microvia filling process with accelerator and Suppressor[J]. Trans IMF.，2016，94(1)：49－56.

[250] Ji L，Wang C，Wang S，et al. Multi-physics coupling aid uniformity improvement in pattern plating[J]. Circuit World，2015，42(2)：69－76.

[251] Peng J，Chen Y，Wang C，et al. Effects of additives on filling blind vias for HDI manufacture[C]. IMPACT，2015.

[252] 冀林仙，王翀，王守绪，等. 添加剂对微盲孔铜沉积的影响研究[C]. 2015中日电子电路秋季大会，2015.

[253] 陈国琴，王翀，王守绪，等. PCB电镀铜镀液中铁离子对镀层质量的影响研究[C]. 2014中日电子电路秋季大会暨秋季国际PCB技术/信息论坛，2014：19－20.

[254] 朱凯，王翀，何为，等. 一种快速填盲孔的工艺及原理研究[C]. 2014中日电子电路春节大会暨秋季国际PCB技术/信息论坛，2015：17－19.

[255] 陈杨，程骄，王翀，等. 高电流密度通孔电镀铜影响因素的研究[J]. 电镀与精饰，2015，37(8)：23－27.

[256] 彭佳，何为，王翀，等. 添加剂之间的交互作用对盲孔填充的影响[J]. 印制电路信息，2014，(9)：25－28.

[257] 彭佳，何为，王翀，等. 采用试验设计法研究HDI板盲孔填充影响因素[J]. 印制电路信息，2014，12：23－26.

[258] Tao Z，Chen Y，Wang S，et al. A study of primary factors influencing the properties of plating throwing power for printed circuit boards[J]. Advanced Materials Research，2013，721：409－413.

[259] 吴靖，王守绪，张敏，等. 次亚磷酸钠还原化学镀铜工艺研究及展望[J]. 印制电路信息，2010，7：26－29.

[260] 苏新虹，周国云，王守绪，等. HDI印制板二阶微盲填孔的构建研究[J]. 电子元件与材料，2011，30(10)：72－75.

[261] 宁敏洁，何为，唐先忠，等. Study on the technology of simultaneous through-hole metallization and blind hole filled copper[C]. 2012中日电子电路秋季大会暨秋季国际PCB技术/信息论坛，2012.

[262] Ning M，He W，Tang X，et al. Research on the effect of inorganic components on brightener in horizontal pulse plating solution by cyclic voltammetric stripping method [C]. International Microsystems，Packaging，Assembly and Circuits Technology Conference(IMPACT Conference 2012)，2012.

[263] 向静，陈苑明，何为，等. 电镀前处理对电镀铜柱均匀性改善的研究[C]. 2015 春季国际 PCB 技术/信息论坛，2015.

[264] 向静，陈苑明，何为，等. 集成电路封装基板整板电镀 $3\mu m$ 薄铜均匀性研究[J]. 印制电路信息，2015，12：48—52.

[265] 陈世金，黄雨新，罗旭. 龙门式电镀生产 $75\mu m/75\mu m$ 线镀铜均匀性研究[J]. 印制电路信息，2012，(1)：34—41.

[266] 朱凯，何为，陈苑明，等. 提高电镀填盲孔效果的研究[C]. 2013 中日电子电路秋季大会暨秋季国际 PCB 技术/信息论坛，2013.

[267] 何杰，何为，陶志华，等. 孔、线共镀铜工艺的研究与优化[C]. 2013 秋季国际 PCB 技术/信息论坛，2013.

[268] 何杰，何为，陈苑明，等. 印制电路板孔线共镀铜工艺研究[J]. 电镀与精饰，2013，35(12)：27—31.

[269] 刘佳，陈际达，邓宏喜，等. 通孔电镀填空工艺研究与优化[C]. 2014 中日电子电路春节大会暨秋季国际 PCB 技术/信息论坛，2015.

[270] 陈世，金徐缓，邓宏喜，等. 电镀填盲孔薄面铜化技术研究[J]. 印制电路信息，2015，5：44—47.

[271] 李瑛，何为，王守绪，等. Improvement research of making defects of semi-metalized groove on RF power amplifier PCB[C]. 2012 中日电子电路秋季大会暨秋季国际 PCB 技术/信息论坛，2012.

[272] 付海涛，程凡雄，方军良，等. 无铅焊接对 PCB 及其基材耐热性的要求及应对措施[C]. 2008 第八届全国印制电路学术年会，2008：415—423.

[273] 熊佳. 无铅化对基板材料性能的要求[C]. 2007 春季国际 PCB 技术/信息论坛，2007：19—22.

[274] 林金堵. PCB 的无铅化表面涂(镀)覆层[C]. 2006 中日电子电路秋季大会暨国际 PCB 技术/信息论坛，2006：288—294.

[275] 白蓉生. 电路板与无铅焊接[M]. 台湾：台湾电路板协会，2009.

[276] 菅沼克昭著. 无铅焊接技术[M]. 宁晓山译. 北京：科学出版社，2004.

[277] 黄卓，杨俊，张力平，等. 无铅焊接工艺及失效分析[J]. 电子元件与材料，2006，25(5)：69—72.

[278] 殷燕. 浅谈电子元器件生产中的无铅手工焊[J]. 电子元件与材料，2008，27(2)：67—68.

[279] 杨容. 无铅电子组装技术的研究[D]. 成都：电子科技大学，2013.

[280] 李晓延，严永长，史耀武. 金属间化合物对 SnAgCu/Cu 界面破坏行为的影响[J]. 机械强度，2005，27(5)：6669—6711.

[281] 罗道军，汪洋，聂昕. PCB 失效分析技术与典型案例[J]. 印制电路资讯，2009，(4)：67—72.

[282] 曲肇文. 印刷电路板 BGA 器件缺陷的 X 射线检测与特征识别[D]. 太原：中北大学，2010.

[283] 杨根林. SMT 电子组件及焊点的失效判定与切片金相分析[J]. 现代表面贴装资讯，2011，(6)：41—49.

[284] 姚立新，连军莉，魏鹏，等. 超声扫描显微镜的技术发展现状和技术成果[C]. 2010 中国电子制造技术论坛论文集，2010.

[285] 郭祥辉. 电子封装结构超声显微检测与热疲劳损伤评估[D]. 北京：北京理工大学，2015.

[286] 崔伟. 电路板故障红外热像检测关键技术研究[D]. 南京：南京航空航天大学，2011.

[287] 张艳华. 波谱法在覆铜板及印制电路板研究中的应用[J]. 印制电路信息，2015，23(6)：50—54.

[288] 翟青霞. 解析 SEM&EDS 分析原理及应用[J]. 印制电路信息，2012，5：66—70.

[289] 罗道军. SMT 焊点的染色与渗透试验方法研究[J]. 环球 SMT 与封装，2006，6(4)：51−55.

[290] 宁叶香，潘开林，李逆. 电子组装中焊点的失效分析[J]. 封装与测试，2007，36(9)：46−50.

[291] 曹小平. 焊点可靠度试验及失效分析测试[J]. 电子产品可靠性与环境试验，2008，26(2)：46−52.

[292] 赵斌. 焊点抗冲击性能检测方法与设备[D]. 武汉：华中科技大学，2007.

[293] 吴湘宁，谭宗安，周树槐. BGA 焊接技术的探讨[J]. 焊接技术，2011，40(8)：28−29.

[294] 方园，符永高，王玲，等. 微电子封装无铅焊点的可靠性研究进展及评述[J]. 电子工艺技术，2010，31(2)：72−76.

[295] 邵志和. 无铅工艺和有铅工艺[J]. 电子工艺技术，2009，30(4)：206−209.

[296] 王文利，梁永生. BGA 空洞形成的机理及对焊点可靠性的影响[J]. 电子工艺技术，2007，28(3)：157−159.

[297] 上官东凯. 无铅焊料互联及可靠性[M]. 北京：电子工业出版社，2008.

[298] 陆裕东，何小琦，恩云飞，等. P 对 Au/Ni/Cu 焊盘和 SnAgCu 焊点和焊接界面可靠性的影响[J]. 稀有金属材料工程，2009，38(3)：477−480.

[299] 文海舟，马志彬. 无铅焊接爆板问题预防与改善[C]. 2009 春季国际 PCB 技术/信息论坛，2009.

[300] 张炜，成旦红，郁祖湛. SnAgCu 钎料焊点电化学迁移的原位观察和研究[J]. 电子元件与材料，2007，26(6)：64−68.

[301] Zuo Y，Ma L，Guo F，et al. Effects of electromigration on the creep and thermal fatigue behavior of $Sn_{58}Bi$ solder joints[J]. Journal of Electronic Materials，2014，43(12)：4395−4405.

[302] 何洪文，徐广臣，郝虎，等. SnAgCu 无铅焊点的电迁移行为研究[J]. 电子元件与材料，2007，26(11)：53−55.

[303] Kim J M，Jeong M H，Sehoon Y. Effects of surface finishes and current stressing on interfacial reaction characteristics of $Sn_3Ag_{0.5}Cu$ solder bumps[J]. Journal of Eletronic Materials，2012，41(4)：791−799.

[304] Hsiao Y H，Tseng II W，Liu C Y. Electromigration ion-induced failure of Ni/Cu Bi layer bond pads joined with Sn(Cu) solders[J]. Journal of Electronic Materials，2009，38(12)：2573−2578.

[305] Lu M H，Shih D Y，Lauro P，et al. Effect of Sn Orientation on electromigration degradation mechanism in high Sn-based Pb-free solders[J]. Applied Physics Letters，2008，92：21190−21199.

[306] Yu C，Lu H. First-principles calculations of the effects of Cu and Au additions on the electromigration of Sn-based solder[J]. Journal of Applied Physics，2007，102：05490−05494.

[307] 颜秀文，丘泰，张振忠. 无铅电子封装材料及其焊点可靠性研究进展[J]. 电子元件与材料，2006，25：5−8.

[308] 林健，雷永平，赵海燕，等. 电子电路中焊点的热疲劳裂纹扩展规律[J]. 机械工程学报，2010，46(6)：120−125.

[309] 孟国奇，杨栋华，王怀山，等. $Sn_{0.45}Ag_{0.68}Cu$ 无铅焊点热冲击性能的研究[J]. 电子工艺技术，2015，2：2−6.

[310] Zhou G，He W，Wang S，et al. A novel nitric acid etchant and its application in manufacturing fine lines for PCB[J]. IEEE Transactions on Electronics Packing Manufacturing，2010，33(1)：25−30.

[311] Chen Y，He W，Zhou G，et al. Failure mechanism of solder bubbles in PCB vias during high-temperature assembly[J]. Circuit World，2013，39(3)：133−138.

[312] Suganuma K. Introduction to Printed Electronics[M]. NewYork：Springer，2014.

[313] Allen M L, Aronniemi M, Mattila T, et al. Electrical sintering of nanoparticle structures[J]. Nanotechnology, 2008, 19(17): 175201−175204.

[314] Magdassi S, Grouchko M, Kamyshny A. Conductive inkjet inks for plastic electronics: Air stable copper nanoparticles and room temperature sintering. NIP & Digital Fabrication Conference[J]. International Conference on Digital Printing Technologies, 2009: 611−613.

[315] Magdassi S, Grouchko M, Berezin O, et al. Triggering the sintering of silver nanoparticles at room temperature[J]. ACS Nano, 2010, 4(4): 1943−1948.

[316] Fedushchak T A, Ermakov A E, Uimin M A, et al. The physicochemical properties of the surface of copper nanopowders prepared by the electroexplosion and gas-phase methods[J]. Russian Journal of Physical Chemistry A, 2008, 82(4): 608−611.

[317] Yang Y, Wang S X, He W. Preparation of ultra-fine copper powder and its application in manufacturing conductive lines by printed electronics technology[J]. International Conference on Applied Superconductivity and Electromagnetic Devices, 2009.

[318] Kim C K, Lee G J, Lee M K. A novel method to prepare Cu-Ag core-shell nanoparticles for printed flexible electronics[J], Powder Technol, 2014, 263: 1−6.

[319] Aleeva Y, Pignataro B. Recent advances in upscalable wet methods and ink formulations for printed electronics[J]. J Mater Chem C, 2014, 2: 6436−6453.

[320] 洪敦华, 周国云, 何为, 等. 银-DBSA掺杂聚苯胺的制备及应用研究[J]. 印制电路信息, 2014, 6: 45−49.

[321] 唐耀. 银纳米材料的可控制备与其在印制电子中的应用[D]. 成都: 电子科技大学, 2014.

[322] 胡永栓, 杨小健, 何为. 用纳米银棒和颗粒制备高导电性油墨[J]. 电子元件与材料, 2012, (31): 40−43.

[323] 胡永栓, 唐耀, 周珺成. 室温下抗坏血酸还原法制备纳米铜粉研究[J]. 材料导报, 2013, 27: Z2−Z8.

[324] Tang Y, He W, Wang S, et al. New insight into size-controlled synthesis of silver nanoparticles and its superiority in room temperature sinter[J]. Cryst Eng Comm, 2014, 16: 4431−4440.

[325] 王飞, 黄英, 侯安文. 导电胶的研究新进展[J]. 中国胶粘剂, 2009, 10: 47−51.

[326] 阎睿, 虞鑫海, 刘万章. 导电胶性能的影响因素与表征[J]. 化学与黏合, 2012, 34(2): 71−73.

[327] 刘欣盈, 向雄志, 白晓军. 导电胶粘剂的研究进展[J]. 电子元件与材料, 2013, 20(3): 116−118.

[328] 周良杰, 黄扬, 吴丰顺, 等. 电子封装用纳米导电胶的研究进展[J]. 电子工艺技术, 2013, (1): 1−5.

[329] 孙健. 各向同性导电胶导电机理及其体积电阻率计算的研究[D]. 长沙: 中南大学, 2009.

[330] 张楷力, 堵永国. 喷墨打印中的银导电墨水综述[J]. 贵金属, 2014, (4): 80−87.

[331] 秦云川, 齐暑华, 杨永清, 等. 提高导电胶性能的研究进展[J]. 中国胶粘剂, 2011, 20(9): 53−58.

[332] 张园. 印刷电子用导电油墨的研究进展[J]. 化工新型材料, 2015, (7): 9−11.

[333] 崔铮. 印刷电子学: 材料、技术及其应用[M]. 北京: 高等教育出版社, 2012.

[334] 裴为华, 国冬梅, 耿照新, 等. 印刷传感技术[J]. 中国材料进展, 2014, 03: 172−179.

[335] 徐慧, 刘霞, 唐超, 等. 芘类有机半导体材料研究进展[J]. 南京邮电大学学报(自然科学版), 2014, 03: 111−124.

[336] 李荣荣, 赵晋津, 司华燕, 等. 柔性薄膜太阳能电池的研究进展[J]. 硅酸盐学报, 2014, 07: 878−885.

［337］邹竞. 国外印刷电子产业发展概述［J］. 影像科学与光化学，2014，04：342－381.

［338］纪冬梅. 有机场效应晶体管与近红外发光器件的研制［D］. 吉林：吉林大学，2007.

［339］张平，胡文华，景亚霓，等. 喷墨印刷制备有机薄膜晶体管及其电路的研究进展［J］. 液晶与显示，2010，01：34－39.

［340］刘晓霞，高建华，江浪，等. 并五苯及其衍生物在有机场效应晶体管中的应用［J］. 中国科学：化学，2013，11：1468－1479.

［341］汤庆鑫，李荣金，汪海风，等. 小分子场效应晶体管［J］. 化学进展，2006，1：1538－1553.

［342］龚永林. 印制电路、印制电子及电子电路［J］. 印制电路信息，2011，(1)：13－16.

［343］宋瑞. 全印制电子喷墨打印技术研究与实现［D］. 广州：华南理工大学，2012.

［344］苏永波. N型有机薄膜晶体管的制备及其电学性能研究［D］. 湘潭：湘潭大学，2011.

［345］张玉梅，裴坚. 苯并噻吩类稠环有机半导体材料的合成及在场效应晶体管中应用研究的进展［J］. 应用化学，2010，05：497－504.

［346］吴楠，何志群，许敏，等. 氮杂苯并菲类 N-型有机半导体材料研究进展［J］. 物理化学学报，2014，06：1001－1016.

［347］马锋，王世荣，郭俊杰，等. 有机薄膜晶体管半导体材料的研究进展［J］. 有机化学，2012，03：497－510.

［348］Kamyshny H，Magdassi S. Conductive nanomaterials for printed electronics［J］，Small，2014，10：3515－3535.

［349］Wang D D，Wu Z X，Zhang X W，et al. Solution-processed organic films of multiple small-molecules and white light-emitting diodes［J］. Org Electron，2010，11：641－648.

［350］Takimiya K，Ebata H，Sakamoto K，et al. 2,7-diphenyl［1］benzothieno［3,2-b］benzothiophene, a new organic semiconductor for air-stable organic field-effect transistors with mobilities up to 2.0 $cm^2 \cdot V^{-1} \cdot s^{-1}$［J］. J Am Chem Soc，2006，128：12604－12605.

［351］Nakayama K，Hirose Y，Soeda J，et al. Patternable solution-crystallized organic transistors with high charge carrier mobility［J］. Adv Mater，2011，23：1626－1629.

［352］Schroeder B C，Nielsen C B，Kim Y J，et al. Benzotrithiophene Co-polymers with high charge carrier mobilities in field-effect transistors［J］. Chem Mater，2011，23：4025－4031.

［353］Bronstein H，Chen Z Y，Ashraf R S，et al. Thieno［3,2-b］thiophene diketopyrrolopyrrole containing polymers for high-performance organic field-effect transistors and organic photovoltaic devices［J］. J Am Chem Soc，2011，133：3272－3275.

［354］Kim Y M，Lim E，Kang I N，et al. Solution-processable field effect transistor using a fluorene and selenophene-based copolymer as an active layer［J］. Macromolecules，2006，39：4081－4085.

［355］Usta H，Lu G，Facchetti A，et al. Dithienosilole and dibenzosilole thiophene copolymers as semiconductors for organic thin-film transistors［J］. J Am Chem Soc，2006，128：9034－9035.

［356］Wu Q H，Li R J，Hong W，et al. Dicyanomethylene-substituted fused tetrathienoquinoid for high-performance, ambient-stable, solution-processable n-channel organic thin-film transistors［J］. Chem Mater，2011，23：3138－3140.

［357］Tatemichi S，Ichikawa M，Koyama T，et al. High mobility n-type thin-film transistors based on N,N′-ditridecyl perylene diimide with thermal treatments［J］. Appl Phys Lett，2006，89(11)：112108－112111.

［358］Soeda J，Uemura T，Mizuno Y，et al. High electron mobility in air for N,N′-1H,1H-perfluorobutyl dicyanoperylene carboxydiimide solution-crystallized thin-film transistors on hydrophobic surfaces［J］. Adv Mater，2011，23：3681－3688.

[359] Ma F, Wang S R, Li X G, et al. Improved performance of fluorinated copper phthalocyanine thin film transistors using para-hexaphenyl as the inducing layer[J]. Chinese Phys Lett, 2011, 89(6): 3526—3528.

[360] Nakagawa T, Kumaki D, Nishida J I, et al. High performance N-type field effect transistors based on indeno fluorenedione and diindenopyrazinedione derivatives[J]. Chem Mater, 2008, 20: 2615—2617.

[361] Usta H, Facchetti A, Marks T J. Air-stable, solution-processable n-channel and ambipolar semiconductors for thin-film transistors based on the indenofluorenebis(dicyanovinylene)core[J]. J Am Chem Soc, 2008, 130: 8580—8586.

[362] Liu Y Y, Song C L, Zeng W J. High and balanced hole and electron mobilities from ambipolar thin-film transistors based on nitrogen-containing oligoacences[J]. J Am Chem Soc, 2010, 132: 16349—16351.

[363] Takahashi T, Takenobu T, Takeya J, et al. Ambipolar organic field-effect transistors based on rubrene single crystals[J]. Appl Phys Lett, 2006, 88(3): 1—3.

[364] Weitz R T, Zschieschang U, Forment-Aliaga A. Highly reliable carbon nanotube transistors with patterned gates and molecular gate dielectric[J]. Nano Lett, 2009, 9: 1335—1340.

[365] Noh J, Kim S, Jung K. Fully gravure printed half adder on plastic foils[J]. IEEE Electr Device Lett, 2011, 32: 1555—1557.

[366] Vaillancourt J, Zhang H Y, Vasinajindakaw P, et al. All ink-jet-printed carbon nanotube thin-film transistor on a polyimide substrate with an ultrahigh operating frequency of over 5 GHz[J]. Appl Phys Lett, 2008, 93(24): 243301—243304.

[367] Okimoto H, Takenobu T, Yanagi K, et al. Low-voltage operation of ink-jet-printed single-walled carbon nanotube thin film transistors[J]. Jpn J Appl Phys, 2010, 49(2): BD09—BD012.

[368] Li J T, Unander T, Cabezas A L, et al. Ink-jet printed thin-film transistors with carbon nanotube channels shaped in long strips[J]. J Appl Phys, 2011, 109(8): 084915—084921.

[369] Chen J H, Jang C, Xiao S D, et al. Intrinsic and extrinsic performance limits of graphene devices on SiO_2[J]. Nat Nanotechnol, 2008, 3: 206—209.

[370] Mattevi C, Eda G, Agnoli S, et al. Evolution of electrical, chemical, and structural properties of transparent and conducting chemically derived graphene thin films[J]. Adv Funct Mater, 2009, 19: 2577—2583.

[371] Allen M J, Tung V C, Kaner R B. Honeycomb carbon: a review of graphene[J]. Chem Rev., 2010, 110: 132—145.

[372] Wei D, Li H W, Han D X, et al. Properties of graphene inks stabilized by different functional groups[J]. Nanotechnology, 2011, 22(24): 2237—2243.

[373] Wei D, Andrew P, Yang H F, et al. Flexible solid state lithium batteries based on graphene inks [J]. J Mater Chem, 2011, 21: 9762—9767.

[374] Park Y J, Park S Y, In I. Preparation of water soluble graphene using polyethylene glycol: comparison of covalent approach and noncovalent approach[J]. J Ind Eng Chem, 2011, 17: 298—303.

[375] Shin K Y, Hong J Y, Jang J. Micropatterning of graphene sheets by inkjet printing and its wideband dipole-antenna application[J]. Adv Mater., 2011, 23: 2113—2116.

[376] Shimoda T, Matsuki Y, Furusawa M. Solution-processed silicon films and transistors [J]. Nature, 2006, 440: 783—786.

[377] Hirasawa M, Orii T, Seto T. Size-dependent crystallization of Si nanoparticles[J]. Appl Phys Lett, 2006, 88(9): 093119−093122.

[378] Habas S E, Platt H A S, Hest M, et al. Low-cost inorganic solar cells: from ink to printed device[J]. Chem Rev, 2010, 110: 6571−6594.

[379] Li L, Coates N, Moses D. Solution-processed inorganic solar cell based on in situ synthesis and film deposition of CuInS$_2$ nanocrystals[J]. J Am Chem Soc, 2010, 132: 22−26.

[380] Kim M G, Kanatzidis M G, Facchetti A, et al. Low-temperature fabrication of high-performance metal oxide thin film electronics via combustion processing[J]. Nat Mater. , 2011, 10: 382−388.

[381] Jung M, Kim J, Noh J, et al. All printed and roll-to-roll printable 13.56 MHz operated 1 bit RF tag on plastic Foils[J]. IEEE T Electron Dev, 2010, 57: 571−580.

[382] Zhao Y, Di C A, Gao X K, et al. All-solution-processed, high performance n-channel organic transistors and circuits: toward low-cost ambient electronics[J]. Adv Mater, 2011, 23: 2448.

[383] Okimoto H, Takenobu T, Yanagi K, et al. Tunable carbon nanotube thin-film transistors produced exclusively via inkjet printing[J]. Adv Mater, 2010, 22: 3981−3986.

[384] Tang Y, Tao Z H, Wang S X, et al. A new approach of printing conductive patterns with sliver nanoparticles without sintering[C]. 2012 中日电子电路秋季大会暨秋季国际 PCB 技术/信息论坛, 2012.

[385] Cho J H, Lee J, Xia Y, et al. Printable ion-gel gate dielectrics for low-voltage polymer thin-film transistors on plastic[J]. Nat Mater, 2008, 7: 900−906.

[386] Zhou J C, He W, Tang Y, et al. Synthesis of well-dispersed copper nanoparticles by L-ascorbic acid in diethyleneglycol[C]. 2012 2nd International Symposium on Chemical Engineering and Material Properties, 2012.

[387] 林建辉, 王翀, 陶志华, 等. 纳米银材料的化学制备及其在 PCB 中的应用[J]. 印制电路信息, 2013, (12): 35−40.

[388] Yang X J, He W, Wang S X, et al. Synthesis and characterization of Ag nanorods used for formulating high-performance conducting silver ink[J]. Journal of Experimental Nanoscience, 2012, 9(6): 1−10.

[389] Kim M G, Kanatzidis M G, Facchetti A, et al. Low-temperature fabrication of high-performance metal oxide thin-film electronics via combustion processing[J]. Nat Mater, 2011, 10: 382−388.

[390] He Q Y, Sudibya H G, Yin Z Y, et al. Centimeter-long and large-scale micropatterns of reduced graphene oxide films: fabrication and sensing applications[J]. Acs Nano, 2010, 4: 3201−3208.

[391] Wong W S, Chow E M, Lujan R, et al. Fine-feature patterning of self-aligned polymeric thin-film transistors fabricated by digital lithography and electroplating[J]. Appl Phys Lett, 2006, 89(89): 142118−142121.

[392] Yang X J, He W, Wang S X, et al. Preparation and properties of a novel electrically conductive adhesive using a composite of silver nanorods, silver nanoparticles, and modified epoxy resin[J]. Journal of Materials Science: Materials in Electronics, 2012, 23(1): 108−114.

[393] Sekitani T, Noguchi Y, Zschieschang U, et al. Organic transistors manufactured using inkjet technology with subfemtoliter accuracy[J]. P Natl Acad Sci, 2008, 105: 4976−4980.

[394] Tang Y, He W, Zhou G, et al. A new approach causing the patterns fabricated by silver nanoparticles to be conductive without sintering[J]. Nanotechnology, 2012, 23(35): 1−6.

[395] Ando B, Baglio S. All-inkjet printed strain sensors[J]. IEEE Sens J, 2013, 13: 4874−4879.

[396] Yang X J，He W，Wang S X，et al. Effect of the different shapes of silver particles in conductive ink on electrical performance and microstructure of the conductive tracks. Journal of Materials Science：Materials in Electronics[J]. 2012，23(11)：1980−1986.

[397] Koo J，Park S，Lee W，et al. High performance printed ultraviolet-sensors based on indium-tin-oxide nanocrystals[J]. Jpn J Appl Phys，2013，52(11R)：1409−1432.

[398] Karuwan C，Wisitsoraat A，Phokharatkul D，et al. A disposable screen printed graphene-carbon paste electrode and its application in electrochemical sensing[J]. Rsc Adv，2013，3：25792 −25799.

[399] Polavarapu L，Liz-Marzan L M. Towards low-cost flexible substrates for nanoplasmonic sensing [J]. Phys Chem Chem Phys，2013，15：5288−5300.

[400] Siegel A C，Phillips S T，Dickey M D. Foldable printed circuit boards on paper substrates[J]. Adv Funct Mater，2010，20：28−35.

[401] Po R，Carbonera C，Bernardi A，et al. Polymer and carbon based electrodes for polymer solar cells：toward low-cost，continuous fabrication over large area[J]. Sol Energ Mat Sol C，2012，100：97−114.

[402] Chang Y M，Chen C P，Ding J M，et al. Top-illuminated organic solar cells fabricated by vacuum-free and all-solution processes[J]. Sol Energ Mat Sol C，2013，109：91−96.

[403] Kim Y，Yeom H R，Kim J Y，et al. High-efficiency polymer solar cells with a cost-effective quinoxaline polymer through nanoscale morphology control induced by practical processing additives[J]. Energ Environ Sci，2013，6：1909−1916.

[404] 刘威，王春青，田艳红，等. 激光诱发前向转移技术在电子制造领域的应用[J]. 电子工艺技术，2013，(2)：70−72.

[405] 胡俊，区卓琨. 陶瓷喷墨打印喷头的工作原理、技术指标及其发展趋势[J]. 佛山陶瓷，2013，5：1−5.

[406] 尹周平，黄永安，布宁斌，等. 柔性电子喷印制造：材料、工艺和设备[J]. 科学通报，2010，25：2487−2509.

[407] 杨丽媛，刘永强，魏雨，等. 气溶胶喷印技术研究进展[J]. 中国印刷与包装研究，2012，2：9−16.

[408] 刘艳花，申溯，周小红，等. 微纳柔性制造与印刷电子材料[J]. 中国材料进展，2014，33(3)：129−134.

[409] 胡校兵，朱海翔，余江渊，等. 陶瓷数字喷墨打印机用喷头现状及应用展望[J]. 陶瓷学报，2014，5：465−469.

[410] 胡建波，朱谱新. 喷墨打印技术在功能材料精密器件加工中的应用[J]. 材料导报，2011，11：1−10.

[411] Kim C，Nogi M，Suganuma K，et al. Absorption layers of ink vehicles for inkjet-printed lines with low electrical resistance[J]. Rsc Adv，2012，2：8447−8451.

[412] 朱永平. 陶瓷砖生产技术[M]. 天津：天津大学出版社，2009.

[413] Wang J Z，Gu J，Zenhausem F，et al. Low-cost fabrication of submicron all polymer field effect transistors[J]. Appl Phys Lett，2006，88(8)：133502−133505.

[414] Hoth C N，Choulis S A，Schilinsky P，et al. High photovoltaic performance of inkjet printed polymer：fullerene blends[J]. Adv Mater，2007，19：3973−3975.

[415] Aernouts T，Aleksandrov T，Girotto C. Polymer based organic solar cells using ink-jet printed active layers[J]. Appl Phys Lett，2008，92(3)：033306−033309.

［416］ Hoth C N，Schilinsky P，Choulis S A，et al. Printing highly efficient organic solar cells［J］. Nano Lett，2008，8：2806－2813.

［417］ Ko S H，Pan H，Grigoropoulos C P，et al. Air stable high resolution organic transistors by selective laser sintering of ink-jet printed metal nanoparticles［J］. Appl Phys Lett，2007，90(14)：141103－141106.

［418］ Hwang H J，Chung W H，Kim H S，In situ monitoring of flash-light sintering of copper nanoparticle ink for printed electronics［J］. Nanotechnology，2012，23(48)：485205－485213.

［419］ Reinhold，Hendriks C E，Eckardt R，et al. Argon plasma sintering of inkjet printed silver tracks on polymer substrates［J］. J Mater Chem，2009，19：3384－3388.

［420］ 范海霞，王守绪，何为，等. 双面蚀刻薄介质材料埋容芯板可行性研究［J］. 印制电路信息，2013，(5)：76－79.

［421］ Chen Y，He W，Zhou G. Preparation and thermal effects of polyarylene ether nitrile aluminium nitride composites［J］. Polymer International，2014，63(3)：546－551.

［422］ Li S，He W，Tao Z，et al. Electrochemical investigation of triadimenol as corrosion inhibitor for copper in 0. 5mol/L H_2SO_4 solution［J］. Advanced Materials Research，2014，830：81－85.

［423］ Liu J，Zheng L，Gan H，et al. Electrochemical investigation of cyproconazole as corrosion inhibitor for copper in synthetic seawater［J］. Advanced Materials Research，2013，763：23－27.

［424］ Tao Z，S，Ji L，et al. Electrochemical investigation of the adsorption behaviour of guanine on copper in acid medium［J］. Advanced Materials Research，2013，787：30－34.

［425］ Tao Z，He W，Wang S，et al. A study of differential polarization curves and thermodynamic properties for mild steel in acidic solution with nitrophenyltriazole derivative［J］. Corrosion Science，2012，60：205－213.

［426］ Tao Z，He W，Wang S，et al. Electrochemical study of cyproconazole as a novel corrosion inhibitor for copper in acidic solution［J］. Ind. Eng. Chem. Res. ，2013，52：17891－17899.

［427］ Tao Z，He W，Wang S，et al. Adsorption properties and inhibition of mild steel corrosion in 0. 5M H_2SO_4 solution by some triazol compound［J］. Journal of Materials Engineering and Performance，2013，22：774－781.

［428］ Tang Y，He W，Wang S，et al. One step synthesis of silver nanowires used in preparation of conductive silver paste［J］. J Mater Sci：Mater in Electro，2014，25：2929－2933.

［429］ Tang Y，He W，Wang S，et al. The superiority of silver nanoellipsoids synthesized via a new approach in suppressing the coffee-ring effect during drying and film formation processes［J］. Nanotechnology，2014，25：125602－125609.

［430］ Lin J，Wang C，Chen Y，et al. Preparation of electronic-grade CuO for copper electrodeposition of printed circuit board［J］. Circuit World，2014，40(4)：127－133.

［431］ Wang S，Tao Z，He W，et al. Effects of cyproconazole on copper corrosion as an environmentally friendly corrosion inhibitor in nitric acid solutions［J］. Asian Journal of Chemistry，2015，27(3)：1107－1110.

［432］ Zhou G，He W，Wang S，et al. Fabrication and characterization of embedded capacitors in PCB using epoxy/$BaTiO_3$/PI capacitor CCL［J］. Journal of Integration Technology，2014，3(6)：14－22.

［433］ Wang C，Xiang L，Chen Y，et al. Study on brown oxidation process with imidazole group，mercapto group and heterocyclic compounds in printed circuit board industry［J］. Journal of Adhesion Science and Technology，2015，29(12)：1178－1189.

［434］ Xiao D，Chen Y，Tan Z，et al. Electronic-grade copper oxide application to copper electroplating solution for via metallization of HDI printed circuit boards［C］. 13th Electronic Circuits World Convention，Berlin：Offenbach，Nuremberg，Germany，2014.

［435］ 何为，周珺成，周国云，等. 一种室温下制备超细铜粉的方法［P］：中国，201210090690.5，2012.

［436］ 唐耀，何为，王守绪，等. 一种免烧结超细银纳米导电油墨的制备方法［P］：中国，201310118499.1，2013.

［437］ 陈苑明，何为，Silberschmidt V. 片状堆积多孔氧化铜颗粒的合成、表征及其在高性能填铜中的应用［C］. Taiwan Printed Circuit Association，2014.

［438］ 何为，曹洪银. 一种银导电墨汁的及墨汁制印制电路的方法［P］：中国，201310454809.7，2013.

［439］ 何为，王胜广，王翀，等. 一种在氯化铜体系下制备氧化亚铜粉的方法［P］：中国，201510013497.5，2015.

［440］ 谭泽，何为. 一种立方体微纳米氧化亚铜粉末的方法［P］：中国，201510013588.9，2015.

［441］ 陈苑明，何为，何雪梅，等. 氧化铜粉末的制备方法［P］：中国，201510477775.2，2015.

［442］ 向琳. 铜/树脂界面结合力的研究及其在印制线路板制造中的应用［D］. 成都：电子科技大学，2015.

［443］ 张毅，何为，王翀，等. 一种去除纳米金属粉体表面阴离子的方法［P］：中国，201510378844.4，2015.

［444］ 李玖娟，何为，王守绪，等. PEG 液相体系制备纳米铜颗粒的研究［J］. 电子元件与材料，2015，34(12)：27－30.

［445］ 王胜广，何为，王翀，等. 亚硫酸钠还原法制备氧化亚铜［J］. 广州化工，2016，(2)：44－46.

［446］ 何为，杨颖，王守绪，等. 一种固相反应制备超细银粉的方法［P］：中国，ZL200910167956.X，2009.

［447］ Deng Y，Su X H，Chen C，et al. Study on cyanide-free immersion gold technology of gold potassiumcitrate［C］. 12th Electronic Circuits World Convention，2011.

［448］ 张德平，周峰，汪洋，等. 一种印制电路金相切片用抛光液及其制备方法［P］：中国，201210200306.2，2012.

［449］ 陶志华，何为，王守绪，等. 一种具有缓蚀效果的铜基材酸洗液［P］：中国，201310279533.3，2013.

［450］ 陈苑明，何为，黄志远，等. 电镀式半加成法制作精细线路质量控制的研究［J］. 电镀与精饰，2012，34(7)：5－9.

［451］ 何为，何杰，陈苑明，等. 一种印制电路内层可靠孔和线的加工方法［P］：中国，201310290150.6，2013.

［452］ 何为，汪洋，王慧秀，等. 一种在挠性印制电路板聚酰亚胺基材上开窗口的方法及其刻蚀液［P］：中国，ZL200510021881.6，2005.

［453］ 陈苑明，何为，周国云，等. 一种印制电路高密度叠孔互连方法［P］：中国，201310369365.7，2013.

［454］ 赵丽，何为，刘哲，等. 一种热阻测试方法及装置［P］：中国，201210102711.0，2012.

［455］ 何为，江俊锋，王守绪，等. 一种基于激光凹槽加工工艺的印制电路板制作方法［P］：中国，201410339246.1，2014.

［456］ 何为，李松松，何雪梅，等. 一种印制电路板精细线路的制作方法［P］：中国，2014111701138980，2014.

［457］ 林建辉，王翀，何雪梅，等. 一种活化 PCB 电路表面实现化学镀镍的方法［P］：中国，201510242791.3，2015.

［458］ 何为，赵丽，王守绪，等. 一种印制电路蚀刻液［P］：中国，ZL200810045291.0，2008.

［459］ 何为，周国云，龙发明，等. 一种印制电路镀金层孔隙率测定方法［P］：中国，ZL200810044226.6，2008.

［460］ 何为，成丽娟，王守绪，等. 一种具有自催化化学镀铜活性环氧树脂溶液的制备及化学镀铜方法［P］：中国，201510203162.X，2015.

［461］ 王翀，向琳，何为. 铜表面粗化处理液及其处理方法［P］：中国，201510382835.2，2015.

[462] 王翀，林建辉，何为. 固态粉状物质在溶液中溶解时间的检测方法[P]：中国，201510460581.1，2015.

[463] 王翀，林建辉，何为，等. 固态粉状物质在溶液中溶解时间的检测装置[P]：中国，201510618474.7，2015.

[464] 王翀，林建辉，何为，等. 固态粉状物质在溶液中溶解时间的检测装置[P]：中国，201520752290.5，2015.

[465] 向琳，王翀，陈苑明，等. 含咪唑基、巯基的印制线路板新型棕化[C]. 四川省电子学会半导体与集成技术专委会2014年度学会论文集，2014.

[466] 王守绪，张新钰，余婵妙，等. 一种印制电路板生产工业废水处理吸附剂制备及废水处理方法[P]：中国，201510179563.3，2015.

[467] 何雪梅，何为，王守绪，等. 一种金相切片制样模具及其使用方法[P]：中国，201511000630.X，2015.

[468] 陶志华，何为，王守绪，等. 铜在电镀液中的腐蚀电化学行为[J]. 中国科技论文在线，2015，10(12)：1382−1386.

[469] Li Q，Li J，Hu L，et al. Electrochemical study of corrosion inhibition on copper in base electrolyte by 1-Phenyl-3-hydroxy-1,2,4-triazole[J]. Advanced Materials Research，2014，988：3−7.

[470] Zheng L，Liu J，Tao Z，et al. Electrochemical investigation of myclobutanil as corrosion inhibitor for copper in acid medium[J]. Advanced Materials Research，2014，(960)：229−233.

[471] Li X，Liu J，Zhang S，et al. Study on process technique of PCBs with ladder conductive lines[J]. Circuit World，2015，41(1)：34−40.

[472] Tao Z，Leng B，Wang C，et al. Electrochemical investigation Cu corrosion behaviour of electronic circuit board in base electrolyte[J]. Applied Mechanics and Materials，2014：556−562.

[473] 江俊锋，何为，冯立，等. 半加成法制作 $30\mu m/30\mu m$ 精细线路及其工艺优化[J]. 印制电路信息，2014，3：36−39.

[474] 苏新虹，邓银，张胜涛，等. 柠檬酸金钾无氰沉金厚度控制研究[C]. 2011中日电子电路秋季大会暨秋季国际PCB技术/信息论坛，2011.

[475] 邓银，张胜涛，苏新虹，等. 前处理对化学沉镍金金面外观影响的研究[J]. 印制电路信息，2011，(11)：42−45.

[476] 杨婷，何为，胡永栓，等. 超高层数的背板制作中厚板压合过程的影响因素研究[C]. 2015春季国际PCB技术/信息论坛，2015.

[477] [477]胡有作，薛卫东，何为，等. 用正交试验法优化挠性单面板精细线路的工艺[J]. 印制电路信息，2012，(1)：49−52.

[478] Feng L，He W，Huang Y X，，et al. Study on the influence factors of middle hole shift for PCB lamination[C]. 2012中日电子电路秋季大会暨秋季国际PCB技术/信息论坛，2012.

[479] 何杰，何为，黄雨新，等. 正交试验法对 $50\mu m/50\mu m$ 精细线路制作工艺参数的优化[J]. 印制电路信息，2013，(3)：31−34.

[480] 何杰，何为，黄雨新，等. 半固化片直接塞埋孔工艺研究[C]. 2013春季国际PCB技术/信息论坛，2013.

[481] 冯立，何为，黄雨新，等. 改善印制电路板化学镀镍耐蚀性的研究进展[J]. 电镀与涂饰，2013，32(9)：39−42.

[482] 于岩，朱彦俊，王守绪，等. 不同叠层结构印制电路板散热性能研究[J]. 电子元件与材料，2014，33(1)：43−47.

[483] 江俊锋，何为，冯立，等. 影响挠性板黑孔化工艺效果的因素探究[J]. 印制电路信息，2014，(8)：58−61.

[484] 江俊锋，何为，陈苑明，等. 影响 PCB 镀镍层厚度和均匀性的因素及工艺优化[J]. 电镀与精饰，2015，37(1)：5－9.

[485] Chen Y M，He W，Yang Y，et al. Thermal effects of PCB laminates in dynamic temperature[C]. 2012 中日电子电路秋季大会暨秋季国际 PCB 技术/信息论坛，2012.

[486] 周峰，王守绪，何为，等. PCB金相分析抛磨夜的研究[J]. 实验科学与技术，2012，10(6)：18－21.

[487] Zhang H. Investigations on $CaCu_3Ti_4O_2$/NiCuZn magnetoelectric composite materials [J]. Materials China，2012，37(7)：1－9.

[488] Tang X，Su H，Zhang H. Tailoring the microstructure of NiZn ferrite for power field applications[J]. Chinese Physics Letter，2012，29(29)：087501－087509.

[489] Jun J，Zhang H，Wu X，et al. Microstructures and magnetic properties of *bi*-substituted NiCuZn ferrite[J]. Journal of Applied Physics，2012，111(111)：07A326－07A329.

[490] Tang Y，Jun J，Zhang H，et al. Miniaturized DVB-H antenna with a low loss Z-type ferrite for folder-type mobile phones[J]. Microwave and Optical Technology Letters，2012，54(6)：1380－1385.

[491] Zheng Z，Zhang H，Xiao Q，et al. High frequency magnetic properties and microstructure of $NiZn/Co_2$ Z composite ferrite material[J]. Journal of Applied Physics，2012，111(7)：336－339.

[492] Zheng Z，Zhang H，Xiao Q，et al. Introduction of NiZn into Co2 Z-ferrite and effect on the magnetic and dielectric properties [J]. IEEE Transactions on Magnetics，2012，48(11)：3618－3621.

[493] Li J，Zhang H，Li Y，et al. Influence of Bi_2O_3 on the structure and magnetic properties of barium ferrite powders materials[J]. Advanced Materials Research，2012，499：31－34.

[494] 李颉，张怀武，李元勋，等. 稀土元素 La 掺杂 $BaFe_{12}O_{19}$ 微结构和磁性能研究[J]. 物理学报，2012，61：227501－227507.

[495] Li J，Zhang H W，Li Y X. Structural and magnetic properties of different temperature sintering La-substituted Barium ferrite[J]. Advanced Materials Research，2012，583：272－275.

[496] Li J，Zhang H，Li Y，et al. The structural and magnetic properties of bariumferrite powders prepared by the sol-gel method[J]. Chinese Physics B，2012，21(21)：17501－17504.

[497] Xia Q，Su H，Shen G，et al. Investigation of low loss Z-type hexaferrites for antenna applications [J]. Journal of Applied Physics，2012，111(6)：063921－063925.

[498] Xia Q，Su H，Shen G，et al. Miniaturized T-DMB antenna based on low loss magneto-dielectric materials for mobile handset applications[J]. Journal of Applied Physics，2012，112(4)：043915－043919.

[499] 赵建博，苏桦，张怀武. 2×2 宽频带圆极化阵列天线设计[J]. 压电与声光，2013，35(2)：305－308.

[500] 计量，张怀武，苏桦. 旋磁基片 DC-10GHz 微波功率电阻器设计制作[J]. 电子材料与元器件，2012，31(11)：22－24.

[501] 计量，张怀武，苏桦. 微波集成隔离器的仿真与设计[J]. 压电与声光，2013，35(4)：614－616.

[502] Chen D，Liu Y，Li Y，et al. Evolution of crystallographic texture and magnetic properties of polycrystalline barium ferrite thick films with Bi_2O_3 additive[J]. Journal of Applied Physics，2012，111(7)：511－516.

[503] Chen D，Liu Y，Li Y，et al. Texture and self-biased property of anoriented M-type barium ferrite thick film by tape casting[J]. Chinese Phys. B，2012，21(06)：75023－75029.

[504] Chen D，Liu Y，Li Y，et al. Low-temperature sintering of M-type barium ferrite with BaCu (B_2O_5) additive[J]. Journal of Magnetism and Magnetic Materials，2012，324：449－452.

[505] Wang H，Zhong H，Yu S. Design of narrow bandwidth elliptic-type SAW/BAW filters[J]. Electronics Letters，2012，48(48)：539—540.

[506] Xu Z，Shi Y，Yang B. Compact second-order LTCC substrate integrated waveguide filter with two transmission zeros[J]. Journal of Electromagnetic Waves and Applications，2012，26：5—6.

[507] Xu Z，Shi Y，Yang B. Substrate integrated waveguide(SIW) filter with hexagonal resonator[J]. Journal of Electromagnetic Waves and Applications，2012，26：11—12.

[508] Xu Z，Shi Y，Yang B. Miniaturized substrate integrated waveguide symmetric filter with high selectivity[J]. Journal of Electromagnetic Waves and Applications，2012，26：11—12.

[509] Xu Z，Shi Y，Yang B. Compact LTCC source-load coupled SIW filter using mixed coupling[J]. IEICE Electronics Express，2012，9：16—19.

[510] 赵敏杰，戴瑶，张怀武. LLC 谐振变换器的参数设计[J]. 磁性材料及器件，2011，42(2)：53—57.

[511] 胡嵩松，刘颖力，张怀武，等. 用于微波组件的 LTCC Wilkinson 功分器设计[J]. 电子元件与材料，2011，30(1)：56—58.

[512] 赵海，刘颖力，张怀武，等. Co^{2+} 取代与 Li^+ 掺杂对 NiCuZn 铁氧体磁性能和直流叠加特性的影响[J]. 磁性材料及器件，2011，42(1)：63—67.

[513] 唐英明，贾利军，张怀武，等. 添加 Bi_2O_3 的 Bi(Co)、Zn 取代 Z 型六角铁氧体低温烧结研究[J]. 磁性材料及器件，2011，42(1)：45—48.

[514] 胡嵩松，刘颖力，张怀武. 截止频率为 200MHz 的 LTCC 叠层低通滤波器的研制[J]. 磁性材料及器件，2011，42(1)：52—55.

[515] 罗治贤，张怀武，程磊. 微波交指型带通滤波器的设计[J]. 科学技术与工程，2011，11(27)：6617—6620.

[516] 欧志宝，刘颖力，张怀武. 微带环行器的设计方法与仿真[J]. 现代电子技术，2010，33(23)：107—109.

[517] 赵海，刘颖力，张怀武，等. 宽带 Wilkinson 功分器的设计仿真与制作[J]. 电子元件与材料，2010，29(12)：28—30.

[518] 慕春红，张怀武，刘颖力，等. Rare earth doped $CaCu_3Ti_4O_{12}$ electronic ceramics for high frequency applications[J]. Journal of Rare Earths，2010，28(1)：43—47.

[519] 聂海，张怀武，李元勋，等. 助熔剂 BBSZ 对 M 型钡铁氧体的低温共烧改性研究[J]. 材料研究学报，2010，24(3)：294—298.

[520] 聂海，张怀武，李元勋，等. M 型钡铁氧体掺杂 Co-Ti 改性研究[J]. 材料研究学报，2010，(6)：638—642.

[521] 任凭，刘颖力，朱华，等. Bi_2O_3 含量对 NiCuZn 旋磁铁氧体基板材料性能的影响[J]. 磁性材料及器件，2010，41(1)：69—70.

[522] 朱华，刘颖力，任凭，等. 高频高 Q 值 Z 型六角铁氧体材料研究[J]. 磁性材料及器件，2010，41(2)：69—71.

[523] 李元勋，边丽菲，刘颖力，等. 叠层片式 LTCC 低通滤波器的设计与制作[J]. 电子科技大学学报，2009，38(4)：521—524.

[524] 陈阳，张怀武，曾斌. 宽阻带基片集成波导带通滤波器[J]. 电子信息对抗技术，2009，24(6)：77—80.

[525] 今中佳彦. 多层低温共烧陶瓷技术[M]. 詹欣祥，周济译. 北京：科学出版社，2010.

[526] 卢会湘，严英占，唐小平. 一种新型平面零收缩 LTCC 基板制造技术[J]. 电子机械工程，2014，6：53—56.

［527］何中伟，周洪庆，王会，等. LTCC 生瓷带流延工艺研究［J］. 新技术新工艺，2015，3：1—4.

［528］党元兰，赵飞，唐小平，等. LTCC 电路加工过程质量影响因素分析［J］. 电子工艺技术，2015，2：97—101.